高等学校规划教材·电子、通信与自动控制技术

测控技术

张　歆　张小蓟　编　著

西北工業大學出版社

【内容简介】 本书比较全面地阐述了测控技术的基本理论与应用。全书共分12章,主要内容包括绪论,电子测量与测量误差理论,测试信号发生器,时频测量与电压测量,信号的显示与时域测量,信号与系统的频域分析与测量,数据域的分析与测量,自动测试系统,智能仪器与虚拟仪器,自动控制原理,计算机控制系统以及网络化测控系统与现场总线。全书内容简练,阐述深入浅出,注重理论联系实际。每章还列举了一定数量的例题、练习题与思考题,并在书后给出参考文献,以便于读者深入学习和研究。

本书可作为测控技术专业高年级本科生的教材,也可供相关专业的研究生或从事测控技术工作的人员参考。

图书在版编目(CIP)数据

测控技术/张歆,张小蓟编著.—西安:西北工业大学出版社,2013.9

高等学校规划教材.电子、通信与自动控制技术

ISBN 978-7-5612-3740-3

Ⅰ.①测… Ⅱ.①张…②张… Ⅲ.①测量系统—控制系统—高等学校—教材 Ⅳ.TM93

中国版本图书馆CIP数据核字(2013)第175406号

出版发行:西北工业大学出版社

通信地址:西安市友谊西路127号 **邮编**:710072

电 话:(029)88493844 88491757

网 址:http://www.nwpup.com

印 刷 者:兴平市博闻印务有限公司

开 本:787 mm×1 092 mm 1/16

印 张:18.25

字 数:442千字

版 次:2013年9月第1版 2013年9月第1次印刷

定 价:40.00元

前　言

当今世界已进入信息时代，测控技术、计算机技术和通信技术形成信息科学技术的三大支柱。测控技术是信息科学的重要组成部分，它伴随着信息技术的发展而发展，同时又在信息技术的发展中发挥着不可替代的作用。

测控技术是研究信息的获取、处理、存储、传输，以及对相关要素进行控制的理论与技术，它应用现代物理学、电子信息科学和控制学科的基本理论、方法和实验手段，研究对各种物理量进行检测、计量、监测和控制的基本理论、方法和新技术，探讨新的测量方法，并设计新的测控仪器和系统。本书在重点论述测控系统基本理论与技术的基础上，力求充分反映当前国内外测控技术的最新研究成果及其发展趋势。

本书阐述了测控技术的基本理论与应用。全书共分 12 章，第 1 章绪论，阐述测控系统的基本概念及其应用。第 2 章电子测量与测量误差理论，阐述电子测量的内容及技术，讨论测量误差及其处理方法。第 3 章测试信号发生器，重点介绍合成信号发生器、任意函数发生器等的工作原理与实现方法。第 4 章时频测量与电压测量，讨论时间与频率的计数测量法和交流、直流电压的测量。第 5 章信号的显示与时域测量，介绍信号显示的原理、模拟和数字示波器的组成、基本原理以及信号的时域测量技术。第 6 章信号与系统的频域分析与测量，阐述信号频谱分析的基本原理以及频谱仪的实现方法、系统频率特性测量的原理与扫频仪的实现。第 7 章数据域的分析与测量，重点介绍逻辑分析仪的工作原理及对数据域信号的测量方法。第 8 章自动测试系统，概述自动测试系统的概念和组成，重点阐述通用接口总线 GPIB 及 CAMAC，VXI 和 PXI 等测试系统中的总线。第 9 章智能仪器与虚拟仪器，讨论智能仪器与虚拟仪器的定义与组成。第 10 章自动控制原理，阐述自动控制系统的基本特性、组成、数学模型与方框图，讨论自动控制系统的时域分析方法与状态空间分析法。第 11 章计算机控制系统，介绍计算机控制系统的特点与分类，重点讨论计算机控制系统的 PID 控制算法及其改进算法，以及其他控制规律。第 12 章网络化测控系统与现场总线，概述测控网络与现场总线。

本书由张歆编著了第 1,2,5,6,8,10,11 章，张小蓟编著了第 3,4,7,9,12 章，全书由张歆修改定稿。

本书在编写过程中还得到了西北工业大学航海学院的支持和其他同事的帮助，得到了西北工业大学教务处和出版社的大力支持，特别是本书的责任编辑为此书的出版付出了辛勤的劳动，在此一并表示感谢。

由于经验与水平有限，本书在内容选材及论述中难免有不妥之处，恳请读者批评指正。

编著者

2013 年 4 月

目　录

第1章 绪 论

1.1 测控技术与测控系统的基本概念

测控技术(Measurement and Control Technology)是指对各种自然界物理量的测量与控制技术,通常把能进行测量、数据处理、输出测试结果和控制的系统称为测控系统。

一方面,人们在认识客观事物的过程中需要了解其信息,而测量就是人们对客观事物或过程取得数量概念的一种认识过程;测量技术就是准确地获取被测事物或过程的数量信息的方法和手段;实现测量的工具或载体称为测量仪器。

另一方面,人们也要采用各种方法支配或约束某一客观事物的进程和结果,这种对客观事物或过程进行支配或约束的操纵过程称为控制;实现这一过程的方法和手段称为控制技术;实现控制的工具或载体称为控制仪器。

测控技术是研究信息的获取、处理、存储、传输,以及对相关要素进行控制的理论与技术,它应用现代物理学、电子信息科学和控制学科的基本理论、方法和实验手段,研究对各种物理量进行检测、计量、监测和控制的基本理论、方法和新技术,探讨新的测量方法,并设计新的测控仪器和系统。

本章将概述测控技术的基本概念,包括测量技术和控制技术的基本概念、测量系统和控制系统的组成、任务和发展趋势等。

1.1.1 测量技术与系统的基本概念

测量是借助于专门的技术和仪器,采用实验的方法取得客观事物数量信息的一种认识过程。

随着测量领域的不断扩大,测量内容也逐渐复杂多样,测量结果的获得不是直接读数就能满足要求的,往往需要将测量信号经过转换、处理,变成易于显示和传输的物理量,甚至还需要对信号进行分析、处理与判断,这样的过程称为检测。因此,检测是指将测量信号经过转换、处理后,变成易于显示和传输的物理量进行显示和输出。

在更复杂的测量任务中,一般的检测方法有时还不能满足要求。测量不单是数值的测量,还结合了试验、判断、推理等功能,这种具有试验性质的测量称为测试。测试是测量和试验的综合,往往需要外加激励信号,把未知的被测参数转化为可以观察的信号,并获取有用的信息。

一般来说,测量技术主要是对与被测量有关的测量原理、测量方法、测量系统和数据处理等四方面进行研究。

1. 测量原理

测量原理是指采用什么原理和依据什么效应去测量被测量,不同性质的被测量用不同的原理去测量,同一性质的被测量也可用不同的原理去测量。由于被测量的种类繁多,性质千差万别，所以不同的测量原理得到的测量数据可能存在不同的偏差。因此，测量原理非常多。

2. 测量方法

测量方法是指测量原理确定后，用什么方法去测量被测量，或者说获得被测量的方法。常用的方法有直接测量和间接测量。直接测量是指将被测量与标准量直接对比，或经过检测转换后就能得到测量结果的测量方式。而某些物理量不能通过直接测量的方法得到结果，只能借助于与被测量有一定函数关系的其他参量进行测量，通过计算得到所需要的结果，这种测量称为间接测量。

3. 测量系统

在确定了测量原理和测量方法后，就需要设计组成系统。根据系统中被处理信号类型的不同可以分为模拟和数字两种测量系统。模拟测量系统如图 1－1 所示。

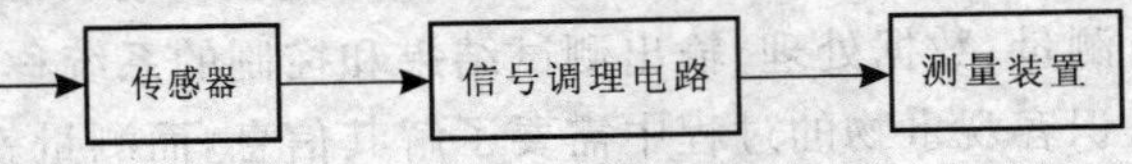

图 1－1　模拟测量系统原理图

在图 1－1 中，传感器在系统中感应到被测量(如位移、压力、温度等)，并将其转换成与被测量有一定函数关系的、易于测量的物理量(如电量)。信号调理电路将传感器输入信号进行放大、变换、滤波、解调、线性化等处理后转换成便于传输、显示、记录和输出的信号。测量装置用来显示、记录被测量的大小，输出与被测量有关的控制信号，以供本系统或其他系统使用。

模拟测量系统处理、传输和输入的都是模拟信号。如图 1－2 所示为多路输入数字测量系统，即多参数数字测量系统的原理框图。

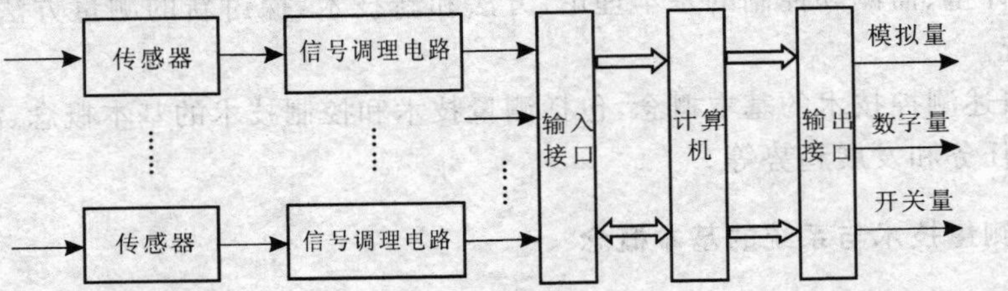

图 1－2　数字测量系统的原理图

在数字测量系统中，传感器和信号调理电路部分与模拟测量系统相同，一般情况下，输入输出信号为模拟信号。输入接口和输出接口之间的信号为数字信号。除此之外，信号调理电路还需要增加两种功能：一是将信号放大，以满足输入接口中，模/数(A/D)转换的输入电平要求；二是进行预滤波，压缩采样信号频带宽度，抑制噪声或干扰，在满足采样定理的条件下降低采样频率，并避免“频谱混叠”现象。

输入接口一般为数据采集电路或采集板，用来将模拟信号转换为数字信号。计算机按设定的程序自动进行信号的采集与存储，数据的运算、分析与处理，并以友好的界面输出、显示测量结果。输出接口主要将信号转换成外设所需的信号供显示、记录或使用。

数字测量系统中传输的信号为数字信号，具有抗干扰能力强，测量速度快，精度高，实现功能多等特点。

测量系统的发展趋势是采用标准化的模块设计，用多路复用技术同时传输测量数据、图像和语音信息，向着多功能、大信息量、高度综合化、智能化和自动化的方向发展。

4. 数据处理

测量中得到的数据必须经过科学的信号处理，才能得到正确的测量结果，实现对被测参数真值的最佳估计。信号处理一般指对信号进行滤波变换、调制/解调、识别、估值等加工处理，以便提取需要的特征，比较全面、准确地获取有用信息。

若信号是数字的，可直接通过计算机进行分析处理；对模拟信号进行分析处理所采用的设备通常有模拟滤波器、频谱分析仪、相关分析仪等，也可以通过 A/D 转换器转换成数字信号，由计算机处理。

随着新的参数测量原理的出现，激光、红外等新型检测元件及大规模集成电路、微型计算机、微米、纳米等新技术的迅速发展，测试技术也在不断完善，目前正朝着高速、实时、遥测、总线、多信息、直接精确地显示被测系统的动态外观和动态特征方向发展。

1.1.2 控制技术与系统的基本概念

随着科学技术的发展，控制技术在促进和发展现代生产力方面起着越来越重要的作用。事实上，在日常的生产实践和生活中的每个方面都会遇到某些采用控制技术的自动控制系统。例如，温度和湿度自动调节系统、产品质量控制系统、自动装配线、数控机床、飞行器和船舶控制、电力系统自动控制、机器人和办公室自动化系统等。

控制一般是指通过采用各种检测、调节仪表、控制装置及计算机等自动化工具，对整个生产过程或被控对象进行自动检测、监督和调节。一个简单的控制系统是由控制对象和检测控制器（包括测量元件、变送器、调节器和调节阀）两部分组成的。如图 1－3 所示为一个基本的带有反馈的控制系统的原理框图。它在简单控制系统的基础上增加了反馈回路，通过测量元件将输出量回送到输入端，用输入与输出的偏差对控制过程进行修正。

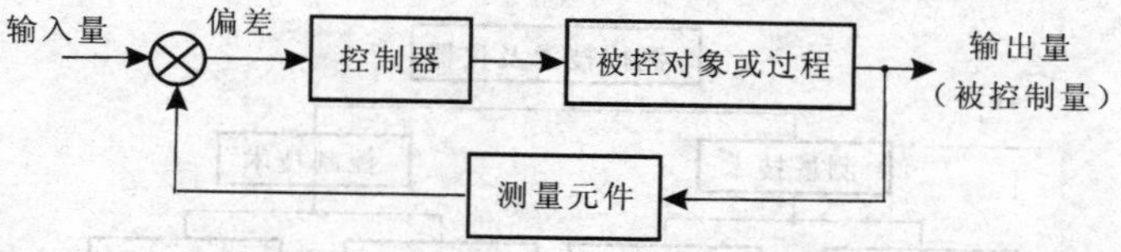

图 1－3 基本的反馈控制系统原理图

在现代生产过程不断发展、控制要求不断提高的新情况下，只用简单控制系统已不能完全解决实际问题，往往需要更高一级的控制结构和控制规律，这极大地促进了现代控制理论的发展，以及其在控制过程中的应用。

近年来，数字控制系统在工业控制中得到了愈来愈多的应用，这一方面是由于计算机技术的迅速发展，另一方面是由于采用数字信号具有许多优越性。数字控制系统是以计算机作为数字控制器，实现对被控对象（或过程）的闭环控制，因此也称为计算机控制系统。

数字控制系统由硬件与软件两部分组成。硬件主要由工作于数字状态下的计算机、工作于连续状态下的被控对象（或过程）、连接这两部分的模拟输入、输出通道及实时时钟所组成，如图 1－4 所示为数字控制系统原理图。

模拟输入通道由采样开关和模/数转换两个环节组成，其功能是把模拟信号转换为计算机能接受的数字信号；模拟输出通道由数/模（D/A）转换和信号保持两个环节组成，其功能是把数字信号转换为对象能接受的模拟信号；实时时钟产生脉冲序列，用作采样时钟。

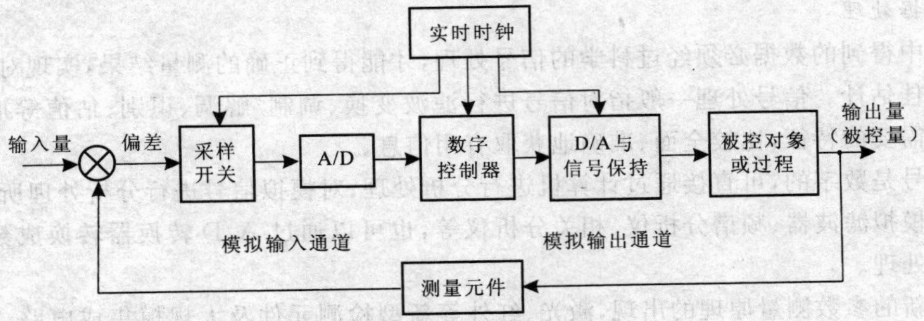

图 1-4 数字控制系统原理图

计算机通过软件实现所设计的控制规律。软件主要由主程序(计算机管理程序)和控制子程序(控制算法程序)两部分组成。

在计算机控制下,每经过一定的时间间隔 T(即采样周期),对模拟偏差信号进行采样,由模拟输入通道转换成数字量送入计算机中,计算机根据这些数字信息按预定的控制规律进行运算后求得控制量输出,由系统输出通道转换成模拟量去控制被控对象或过程,使系统的特性达到预定的指标。

1.1.3 测控技术与系统的基本概念

1. 测控技术的内涵

测控技术包含测量技术、控制技术和实现这些技术的仪器、仪表及系统,是研究信息的获取、处理、存储、传输和控制的理论与技术,其核心是信息、控制与系统,如图 1-5 所示为测控技术及仪器的内涵。

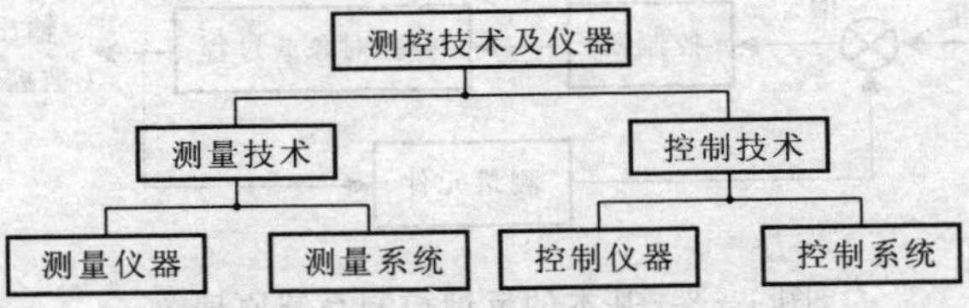

图 1-5 测控技术及仪器的内涵

在测控系统中,测量是控制的基础,因为控制不仅必须以测量的信息为依据,而且为了保证控制的效果,也必须随时测量控制的状态。测控技术的理论研究是通过对信息的获取、监控和处理,以实现操纵机械、控制参数、提高效率、安全防护等目的的。

测控技术涉及的内容十分广泛,包括各种电子测量仪器和测量系统,数据采集和处理系统,自动测量系统,生产过程控制系统等,广泛用于科学研究和工业生产等人类活动的各个领域。测控技术涉及电子学、光学、精密机械、计算机、信息技术与控制技术等多个学科,是自动控制技术、计算机科学、微电子学和通信技术的有机结合、综合发展的产物。多学科交叉融合及多系统集成是测控技术的显著特点。信息论、控制论和系统论是测控技术的理论基础,信息技术、控制技术、系统网络技术是测控技术的基本技术。随着电子技术、计算机技术、通信技术和网络技术的发展,测控技术及仪器呈现微型化、集成化、智能化、虚拟化、网络化的发展趋势。

当今世界已进入信息时代,测控技术、计算机技术和通信技术形成信息科学技术的三大支柱。测控技术是信息科学的重要组成部分，它伴随着信息技术的发展而发展，同时又在信息技术的发展中发挥着不可替代的作用。

2. 测控系统的组成

下面以计算机测控系统为例说明测控系统的组成和任务，它比较集中地体现了测控系统的各项功能。

计算机测控系统由硬件和软件两大部分组成。硬件部分一般由被控对象或生产过程、过程通道、计算机主机及人—机交互设备等组成，如图1－6所示。计算机的主要任务是进行数据采集、数据处理、逻辑判断、控制量计算、越限报警等。同时，计算机还通过接口电路向系统的各个组成部分发出各种控制命令，指挥整个系统协调工作。计算机还可以通过人—机接口为生产管理人员、工程师和操作员提供所需要的信息。

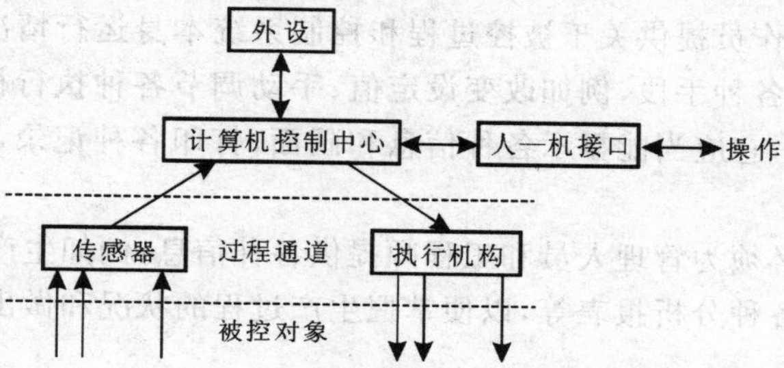

图1－6　计算机测控系统的硬件组成

过程通道由模拟/数字输入通道、模拟/数字输出通道、传感器、变速器、多路采样器等组成，它们起着信息变换和传递的作用，使计算机和被控对象间能进行信息交换，从而实现对被控对象的控制。

人—机交互设备包括作用开关、操作键盘、显示器、打印机、记录仪等，用来使操作人员能与计算机系统“对话”，使操作人员及时了解生产、加工过程的状态，进行必要的人工干预，修改有关参数或处理紧急事件，打印和记录各种数据、参数和结果。

软件部分可分为系统软件和应用软件。系统软件包括操作系统和支持系统软件，应用软件一般是指由用户根据测控任务自己编制的测控程序、控制算法以及一些服务程序等。在测控系统中，应用程序的优劣对系统调试、运行的可靠性，控制的精度和效率有很大的影响。

测控系统应当完成如下任务。

(1)测量

在生产过程中，被测参量分为非电量与电量。常见的非电量参数有位移、液位、压力、转速、扭矩、流量、温度等，常见的电量参数有电压、电流、功率、电阻、电容、电感等。非电量参数可以通过各种类型的传感器转换成电量输出。

测量过程通过传感器获取被测物理量的电信号或控制过程的状态信息，通过串行或并行接口接收数字信息。在测量过程中，计算机周期性地对被测信号进行采集，把电信号通过A/D转换成等效的数字量。有时，对输入信号还必须进行线性化处理、平方根处理等信号处理。如果在测量信号上叠加有噪声，还应当通过数字滤波进行平滑处理，以保证信号的正确性。

为了检查生产装置是否处于安全工作状态，对大多数测量值还必须检查是否超过上、下限值，如果超过，则应发出报警信号，超限报警是过程控制计算机的一项重要任务。

(2)执行机构的驱动

对生产装置的控制通常是通过对执行机构进行调节、控制来达到目的的。计算机可以直接产生信号去驱动执行机构达到所需要的位置,也可通过 A/D 产生一个正比于某设定值的电压或电流去驱动执行机构,执行机构在收到控制信号之后,通常还要反馈一个测量信号给计算机,以便检查控制命令是否已被执行。

(3)控制

利用计算机控制系统可以方便地实现各种控制方案。在工业过程控制系统中常用的控制方案有三种类型:直接数字控制(DDC)、顺序控制和监督控制(SPC)。大多数生产过程的控制需要其中一种或几种控制方案的组合。

(4)人—机交互

控制系统必须为操作员提供关于被控过程和控制系统本身运行情况的全部信息,为操作员直观地进行操作提供各种手段,例如改变设定值、手动调节各种执行机构、在发生报警的情况下进行处理等。因此,它应当能显示各种信息和画面,打印各种记录,通过专用键盘对被控过程进行操作等。

此外,控制系统还必须为管理人员和工程师提供各种信息,例如生产装置每天的工作记录以及历史情况的记录,各种分析报表等,以便掌握生产过程的状况和做出改进生产状况的各种决策。

(5)通信

现今的工业过程控制系统一般都采用分组分散式结构,即由多台计算机组成计算机网络,共同完成上述的各种任务。因此,各级计算机之间必须能实时地交换信息。此外,有时生产过程控制系统还需要与其他计算机系统(例如,全单位的综合信息管理系统)之间进行数据通信。

3. 测控系统的分类

按照担负任务的不同,测控系统可分为三大类:

1)测量系统:单纯以测试或检测为目的的测试仪器和系统,主要实现数据采集与分析处理;

2)控制系统:单纯以控制为目的的系统,用来控制被控对象达到预期的性能要求;

3)测控系统:测控一体化的系统,能同时完成测试与控制任务。

按照组成原理,测控系统分为基本型测控系统、集散型测控系统和网络化测控系统。

(1)基本型测控系统

基本型测控系统是一种单机测试系统,通常用来对多点传感器的信号进行实时快速采集,再送入计算机进行信号分析与处理,最后由显示器显示测量结果或绘制测试数据变化趋势曲线。数据保存在计算机的硬盘中,并可将结果打印输出。这种系统主要完成数据采集任务,并可根据系统的控制要求发出控制信号。

(2)集散型测控系统

早期小型的测控系统大多采用分散型的形式,即测量与控制装置被安置在被控对象附近,由传感器测量被控对象的参数,根据测量值与设定值的误差,按照一定的控制规律去控制执行机构的动作,从而控制被控对象。随着生产规模的增大和复杂程度的增加,分散型测控系统中相互独立的单元之间会产生互相影响和制约,因而要求对测控过程集中管理和控制。

在集中控制的模式中,测控装置仍然被放置在被控对象的附近,各个被控装置或单元通过通信接口与中央控制器相连，构成集散型测控系统。集散型测控系统由中央控制器发出测量命令，读取数据，进行数据分析，管理控制过程。

(3)网络化测控系统

在工业、农业、航空、航天、环境监测等领域，随着科学技术的发展，要求测控和处理的信息量越来越大，速度越来越快，测控对象的位置越来越分散，需要测控的单元数越来越多，系统日益复杂，传统的测控系统已远远不能满足现代测控系统的要求。

随着计算机技术和信息技术的发展，出现了计算机控制和通信技术结合的产物——现场总线(fieldbus)。现场总线控制系统既是一个开放通信网络，也是一种全分布控制系统，是一项以智能传感器、控制、计算机、数字通信、网络为主要内容的综合技术。它以单个分散、数字化、智能化的测量和控制设备作为网络节点，用总线连接，实现信息互换，共同完成自动控制功能的网络系统与控制系统，是新一代全数字、全分散和全开放的现场控制系统。人们把基于这项技术的自动化系统称为基于现场总线的控制系统(FCS，Fieldbus Control System)。

随着网络技术的发展，出现了将测控技术、计算机技术与网络技术相结合的网络化测控系统。网络化测控系统将地域分散的基本功能单元(测控仪器、智能传感器、计算机等)通过网络互联起来，构成一个分布式测控系统，实现远程数据采集、测量、监控与故障诊断，通过网络实现数据传输与资源共享，协调工作。这种网络化测控系统将是现代测控技术的发展方向。

4.测控系统的发展

早期的测控系统主要由测量和控制电路组成，所具备的测控功能较少，测控性能也有限。随着科学技术的不断发展，尤其是微电子技术和计算机技术的飞速发展，测控系统在组成和设计上有了突飞猛进的发展。

20世纪三四十年代，当时的工业生产规模很小，工业产品主要是单机生产，批量也小；测控仪表主要采用基地式仪表，即采用安装在设备上的单体仪表，仪表与仪表之间不能进行信息传输。

20世纪五六十年代，随着社会化工业生产规模的不断扩大，生产设备越来越多，生产结构也越来越复杂，需要掌握的运行参数和信息也越来越多，往往还要求对多点信息同时进行操作与控制。这就对测控系统提出了更高的要求，于是单元组合式仪表与检测装置应运而生。生产过程中的各种参数经分布式传感器转换后输出模拟信号，统一送往中心控制室，再由各类仪表计算、测量并显示，从而实现集中监测、集中操作与控制。

20世纪70年代，生产过程逐步向自动化方向发展，特别是随着计算机的出现，使得工业自动化进入到一个崭新的阶段，出现了以计算机为核心的测控系统。计算机测控系统可以将工业现场的各种物理参数进行采集、传输、集中分析与处理，完成过程控制。

20世纪70年代后，随着微处理器与嵌入式技术的不断发展和应用，测控系统逐步向小型化、智能化、便携式、系统化方向发展，出现了GPIB仪器、智能仪器、智能传感器、VXI仪器等，大大增强了系统的通用性与可扩展性。

上述已经取得的测控技术的发展成果使得传统的测控系统发生了根本性的变化，计算机成为测控系统的主体和核心，形成了新一代的计算机自动测量和控制CAMAC(Compute Automated Measurement and Control)系统，它是自动控制技术、计算机科学、微电子学和通信技术有机结合、综合发展的产物。

20世纪90年代以后，在北美和欧洲出现了面向工业测试现场的现场总线技术，并得到很好的应用。这主要因为其本身就是服务于现场的专用总线，能够满足工业现场应用的特殊要求，如总线供电、安全防爆等，并提供有专用的软件开发工具。许多公司都推出了具有现场总线接口的传感器、执行器和各种智能仪表，极大地推动了现场总线控制系统的应用。

20 世纪 90 年代中后期，国内外利用业已成熟的以太网技术，对基于以太网的工业测控系统进行了大量研究和实践，国外对现场级高速以太网的研究大约始于 1997 年。尽管对以太网测控系统有不同的看法，但一般认为这是一种较好的工业测控技术解决方案，并具有很好的发展前景，是未来现场总线发展的方向。

1.2 测控技术的应用

测控技术是一门应用型技术，广泛应用于工业、农业、交通、航海、航空、军事、电力和民用生活等各个领域。小到普通的生产过程控制，大到庞大的城市交通网络、供电网络、通信网络的控制等都有测控技术的身影。测控技术从最初的控制单个机器、设备，到控制整个过程（如化工过程、制药过程等），乃至控制整个系统（如交通系统、通信系统等）。特别是在现代科技领域的尖端技术中，测控技术起着至关重要的作用，许多重大成果的获得都与测控技术密不可分。在冶金工业、电力工业、煤炭工业、石油工业、化学工业、机械工业、航空、航天、农业、信息工业、医药医疗业、新材料领域等，测控技术都有着重要的应用。

1. 在机械工业中的应用

机械工业是制造机械设备和工具的行业，生产的特点是产品批量大、自动化程度高，主要生产过程包括热加工、冷加工、装配、调校等。生产中的很多参数信息需要通过检测来提供，生产中出现的各种故障要通过检测来发现和防止，没有可靠的检测手段就没有高效率和高质量的产品。目前，精密数控机床、自动生产线、工业机器人已是机械加工、装配的现代化生产模式。

在自动机械加工过程中，要求随时将位移、位置、速度、加速度、力、温度、湿度等各种参数检测出来，以辅助机械实现精确的操作加工。现代机械加工对检测有很高的要求，检测仪表要能自动检测产品质量，检测过程无需人工参与，对检测的质量数据能够自动进行评价、分析，并将结果反馈到加工控制系统。下面以数控机床为例来说明测控技术的应用。

在零件的加工过程中，机床的良好运行状态是保证零件质量的关键因素之一，其监控的状态主要包括环境参数及安全状态、刀库状态、机床振动状态、冷却与润滑系统状态、机床加工精度等。数字控制机床（简称数控机床）是一种装有计算机控制系统的自动化机床，该控制系统能够处理具有控制编码或其他指令规定的程序，从而使机床动作并加工零件。在加工过程中，各种加工操作数据和质量检测信息都送到数控单元进行逻辑判断和控制运算，数控机床的操作全部由数控单元控制。如图 1－7 所示是数控机床的原理图。

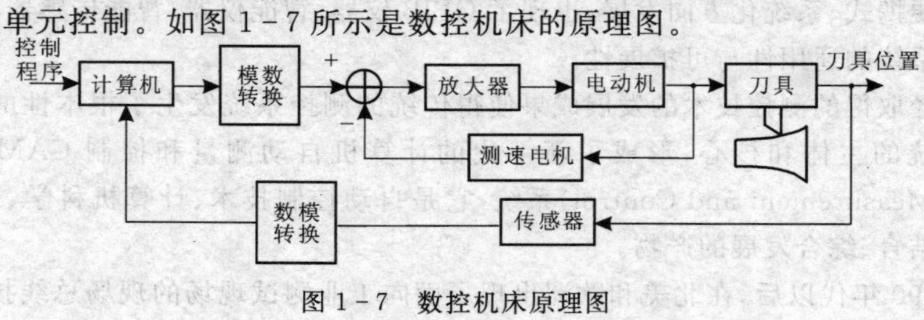

图 1－7　数控机床原理图

在实际操作中，数控机床根据对工件的加工要求，事先编制出控制程序，作为系统的输入量送入计算机。与工具架连在一起的传感器，将刀具的位置信息变换为电压信息，再经过模数转换变成数字信号，并作为反馈信号送入计算机。计算机将输入信号与反馈信号比较，得到偏差信号，并根据偏差信号，按照设计的控制规律产生控制信号。控制信号经数模转换将数字信号变成模拟电压信号，经功率放大后驱动电动机，带动刀具按期望的规律运动。系统中的计算机还要完成指定的数学运算等，使系统有更高的工作质量。图1-7中的测速电机反馈支路就是用来改善控制性能的。

与普通机床相比，数控机床有以下特点：加工精度高、加工质量稳定；可进行多坐标的联动，能加工形状复杂的零件；当加工要求改变时，一般只需要更改数控程序，可节省生产准备时间；机床本身的精度高、刚性大，可选择有利的加工用量，生产效率高；机床自动化程度高，可以减轻劳动强度，但数控机床对操作及维修人员的素质及技术要求更高。

随着数控机床技术的发展和功能部件性能的提高，高速、精密、复合、智能将是数控机床技术发展的趋势。

2. 在电力工业中的应用

电力工业是能源转化的工业，它能把一次能源转化成通用性强、效率高的二次能源。无论是火力、水力、原子能、地热、风力还是太阳能，其发电过程都离不开测控技术。

例如，火力发电是利用煤炭、石油、天然气等燃料燃烧产生的热量来加热水，使水变成高温、高压水蒸气，推动发动机转换成电能的。火力发电的主要设备是锅炉、汽轮机、发电机及其他辅助设备。原煤经简单的处理后送入锅炉，燃烧产生的热量使炉膛内的水变成水蒸气，送入汽轮机；汽轮机在蒸汽的压力作用下高速旋转，带动发动机高速旋转，作切割磁力线运动，完成由机械能转化为电能的过程。发电过程的每一个环节都由自动控制系统控制。下面以汽轮机的速度控制为例说明测控系统的作用。

汽轮机是能将蒸汽热能转化为机械功的外燃回转式机械。来自锅炉的蒸汽进入汽轮机后，将蒸汽的热能转化为汽轮机转子旋转的机械能。汽轮机控制的主要任务是保证汽轮机的安全运行，保证汽轮机的转速不变。速度控制系统可根据汽轮机的期望转速与实际转速的差值自动地进行调整。其工作原理是根据期望转速，设置输入量(控制量)。如果实际转速降到希望的转速值以下，则调速器的离心力下降，从而使控制阀上升，进入汽轮机的蒸汽量增加，于是汽轮机的转速随之增加，直至上升到期望的转速值为止。反之，若汽轮机的转速增加到超过期望的转速值，调速器的离心力便会增加，造成控制阀向下移动。这样就减少了进入汽轮机的蒸汽量，蒸汽机的转速也就随之下降，直到下降到期望的转速时为止。

3. 在航空、航天业中的应用

航空、航天技术是近年来发展最迅速，对人类社会影响最大的科学技术领域之一，是衡量一个国家科学技术水平、国防力量和综合实力的重要标志。航空、航天技术是一门高度综合的现代科学技术，其中测控技术起着非常关键的作用。

航空飞行器有气球、飞艇、飞机等。飞机中的航空仪表用来测量、计算飞机的飞行参数，如飞行的高度和速度、飞行的状态和方向、飞机的载荷因数、发动机状态参数、飞机的加速度等，调整飞机的运行状态，对保障飞机的飞行安全、改善飞行性能起着重要的作用。

例如，在飞行器的仪表中，为了将陀螺(或其他测量元件)测得的姿态角数据传递到比较远的地方，如驾驶室的仪表板上，要进行转角的远距离传送。可以利用随动系统来实现上述要求。该系统的任务就是保持输出轴始终紧紧跟随输入轴的变化。因为输入轴的位置是未知的时间函数，所以该系统是一个位置随动系统，其系统方框图如图 1-8 所示。

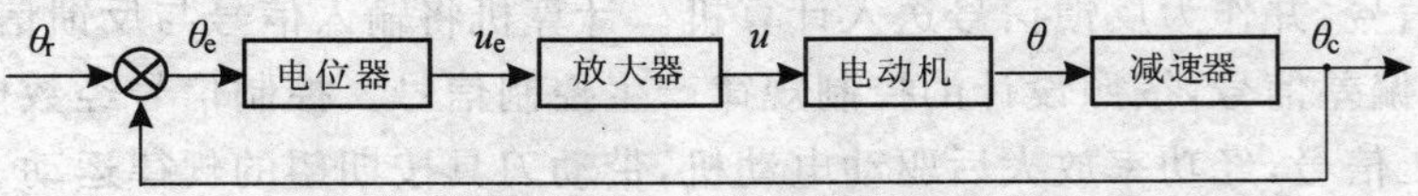

图 1-8　随动系统方框图

在这个位置随动系统中，利用电位器把输入轴和输出轴的转角变成相应的电压，将两电压相减，得到与角度偏差成比例的电压，该电压经放大器放大后加到电动机上，经传动装置使输出电位器移动，改变输出轴的转角，使角度偏差减小。最后，两者取得一致，误差电压为零，电机停止转动，系统进入平衡状态。这样就保证了输出角紧紧跟随输入角的变化。

航天技术（又称空间技术）是指将航天器送入太空，以探索开发和利用太空及地球以外天体的综合性工程技术，其组成主要包括航天运载器技术、航天器技术和航天测控技术。

测控技术是对运载器（如运载火箭）及航天器进行跟踪测量、监视和控制的技术。为了保证火箭的正常飞行和航天器在轨道上的正常工作，除了在火箭和航天器上装有测控设备外，还必须在地面建立测控（通信）系统。地面测控系统由分布在地球各地的测控站及测量船组成。

航天测控系统主要由光学跟踪测量系统、无线电跟踪测量系统、遥测系统、实时数据处理系统、遥控系统、通信系统等组成，它体现了一个国家测控技术的最高水平。

2011 年 11 月 3 日，我国的“天宫一号”目标飞行器与“神舟八号”宇宙飞船成功进行了我国首次航天器交会对接。为保证对接成功，载人航天工程的很多系统都做了充分准备，尤其是运载火箭系统、测控通信系统进行了多项技术改进。两个航天器在发射、对接的时间和空间上的精确控制也进一步确保了交会对接的顺利完成。

交会对接包括交会和对接两部分。交会是指两个航天器利用测量设备按照预定的时间和位置停靠相会，对接是指两个航天器通过对接机构相互接触并连成一个整体。交会对接大致分为地面导引、自动寻找、最终逼近、对接合拢四个阶段。要实现对接，必须依靠精密的设备。其中，测量设备是航天器之间进行交会靠拢的“眼睛”，一般安装在航天器的“头部”，其测量范围从大到小分别为微波雷达（测量范围的相对距离为 100 km～100 m）、激光雷达（20 km～10 m）、光学成像敏感器（100 m～1 m）、对接敏感器（10 m～0 m），以及卫星导航定位系统。

空间交会对接的难点主要体现在四个方面。难点一，拟对接的两个航天器速度极高，时速达到 2.8×10^4 km，对接时如果控制不好，容易“追尾”。难点二，实现交会时要一边绕地球运行，一边缩短两个航天器的距离。两个航天器在各自绕地球的过程中经过几次调整，才能逐步在轨道上达到同一位置。难点三，两个航天器在对接时还要精确地控制它们的朝向，即姿态控制。对接时两个航天器的对接面中心轴要在同一条对接轴上，如果错位就无法对接了。难点四，须研制出复杂而精巧的对接机构。

如图 1-9 所示为“神舟八号”与“天宫一号”进行自动对接电脑图。

实现“天宫一号”与“神舟八号”在太空交会，精确的测试与定位是关键。为了完成这次任务，测控通信系统进行了大量改进，形成了陆基、海基、天基“三位一体”的测控网，而“天链一号”中继卫星系统中的两颗中继卫星使得我国载人航天测控通信网的覆盖率提升到 70%。

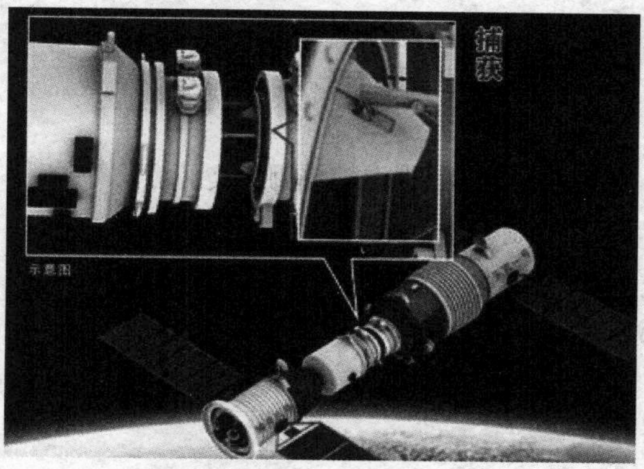

图1-9 “神舟八号”与“天宫一号”进行自动对接电脑图

4.在军事装备中的应用

随着科学技术的迅猛发展，世界范围内的军事装备正从工业化战争军事装备向信息化战争军事装备转变，主要表现在精确制导武器、军事自动化指挥系统、外层空间装备等。

精确制导是指按照一定的规律控制武器的飞行方向、姿态、高度和速度，引导其战斗部准确攻击目标的军用技术，炸弹、炮弹、导弹、地雷、鱼雷等武器装备嵌入精确制导技术后具备自动寻的功能，命中率空前提高，被称为信息化弹药。精确制导武器通过某种制导技术手段，随时测定它与目标之间的相对位置和相对运动，并根据偏差大小和运动的状态形成的控制信息，控制武器的运动轨迹，使之最终命中目标。如图1-10所示为导弹制导控制的数字自动飞行系统的原理框图。

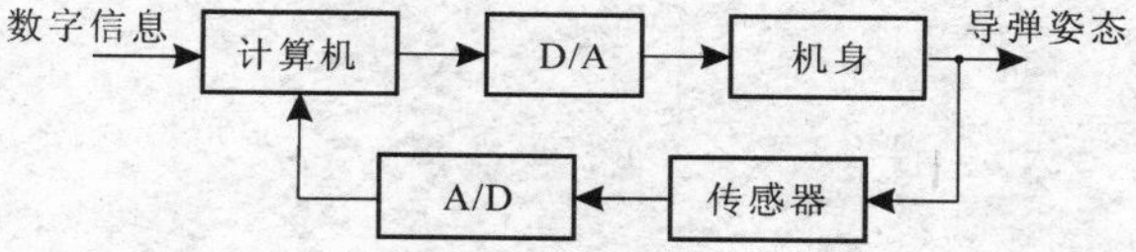

图1-10 制导导弹的数字自动飞行系统

军事自动化指挥系统是运用以计算机为核心的各种技术设备，实现军事信息收集、传递、处理自动化，保障对军队和武器实施指挥和控制的。

军事自动化指挥系统包括指挥(command)、控制(control)、通信(communication)、计算机(computer)和情报(intelligence)系统，简称 C^4I，进入20世纪90年代后期，又加入侦查(reconnaissance)、预警(surveillance)两个要素，发展成为 C^4IRS 系统。C^4IRS 系统是以计算机网络为核心，集指挥、控制、通信、情报、侦查、预警功能于一体，技术设备和指挥人员相结合，对部队和武器系统实施自动化指挥的作战系统。C^4IRS 系统有战略、战役、战术级别之分，下一级 C^4IRS 系统是上一级 C^4IRS 系统的子系统，同级的 C^4IRS 系统之间实行互联，以此达到快速反应、信息共享、协同作战的目的。目前，C^4IRS 系统的情报、预警、侦查等“触角”正朝着多层次、多方位的方向发展，以提高捕捉地面、水下、低空、高空和外太空信息的能力。自动化指令系统能大大提升军队的指挥和管理效能，从整体上增强军队的战斗力，其已成为现代化军队的基本装备和重要标志。

习题与思考题

1-1　什么是测量？测量技术研究的内容有哪些？

1-2　什么是控制？数字控制系统的基本组成是什么？

1-3　什么是测控技术？测控系统的主要任务是什么？

1-4　测控系统有哪些主要类型？

第2章 电子测量与测量误差理论

2.1 电子测量的基本概念

2.1.1 测量

测量是为确定被测对象的量值而进行的实验过程。在这个过程中,人们借助于专门的设备,把被测对象与已知的标准量进行比较,取得用数值和单位共同表示的测量结果。测量的目的是准确地获取被测参数的值。人们通过对客观事物大量的观察和测量,能使人们对事物有定性和定量的概念,建立各种定理和定律,而后又通过测量来验证这些认识、定理和定律是否符合实际情况。因此,测量是人类认识事物不可缺少的手段。历史事实证明,科学的进步,生产的发展,与测量理论、技术、手段的发展和进步是相互依赖、相互促进的。测量技术水平是一个历史时期,一个国家的科学技术水平的一面"镜子"。正如特尔曼(F. E. Telmean)教授所说:"科学和技术的发展是与测量技术并行进步相互匹配的。事实上,可以说,评价一个国家的科技状态,最快捷的办法就是去审视那里所进行的测量以及由测量所积累的数据是如何被利用的。"

电子测量是测量学的一个重要分支。从广义上说,凡是利用电子技术进行的测量都可以说是电子测量。在电子测量中采用的仪器称为电子测量仪器,简称电子仪器。电子测量分为两类,一类是对电量的测量,另一类是运用电子技术对压力、温度、流量等非电量的测量。本章主要讨论电量的测量,即狭义的电子测量。

2.1.2 电子测量的内容

在电子测量的范围内,所涉及的内容包括以下几个方面。

1)电能量的测量:如电压、电流、电功率等。

2)元件和电路参数的测量:如电阻、电容、电感、阻抗、品质因数、电子器件的参数等。

3)信号特性的测量:如信号的波形和失真度、频率、相位、调制度等。

4)系统性能的测量:如放大倍数、衰减量、灵敏度、噪声指数等。

5)特性曲线的测量:如幅频特性、相频特性、传递函数、系统函数等。

在上述各参数中,电压、频率、相位、阻抗等是基本参数,对它们的测量是其他许多派生参数测量的基础。

在科学研究和生产实践中,常常需要对许多非电量进行测量。传感技术的发展为这类测量提供了新的方法和途径。现在,可以利用各种敏感元件和传感装置将非电量如物质位移、速度、温度、压力、液体流量、物体形状、物质成分等变换成电信号,再利用电子测量设备进行测量。在一些危险和人们无法进行直接测量的场合，这种方法几乎成为唯一的选择。在生产过程的自动控制系统中，将生产过程中有关非电量转换成电信号进行测量、分析、记录并据此对生产过程进行控制，是一种典型的方法，如图 2－1 所示。

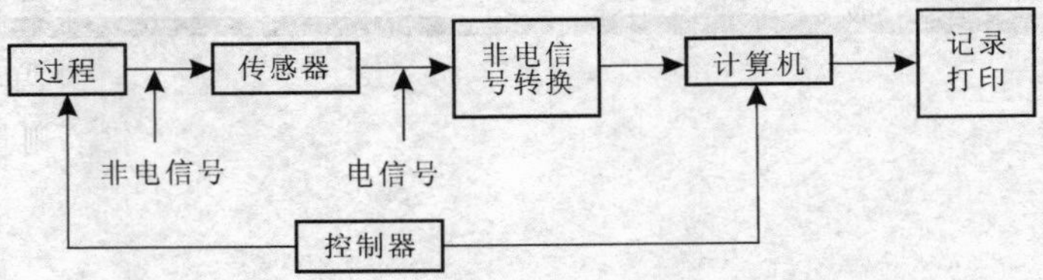

图 2－1　非电量测量在过程控制中的作用

2.1.3　电子测量的特点

与其他测量相比，电子测量具有以下特点。

1）测量频率范围宽：低频可低至 10^{-4}～10^{-5} Hz，高频可达 10^{12} Hz。在不同的频率范围内，电子测量所依据的原理、使用的测量仪器、采用的测量方法也各不相同。例如，在直流、低频和高频范围内，电流和电压的测量需要采用不同类型的电流表和电压表。

2）电子测量仪器的量程广：量程是测量仪器所能测试参数的范围。由于被测对象的大小相差极大，所以要求仪器的量程也极宽。普通的电阻表，可测量从零点几欧至几十兆欧的电阻，量程达 8 个数量级；数字电压表可测量 10 nV～1 kV 的电压，量程达 12 个数量级；而数字式频率计，其量程可达 17 个数量级。

3）电子测量准确度高：电子仪器的准确度比其他测量仪器高很多，尤其是对频率、时间和电压的测量。由于采用原子频标和原子钟作基准，时间的测量误差可减小到 10^{-13}～10^{-14} 量级，这是目前人类在测量准确度方面达到的最高标准。用标准电池作基准可使电压的测量误差减小到 10^{-6} 量级。正是由于电子测量能够准确地测量频率和电压，因此人们往往把其他参数转换成频率和电压后再进行测量。

4）测量速度快：由于电子测量是通过电子运动和电磁波的传播来进行的，所以它具有其他测量方法通常无法类比的速度。

5）易于实现遥测和长期不间断的测量：通过各种类型的传感器，可以实现对人体不便于接触或无法到达的区域进行遥测，而且也可以在被测对象正常工作的情况下进行长期不间断的测量。

6）易于实现测量过程的自动化和测量仪器的小型化和智能化：由于电子测量的测量结果和它所需要的控制信号都是电信号，因而非常有利于直接或通过模数转换与计算机相连接，实现自动记录、数据运算和分析处理，组成自动测试系统。随着微电子技术和计算机的发展，电子仪器正朝着小型化、智能化的方向发展，特别是随着模块化仪器系统的运用，把多个仪器模块连同计算机一起组成自动测试系统。这对某些场合，如军事、航空等领域的使用具有重要意义。

电子测量的这些特点，使得它被广泛地应用到各个领域中，大到天文观测、航空、航天，小到物质结构、基本粒子，几乎所有领域都需要运用电子测量技术来完成数据监测。

2.1.4　电子测量技术

在电子学领域，测量对象是从直流到光频范围内的信号特性和系统特性。信号特性主要是信号的电压、频率、周期、波长、时间、相位、波形、频谱、时序等。系统特性包括集中参数系统和分布参数系统的特性，如电阻、电感、电容、阻抗、品质因数、增益、衰减、单位冲击响应、传递函数、逻辑关系等。信号特性是系统特性测量的基础。信号和系统特性测量都包括时域和频域两大类，见表 2-1。

表 2-1　信号和系统特性测量

	模拟测量		数字域测量
	时　域	频　域	
研究内容	幅度-时间特性：波形、单位冲击响应等	频率特性：频谱、幅频特性、相频特性、传递函数等	数域特性：时序、逻辑等
测试信号	脉冲信号	正弦信号	时序、逻辑
测试状态	瞬态	稳态	瞬态、稳态
测量仪器	脉冲信号发生器、示波器、时域网络分析仪等	正弦信号发生器、扫频仪、频谱分析仪、频谱网络分析仪等	节点测试器、逻辑分析仪等
测试结果	波形	频谱	伪波形、状态图等

时域测量用于测量电压、电流等电量，这些量有稳态值和瞬时值之分。前者多用仪器、仪表指示，后者可以通过示波器等显示其变化规律。

频域测量用于测量增益、相移等量，一般是通过分析电路的频率特性或频谱特性等方法进行测量的。

数字域测量用于数字信号或数字电路的测量，一般采用逻辑分析仪进行测量，可以同时观测多路单次并行的数据。例如，可以观测微处理器地址线、数据线上的信号，可以显示时序波形，也可以用 0,1 显示其逻辑状态。

根据不同情况，测量方法有很多种。对于这些测量方法，可以从不同角度进行分类。例如，根据测量过程中被测量值是否随时间变化，可分为静态测量与动态测量；根据测量数据是否得通过基准量的测量而求得，可分为绝对测量与相对测量；根据所得结果的获取方法可分为直接测量与间接测量等。

直接测量是利用测量器具对某一未知量直接进行测量，无需对被测量与其他实测的量进行函数关系的辅助计算，而直接得到被测量值的测量方法，例如用电压表测量电压等。

间接测量不是直接测量被测量值，而是测量与被测量值有一定函数关系的其他物理量，从而得到该被测量值的测量方法。例如，直接测出电阻 R 的阻值及其两端的电压 U，由公式 $I=U/R$ 可求出被测电流的值。

当被测量不便于直接测量，或者间接测量的结果比直接测量更为准确时，多采用间接测量方法。例如，通过测量集电极电阻上的电压再经计算得到晶体管集电极电流，比断开电路串入电流表的方法更简便易行。

2.1.5 电子测量的发展趋势

一方面，测量是人类认识事物不可缺少的手段，离开测量，人类就不能真正准确地认识世界。另一方面，科学技术的发展也推动了测量技术的发展。即使像时间这样的基本量，在以前很长一段时间内，一直用沙钟和滴漏进行极其粗略的测量。直到伽利略通过对摆的观察才启发人们使用计数周期的谐振系统（如钟表）来实现时间测量。目前使用铯原子谐振和氢原子谐振来测量时间，其准确度基本为在 30 万年内的误差小于 1 s。可见，现代电子测量仪器是科学研究的成果之一，而测量仪器也促进了科学技术的发展，两者密切相关。

电子仪器及测量技术的发展又是其他技术发展的保证。微电子技术的飞速发展，使得数字电路的集成度和工作速度不断提高，不仅要求研究新的测试理论和算法，开发大型先进的测试系统，而且要求采用新的电路设计。若设计时不考虑测试问题，则可能出现因无法对电路进行全面测试而不能投产的情况。包括协议分析仪在内的新型通信仪器的出现保证了计算机网络和通信产业的迅速发展，光纤测试仪器的出现则促进了光纤通信技术的发展。

近 20 多年来，电子技术，特别是微电子技术和计算机技术的迅速发展，促进了电子测量技术的飞速发展。电子仪器与计算机技术相结合，使功能单一的传统仪器变成了先进的智能仪器和由计算机控制的模块化测试系统。微电子及相关技术的发展，不断为电子仪器提供了各种新型器件，如 ASIC（专用集成电路）、DSP（数字信号处理）芯片、新型显示器件及新型传感器件等，不仅使电子仪器变得“灵巧”、功能强、体积小、功耗低，出现了智能仪器、GPIB 接口总线、个人仪器、VXI 总线系统及虚拟仪器，使测试技术朝向智能化、自动化、小型化、模块化和开放式系统的方向发展，而且使过去难以测试的一些参数变得容易测试。这些不仅改变了若干传统测量概念，更对整个电子技术和其他科学技术产生了巨大推动作用。现在，电子测量技术（包括测量理论、方法、测量仪器装置等）已形成电子科学技术领域重要而发展迅速的分支。

2.2 测量误差的基本概念

2.2.1 测量与误差

测量是人们使用专门设备，通过实验方法取得客观事物数量信息的认识过程，就是通过实验来求出被测量的量值。人们把被测量具有的真实量值称为它的真值。真值是客观存在的，在不同的时空条件下，同一被测量的真值往往是不同的。在测量过程中，当人们对同一物理量进行多次重复测量时，测量结果并不完全一致。这是由于人们对客观规律认识的局限性，测量器具不准确，实验手段不完善，周围环境的影响，测量人员的技术水平等原因，使得测量值只能反映它与被测量某种程度上的近似，这种近似是可以用误差来衡量的。

不同测量任务对测量误差的大小，即对测量精度的要求是不同的。随着科学技术的发展，很多领域对测量精度提出了越来越高的要求。当今世界，对测量误差的控制能力已成为衡量测量水平的重要标志之一。因此，人们需要不断研究测量理论，改进测量仪器，提高测量技术。

首先介绍测量工作一些常用术语的定义。

真值：被测量具有的真实量值，是用理论来定义计量标准的真值。

指定值：按国家基准指定的值作为计量单位的指定值。

实际值：把国家基准所体现的计量单位通过逐级对比传递到实际仪器上，每一级对比中，都是以上一级标准的量值作为近似值，称之为实际值。

测量误差：被测量的示值与实际值之差。

示值：由测量仪器所指示的被测量的数值。

准确度：测量值与被测量真值的接近程度或一致程度。

精密度：一组测量值之间或仪器之间一致的程度，是测量重复性的一种度量。

等精度测量：在相同的测量条件下，所进行的一系列重复测量称为等精度测量。

非等精度测量：在多次测量中，如果对测量结果精确度有影响的一切条件，不能完全维持不变的测量称为非等精度测量。

2.2.2　测量误差的定义

按照表示方法的不同可以把测量误差分为绝对误差和相对误差两种。

1. 绝对误差

设测量值为 x，被测量真值为 A_0，则绝对误差 Δx 表示为

$$\Delta x = x - A_0 \tag{2-1}$$

由于真值 A_0 一般无法得到，故式(2-1)只有理论上的意义。在实际中采用约定真值 A，它定义为在给定条件下，被认为充分接近真值，可用来替代真值的量值。

约定真值可以是指定值、实际值等，也可以是最佳估计值。这时，绝对误差表示为

$$\Delta x = x - A \tag{2-2}$$

在测量中还常用到修正值的概念。与绝对误差的绝对值相等，符号相反的值称为修正值，一般用 C 表示。

$$C = -\Delta x = A - x \tag{2-3}$$

一般测量仪器在说明书中都给出了工厂检定的修正值。利用修正值可求出仪器的实际值。例如，某电流表的量程为 1 mA，说明书中给出其修正值为 −0.01 mA。当使用该表测量一电流时，其测量值为 0.78 mA，则可求得被测电流的实际值为

$$A = 0.78 + (-0.01) = 0.77\ \text{mA}$$

在自动测量仪器中，修正值可存储在内存中，测量时仪器根据预先编制好的程序对测量结果进行修正。

2. 相对误差

绝对误差并不能完全表示测量的质量，它不能确切地反映测量的精确程度。当测量两个频率时，其中一个频率为 100 Hz，其绝对误差为 1 Hz；另一个频率为 1 000 Hz，其绝对误差为 10 Hz，后者的绝对误差虽是前者的 10 倍，但后者的准确度却比前者高。也就是说，测量的准确程度，除了与误差的大小有关以外，还和被测量的大小有关。在绝对误差相等的情况下，测量值越小，测量的准确程度越低；反之，测量的准确程度越高。为了能确切地反映测量的准确程度，一般情况下采用相对误差的概念，它是绝对误差与被测量的真值之比，常用百分数表示。若用 γ 表示相对误差，则

$$\gamma = \frac{\Delta x}{A_0} \times 100\% \tag{2-4}$$

在实用中，真值往往用约定真值或测量值代替。若真值用被测量的实际值 A 代替，则相对

误差称为实际相对误差，记为

$$\gamma_A=\frac{\Delta x}{A}\times 100\% \tag{2-5}$$

若真值用测量值 x 代替，则相对误差称为标称相对误差或示值相对误差，表示为

$$\gamma_x=\frac{\Delta x}{x}\times 100\% \tag{2-6}$$

这种方法只适合在误差较小的情况下，作为一种近似计算。

若真值用仪器指示的满度值 x_m 代替，则相对误差称为满度相对误差，记为

$$\gamma_m=\frac{\Delta x}{x_m}\times 100\% \tag{2-7}$$

前面所列出的各种相对误差都是用来衡量测量的准确程度的，用它们来衡量仪器的精确度就不合适了。因为相对误差随着分母上的被测量而变化，而对于一般磁电式电表来说，在一个量程内可认为 Δx 是常数，而用式(2-6)表示的相对误差会随着表头指针偏转到不同位置而发生变化，这样在同一量程下，会有不同的精度。满度相对误差给出的就是某量程下的绝对误差的大小，适合用来表示电表或仪器的准确度。很显然，在不同的量程段内，仪表所引起的绝对误差是不同的，在同一量程范围内，电流表的绝对误差 Δx 并不是常数。

常用电工仪表分为 7 级：0.1，0.2，0.5，1.0，1.5，2.5 及 5.0 级，分别表示它们的满度相对误差限的百分比。要注意的是，准确度等级在 0.2 级以上的电表属于精密仪表，使用时要求相对较高的使用环境及严格的操作步骤。

【例 2-1】 现有两块电压表，其中一块表是量程为 100 V 的 1.0 级表，另一块是量程为 10 V 的 2.0 级表，用它们来测 8 V 左右的电压，选用哪一块表更合适？

解 根据满度相对误差及表的等级的定义，若仪表等级为 S 级，则对应的满度相对误差 γ_m 的绝对值为 $S\%$，用该表测量所引起的绝对误差为

$$|\Delta x|\leqslant x_m\times S\%$$

若被测量实际值为 x_0，则测量的相对误差为

$$|\gamma|\leqslant\frac{x_m\times S\%}{x_0}$$

若使用 100 V 1.0 级电压表，则测量误差为

$$|\Delta V_1|\leqslant 100\times 1\%=1\ \text{V}$$

若使用 10 V 2.0 级电压表，则测量误差为

$$|\Delta V_2|\leqslant 10\times 2\%=0.2\ \text{V}$$

由此例可以看出，尽管第一块表的准确度级别高，但由于它的量程范围大，所引起的测量误差范围也很大。也就是说，在一个仪表的等级选定后，所产生的最大绝对误差与量程 x_m 成正比。为了减少测量中的误差，在选择量程时指针尽可能接近于满度值，一般情况应使被测量的数值尽可能在仪表满量程的 2/3 以上。在选择测量仪表时，也不要片面追求仪表的级别，而应该根据被测量的大小，兼顾仪表的满度值和级别。

2.2.3 误差的主要来源

测量误差是多种误差因素共同作用的结果，其主要来源包括以下几种：

1. 仪器误差

仪器、仪表本身及其附件所引入的误差称为仪器误差。例如，电桥中的标准电阻、示波器的探极线等都含有误差。仪器、仪表的零位偏移、刻度不准确以及非线性等引起的误差均属于仪器误差。

2. 使用误差

使用误差又称操作误差，它是指在使用过程中，由于未严格遵守操作规程所引起的误差。例如，将按规定应垂直安放的仪表水平放置，仪器接地不良，测试引线太长而造成损耗或未考虑阻抗匹配，未按操作规程进行预热、调节、校准后再测量等，都会产生使用误差。

3. 影响误差

由于各种环境因素与要求条件不一致所造成的误差称为影响误差。例如，温度、湿度、电源电压、电磁场影响等所引起的误差。

4. 方法误差和理论误差

由于测量方法不合理所造成的误差称为方法误差。例如，用模拟电压表测量电路中高阻值电阻两端的电压，由于模拟电压表电压挡内阻不高而形成分流作用引起的误差即为方法误差。用近似公式或近似值计算测量结果时所引起的误差则称为理论误差。

5. 人为误差

人为误差是由于测量者的分辨能力、视觉疲劳、固有习惯或缺乏责任心等因素引起的误差，例如读错刻度、念错读数等。对于某些需借助于人眼、人耳来判断结果的测量以及需进行人工调节等的测量工作，均会引入人为误差。

在测量工作中，对于误差的来源必须认真分析，采取相应措施，以减小误差对测量结果的影响。

2.2.4　误差的分类

若要求达到绝对的准确，测量是无法进行的。重要的是确定切实可行的准确度，并找出测量中各种误差产生的原因。要想减少误差，首先要研究误差，这种研究能够确定最终结果的准确度。

误差有许多来源，按照测量误差的基本性质和特点，通常可以把误差分为三类：系统误差、随机误差和粗大误差。

1. 系统误差

系统误差简称系差，这种误差通常分为两类：仪器误差，即仪器的缺陷所造成的误差；环境误差，由于外界条件影响而产生的测量误差。

仪器误差是测量仪器固有的误差，主要由仪器的机械结构造成。其他的仪器误差如校准误差也会引起仪器读数偏高或偏低(测试之前调零不当也会引起类似误差)。

仪器误差可以通过下述方法避免：根据特定用途合理选择仪器，确定了仪器的误差以后应用校正因数修正仪器读数，用标准仪器来校准测量仪器。

环境误差是由测量装置的外部条件引起的，仪器周围的环境条件，如温度、湿度、大气压、磁场、电场对测量都有影响。消除这类误差可以采用空调来保证仪器的使用环境温度，也可以将仪器内某些元件进行密封，或采用磁屏蔽等环境修正措施。

系统误差还可分为静态误差和动态误差。静态误差是测试设备的局限性或测试设备所依据的物理定律的局限性造成的。动态误差是由于仪器的响应跟不上被测量的变化而引起的。

系统误差的主要特点是，只要测量条件不变，误差即为确切值，用多次测量取平均值的方法不能改变或消除系差；而当条件改变时，误差也随之按某种特定的规律变化，具有可重复性。

理论上系统误差具有一定的规律性，可以根据其产生的原因，采取相应的技术措施消除或减小它，但实际中处理系统误差并不是一件容易的事情。

2. 随机误差

引起随机误差的原因很多，即使消除了全部系统误差，也会出现这类误差。在设计比较完善的实验中，一般很少出现大的随机误差，这时测量的准确度就显得很重要了。假定某一电压值由电压表每半小时监测一次。尽管仪器在理想的环境下工作，并在测量前经过准确的校准，但在观测期间也会发现读数有微小的变化。这个变量不能用任何校准方法或已知的控制方法进行纠正，不进行精心的研究就无法解释它。在测量中，只有通过增加读数次数及使用统计方法获得最接近真值的数值，才能抵消随机误差。

随机误差的特点是在多次测量中误差的绝对值具有有界性和对称性。根据随机误差的这些特点，可以通过对多次测量取平均值的方法来减小随机误差对测量结果的影响，或用其他数理统计的办法对随机误差加以处理。

随机误差体现了多次测量的精密度，随机误差小，则测量数据的精密度高。

3. 粗大误差

粗大误差简称粗差，这类误差主要是实验者读错、记错、算错测量结果或由于测量者仪器使用不当造成的。由于有人的参与，有些粗差是不可避免的。尽管完全消除粗差是不大可能的，但应当尽量避免和纠正。含有粗差的测量值称为坏值，应当剔除不用，因为测量所得坏值并不能反映被测量的真实数值。

上述对误差按其性质进行的划分具有相对性，某些情况可以互相转化。例如，较大的系差或随机误差可视为粗差；当电磁干扰引起的误差数值较小时，可按随机误差取平均值的方法加以处理，而当其影响较大又有规律可循时，可按系统误差引入修正值的办法进行处理。

最后指出，除粗差较易判断和处理外，在任何一次测量中，系统误差和随机误差一般都是同时存在的，需根据各自对测量结果的影响程度，做不同的情况具体处理。

1）系统误差远大于随机误差的影响，此时可基本按纯粹系差处理，而忽略随机误差；

2）系差极小或已得到修正，此时基本上可按纯粹随机误差处理；

3）当系差和随机误差相差不远时，应分别按不同的办法处理，最后估计其最终的综合影响。

2.2.5 研究误差理论的目的

由于在测量中误差是普遍存在的，所以研究误差的来源及其规律，减小和尽可能消除误差，以得到准确的实验结果是非常重要的。随着测量技术的发展，测量中的误差可以逐步减小，但不可能做到完全没有误差。有时即使为了减少一点误差也要花费大量人力和物力，因此还要根据实际工作需要确定测量的精度。

研究误差理论的目的：

1）充分利用测量数据，合理、正确地处理数据，以便在给定的测量条件下得出被测量的最佳估计值。

2）根据数据处理的结果正确表示出测量不确定度。测量结果的使用与其不确定度有密切的关系，不确定度愈小，可信度愈高，使用价值愈高；不确定度愈大，可信度愈低，使用价值也低。测量不确定度数据过大，会对产品质量造成危害；过小则会在人力、物力方面造成浪费。

3）正确地分析误差来源及规律，以便在测量中合理地选择仪器、方法及环境，消除不利因素，完善检测手段，提高测量准确度。

2.3　随机误差的统计处理

随机误差是对同一量值进行多次等精度测量时，其绝对值和符号均无规则地变化的误差。就单次测量而言，随机误差没有规律，其大小和方向完全不可预知，但当测量次数足够多时，随机误差服从统计规律。概率论中的中心极限定理表明，只要构成随机变量总和的各独立随机变量的数目足够多，而且每个随机变量对于总和只起微小的作用，则随机变量总和的分布规律可认为是正态分布，又称为高斯分布。在测量中，测量误差往往是由众多对测量影响微小且互不相关的因素相互影响造成的，如噪声干扰、空气扰动、电磁场微变，以及测量人员感觉器官各种无规律的微小变化等。这些微小误差的总和构成了测量中的随机误差，可以说测量中随机误差的分布大多接近于正态分布。如果影响随机误差的因素有限或某种因素起的作用特别大，就不满足中心极限定理所要求的条件，误差将呈非正态分布，如均匀分布、三角形分布及反正弦分布等。总之，随机误差及其影响下的测量数据都服从一定的统计规律。对随机误差的统计处理就是根据概率论和数理统计的方法研究随机误差对测量数据的影响及其分布规律的；也就是要研究在实际有限次数的测量中，如何用统计平均的方法减小随机误差的影响，估计被测量的数学期望和方差。

2.3.1　测量值的数学期望和方差

1. 数学期望

假设对被测量 x 进行 n 次等精度测量，得到 n 个测量值：$x_1, x_2, \cdots, x_n$，由于随机误差的存在，这些测量值也是随机变量。定义 n 个测量值的算术平均值为

$$\bar{x} = \frac{1}{n}\sum_{i=1}^{n} x_i \tag{2-8}$$

式中，$\bar{x}$ 称为样本平均值。当测量次数 $n \to \infty$ 时，样本平均值 $\bar{x}$ 的极限定义为测量值的数学期望：

$$E_x = \lim_{n\to\infty}\left(\frac{1}{n}\sum_{i=1}^{n} x_i\right) \tag{2-9}$$

假设上述测量值中不含系统误差和粗大误差，则第 i 次的测量值 x_i 与真值 A 间的绝对误差等于随机误差，即

$$\Delta x_i = \delta_i = x_i - A \tag{2-10}$$

式中，Δx_i，δ_i 分别为绝对误差和随机误差。

随机误差的算术平均值为

$$\bar{\delta} = \frac{1}{n}\sum_{i=1}^{n}\delta_i = \frac{1}{n}\sum_{i=1}^{n}(x_i - A) = \frac{1}{n}\sum_{i=1}^{n} x_i - A \tag{2-11}$$

当 $n\to\infty$ 时，式(2-11)中第一项即为测量值的数学期望 E_x。由于随机误差的抵偿性，当测量次数 $n\to\infty$ 时，$\bar{\delta}\to 0$，于是可得

$$E_x = A \tag{2-12}$$

即测量值的数学期望等于被测值的真值 A。

实际上不可能做到无限多次的测量，对于有限次的测量，当测量次数足够多时，随机误差的算术平均值和样本平均值可近似认为

$$\bar{\delta}=\frac{1}{n}\sum_{i=1}^{n}\delta_i\approx 0$$

$$\bar{x}\approx E_x = A$$

由上述分析可以得出，在实际测量工作中，在基本消除系统误差又剔除粗大误差后，虽然仍有随机误差存在，但多次测量值的算术平均值很接近被测量真值。因此，将它作为最后测量结果，并称为被测量的最佳估计值。

2. 剩余误差

当进行有限次测量时，各次测量值与算术平均值之差定义为剩余误差或残差，即

$$v_i = x_i - \bar{x} \tag{2-13}$$

当 $n\to\infty$ 时，$\bar{x}\to E_x$，此时残差就等于随机误差 δ_i。

3. 方差与标准偏差

随机误差反映了实际测量的精密度，即测量值的分散程度。由于随机误差的抵偿性，因此不能用它的算术平均值来估计测量的精密度，而应使用方差进行描述。方差定义为

$$\sigma^2=\lim_{n\to\infty}\frac{1}{n}\sum_{i=1}^{n}(x_i-E_x)^2 \tag{2-14}$$

因为随机误差 $\delta_i = x_i - E_x$，所以

$$\sigma^2=\lim_{n\to\infty}\frac{1}{n}\sum_{i=1}^{n}\delta_i^2 \tag{2-15}$$

式中，σ^2 称为测量值的样本方差。式中 δ_i 取平方的原因有二：其一，随机误差的分布具有对称性，把它平方后，正负误差才不会抵消掉，从而可以用来描述随机误差的分散程度；其二，求和再平均后，个别较大的误差在式中占的比例也较大，使方差能比较灵敏地反映测量数据的离散性。

方差的算术平方根 σ 定义为测量值的标准误差或均方根误差，即

$$\sigma=\sqrt{\lim_{n\to\infty}\frac{1}{n}\sum_{i=1}^{n}\delta_i^2} \tag{2-16}$$

σ 也称标准偏差、标准差，它反映了测量的精密度。σ 小表示精密度高，测量值集中；σ 大表示精密度低，测量值分散。

2.3.2 随机误差的分布

1. 随机误差的正态分布

前面已经提到，在大多数情况下，测量误差及测量值服从正态分布，表现为测量值 x_i 在其期望值上出现的概率最大，随着对期望值偏离的增大，出现的概率急剧减小；表现在随机误差 δ_i 上，等于零的随机误差出现的概率最大，随着随机误差绝对值的加大，出现的概率急剧减小，

如图 2-2 和图 2-3 所示。

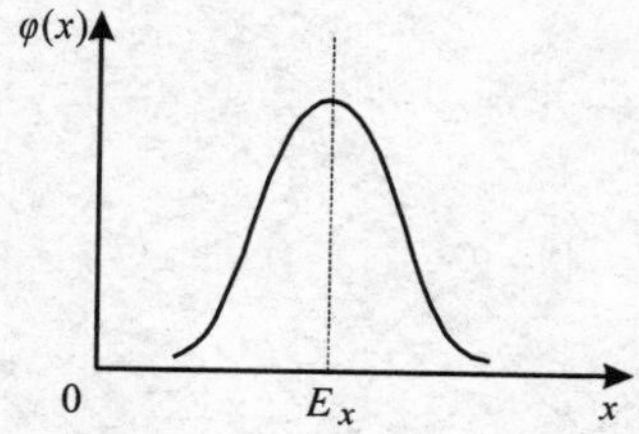

图 2-2　测量值 x_i 的正态分布曲线

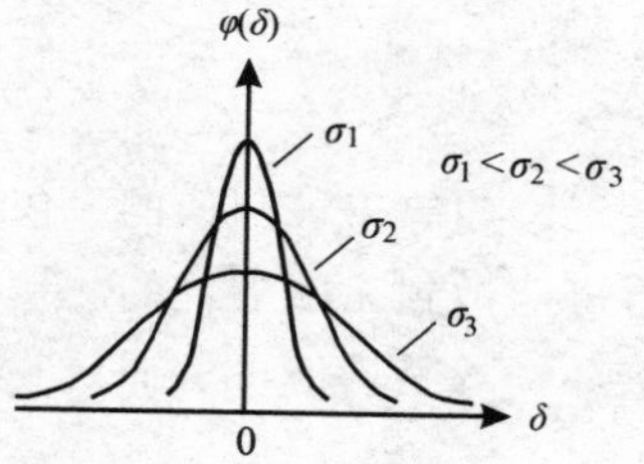

图 2-3　随机误差 δ_i 的正态分布曲线

对于正态分布的测量值 x_i，其概率密度函数为

$$\varphi(x)=\frac{1}{\sigma\sqrt{2\pi}}\mathrm{e}^{-\frac{(x-E_x)^2}{2\sigma^2}} \tag{2-17}$$

测量值 x_i 的随机误差为 δ_i，δ_i 为自变量，对于正态分布的随机误差 δ_i，有

$$\varphi(\delta)=\frac{1}{\sigma\sqrt{2\pi}}\mathrm{e}^{-\frac{\delta^2}{2\sigma^2}} \tag{2-18}$$

由图 2-2 可以看到随机误差有如下特征：

1)δ 的绝对值愈小，$\varphi(\delta)$ 愈大，说明绝对值小的随机误差出现的概率大；相反，绝对值大的随机误差出现的概率小；随着 δ 的绝对值加大，$\varphi(\delta)$ 很快趋于零，即超过一定界限的随机误差实际上几乎不出现 —— 随机误差的有界性。

2) 大小相等、符号相反的误差出现的概率相等 —— 随机误差的对称性。

3)σ 愈小，正态分布曲线愈尖锐，表明测量值愈集中，精密度高；反之，σ 愈大，曲线愈平坦，表明测量值愈分散，精密度低。

正态分布在误差理论中占有重要地位。由众多相互独立的因素的随机微小变化所造成的随机误差，大多遵从正态分布。例如，信号源的输出幅度、频率等，都具有这一特性。

2. 随机误差均匀分布

在实际测量中，均匀分布是仅次于正态分布的重要分布，如图 2-4 所示。均匀分布的特点是，在误差范围内，误差出现的概率各处相同。例如，仪器由于分辨率限制引起的误差就属于均匀分布。又如，用 500 V 量程的交流电压表测得的值是 200 V。实际上，由于分辨不清，实际值可能是 219 ～ 221 V 之间的任何一个值。在测量数据处理中，按照取舍规则删去一些低位数字，这时引起的误差也属于均匀分布。此外，当只知道误差出现的大致范围，而不清楚误差分布规律时，也常把这个范围内的分布按均匀分布来处理。

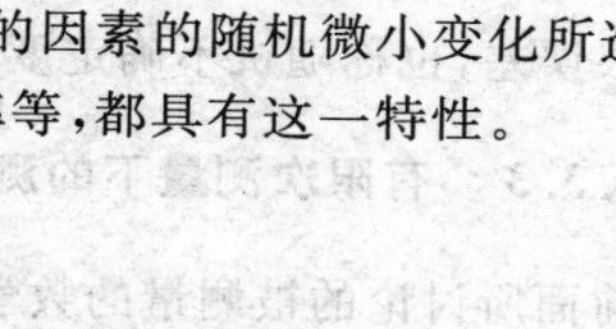

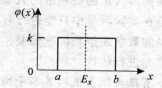

图 2-4　均匀分布的概率密度函数

均匀分布的概率密度函数为

$$\varphi(x)=\begin{cases}\dfrac{1}{b-a} & (a\leqslant x\leqslant b)\\ 0 & (x>b,x<a)\end{cases} \tag{2-19}$$

其数学期望为

$$E_x = \frac{a+b}{12} \tag{2-20}$$

方差为

$$\sigma^2 = \frac{(b-a)^2}{12} \tag{2-21}$$

标准偏差为

$$\sigma = \frac{b-a}{\sqrt{12}} \tag{2-22}$$

3. 极限误差

对于正态分布的随机误差，根据式(2-18)可以算出

$$P\{|\delta_i| \leqslant \sigma\} = \int_{-\sigma}^{\sigma} \frac{1}{\sigma\sqrt{2\pi}} e^{-\frac{\delta^2}{2\sigma^2}} d\delta = 0.683 \tag{2-23}$$

该结果可以理解为，在进行大量等精度测量时，随机误差 δ_i 落在 $[-\sigma,\sigma]$ 区间内的测量值的数目占测量总数的 68.3%。换句话说，测量值落在 $[E_x-\sigma, E_x+\sigma]$ 范围内的概率为 0.683。

同样可求得

$$P\{|\delta_i| \leqslant 2\sigma\} = \int_{-\sigma}^{\sigma} \frac{1}{\sigma\sqrt{2\pi}} e^{-\frac{\delta^2}{2\sigma^2}} d\delta = 0.954 \tag{2-24}$$

$$P\{|\delta_i| \leqslant 3\sigma\} = \int_{-\sigma}^{\sigma} \frac{1}{\sigma\sqrt{2\pi}} e^{-\frac{\delta^2}{2\sigma^2}} d\delta = 0.997 \tag{2-25}$$

可见，随机误差绝对值大于 3σ 的概率仅为 0.003，在有限次统计中可认为是不可能出现的事件。因此，定义

$$\Delta = 3\sigma \tag{2-26}$$

为极限误差，也称随机不确定度。

2.3.3 有限次测量下的测量结果的处理

前面所讨论的被测量的数学期望 $E(x)$ 和标准偏差 $\sigma(x)$ 都是在无穷多次测量条件下求得的。但在实际测量中只能进行有限次测量，于是，就不能按式(2-9)和式(2-16)准确地求出被测量的数学期望和标准偏差。因此，需要根据有限次测量所得的结果对被测量的数学期望和标准差进行估计。

1. 有限次测量值的算术平均值及其分布

(1) 算术平均值 $\bar{x}$

设被测量的真值为 μ，其等精度测量值为 $x_1, x_2, \cdots, x_n$，则其算术平均值为

$$\bar{x} = \frac{1}{n}\sum_{i=1}^{n} x_i \tag{2-27}$$

可以证明，$\bar{x}$ 的数学期望就是 μ，算术平均值就是真值的无偏估计值。

实际测量中通常以算术平均值代替真值，以测量值与算术平均值之差，即剩余误差 v 来代替真误差 δ，即

$$v_i = x_i - \bar{x} \quad (i=1,\cdots,n) \tag{2-28}$$

当 $n \to \infty$ 时，$v \to \delta$。

(2) 算术平均值的分布及标准差

当测量次数 n 有限时，统计特征本质上是随机的，因此算术平均值 $\bar{x}$ 本身也是一个随机变量。根据正态分布随机变量之和仍为正态分布的理论，$\bar{x}$ 也属于正态分布，可以用 $\bar{x}$ 的方差 $\sigma^2(\bar{x})$ 来表征其精密度。

$$\sigma^2(\bar{x})=\sigma^2\left(\frac{1}{n}\sum_{i=1}^{n}x_i\right)=\frac{1}{n^2}\sigma^2\left(\sum_{i=1}^{n}x_i\right)=\frac{1}{n}\sigma^2(x) \tag{2-29}$$

或写成标准偏差的形式：

$$\sigma(\bar{x})=\frac{\sigma(x)}{\sqrt{n}} \tag{2-30}$$

式(2-30)说明测量平均值的方差比总体或单次测量的方差小 n 倍。这是由于随机误差的对称性，在计算 $\bar{x}$ 的求和过程中，正负误差相互抵消，n 越大，抵消程度越大，平均值离散程度越小，所以在实际测量中可以采用统计平均的方法来减弱随机误差的影响。

根据中心极限定理，无论被测量总体分布是什么形状，随着测量次数的增加，测量值算术平均值的分布都越来越趋近于正态分布。

由式(2-30)可以看到，算术平均值的标准差随测量次数 n 的增加而减小，但减小速度要比 n 的增长慢得多，即仅靠单纯增加测量次数来减小标准差效果不明显。因此，实际中 n 的取值并不大，一般在 10 ～ 20 之间。

2. 用有限次测量数据估计测量值的标准差 —— 贝塞尔公式

测量值的总体标准偏差是在 $n\to\infty$ 情况下以随机误差 δ 来定义的，实际中不可能做到 $n\to\infty$ 的无限次测量。当 n 为有限值时，用残差 $v_i=x_i-\bar{x}$ 来近似随机误差 δ_i，用 $\hat{\sigma}^2(x)$ 表示测量值的方差，则 $\hat{\sigma}^2(x)$ 表示为

$$\hat{\sigma}^2(x)=\frac{1}{n-1}\sum_{i=1}^{n}\sigma_i^2=\frac{1}{n-1}\sum_{i=1}^{n}(x_i-\bar{x})^2 \tag{2-31}$$

用 $\hat{\sigma}$ 表示有限次测量的标准差，则有

$$\hat{\sigma}(x)=\sqrt{\frac{1}{n-1}\sum_{i=1}^{n}\sigma_i^2}=\sqrt{\frac{1}{n-1}\sum_{i=1}^{n}(x_i-\bar{x})^2} \tag{2-32}$$

式(2-32)称为贝塞尔公式，式中 $n\neq 1$。若 $n=1$，则 $\hat{\sigma}$ 值不定，表明测量数据不可靠。可以证明，$\hat{\sigma}^2(x)$ 是 $\sigma^2(x)$ 的无偏估计，但 $\hat{\sigma}(x)$ 并不是 $\sigma(x)$ 的无偏估计。$\hat{\sigma}(x)$ 通常作为实际测量数据的标准偏差，也可用 $s(x)$ 表示。根据式(2-32)，可以把 $\hat{\sigma}(\bar{x})=\hat{\sigma}(x)/\sqrt{n}$ 作为平均值标准偏差的估计值。下面列出各种标准偏差的符号公式及其表示的不同意义。

总体测量值的标准偏差：$\sigma(x)=\sqrt{\frac{1}{n}\sum_{i=1}^{n}[x_i-E(x)]^2}$，测量值离散程度的表征；

总体测量值标准偏差的估计值：$\hat{\sigma}(x)=\sqrt{\frac{1}{n-1}\sum_{i=1}^{n}(x_i-\bar{x})^2}$，也称实际标准偏差 s；

测量平均值的标准偏差：$\sigma(\bar{x})=\frac{\sigma(x)}{\sqrt{n}}$，平均值离散程度的表征；

测量平均值的实际标准偏差：$\hat{\sigma}(\bar{x})=\hat{\sigma}(x)/\sqrt{n}$，实际测量标准偏差离散程度的表征。

3. 测量值的置信度

(1) 置信概率与置信区间

由于随机误差的影响，测量值的均值会偏离被测量的真值，测量值分散程度用标准偏差 $\sigma(x)$ 表示。一个完整的测量结果，不仅要知道其测量值的大小，还希望知道该测量结果可信赖的程度。

一方面，虽然不能预先确定即将进行的某次测量的结果，但希望知道该测量结果落在数学期望附近某一确定区间 a 内的概率 P 有多大。由于均方差表示测量值的分散程度，常用标准偏差 $\sigma(x)$ 的若干倍来表示这个确定区间 a。也就是说，希望知道测量结果落在 $[E(x)-c\sigma(x),\ E(x)+c\sigma(x)]$ 这个区间内的概率 P，即

$$P\{[E(x)-c\sigma(x)]\leqslant x\leqslant[E(x)+c\sigma(x)]\} \tag{2-33}$$

另一方面，在大多数实际测量中，人们真正关心的不是某次测量值出现的可能值，而是被测量真值处在某测量值 x 附近的某一确定区间 $[x-c\sigma(x),x+\sigma(x)]$ 内的概率。即要知道：

$$P\{[x-c\sigma(x)]<E(x)<[x+c\sigma(x)]\} \tag{2-34}$$

在测量结果的可信度问题中，a 称为置信区间，P 称为相应的置信概率，置信区间和置信概率是紧密相连的，置信区间刻画了测量结果的精确值范围，置信概率刻画了这个结果的可信度。在实际计算中往往是根据给定的置信概率求出相应的置信区间或根据给定的置信区间求出相应的置信概率。从数学上说，由式(2-33)和式(2-34)表示的概率是相等的。因此，在实际计算中，无须区分这两种情况。

(2) 有限次测量值的置信度计算

讨论置信问题必须要知道测量的分布。下面分别讨论正态分布和 t 分布下的置信度。

设 $X\sim N(\mu,\sigma^2)$，σ^2 已知，μ 未知，进行了 n 次等精度测量，得到一组测量数据 $x_1,x_2,\cdots,x_n$，求当置信概率为 P 时测量值的置信区间。计算步骤如下：

1) 求测量数据的算术平均值为 $\bar{x}=\dfrac{1}{n}\sum\limits_{i=1}^{n}x_i$；$\bar{x}$ 服从正态分布，其均方差为 $\sigma(\bar{x})=\sigma(x)/\sqrt{n}$。

2) 按给定概率 P，由附表 1(B) 查得系数 C。

3) 测量值的置信区间为 $[\bar{x}-c\sigma/\sqrt{n},\bar{x}+c\sigma/\sqrt{n}]$。

【例 2-2】 设被测量值 $X\sim(\mu,0.04)$，对该被测量进行了 4 次独立的等精度测量，所得测量数据为 9.94，10.03，10.01，9.97。求置信概率为 99% 情况下的置信区间。

解
$$\bar{x}=\frac{1}{n}\sum_{i=1}^{n}x_i=\frac{1}{4}(9.94+10.03+10.01+9.97)=9.99$$

给定 $P=0.99$，由附表 1(B) 查得 $C=2.576$，置信区间为

$$[9.99-2.567\times0.02/2,9.99+2.567\times0.02/2]=[9.96,10.02]$$

在正态分布的置信问题讨论中，是以测量值作为结果来讨论的，而在实际测量中是以算术平均值作为被测量的最佳估值，以均方差的估值 $\hat{\sigma}(x)$ 代替 $\sigma(x)$，$s(\bar{x})$ 代替 $\sigma(\bar{x})$ 的。这时需要用 t 分布来求置信问题。理论证明，当 $n\rightarrow\infty$ 时，t 分布与正态分布是完全相同的，即正态分布是 $n\rightarrow\infty$ 时 t 分布的一个特例。

设被测量的测量值 $X\sim N(\mu,\sigma^2)$，μ 和 σ^2 都是未知数，进行了 n 次等精度测量，得到一组测量数据 $x_1,x_2,\cdots,x_n$，若给定置信概率 P，求置信区间，计算步骤如下：

1) 求样本平均值和样本均方差：

$$\bar{x}=\frac{1}{n}\sum_{i=1}^{n}x_i$$

$$\hat{\sigma}=\sqrt{\frac{1}{n-1}\sum_{i=1}^{n}(x_i-\bar{x})^2}$$

2) 按给定概率 P 和自由度 $k=n-1$，由附表 2 查得 k_t；

3) 测量值的置信区间为 $[\bar{x}-k_t\hat{\sigma}/\sqrt{n},\bar{x}+k_t\hat{\sigma}/\sqrt{n}]$。

【例 2-3】 对某电感进行了 12 次等精度测量，测得的数值为 20.46，20.52，20.50，20.52，20.48，20.47，20.50，20.49，20.47，20.49，20.51，20.51（单位：mH）。若要求在 $P=95\%$ 的置信概率下，该电感真值应在什么置信区间内？

解

$$\bar{L}=\frac{1}{12}\sum_{i=1}^{12}L_i=20.49\ \text{mH}$$

$$\hat{\sigma}(L)=\sqrt{\frac{1}{12-1}\sum_{i=1}^{12}(L_i-\bar{L})^2}=0.02\ \text{mH}$$

$$\hat{\sigma}(\bar{L})=\frac{0.02}{\sqrt{12}}=0.006\ \text{mH}$$

查附表 2，由 $k=n-1=11$ 及 $P=95\%$，查得 $k_t=2.20$。

估计电感 L 的置信区间 $[\bar{L}-k_t s(\bar{L}),\bar{L}+k_t s(\bar{L})]$，其中，$k_t s(\bar{L})=2.20\times0.006=0.013\ \text{mH}$。

因此，电感 L 的置信区间为 [20.48, 20.51] mH，其置信概率为 $P=0.95$。

2.3.4　粗大误差的处理

在无系统误差的情况下，测量中大误差出现的概率是很小的。在正态分布情况下，误差绝对值超过 $3\sigma(x)$ 的概率仅为 0.27%。因此，误差绝对值较大的测量数值可以列为可疑数据。可疑数据对测量平均值及实验标准偏差都有较大的影响，造成测量结果的不正确。因此，在这种情况下，要分清可疑数据是由于测量仪器、测量方法或人为错误等因素造成的异常数据，还是由于正常的大误差出现的离散测量值。首先，要对测量过程进行分析，是否有外界干扰或人为错误；其次，可以在等精度条件下增加测量次数，减少个别离散数据对最终统计估值的影响。

在不明原因的情况下，应该根据统计学的方法来判断可疑数据是否是粗差。这种方法的基本思想是，给定一置信概率，确定相应的置信区间，凡超过置信区间的误差就认为是粗差，并予以剔除。用于粗差剔除的常见方法有如下几种。

1. 莱特准则

莱特准则是一种正态分布情况下判断异常值的方法。判别方法如下：假设在一组等精度测量结果中，计算测量数据中剩余误差绝对值的最大值，即

$$|\delta_i|_{\max}=|x_i-\bar{x}|$$

若 $|\delta_i|_{\max}\leqslant3\hat{\sigma}$，则所有的测量数据都是正常的；若 $|\delta_i|_{\max}>3\hat{\sigma}$，则对应的测量数据应视为坏值，予以剔除；若同时有 n 个 $|\delta_i|>3\hat{\sigma}$，则应先剔除最大的一个，然后重新计算 $\bar{x}$ 和 $\hat{\sigma}$ 进行第二次判别，直到所有 $|\delta_i|\leqslant3\hat{\sigma}$。

莱特准则方法简单，使用方便，当测量次数 n 较大时，是比较好的方法。一般应用于 $n\geqslant$

10的情况，当 $n<10$ 时，容易产生误差。

2. 格拉布斯准则

格拉布斯准则是在未知总体标准偏差 σ 的情况下，对正态样本或接近正态样本异常值进行判断的一种方法，是一种理论严密，概率意义明确，又经实验证明效果较好的判据，其判别步骤如下：

1）计算测量数据的样本均值和样本均方差：

$$\bar{x}=\frac{1}{n}\sum_{i=1}^{n}x_i$$

$$\hat{\sigma}=\sqrt{\frac{1}{n-1}\sum_{i=1}^{n}(x_i-\bar{x})^2}$$

2）根据测量次数 n 和给定概率 P，由附表3查格拉布斯系数 k_g；

3）找出剩余误差绝对值的最大值为

$$|v_i|_{\max}=|x_i-\bar{x}|$$

4）当 $|v_i|_{\max}\leqslant k_g\hat{\sigma}$ 时，表明所有的测量数据都是正常数据；当 $|v_i|_{\max}>k_g\hat{\sigma}$ 时，该剩余误差可视为粗差，相应的测量数据视为坏值，予以剔除，然后重新对剩余数据进行计算、判别，直到数据全部为正常数据为止。

【例2-4】 对某温度进行多次测量，所得结果列于表2-2，试检查测量数据中有无异常。

表2-2　例2-4所用数据

序号	测量值 x_i/℃	残差 v_i/℃	序号	测量值 x_i/℃	残差 v_i/℃	序号	测量值 x_i/℃	残差 v_i/℃
1	20.42	+0.016	6	20.43	+0.026	11	20.42	+0.016
2	20.43	+0.026	7	20.39	−0.014	12	20.41	+0.006
3	20.40	−0.004	8	20.30	−0.104	13	20.39	−0.014
4	20.43	+0.026	9	20.40	−0.004	14	20.39	−0.014
5	20.42	+0.016	10	20.43	+0.016	15	20.40	−0.004

解　(1) 从表中可看出 $x_8=20.30$ 是一个可疑数据，按莱特准则有

$$\bar{x}=20.43,\quad \hat{\sigma}=0.033,\quad 3\hat{\sigma}=0.099$$

$$|v_8|=0.104,\quad |v_8|>3\hat{\sigma}$$

故可判断 x_8 是异常数据，应予以剔除。再对剔除后的数据计算得

$$\bar{x}=20.411,\quad \hat{\sigma}=0.016,\quad 3\hat{\sigma}=0.048$$

其余的14个数据的 $|v_i|$ 均小于 $3\hat{\sigma}$，故为正常数据。

(2) 按格拉布斯检验法。取置信概率 $P=0.99$，以 $n=15$，查附表3得 $k_g=2.7$，$k_g\hat{\sigma}=0.09<|v_8|$，剔除 x_8 后重新计算判别，在 $n=14$，$P=0.99$ 下 $k_g=2.66$，$k_g\hat{\sigma}=0.04$，余下数据无异常值。

2.4　系统误差的分析与处理

当多次等精度测量同一量值时，误差的绝对值和符号保持不变，或当条件改变时按某种规

律变化的误差称为系统误差，简称系差。如果系差的大小、符号保持恒定，则称为恒值系差，否则称为变值系差。变值系差又可分为累进性系差、周期性系差和按复杂规律变化的系差。对于累进性系差，系差随测量次数的增加呈递增或递减的趋势。周期性系差是在整个测量过程中，系差呈周期性变化的。符号和大小都确切知道的系差称为确定性系差，只知道误差数值范围而不知其符号和确切数值的系差称为不确定系差。当误差中不再包含有随机信号时，即为系统误差。

对于掌握了方向和大小的系统误差，可以从测量结果中得到误差修正值并将系统误差从测量结果中消除。但由于系统误差不能完全掌握，所以在已修正的结果中仍会存在系统误差。总的来说，系统误差的出现是有规律可循的，理论上可以通过技术途径来消除或削弱其影响，但系统误差的变化规律往往难以掌握，也很难给出一个普遍适用的处理方法，残余系统误差(不可预期的那部分) 导致测量的不确定值。

2.4.1　系统误差的判别

在实际测量中，系统误差和随机误差一般都是同时存在的。如果在一组测量数据中存在着未被发现的系统误差，那么对测量数据按随机误差进行的一切数据处理将毫无意义。因此，在对数据进行统计处理前必须要检查是否有系统误差存在。

1. 恒值系差的检查与处理

常用校准的方法来检查恒值系差是否存在。通常用标准仪器来发现，并确定恒值系差的数值；或按仪器说明书上的修正值，对测量结果进行修正。对于因测量方法或原理引入的恒值系差，可通过理论计算修正。

假设进行了 n 次等精度测量 x_1，x_2，…，x_n，测量值中含有随机误差 δ_i 和恒值系差 ε，设被测量的真值为 x_0，则有

$$x_i = x_0 + \delta_i + \varepsilon$$

对其求算术平均值得

$$\overline{x} = \frac{1}{n}\sum_{i=1}^{n} x_i = \frac{1}{n}\left(n x_0 + \sum_{i=1}^{n}\delta_i + n\varepsilon\right)$$

当 n 足够大时，由于随机误差的抵偿性，δ_i 的算术平均值趋于零，于是有

$$\overline{x} = x_0 + \varepsilon \tag{2-35}$$

式(2-35) 表明，当测量次数 n 足够大时，随机误差对 $\overline{x}$ 的影响可忽略，而系统误差 ε 会反映在 $\overline{x}$ 中。

在这种情况下，剩余误差为

$$v_i = x_i - \overline{x}$$

即 ε 不影响 v_i 的计算，也不影响实验标准偏差 s 的计算。也就是说，恒值系差并不引起随机误差分布的变化，因此也就无法通过统计方法来检查测量数据是否存在恒值系差。

2. 变值系差的判定

变值系差按其变化规律可分为累进性系差、周期性系差和按复杂规律变化的系差。常用的判别方法有以下两种。

(1) 累进性系差的判别 —— 马利科夫准则

进行了 n 次等精度测量，各次测量值分别为 x_i，相应的残差为 v_i，若测量次数 n 为偶数时，

令 $k=n/2$,计算

$$M=\sum_{i=1}^{k}v_i-\sum_{i=k+1}^{n}v_i \tag{2-36}$$

若 n 为奇数,令 $k=(n+1)/2$,则

$$M=\sum_{i=1}^{k}v_i-\sum_{i=k}^{n}v_i \tag{2-37}$$

若测量中含有累进性系差,则 M 显然不等于零,因此,马利科夫判据为:若 M 近似等于零,则上述测量数据中不含累进性系差;若 M 明显不等于零(与 v_i 相当或更大),则说明上述测量数据中存在累进性系差。

(2) 周期性系差的判别 —— 阿贝-赫梅特准则

进行了 n 次等精度测量,各次测量值分别为 x_i,相应地残差为 v_i,若

$$\left|\sum_{i=1}^{n-1}v_iv_{i+1}\right|>\sqrt{n-1}\hat{\sigma}^2 \tag{2-38}$$

则可以判定测量中存在周期性系统误差。

当按随机误差的正态分布规律检查测量数据时,如果发现应该剔除的粗大误差占的比例较大时,就应该怀疑测量中含有非正态分布的系统误差。

若发现一组测量数据存在变值系差,则应进行修正。

2.4.2 消除或减小系统误差的方法

产生系统误差的原因很多,如果能找出并消除产生系差的根源,或采取措施防止其影响,那将是解决问题最根本的方法。如采用正确的测量方法和依据正确的原理;选用类型正确、准确度满足测量要求的仪器;测量仪器应定期检定、校准,测量前要正确调节零点,应按操作规程正确使用仪器;尤其对精密测量,环境的影响不能忽略,可采取屏蔽、恒温等措施;当条件许可时,可尽量采用数字显示仪器代替指针式仪器;提高测量人员的学识水平和操作技能,尽量消除带来系统误差的主观原因。

除了这些常规措施外,还有几种减小系统误差的典型测量技术,如零示法、替代法、补偿法、对照法、微差法、交叉读数法等。

还可以用一些技术措施来减小误差的影响。例如,为了进行精确测量,可以记录多个观测值而不是仅依赖一个方面的测量方法;可以使用不同的仪器来进行同一个量的测量,这些都可以提高测量的准确度。尽管这些技术可以通过减少环境误差和随机误差的方法来提高测量的准确度,但是它们不能消除仪器误差。

根据测量仪器检定书中给出的校正曲线、校正数据或利用说明书中的校正公式对测量值进行修正,这是实际测量中常用的方法,这种方法原则上适用于任何形式的系差。

在智能仪器中,还可利用微处理器的计算控制功能,削弱或消除仪器的系统误差。

2.5 测量误差的合成与分配

在实际测量中,有些参数是通过间接测量的方法得到的,即先直接测量与被测量有关的参数,然后通过它们之间的函数关系,求得被测量。

设直接测量的参数为 $x_1, x_2, \cdots, x_m$，需要计算的参数为

$$y = f(x_1, x_2, \cdots, x_m) = f(x_j) \quad (j = 1, 2, \cdots, m) \tag{2-39}$$

若各 x_j 之间相互独立，且测量误差为 Δx_j，y 的误差为 Δy，则

$$y + \Delta y = f(x_1 + \Delta x_1, x_2 + \Delta x_2, \cdots, x_m + \Delta x_m) = f(x_j + \Delta x_j) \tag{2-40}$$

式中，Δx_j 为分项误差；Δy 为合成误差。

本节要研究的是分项误差与合成误差的相互关系，它包括误差传递的两个方面：

1) 误差的合成，即根据各分项误差确定合成误差；

2) 误差的分配，即根据给定的合成误差确定各分项误差，选择误差分配的最佳方案。

2.5.1　误差传递公式

若式(2-40)中 y 的各阶偏导数存在，则可将式(2-40)展开为泰勒级数，并略去高阶项得

$$y + \Delta y = y + \sum_{j=1}^{m} \frac{\partial f}{\partial x_j} \Delta x_j \tag{2-41}$$

$$\Delta y = \sum_{j=1}^{m} \frac{\partial f}{\partial x_j} \Delta x_j \tag{2-42}$$

考虑到误差常用相对误差形式表示，将式(2-42)两边同除以 y 得

$$\gamma_y = \frac{\Delta y}{y} = \sum_{j=1}^{m} \frac{\partial y}{\partial x_j} \frac{\Delta x_j}{y} = \sum_{j=1}^{m} \frac{\partial \ln f}{\partial x_j} \Delta x_j \tag{2-43}$$

式(2-42)和式(2-43)均为误差传递公式，它是研究误差合成和分配的依据。比较两式可知，若 $y = f(x_i)$ 的函数关系式为和差式，则用式(2-42)较为方便；若函数关系式为积、商、乘方、开平方式，则用式(2-43)较为方便。

2.5.2　误差的合成

1. 随机误差的合成

若各分项的系统误差为零，只含有随机误差，则合成误差 Δy 中也只含有随机误差 δ_y，即

$$\delta_y = \sum_{j=1}^{m} \frac{\partial f}{\partial x_j} \delta_j \tag{2-44}$$

将式(2-44)两边平方得

$$\delta_y^2 = \sum_{j=1}^{m} \left(\frac{\partial f}{\partial x_j}\right)^2 \delta_j^2 + \sum_{j \neq k} \left(\frac{\partial f}{\partial x_j} \frac{\partial f}{\partial x_k} \delta_j \delta_k\right) \quad (j = 1 \sim m, k = 1 \sim m)$$

当进行了 n 次测量时，对上式求和得

$$\sum_{j=1}^{n} \delta_{yi}^2 = \sum_{i=1}^{n} \sum_{j=1}^{m} \left(\frac{\partial f}{\partial x_j}\right)^2 \delta_{ji}^2 + \sum_{i=1}^{n} \sum_{j \neq k} \left(\frac{\partial f}{\partial x_j} \frac{\partial f}{\partial x_k} \delta_{ji} \delta_{ki}\right)$$

若 $x_1, x_2, \cdots, x_m$ 为相互独立的量，则 δ_{ji} 与 δ_{jk} 也互不相关。δ_{ji} 与 δ_{ki} 的大小和符号都是随机变化的，它们的积 $\delta_{ji}\delta_{ki}$ 也是随机变化的，由于随机误差的抵偿性，所以当测量次数 n 足够多时，上式第二项趋于零，将上式两端同除以 n，则得

$$\frac{1}{n} \sum_{i=1}^{n} \delta_{yi}^2 = \sum_{j=1}^{m} \left(\frac{\partial f}{\partial x_j}\right)^2 \left(\frac{1}{n} \sum_{i=1}^{n} \delta_{ij}^2\right)$$

最后得到

$$\sigma^2(y)=\sum_{j=1}^{m}\left(\frac{\partial f}{\partial x_j}\right)^2\sigma^2(x_j) \tag{2-45}$$

式(2-45)是已知各分项方差$\sigma^2(x_j)$求总和方差$\sigma^2(y)$的公式,值得指出的是式(2-45)仅适用于对 m 项相互独立的分项进行合成。

2. 系统误差的合成

若各分项误差中只包含确定性的系统误差 ε_j,则由误差传递公式式(2-42)和式(2-43)可求得

$$\varepsilon_y=\sum_{j=1}^{m}\frac{\partial f}{\partial x_j}\varepsilon_j \tag{2-46}$$

$$\gamma_y=\sum_{j=1}^{m}\frac{\partial \ln f}{\partial x_j}\varepsilon_j \tag{2-47}$$

比较式(2-45)和式(2-46)可见,确定性误差是按代数形式合成的,而随机误差是按几何形式合成的,几何合成法又叫均方根合成法。

3. 系统不确定度的合成

当系统误差不能确定时,用系统不确定度来描述,将系统误差可能变化的最大幅度确定为系统不确定度,用 ε_{ym} 表示,或相对系统不确定度,用 γ_m 表示。例如,测量仪器的基本误差、工作误差等都属此类。

(1) 系统不确定度的绝对值合成法

采用绝对值合成法的合成误差的不确定度为

$$\varepsilon_{ym}=\pm\sum_{j=1}^{n}\left|\frac{\partial f}{\partial x_j}\varepsilon_{jm}\right| \tag{2-48}$$

$$\gamma_{ym}=\pm\sum_{j=1}^{n}\left|\frac{\partial \ln f}{\partial x_j}\varepsilon_{jm}\right| \tag{2-49}$$

【例 2-5】 用 $R_1=(100\pm10\%)\ \Omega$ 和 $R_2=(400\pm5\%)\ \Omega$ 的电阻串联,求总电阻的误差范围(系统不确定度)。

解

$$\varepsilon_{1m}=\pm(100\times10\%)=\pm10\ \Omega$$

$$\varepsilon_{2m}=\pm(400\times5\%)=\pm20\ \Omega$$

按照式(2-48),有

$$\varepsilon_{ym}=\Delta R_m=\pm(|\varepsilon_{1m}|+|\varepsilon_{2m}|)=\pm30\ \Omega$$

绝对值合成法是按最不利的情况进行不确定系统误差的合成,其公式简单,但结果过于保守,特别是分项比较多时,用这种方法估算出的不确定度往往比实际值偏大许多。因此,通常采用基于概率估计理论导出的均方根合成法。

(2) 系统不确定度的均方根合成法

$$\varepsilon_{ym}=\pm\sqrt{\sum_{j=1}^{m}\left(\frac{\partial f}{\partial x_i}\varepsilon_{im}\right)^2} \tag{2-50}$$

$$\gamma_{ym}=\pm\sqrt{\sum_{j=1}^{m}\left(\frac{\partial \ln f}{\partial x_j}\varepsilon_{im}\right)^2} \tag{2-51}$$

【例 2-6】 用均方根合成法求例 2-5 中两电阻串联后的总误差。

解

$$\varepsilon_{ym}=\pm\sqrt{\varepsilon_{1m}^2+\varepsilon_{2m}^2}=\sqrt{10^2+20^2}=22.4\ \Omega$$

可见要比绝对值合成法计算的结果小。

【例 2-7】　已知 DYC－5 超高频电子管电压表在测量交流时的技术指标如下：

电压范围：0.1 ～ 100 V，分五挡：1，3，10，30，100；

频率范围：20 Hz ～ 300 MHz；

基本误差：(f＝50 Hz，20℃ ± 5℃ 时）为各挡满度值的 ±2.5％；

频率附加误差：20 Hz ～ 100 MHz ±3％，100 ～ 200 MHz ±5％，200 ～ 300 MHz ±10％；

温度附加误差：0 ～ ＋15℃ 及 ＋25 ～ ＋40℃ 时为 ±2.5％。

当环境温度为 32℃ 时，测得频率 f＝150 MHz 的高频电压 U＝5 V，若不考虑随机误差，用绝对值合成法求测量合成误差的不确定度。

解　本例中给出的技术指标中包括基本误差和附加误差。基本误差的含义是指仪器在规定的正常条件下所具有的误差。附加误差是指仪器超出正常工作条件时所增加的误差。

基本误差为满度相对误差 γ_m 的 2.5％，则示值为 5 V 时的示值相对误差为

$$\Delta U_0/U=(U_m/U)\gamma_m=\pm 5\%$$

频率附加误差为

$$\Delta U_f/U=\pm 5\%$$

温度附加误差为

$$\Delta U_t/U=\pm 2.5\%$$

用绝对值合成法得到的合成误差的不确定度为

$$\Delta U/U=\pm(|\Delta U_0/U|+|\Delta U_f/U|+|\Delta U_t/U|)=\pm 10.5\%$$

用均方根合成法得到的合成误差的不确定度为

$$\varepsilon_{ym}=\pm\sqrt{\sum_{j=1}^{m}\left(\frac{\partial f}{\partial x_i}\varepsilon_{im}\right)^2}=\pm 8.7\%$$

在一般工程测量中，系统误差起主要作用，一般可按仪器的技术说明书提供的指标，用系统不确定度分析仪器测量误差。

2.5.3　误差的分配

误差的分配就是按照给定的总误差，确定各分项误差的大小。这对于系统总体设计和制订测量方案都有重要意义。但在总误差给定后，由于存在多个分项，理论上来说，分配方案可以有无穷多个，因此只能在某些前提下进行分配。下面介绍一些常见的误差分配原则。

1. 等准确度分配

等准确度分配是指分配给各分项的误差彼此相同，即

$$\varepsilon_1=\varepsilon_2=\cdots=\varepsilon_m$$

$$\sigma(x_1)=\sigma(x_2)=\cdots=\sigma(x_m)$$

则由式(2-45)和式(2-46)可以得到分配给各分项的误差为

$$\varepsilon_j=\frac{\varepsilon_y}{\sum_{j=1}^{m}\frac{\partial f}{\partial x_j}}\quad(j=1,2,\cdots,m)\tag{2-52}$$

$$\sigma(x_j)=\frac{\sigma(y)}{\sqrt{\sum_{j=1}^{m}\left(\frac{\partial f}{\partial x_j}\right)^2}}\quad (j=1,2,\cdots,m) \tag{2-53}$$

【例 2-8】 有一电源变压器如图 2-5 所示。已知初级绕组与次级绕组的匝数比 $\omega_{12}:\omega_{34}:\omega_{45}=1:2:2$,用最大量程 500 V 的交流电压表测量总电压 U,要求测量相对误差小于±2%,问应该选用哪个级别的电压表?

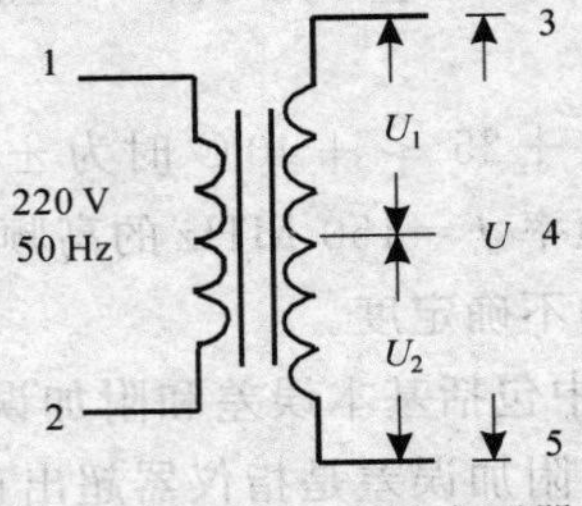

图 2-5 例 2-8 的变压器

解 初步计算得

$$U_1=U_2=2\times 220\ \text{V}=440\ \text{V}$$
$$U=U_1+U_2=880\ \text{V}$$

而电压表最大量程只有 500 V,因此,应分别测量 U_1,U_2,然后相加得 U。

测量容许的最大总误差为 $\Delta U=U\times(\pm 2\%)=\pm 17.6\ \text{V}$。可以认为测量误差主要是由于电压表误差造成的,而且由于两次测量的电压值基本相同,可按等准确度分组原则分组误差,即

$$\Delta U_1=\Delta U_2=\Delta U/2=\pm 8.8\ \text{V}$$

满度误差

$$U_m\leqslant \Delta U/U_m=8.8/500=1.66\%$$

可知选用 1.5 级电压表能满足测量要求。

2. 等作用分配

等作用分配是指分配给各分项的误差对总测量误差的作用或对总误差的影响是相同的,即

$$\frac{\partial f}{\partial x_1}\varepsilon_1=\frac{\partial f}{\partial x_2}\varepsilon_2=\cdots=\frac{\partial f}{\partial x_m}\varepsilon_m$$

$$\left(\frac{\partial f}{\partial x_1}\right)^2\sigma^2(x_1)=\left(\frac{\partial f}{\partial x_2}\right)^2\sigma^2(x_2)=\cdots=\left(\frac{\partial f}{\partial x_m}\right)2\sigma^2(x_m)$$

由式(2-45)和式(2-46)可求出应分配各分项的误差为

$$\varepsilon_j=\frac{\varepsilon_y}{m\partial f/\partial x_j} \tag{2-54}$$

$$\sigma(x_j)=\frac{\sigma(y)}{\sqrt{m}}\left|\frac{\partial f}{\partial x_j}\right| \tag{2-55}$$

【例 2-9】 根据欧姆定律,间接测量电流。若测得电压 $U=10$ V,电阻 $R=200\ \Omega$。要求电流 I 的测量误差 $\gamma_I\leqslant\pm 5\%$。试问对电压和电阻测量误差有何要求?

解 $I=U/R=0.5\ \text{A},\quad \Delta I\leqslant I\gamma_I=0.0025\ \text{A}$

按等作用分配，则

$$\Delta U = \Delta I \Big/ \left(2\frac{\partial I}{\partial U}\right) = \Delta I \Big/ \left(\frac{2}{R}\right) = 0.25\ \text{V}$$

$$\gamma_U = \Delta U / U = 2.5\%$$

$$\Delta R = \Delta I \Big/ \left(2\frac{\partial I}{\partial R}\right) = \Delta I \Big/ \left(\frac{2U}{R^2}\right) = 5\ \Omega$$

$$\gamma_R = \Delta R / R = 2.5\%$$

按等作用原则进行误差分配后，可根据实际测量时的分项误差达到要求的难易程度适当进行调整，在满足总误差要求的前提下，对不容易达到要求的分项适当增大分配的误差，而对容易达到要求的分项可适当减小分配的误差。

3. 突出主要误差项分配

在各项误差中，若某项误差对合成误差的影响特别大，则应主要考虑该项误差。分配给定的具体数值往往要靠实际经验根据具体情况来估算，对其他各项可酌情分配或不分配。

此外，假如各项比较按照微小误差准则，那些误差小于等于测量结果总标准差的 1/3 ～ 1/10 的分项，可看成微小误差项，分配时可不予分配。其余各项按等精度分配，或者按等作用分配原则进行误差分配。考虑到各项微小误差，分配时应稍留余量。

4. 最佳测量方案选择

对于实际测量，通常希望测量的准确度越高，即合成误差越小越好。所谓测量的最佳方案，从误差的角度看就是要做到：

$$\varepsilon_y = \sum_{j=1}^{m} \frac{\partial f}{\partial x_j} \varepsilon_j = \xi_{\min}$$

$$\sigma^2(y) = \sum_{j=1}^{m} \left(\frac{\partial f}{\partial x_j}\right)^2 \sigma^2(x_j) = \sigma_{\min}$$

若能使上述各式中的每一项都能达到最小，总误差就会最小。有时通过选择合适的测量点就能满足这一要求。但是，通常各分项误差 ε_j 及 $\delta(x_j)$ 是由一些客观条件限定的，因此选择最佳方案的方法一般只是根据现有条件，首先了解各分项误差可能达到的最小数值，然后比较各种可能的方案，选择合成误差最小者作为现有条件下的“最佳方案”。

【例 2－10】 测量电阻 R 消耗的功率时，可间接测量电阻值为 R 的电阻上的电压 U，流过电阻的电流 I，然后采用不同的方案来计算功率。设电阻、电压、电流测量的相对误差分别为 $\gamma_R = \pm 1\%$，$\gamma_U = \pm 2\%$，$\gamma_I = \pm 2.5\%$，问采用哪种测量方案较好？

解　间接测量电阻消耗的功率可采用三种方案，各方案功率的相对误差为

方案 1：$P = UI$

$$\gamma_P = \gamma_U + \gamma_I = \pm(2\% + 2.5\%) = \pm 4.5\%$$

方案 2：$P = U^2/R$

$$\gamma_P = 2\gamma_U + \gamma_R = \pm(2 \times 2\% + 1\%) = \pm 5\%$$

方案 3：$P = I^2 R$

$$\gamma_P = 2\gamma_I + \gamma_R = \pm(2 \times 2.5\% + 1\%) = \pm 6\%$$

可见，在题中给定的各分项误差的条件下，选择第一方案 $P = UI$，用测量电压和电流来计算功率较合适。

选择测量方案时，应注意在合成误差基本相同的情况下，同时兼顾测量的经济、简便等条

件，例如正在工作的电路中，测量电压往往比测量电流方便。

2.6 非等精度测量

前面所讨论的测量结果都是基于等精度的测量条件。在等精度测量条件下，每个测量数据的标准偏差是相同的。

实际中有时会遇到非等精度测量的情况。在对某物理量进行多次测量的过程中，如果影响测量结果精度的所有条件不完全相同，那么这一系列测量就是非等精度测量。此外，在相同的条件下对某一量进行测量，得到若干测量数据，而各组数据的测量次数不同，那么各组数据的平均值就构成一组非等精度的测量数据。

在非等精度测量中，测量数据的精度是不同的，要引入“权”的概念，由于精度 σ 不同，可靠程度也不同，σ 小，精度高，可靠性大，权就大；反之权就小。

2.6.1 权与加权平均值

在不同的测量条件下，对某一量进行 m 次测量，测得的数据分别为 $x_1,x_2,\cdots,x_m$，对应的误差为 $\delta_1,\delta_2,\cdots,\delta_m$，其均方差为 $\sigma_1,\sigma_2,\cdots,\sigma_m$，假设它们服从正态分布，即

$$P(\delta_i)=\frac{1}{\sqrt{2\pi}\sigma_i}\exp\left(-\frac{\delta_i^2}{2\sigma_i^2}\right)$$

这些误差同时出现的概率为

$$P=\prod_1^m P(\delta_i)\mathrm{d}\delta_i=\frac{1}{(\sqrt{2\pi})^m\prod\limits_1^m\sigma_i}\exp\left(-\sum_{i=1}^m\frac{\delta_i^2}{2\delta_i}\right)\prod_1^m\mathrm{d}\delta_i$$

当 $P=P_{\max}$ 时，才能求出被测量的最佳估计值，这就要求当 $m\to\infty$ 时有

$$\sum_{i=1}^m\frac{\delta_i^2}{2\sigma_i^2}=\sum_{i=1}^m\frac{[x_i-E(x)]^2}{2\sigma_i^2}\to\min \tag{2-56}$$

将式(2-56)对 $E(x)$ 进行微分，令其等于零，即可得到

$$\frac{\mathrm{d}}{\mathrm{d}E(x)}\sum_{i=1}^m\frac{[(x_i-E(x))^2]}{2\sigma_i^2}=\sum_{i=1}^m\frac{x_i-E(x)}{\sigma_i^2}=0$$

于是有

$$E(x)=\frac{\sum\limits_{i=1}^m\frac{x_1}{\sigma_i^2}}{\sum\limits_{i=1}^m\frac{1}{\sigma_i^2}} \tag{2-57}$$

当 m 为有限值时，式(2-57)为

$$\bar{x}=\frac{\sum\limits_{i=1}^m\frac{x_i}{\hat{\sigma}_i^2}}{\sum\limits_{i=1}^m\frac{1}{\hat{\sigma}_i^2}} \tag{2-58}$$

定义权 W 为

$$W_i=\frac{\lambda}{\hat{\sigma}_i^2} \tag{2-59}$$

式中，λ 为常数。将式(2－59) 代入式(2－58)，可得

$$\overline{x}=\frac{\sum_{i=1}^{m}\omega_i x_i}{\sum_{i=1}^{m}\omega_i} \tag{2-60}$$

式中，$\overline{x}$ 称为加权平均值。在等精度测量中 σ_i 相等，W_i 也相等，$\overline{x}=\sum_{i=1}^{m}x_i/m$ 就是加权平均值的一个特例。在非等精度测量中，精度高的数据 σ_i 小，相应的权 W_i 大，对 $\overline{x}$ 的影响就大，这体现了权的概念。

2.6.2　加权平均值的方差

加权平均值的方差表示了它的精密度。根据方差的合成公式，有

$$\sigma_{\overline{x}}^2=\sum_{i=1}^{m}\left(\frac{\partial \overline{x}}{\partial x_i}\right)^2\sigma_i^2=\frac{1}{\sum_{i=1}^{m}\frac{1}{\sigma_i^2}} \tag{2-61}$$

或写成

$$\frac{1}{\sigma_{\overline{x}}^2}=\sum_{i=1}^{m}\frac{1}{\sigma_i^2} \tag{2-62}$$

再在式(2－62) 两边同乘以常数 λ，得到

$$\frac{\lambda}{\sigma_{\overline{x}}^2}=\lambda\sum_{i=1}^{m}\frac{1}{\sigma_i^2}=\sum_{i=1}^{m}\frac{\lambda}{\sigma_i^2}$$

根据权的定义，有

$$\overline{W}=\frac{\lambda}{\sigma_{\overline{x}}^2}=\sum_{i=1}^{m}W_i \tag{2-63}$$

【例 2－11】　用两种方法测量某电压，用电压表 a 等精度测量 6 次，用电压表 b 等精度测量 4 次，测量结果如下：

电压表 a(单位：V)：10.002，9.998，10.006，10.013，10.004，10.000；

电压表 b(单位：V)：9.999，10.001，9.997，9.998。

求该电压的最佳估计值及其方差。

解

$$\overline{U}_a=\frac{1}{6}\sum_{i=1}^{6}U_{ai}=10.004\ \text{V}$$

$$\hat{\sigma}(U_a)=\sqrt{\frac{1}{6-1}\sum(U_{ai}-\overline{U}_a)^2}=5.3\times10^{-3}\ \text{V}$$

$$\hat{\sigma}^2(\overline{U}_a)=\hat{\sigma}^2(U_a)/6=4.7\times10^{-6}\ \text{V}^2$$

$$W(\overline{U}_a)=1/\hat{\sigma}^2(\overline{U}_a)=2.13\times10^5$$

$$\overline{U}_b=\frac{1}{4}\sum_{i=1}^{4}U_{bi}=9.999\ \text{V}$$

$$\hat{\sigma}(U_b)=\sqrt{\frac{1}{4-1}\sum(U_{bi}-\overline{U}_b)^2}=1.7\times10^{-6}\ \text{V}$$

$$\hat{\sigma}(\overline{U}_b)=\hat{\sigma}^2(U_b)/4=7.3\times10^{-7}\ \text{V}^2$$

$$W(\overline{U}_b)=1/\sigma^2(\overline{U}_b)=1.37\times10^6$$

U 的最佳估计值为

$$\overline{U}=\sum W_j U_j\Big/\sum W_j=[W(\overline{U}_a)\overline{U}_a+W(\overline{U}_b)\overline{U}_b]\Big/[W(\overline{U}_a)+W(\overline{U}_b)]=10.000\ \text{V}$$

方差为

$$\hat{\sigma}(\overline{U})=\sqrt{1\Big/\sum W_i}=\sqrt{1/[W(\overline{U}_a)+W(\overline{U}_b)]}=7.9\times10^{-4}\ \text{V}$$

2.7 测量数据处理

通过实际测量取得测量数据后，通常还要对这些数据进行计算、分析、整理，有时还要把数据归纳成一定的表达式或画成表格、曲线等，也就是要进行数据处理。

测量结果通常用数字和图形两种形式表示。对用数字表示的测量结果，当进行数据处理时，要制订出合理的数据处理方法，对于以图形表示的测量结果，应考虑坐标的选择和正确的作图方法，以及对所作图形的评定或经验公式的确定等。数据处理是建立在误差分析基础上的，在数据处理过程中要进行去粗取精、去伪存真的工作，并通过数据分析、整理得出正确的科学结论。

2.7.1 有效数字及数字的合成规则

1. 有效数字

由于在测量中不可避免地存在误差，并且仪器的分辨率有一定的限制，所以测量数据就不可能完全准确。同时，当对测量数据进行计算时，遇到像 π，e，$\sqrt{2}$ 等无理数，实际计算时也只能取近似值。因此，得到的数据通常只是一个近似数。为了确切地表示，通常规定误差不得超过末位单位数字的一半。对于这种误差不大于末位单位数字一半的数，从它左边第一个不为零的数字起，直到右面最后一个数字为止，都称为有效数字。

例如：

3.141 6	五位有效数字	极限(绝对)误差 ≤ 0.000 05
3.142	四位有效数字	极限误差 ≤ 0.000 5
8 700	四位有效数字	极限误差 ≤ 0.5
87×10^2	两位有效数字	极限误差 ≤ 0.5×10^2
0.087	两位有效数字	极限误差 ≤ 0.000 5
0.807	三位有效数字	极限误差 ≤ 0.000 5

有效数字中最后一位是欠准确的估计值，称为欠准数字。决定有效数字位数的标准是误差，多写则夸大了测量准确度，少写则带来附加误差。例如，如果某电流的测量结果写成 1 000 mA，四位有效数字，表示测量准确度或绝对误差 ≤0.5 mA，而若写成 1 A，则为一位有效数字，表示绝对误差 ≤ 0.5 A，但如果写成 1.000 A，仍为四位有效数字，绝对误差 ≤ 0.000 5 A＝0.5 mA。

“0”在一个数中，可能是有效数字，也可能不是有效数字。例如，0.020 30 MHz，“2”前面的两个“0”不是有效数字，中间及末尾的“0”都是有效数字。这是因为前面的“0”与测量准确度无关，当转换成另一单位时，它可能就不存在了，例如变换为 20.30 kHz 后，前面的“0”就没有了。

数字尾部的“0”很重要。20.30 表示测量结果精确到百分位，而 20.3 则表示测量结果精确到十分位。由此可见，整理测量数据时应有严格的规定。

决定有效数字位数的根据是误差，并非写出的位数越多越好。多写位数，就夸大了测量准确度；少记位数，将带来附加误差。对测量结果有效数字的处理原则：根据测量的准确度来确定有效数字的位数(允许保留一位欠准数字)，再根据舍入规则将有效位数以后的数字作舍入处理。

例如，某电压测量值为 6.471 V，若测量误差为 ±0.05 V，则该值应改为 6.47 V，取 3 位有效数字即可。有效数字的位数与小数点的位置无关，与所采用的单位也无关，只由误差的大小决定。

2. *数字的合成规则*

由于测量数据是近似值，所以处理数据时，要进行舍入处理。在测量技术中规定：“小于 5 舍，大于 5 入，等于 5 时采取偶数法则。”即以保留数字的末位为单位，它后面的数字若大于 0.5 个单位，末位进 1；小于 0.5 个单位，末位不变；恰为 0.5 个单位，则末位为奇数时加 1，末位为偶数时不变，即将末位凑整成偶数。由上述内容可见，每个数据经舍入后，其末位是欠准数字，末位以前的数字是准确数字。通常认为，当测量结果未注明误差时，则认为最后一位数字有 0.5 的误差，称为“0.5 误差原则”。

【例 2 - 12】 按取舍规则，试将下面数据舍入到小数点后三位。

原来数据	舍入后数据
3.141 59	3.142 (入)
2.717 29	2.717 (舍)
5.623 5	5.624 (入)
3.216 5	3.216 (舍)

舍入规则不同于四舍五入规则，四舍五入会在大量的数字运算中造成很大的累计误差，根据末位奇偶决定舍入，当舍入次数足够多时，因末位数字为奇数和偶数的概率相同，故舍和入的概率也相同，从而可使舍入误差基本抵消。

3. *有效数字的运算规则*

当需要对几个测量数据进行运算时，要考虑有效数字保留多少位的问题，以使运算不过于麻烦又能正确反映测量的精确度，保留的位数原则上取决于各数中精度最差的那一项。当对测量进行数值计算时，通常应遵循以下规则：

· 当 n 个近似值进行加减运算时，在各数中，以小数点后位数最少的那一个数为准，其余各数均舍入到比该数多一位，而计算结果所保留的小数点后的位数应与各数中小数点后位数最少者的位数相同。

需要注意的是，当两个数值很近的近似数相减时，有效数字有可能丧失得很多，如 17.50 有四位有效数字，17.493 有五位有效数字，而相减后，其结果只剩下一位参考数字。因此，首先要尽量避免导致相近两数相减的测量方法，再者在运算中多一些有效数字。

· 当 n 个近似值进行乘除运算时，在各数中，以有效数字位数最少的那一个数为准，其余各数及积(或商)均舍入至比该因子多一位，而与小数点位置无关。

· 将数平方或开平方后，结果可比原数多保留一位。

· 用对数进行运算时，n 位有效数字的数应用 n 位对数表示。

· 当指数的底远大于或远小于 1 时，指数底误差对结果影响较大。

例如，　　$1\,000^{2.1}=1\,995\,262$，　　$1\,000^{2.2}=3\,981\,072$

$0.001^{0.1}=5.01\times10^{-7}$，　　$0.001^{0.2}=2.51\times10^{-7}$

这时指数很小的变化都会使结果相差很多。对于这种情况，指数应尽可能多保留几位有效数字。

· 查角度的三角函数时，所用的函数值的位数可随角度误差的减少而增多，其对应关系见表 2-3。

表 2-3　三角函数值有效位数与角度误差的对应关系

角度误差	10″	1″	0.1″	0.01″
三角函数值的位数	5	6	7	8

· 当计算中出现 e，π，$\sqrt{3}$ 等常数时，可根据具体情况来决定它们应取的位数。一般来说，若计算结果要求 k 位有效数字，则对它们近似值取 $k+1$ 位有效数字。

2.7.2　测量结果的图解分析

表示一个测量结果，除了用数据以外，还经常使用各种曲线，即将被测量随某一个或几个因素（例如电压、频率、时间等）变化的规律用相应的曲线表示出来，以便于分析。

由于测量过程中存在误差，尤其是随机误差，所以测量的数据点不可能全部落在一条光滑的曲线上。将大量的包含误差的测量数据绘制成一条尽量符合实际情况的光滑曲线，这种工作称为曲线修匀。在要求不太高的测量中，常采用分组平均法来修匀曲线。

这种方法是把各数据点分成若干组，每组包含 2 ～ 4 个数据点，每组点数可以不相等。然后分别估取各组数据的几何重心，再将这些重心点连接起来。由于进行了数据平均，所以可以在一定程度上减少随机误差的影响，从而使曲线较为平滑，以符合实际情况。

为了便于绘制曲线，在测量过程中，要注意数据点的选择，根据曲线的具体形状，使数据点沿曲线附近均匀分布，在曲线变化急剧的地方测量数据要多取一些。

在作图前，要选好坐标系。常用的是直角坐标系，有时也采用极坐标系、对数坐标系。坐标系的分度应考虑误差的大小。分度过细会夸大测量准确度，分度过粗会增加作图误差。

2.8　最小二乘法

最小二乘法是处理和分析测量数据的一种经典方法。在科学实验与统计研究中，常常需要从一组测量数据，如从 n 对 (x_i, y_i) 的测量值中去求得变量 x 和 y 之间最佳的函数关系式 $y=f(x)$。如何求得能最好地代表相应测量数据的函数式，是最小二乘法及曲线拟合所要解决的问题，若从作图上看，这个问题就是在平面直角坐标系上，从给定的 n 个点 (x_i, y_i) $(i=1, 2, \cdots, n)$ 求一条最接近这一组数据点的曲线，以显示这些点的总趋势。这一过程称为曲线拟合，该曲线的方程称为回归方程。选取实验样本，建立最好的数学模型，常常是曲线拟合与回归分析应解决的实际问题，而最小二乘法原理与方法是保证得到具有最佳拟合与回归曲线的常用方法。

最小二乘法是一种统计估计法。它的基本原理：若变量 y 随 x 变化，它们之间的函数形式可能是已知的。但函数关系式中含有若干个未知参数，为了确定这些未知参数，测得一组数据 (x_i,y_i)。最小二乘法就是根据使测量值与估计值之差的平方和最小这一原则来计算各个参数，从而获得近似的数学关系式的。

下面简要介绍最小二乘法和曲线拟合的基本过程。

在一般情况下，对 n 对实验数据 $(x_i,y_i)(i=1,2,\cdots,n)$ 可选用 m 次代数多项式：

$$y=f(x)=a_0+a_1x+a_2x^2+\cdots+a_mx^m=\sum_{j=1}^{m}a_jx^j \tag{2-64}$$

作为描述这些数据的近似函数关系式（回归方程）。

为了确定这个多项式，需求出式(2-64)中的各个系数值 $a_j(j=1,2,3,\cdots,m)$，使得多项式对于测得的数据组 $(x_i,\ y_i)(i=1,2,\cdots,n)$ 有最好的拟合。一般取 $m<7$，且 $n>m+1$。

若把 $(x_i,\ y_i)$ 的数据代入多项式，就有 n 个方程：

$$y_1-(a_0+a_1x_1+a_2x_1^2+\cdots+a_mx_1^m)=d_1$$
$$y_2-(a_0+a_1x_2+a_2x_2^2+\cdots+a_mx_2^m)=d_2$$
$$\cdots\cdots$$
$$y_n-(a_0+a_1x_n+a_2x_n^2+\cdots+a_mx_n^m)=d_n$$

简记为

$$d_i=y_i-\sum_{j=0}^{m}a_jx_i^j\quad(i=1,2,\cdots,n) \tag{2-65}$$

式中，d_i 是在 x_i 处由回归方程式(2-64)计算得到的 y_i 与测量得到的 y_i 值之差。由于回归线不一定通过所有测量点 (x_i,y_i)，所以 d_i 不会全为零。

根据最小二乘法原理，为了求取系数 a_j 的最佳估计值，应使 d_i 的平方和最小，即

$$\varphi(a_0,a_1,\cdots,a_m)=\sum_{i=1}^{n}d_i^2=\sum_{i=1}^{n}\left(y_i-\sum_{j=1}^{m}a_jx_i^j\right)^2=\left(\sum_{i=1}^{n}d_i^2\right)_{\min} \tag{2-66}$$

由此可得正则方程组：

$$\frac{\partial\varphi}{\partial a_k}=-2\sum_{i=1}^{n}\left[\left(y_i-\sum_{j=1}^{m}a_jx_i^j\right)x_i^k\right]=0$$

即

$$\sum_{i=1}^{n}y_ix_i^k=\sum_{j=1}^{m}\left(a_j\sum_{i=1}^{n}x_i^{j+k}\right)\quad(k=1,2,\cdots,n) \tag{2-67}$$

上述正则方程组含有 $m+1$ 个方程，可用来求解 $m+1$ 个未知数 a_j 的最佳估值，由此可得 m 次多项式的回归曲线，它是这组实验数据较好的拟合曲线。

两个变量间的线性关系是一种最简单的，也是最理想的函数关系。以两变量间的线性关系为例，说明用最小二乘法进行拟合的过程。

【例 2-13】　现有 $n=4$ 组测量数据：(1,3.4)，(2,3.6)，(3,4.6)，(4,6.4)，假定这组实验数据的最佳拟合直线方程（回归方程）为

$$Y=a+bX$$

令 $$\varphi_{a,b}=\sum_{i=1}^{n}v_i^2=\sum_{i=1}^{n}(y_i-Y_i)^2=\sum_{i=1}^{n}(y_i-A-Bx_i)^2$$

按最小二乘法原理，要使 $\varphi_{a,b}=\sum_{i=1}^{n}v_i^2$ 最小，用求极值的方法，取其对 a,b 的偏导数，并令其为零，可得两个方程，对于两个未知数 A,B，有唯一解。

$$\begin{cases}\dfrac{\partial\varphi}{\partial a}=\sum_{i=1}^{n}[-2(y_i-a-bx_i)]=0\\ \dfrac{\partial\varphi}{\partial b}=\sum_{i=1}^{n}[-2x_i(y_i-a-bx_i)]=0\end{cases}$$

得到正则方程组

$$\begin{cases}\sum_{i=1}^{n}y_i=nA+B\sum_{i=1}^{n}x_i\\ \sum_{i=1}^{n}x_iy_i=A\sum_{i=1}^{n}x_i+B\sum_{i=1}^{n}x_i^2\end{cases}$$

即 $$\begin{cases}2a+5b-9=0\\ a+3b-5=0\end{cases}$$

解得 $$\begin{cases}a=2\\ b=1\end{cases}$$

因此，这组测量数据的最佳拟合直线方程为 $Y=2+X$。

习题与思考题

2-1　测量一个15 V的直流电压，要求测量误差不大于±1.5%，现有4只磁电式电压表，其量程和精度见表2-4。

表　2-4

电压表	1	2	3	4
量程 /V	20	30	30	50
精度 / 级	1.0	1.0	0.5	0.5

问：哪些电压表能满足要求？哪只电压表测量结果的误差最小？

2-2　QF2790型RCL电桥可以测量电阻、电容、电感、品质因数和损耗因数，其中测量电容有如下技术指标。

范围：3 pF ～ 11 μF，共8挡。

精度：100 pF挡：±(5% 指示值 + 0.5% 满度值)；

1 000 pF挡：±(3% 指示值 + 0.3% 满度值)；

0.01 ～ 10 μF各挡：±(2% 指示值 + 0.3% 满度值)；

100 μF挡：±(3% 指示值 + 0.3% 满度值)；

1 000 μF挡：±(5% 指示值 + 0.5% 满度值)。

若用该电桥测量3个电容器,其指示值分别为22 pF,0.33 μF和47 μF,请计算这些测量值的绝对误差和相对误差。

2-3　DS14—1型数字电压表可测量0 ～ ±600 V直流电压,用5位数码管显示,其量程和精度如下:

量程:600 mV,6 V,60 V,600 V。

精度:6 V挡:±(0.005% 指示值 + 0.005% 满度值);

其余各挡:±(0.01% 指示值 + 0.005% 满度值)。

若用该电压表测量两种直流电压,其指示值分别为1.512 6 V和536.27 V,请计算两个测量结果的相对误差。

2-4　对某电压进行了6次等精度测量,结果如下(单位:V):

5.001,4.998,5.003,5.010,4.997,5.005

若测量值服从正态分布,其标准偏差为0.005 V,求测量值的最佳估值和最佳估值的标准偏差,并求置信概率为99% 时测量值数学期望的置信区间。

2-5　对某信号源输出频率进行了8次等精度测量,结果如下(单位:kHz):

1 000.82,1 000.79,1 000.85,1 000.84,1 000.78,1 000.91,1 000.76,1 000.82

若测量时无系统误差,给定置信概率为99%,那么输出频率的真值应在什么范围?

2-6　对某信号源的输出频率 f_x 进行了10次等精度测量,结果为

110.105	110.090	110.090	110.070	110.060
110.050	110.040	110.030	110.035	110.030

试用马林克夫准则和阿贝-赫梅特准则判断是否存在变值系差。

2-7　用四种不同的方法测得某晶振频率为(4.997 6 ± 0.001 4) MHz,(4.998 2 ± 0.001 0)MHz,(4.998 0±0.000 8) MHz,(4.997 8±0.001 2) MHz,式中所给各值的不确定度为 $3\sigma(f_j)$,求该晶振的最佳估值及其不确定度。

2-8　两只电阻分别为 $R_1 = (20 \pm 2\%)\ \Omega$,$R_2 = (100 \pm 0.4\%)\ \Omega$,求两电阻串联及并联时的总电阻和相对误差。

2-9　用1.0级3 V量程的直流电压表测得图2-6中a点和b点对地的电压 $U_a = 2.54$ V,$U_b = 2.38$ V。试问:

(1) U_a 和 U_b 的相对误差是多少?

(2) 通过测量 U_a 和 U_b 来计算 R_2 上的电压 U_2 时,U_2 的相对误差是多少?

(3) 若用该电压表直接测量 R_2 两端电压 U_2 时,U_2 的相对误差是多少?

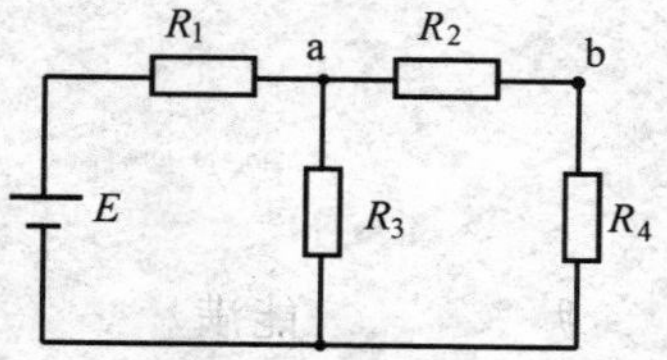

图 2-6　题 2-9 图

2-10　电阻 R 上电流 I 产生的热量 $Q = 0.24\ I^2Rt$,式中,t 为通过电流的持续时间。已知测量 I 和 R 的相对误差为1%,测定 t 的相对误差为5%,求 Q 的相对误差。

2-11　欲测量放大器的电压增益,设测量输入电压和输出电压的相对误差相等。若要求电压增益的分贝误差为 $\gamma_{dB} \leqslant \pm 0.5$ dB,那么对电压测量精度有何要求?

2-12　用电压表测得一组电压值(见表2-5),判断有无坏值,并写出测量报告值。

2-13　按照有效数字的运算法则，对下列数据进行处理，使其保留三位有效数字。

86.372 4，8.914 5，3.175 0，0.003 125，594 50

表 2-5　题 2-12 表

n	x_i	n	x_i	n	x_i
1	20.42	6	20.43	11	20.42
2	20.43	7	20.39	12	20.41
3	20.40	8	20.30	13	20.39
4	20.43	9	20.40	14	20.30
5	20.42	10	20.43	15	20.43

2-14　用两种方法测量同一电阻值所得阻值如下(单位:Ω)：

第一种方法测量 8 次：

100.36，100.41，100.28，100.36，100.32，100.31，100.37，100.29

第二种方法测量 6 次：

100.32，100.35，100.29，100.31，100.30，100.28

(1) 若分别用上面两组数据的平均值作为该电阻的估计值，则哪一个比较可信?

(2) 用两次测量的全部数据求被测电阻的最佳估值和最佳估值的方差。

2-15　在图 2-7 中，$U_1=U_2=40$ V，若用 50 V 交流电压表进行测量，允许总电压 U 的最大误差为 $\pm 2\%$，问应选择什么等级的电压表?

2-16　测量 x 和 y 的关系，得到下列一组数据：

x_i：	6	17	24	34	36	45	51	55	74	75
y_i：	10.3	9.0	10.01	10.9	10.2	10.8	9.4	9.1	13.8	10.2

试用最小二乘法拟合，求上述实验数据的最佳曲线。

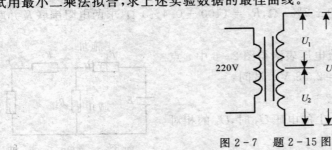

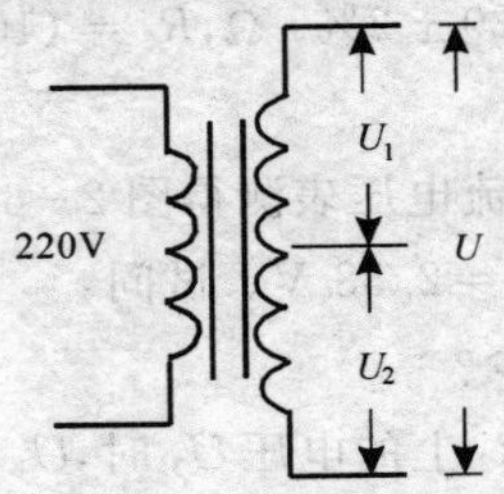

图 2-7　题 2-15 图

第3章　测试信号发生器

3.1　信号发生器的基本概念

3.1.1　信号发生器的作用与分类

在研制、生产、测试和维修各种电子元器件、部件以及整机设备时，都需要使用信号源输出所需的不同频率、不同波形的电压、电流等测试信号，并施加到被测器件、设备上，以分析确定它们的性能参数，如图 3－1 所示。

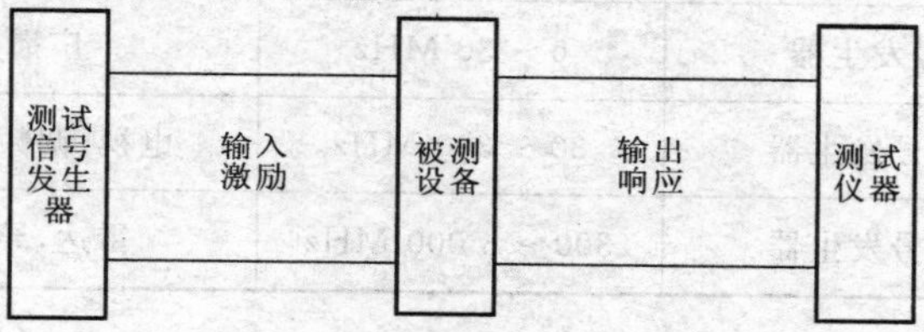

图 3－1　测试信号发生器

这种提供测试用电信号的设备，统称为信号发生器（信号源）。与示波器、电压表、频率计等测量仪器一样，信号发生器是电子测量领域中最基本、应用最广泛的一类电子仪器。归纳起来，信号源有如下三方面的用途。

1)激励源：作为某些电气网络、电路、设备的激励信号，例如，测试电路的通带特性时，加在电路上的输入信号；

2)信号仿真：当要研究一个设备在某种实际环境下所受的影响时，需要施加具有与实际环境相同特性的信号，例如，对滤波器进行设计调试时，需要对信号及噪声进行仿真；

3)校准源：用于对一般信号源进行校准，有时称为标准源。

除了在电子技术尤其是电子测量方面的应用外，信号发生器在其他领域也有广泛的应用，如机械部门的超声波探伤，医疗部门的超声波诊断，频谱治疗仪等。

信号发生器应用广泛，种类、型号繁多，性能各异，分类方法也不尽一致。下面介绍几种常见的分类方法。

1. 按频率范围分类

按照输出信号的频率范围的划分见表 3－1。要说明的是，表 3－1 中频率的划分并不十分严格，对于某个具体的信号源来说，可能占某一频段或相邻的多个频段，也可能只占某频段的部分频率，目前通用信号源所占的频段都比较宽。

2. 按输出波形分类

根据使用要求，信号发生器可以输出不同波形的信号。按照输出信号的波形特性，信号发生器可分为正弦信号发生器、脉冲信号发生器、函数信号发生器、扫频信号发生器、数字序列信号发生器、图形信号发生器、噪声信号发生器等。

3. 按信号发生器的性能分类

按信号发生器的性能指标，可分为一般信号发生器和标准信号发生器。前者是指对其输出信号的频率、幅度的准确度和稳定度以及波形失真等要求不高的一类信号发生器；后者是指其输出信号的频率、幅度、调制系数等在一定范围内连续可调，并且读数准确、稳定、屏蔽良好的中、高档信号发生器。

表 3-1　信号发生器的分类

名　称	频率范围	主要应用领域
超低频信号发生器	30 kHz 以下	电声学，声呐，水声通信
低频信号发生器	30～300 kHz	电报通信
视频信号发生器	300 kHz～ 6 MHz	无线电广播
高频信号发生器	6～ 30 MHz	广播，电报
甚高频信号发生器	30～ 300 MHz	电视，调频广播，导航
超高频信号发生器	300～ 3 000 MHz	雷达，导航，气象

还有其他分类方法，如按照使用范围，可分为通用和专用信号发生器；按调制类型，可分为调幅(AM)、调频(FM)以及脉冲调制(PM)信号源；按调节方式，可分为普通信号发生器、扫频信号发生器和程控信号发生器；按照频率产生方法可分为谐振信号发生器、锁相信号发生器及合成信号发生器等。

上述仅是常用的、大致的分类方式。随着电子技术的不断发展，信号发生器的功能越来越齐全，性能也越来越优良，一台信号发生器往往具有相当宽的频率覆盖范围，又具有输出多种波形信号的功能。例如，国产 AT3040B/80B/120B 函数/任意波形信号发生器，频率覆盖范围为 10 μHz～40/80/120 MHz，分辨率为 10 μHz，可以输出包括正弦波、方波、锯齿波、三角波、脉冲波、正/负锯齿波、升/降指数波、升/降对数波、高斯噪声、心电图、地震波等多种波形的信号。仪器中的任一波形均可自由参加调频、调幅、FSK、PSK、猝发、扫频等功能项，且支持任意波下载，提供任意波输出功能。而泰克公司的 AFG3252/任意信号/任意函数发生器，双通道，正弦波频率为 1 μHz～240 MHz，任意波频率为 1 mHz～120 MHz，幅值范围(峰-峰值)为 100 mV～10 V，取样率为 2 GS/s，内存为 128 KB，垂直分辨率为 14 b，具有 USB，GPIB，LAN 等接口，采用 5.6 寸彩色显示屏进行输出信息的显示。

3.1.2　信号发生器的基本构成

信号发生器产生信号的方法及功能各有不同，但其基本构成一般都可用如图 3-2 所示的框图描述。下面对框图中各个部分作简要介绍。

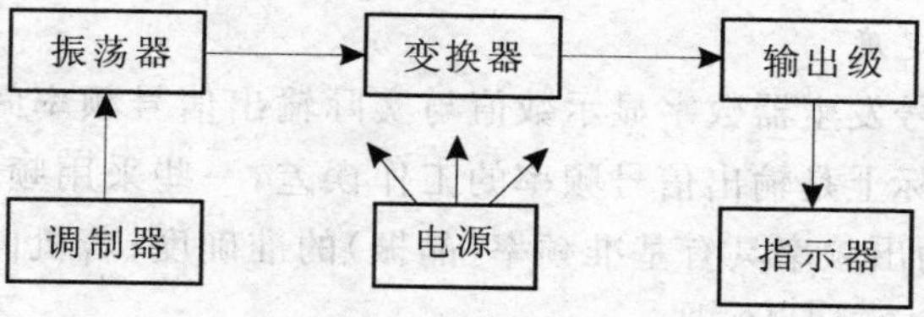

图 3-2　信号发生器原理框图

1. 振荡器

振荡器是信号发生器的核心部分，由它产生不同频率、不同波形的信号，而产生不同频率、不同波形信号的振荡器原理、结构差别很大。目前，计算机与数字技术的飞速发展给实现高精度复杂信号波形的输出带来了极大的便利。

2. 变换器

变换器可以是电压放大器、功率放大器、调制器或整形器。一般情况下，振荡器输出的信号都属弱信号，需在输出信号时加以放大；另外像调幅、调频信号，也需在这部分由调制信号对载波加以调制；对于函数发生器，振荡器输出的是三角波，需要在这里由整形电路整形成方波或正弦波。

3. 输出级

输出级的基本功能是调节输入信号的电平和输出阻抗，可以是衰减器、匹配变压器或射极跟随器等。

4. 指示器

指示器用来监视、显示输出信号，可以是电压表、功率计和频率计或者显示屏等。使用时可通过指示器来调整输出信号频率、幅度及其他特性。通常情况下指示器接于衰减器之前，并且由于指示仪表本身准确度不高，其示值仅供参考，从输出端输出的实际特性需用其他更准确的测量仪表来测量。目前，采用数字技术和计算机技术则较好地解决了显示精度的问题，可以为用户提供高精度的输出波形的参数。

5. 电源

电源提供信号发生器各部分的工作电源电压。通常是将 50 Hz 交流电整流成直流并有良好的稳压与抗电磁干扰措施。

3.1.3　正弦信号发生器的性能指标

在各类信号发生器中，正弦信号发生器是最普通、应用最广泛的一类，几乎渗透到所有的电子学实验及测量中。其原因除了正弦信号既容易产生、容易描述，又是应用最广的载波信号外，还由于任何线性双口网络的特性都可以用它对正弦信号的响应来表征。显然，由于信号发生器作为测量系统的激励源，被测器件、设备性能参数的测量质量，将直接依赖于信号发生器的性能。通常用频率特性、输出特性和调制三方面的技术指标来描述正弦信号发生器的主要工作特性。

1. 频率范围

频率范围指信号发生器所产生的信号频率范围，在该范围内既可由连续频率又可由一系列离散频率所覆盖，在此范围内应满足全部误差要求。

2.频率准确度和稳定度

频率准确度是指信号发生器数字显示数值与实际输出信号频率间的偏差，通常用相对误差表示。频率准确度实际上是输出信号频率的工作误差，一些采用频率合成技术且带有数字显示的信号发生器，其输出频率具有基准频率(晶振)的准确度；若机内采用高稳定度的晶振，输出频率的准确度可达 $10^{-8}\sim10^{-10}$。

频率稳定度指标要求与频率准确度相关。频率稳定度是指在其他外界条件恒定不变的情况下，规定时间内，信号发生器的输出频率相对于预调值变化的大小。按照国家标准，频率稳定度又分为频率短期稳定度和频率长期稳定度。

在谐振法信号源中，低频信号源的准确度为±(1%～3%)，稳定度优于 10^{-3}；高频信号源的准确度为0.5%～1%，稳定度为 $10^{-3}\sim10^{-4}$。

3.非线性失真和频谱纯度

实际中，信号源并不能产生出理想的正弦波。通常，用非线性失真来表征低频信号源输出波形的好坏，为0.1%～1%，用频谱纯度表征高频信号源输出波形的质量。频谱不纯的主要来源是高次谐波和非线性谐波。

4.输出电平调节范围

输出电平指输出信号幅度的有效范围，即由产品标准规定的信号发生器的最大输出电压或最大输出功率及其衰减范围内所得到的输出幅度的有效范围。输出电压可用电压(V，mV，μV)或dB表示。例如，HP8640B输出电平范围为+19～-145 dB，而AT3040B/80B/120B函数/任意波形信号发生器的输出信号电平(峰-峰值)为20 mV～20 V。

5.输出电平准确度

目前，一般在±(3%～10%)的范围内，数字化信号发生器的垂直幅度分辨率为8 b，优于1%。而高精度的信号发生器的垂直幅度分辨率为14 b，优于0.1%，或者误差小于0.1 mV。

6.输出电平稳定度和平坦度

幅度稳定度是指信号发生器经规定时间预热后，在规定时间间隔内的输出信号幅度对预调幅度值的相对变化量。平坦度分别指温度、电源、频率等引起输出幅度的变化量。使用者通常主要关心输出幅度随频率变化的情况。信号发生器一般都有自动电平控制电路(ALC)，可使平坦度保持在±0.1 dB以内。

7.输出阻抗

低频信号源的输出阻抗有50 Ω，600 Ω，5 000 Ω三种，而高频信号源则为50 Ω或75 Ω两种。当使用高频信号源时，需要特别注意阻抗的匹配。

8.调制类型

高频信号源在输出正弦波的同时，一般还能输出一种或一种以上的已调制的信号，多数情况下是调幅(AM)信号和调频(FM)信号。有些还带有调相和脉冲调制(PM)等功能。当调制信号由信号源的内部产生时，称为内调制；当调制信号由外部加到信号源进行调制时，称为外调制。这类带有输出已调波功能的信号发生器，是测试无线电收发等设备时不可缺少的仪器。当前，新型的函数/任意波形信号发生器还可以输出多种混合调制波形，以满足测试技术飞速发展的需求。

9. 寄生调制

寄生调制是指不加调制时，信号载波的残余调幅、调频；或调幅时有寄生的调频，调频时有寄生的调幅。通常寄生调制应低于－40 dB。

3.1.4　信号发生器的发展过程及趋势

从信号发生器研究和生产的进程来看，射频信号发生器和低频信号发生器几乎是同时出现的。电振荡器早期源于 LC 振荡电路，为了得到音频信号，20 世纪 30 年代人们提出以 RC 构成振荡电路。与此同时，美国于 1928 年生产出第一台射频信号源——调幅信号发生器，而后相继出现了调频信号发生器，并且频率不断向高频发展。在 20 世纪 40 年代，国外开始研究能输出脉冲信号的脉冲信号发生器；1962 年美国 Wavetek 公司在 RC 电路的基础上，又推出了函数发生器产品；在 20 世纪 60 年代初，起源于通信领域的频率合成技术也应用到信号源中，继而出现了合成信号发生器；自 20 世纪 80 年代以来，人们又将微机技术引入信号发生器，出现了任意波形信号发生器，这种仪器可以根据需要产生各种各样的波形，仿真各种自然现象变化过程，使测量更具有现实意义。进入 21 世纪，随着互联网技术和各种总线技术的飞速发展，各类信号发生器都带有各类总线接口，如 LAN，USB 等总线接口，极大地方便了远程组网、远端测试技术的发展，为组成远程智能测试网奠定了基础。

作为基础测量仪器的信号发生器，随着用户的需求而不断发展。由于现代通信系统具有复杂的数字调制形式，所以要求信号发生器也能提供灵活的调制信号，包括正交幅度调制、正交相移键控调制。当做全球移动通信系统（GSM）和信息传输方式（时分多址 TDMA、码分多址 CDMA）测试时，输出的信号还要考虑作为传播媒介的空气的影响。

目前，通用信号发生器基本上都能提供数字调制信号，如安捷伦公司的 HP ESG—D 系列信号源，其最高频率为 4 GHz，内置了一个宽带的正交相位调制器，它能提供的调制信号有频移键控（FSK）、正交相移键控（QPSK）等。若配上选件 H97，就能实现话音传输速率为 4.096 MHz的正交相移键控，可用于宽带 CDMA 系统测试。为了提供更复杂的调制信号，安捷伦公司新的 Agilent E4438C ESG 矢量信号发生器通过提供优异的基带信号而达到了新的性能水平。它具有宽 RF 调制带宽、快采样率和大存储器，这是评估 2.5 G，3 G 和宽带无线通信系统及部件的关键要求。此外，ESG 矢量信号发生器还提供达 6 GHz 的频率覆盖，符合无线局域网的特殊要求。仪器可提供模拟调制、采用标准和定制制式的数字调制、优异的电平精度和频谱纯度，以及便于配置的体系结构，因而是一般研制开发、制造和查错应用的理想设备。Electronix 公司的数字调制信号发生器 SMIG 系列也具有基带正交相位调制器，可模拟所有的无线移动通信标准信号，工作频率可至 3.3 GHz。由于电子测量及其他部门对各类信号发生器的广泛需求及电子技术的迅速发展，促使信号发生器的种类日益增多，性能日益提高，尤其随着微处理器的出现，更促使信号发生器向着自动化、智能化方向发展。现在，许多信号发生器都带有微处理器，因而具备了自校、自检、自动故障诊断、自动波形生成和修正等功能，还带有 IEEE—488 或 RS232 总线，新的函数/任意波形信号发生器都带有 100BaseT LAN 和 USB 2.0 接口总线，可以和控制计算机及其他测量仪器一起方便地构成自动测试系统。当前信号发生器总的趋势是向着宽频率覆盖、高频率精度、多功能、多用途、自动化和多总线智能化方面发展。

3.2 合成信号发生器

合成信号发生器是借助于电子技术及计算机技术，将一个或几个基准频率通过合成产生一系列满足实际需要的频率的信号发生器。频率合成与锁相技术是近年来发展起来的新兴技术，它们在雷达、通信、遥控遥测、电视广播和电子测量仪器等领域已得到广泛的应用。尤其是在短波跳频通信中，信号在较宽的频带上不断变化，并且要求在很小的频率间隔内快速地切换频率和相位，因此采用直接数字合成(DDS)技术的本振信号源是较为理想的选择。这种方法简单可靠、控制方便，且具有很高的频率分辨率和转换速度，非常适合快速跳频通信的要求。

随着电子科学技术的发展，雷达、导航、宇宙飞行、导弹以及空间探索工作的开展，对信号频率的稳定度和准确度提出了越来越高的要求。例如，在无线电通信系统中，蜂窝通信频率在 912 MHz 并以 30 kHz 带宽步进，为此，信号频率稳定度的要求必须优于 10^{-6}。同样，在电子测量技术中，如果信号发生器输出信号的频率的稳定度和准确度不够高，就很难对电路网络、电子设备进行准确的频率测量。因此，频率的稳定度和准确度是信号发生器的一个重要技术指标。

一方面，在以 RC，LC 为主振级的信号源中，频率准确度达 10^{-2} 量级，频率稳定度达 $10^{-3}\sim10^{-4}$ 量级，这远远不能满足现代电子测量和无线电通信等方面的要求。另一方面，以石英晶体组成的振荡器的日稳定度优于 10^{-8} 量级，但它只能产生某些特定的频率。在实践中，人们利用频率合成技术，从一个或几个标准频率出发，对高稳定度的基准频率进行加、减、乘、除算术运算，可以合成出大量的频率，而且合成出来的频率的准确度和长期稳定度都是和基准频率完全一样的。如果将机内的石英晶体振荡器换成频率准确度和稳定度更高的原子频标(外接)，那么合成器的输出频率的准确度和稳定度也将提高到与外接频标相同的精度。这就是频率合成技术引起人们重视的一个重要原因。采用频率合成技术组成的频率源称为频率合成器，用于各种专用设备和系统中。

通常，人们把频率、相位看成是一些变量(如电压或电流)的参数，这些变量可以用来确定一个系统的状态。但是，在频率合成和锁相环的讨论中，则是把频率和相位本身作为一个状态变量。如同电压、电流一样，频率可在电路中进行加、减运算，同时也可乘以或除以一个常数，还可以把频率转换成其他形式的变量或把其他变量转换为频率。上述这些运算和转换是频率合成的基本过程。

频率合成器的应用如此广泛，主要归因于两种趋向：一是由于通信频谱日益拥挤，二是由于计算机和微电子技术的应用与日俱增。通信频谱拥挤要求有高精度的发射频率，以便于波道的密集分布；同时又要求选择频率十分容易，只有这样才能有效地使用现有的信号频道；当使用计算机或微处理器进行控制时，还要求能根据数字指令来选择频率，频率合成器正好能满足这些要求。

目前比较常用的频率合成器有三种，分别是数字合成器(即查表合成器)、直接合成器和锁相合成器(即间接合成器)。

3.2.1 合成信号发生器的主要技术指标

对频率合成器的设计的基本要求是简单、经济，同时具有最佳性能指标。合成信号发生器的工作特性应包括如下几个方面：频率特性、频谱纯度、输出特性、调制特性等。下面对频率特性和频谱纯度做进一步的叙述。

1)频率准确度和稳定度:取决于内部基准源,一般能达到10^{-8}/日或更好的水平。

2)频率分辨率:由于合成信号发生器的频率稳定度较高,所以分辨率也较好,可达0.01～10 Hz。

3)频率范围:通常是指频率合成器输出的最低频率f_{omin}和最高频率f_{omax}之间的变化范围,也可用覆盖系数$k=f_{omax}/f_{omin}$表示(k又称为波段系数)。如果覆盖系数$k>2\sim3$时,整个频段可以划分为几个分波段。在频率合成器中,分波段的覆盖系数一般取决于压控振荡器的特性。

4)频率转换速度:指信号发生器的输出从一个频率切换到另一个频率所需要的时间。直接合成信号发生器的转换时间为微秒(μs)数量级,而间接合成信号发生器则需毫秒(ms)数量级。

5)相位噪声:信号相位的随机变化称为相位噪声,相位噪声会引起频率稳定度的下降。在合成信号发生器中,由于稳定度高,所以对相位噪声也应该严格限制。通常宽带相位噪声应低于−60 dB,远端相位噪声(功率谱密度)应低于−120 dB/Hz。

6)相位杂散:在频率合成的过程中常常会产生各种寄生频率分量,称为相位杂散。相位杂散一般限制在−70 dB以下。

需要说明的是,在频域里,相位杂散是在信号谱两边呈对称分布的离散谱线;而相位噪声在信号谱两边呈连续分布。

3.2.2 间接频率合成法

间接频率合成法基于锁相环(PLL)原理。锁相环可以看成是中心频率能自动跟踪输入基准频率的窄带滤波器,它的一个主要用途就是将含有噪声的振荡器放在锁相环路内,使它的相位锁定到一个纯净的信号上,使振荡器本身的噪声被抑制,输出信号稳定地锁定在纯净信号自身,基于这个原理制成的频率合成器称为锁相频率合成器。锁相环路的另一个主要性能是恢复淹没在噪声中的信号相位和频率,从而可以对信号进行相干检测。

在过去三四十年间,人们致力于对用于淹没在噪声中的信号检测的相干检测方法的研究。一方面,发射功率受不同的实际条件限制,例如受质量、功率消耗、费用、干扰以及国际上对功率辐射规定的限制标准;另一方面,所需要的通信距离越来越远,这就意味着接收的信号常常会很微弱,普通的接收和检测技术不再适用,而相干接收技术则明显有效。因此,在现代高性能接收和检测设备中,把锁相环作为接收机的基本部件是非常有效的。最初,锁相环路是与空间通信共同研究和发展起来的,现在越来越广泛地用于整个通信和电子技术领域,这是因为不仅从性能方面考虑,而且从价格、设计简单和调整方便的角度来看,采用锁相环路常常是最好的解决方式。

锁相环(PLL)是一种能够自动实现相位同步的自动控制系统,基本锁相环由低通滤波器(LPF)、压控振荡器(VCO)和鉴相器(PD)组成,如图3-3所示。VCO输出频率f_o反馈至鉴相器,在此与基准频率f_r(由晶振产生)进行相位比较。PD的输出V_φ与两信号(f_r和f_o)的相位之差成正比。V_φ经LPF之后得到缓慢变化的直流分量V_F,用来控制VCO的输出频率。当环路稳定时,VCO的输出频率f_o等于f_r,即

$$f_o=f_r \tag{3-1}$$

由式(3-1)可见,锁相环的输出频率f_o和基准频率f_r具有同等稳定度,或者说合成信号

发生器的频率稳定度可以提高到晶振的水平，达到 10^{-8}，这是 RC，LC 振荡器所远远不及的。

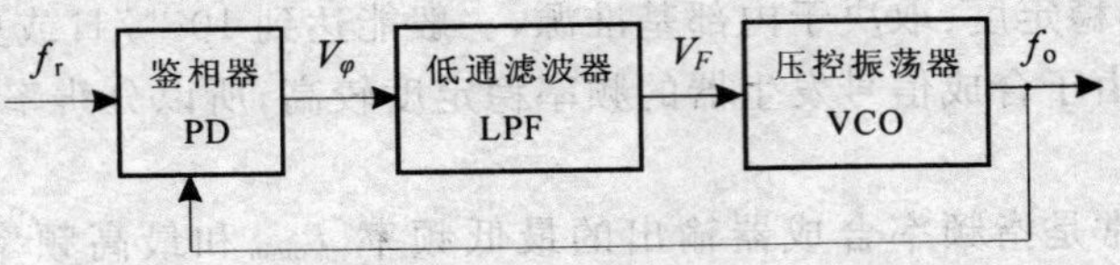

图 3-3　锁相环原理框图

以上为锁相环的基本工作原理。如果在锁相环内加入有关电路，就可以对基准频率 f_r 进行算术运算，产生人们需要的各种频率。由于它不同于模拟直接合成法，不是用电子线路直接对基准频率进行运算，故称为间接合成法。

如图 3-4 所示为倍频式锁相环。在图 3-4(a) 中，反馈支路接入 N 分频器，因此在环路锁定时有 $f_o/N=f_r$，于是得

$$f_o=Nf_r \tag{3-2}$$

由式(3-2) 可知，图 3-4(a) 实现了倍频作用。在图 3-4(b) 中，基准频率 f_r 首先被形成窄脉冲，再以其 N 次谐波（Nf_r）作用于锁相环，因此有 $f_o=Nf_r$。倍频式锁相环的符号为 NPLL。

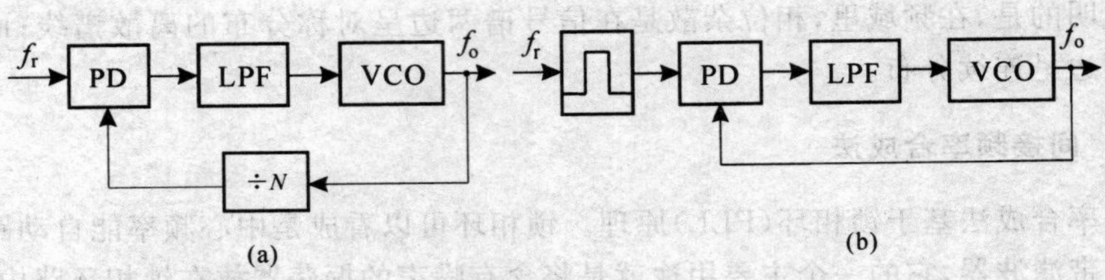

图 3-4　倍频式锁相环

(a) 数字环；(b) 脉冲环

如图 3-5 所示为分频式锁相环，对于图 3-5(a) 或图 3-5(b) 均可得到

$$f_o=\frac{1}{N}f_r \tag{3-3}$$

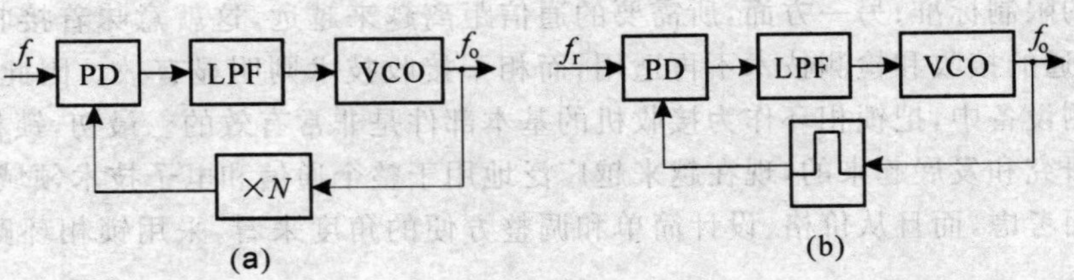

图 3-5　分频式锁相环

(a) 数字环；(b) 脉冲环

无论是倍频式锁相环还是分频式锁相环，数字环都是由数字分频器或倍频器实现的，其数值 N 可以为任意值，根据 f_o 的要求而设定；在脉冲环中用窄脉冲形成电路产生若干种谐波频率，只取其 N 次谐波作用于鉴相器，因此称为脉冲环。目前广泛应用的是由数字环构成的合成信号源。

如图 3-6 所示为混频式锁相环，它以 VCO 的输出信号(频率 f_o)和一个已知频率为 f_{r2} 的信号在混频器 M 进行混频，而后进入 PD 与基准频率进行比较。在图 3-6 中为了提高合成信号的频谱纯度，在混频器之后加一带通滤波器(BPF)以消除由于混频作用而引入的组合干扰。在图 3-6 中，当环路稳定时有 $f_o \pm f_{r2} = f_{r1}$，故得

$$f_o = f_{r1} \mp f_{r2} \tag{3-4}$$

在图 3-6 中，混频器 M 若取"+"为和频混频，相应地，M 若取"−"为差频混频。

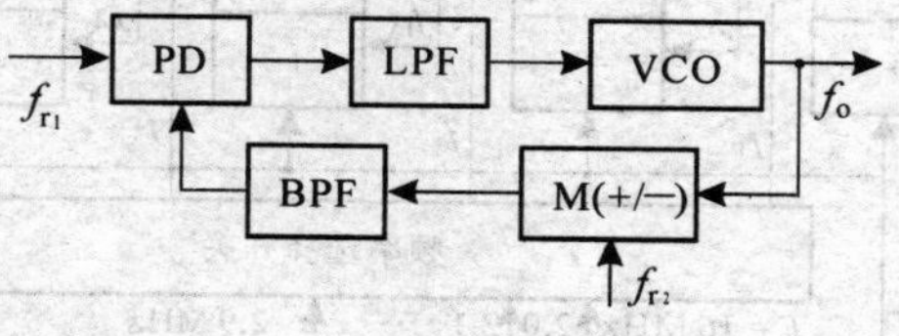

图 3-6　混频式锁相环

总之，由于在锁相环的反馈支路中加入频率运算电路，所以锁相环的输出信号频率 f_o 是基准频率 f_r 经有关的数学表达式的运算结果。表达式中的运算符号正好与运算电路相反。在合成信号源中，倍频式数字环和混频环获得了更多的应用。数字环的 N 值，还可以借助计算机实现程控设定。

3.2.3　模拟直接合成频率法

模拟直接合成频率法是借助电子线路直接对基准频率进行算术运算，输出各种需要的频率，因为它采用模拟电子技术，所以又称为直接模拟合成法(DAFS)，常见的电路形式有以下两种。

1. 固定频率合成法

如图 3-7 所示为固定频率合成法的原理电路。图中，f_r 为晶振提供的基准频率，D 为分频器的分频系数，N 为倍频器的倍频系数。

因此，输出频率 f_o 为

$$f_o = \frac{N}{D} f_r \tag{3-5}$$

式中，D 和 N 均为给定的正整数；输出频率 f_o 为定值，因此称为固定频率合成法。

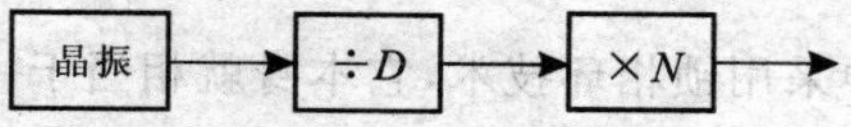

图 3-7　固定频率合成法的原理电路

2. 可变频率合成法

可变频率合成法可以根据需要选择各种输出频率，常见的电路形式是连续混频分频电路，如图 3-8 所示。

在连续混频分频电路中，首先使用基准频率 f_r(5 MHz)在辅助基准频率发生器中产生 12 个辅助基准频率：2 MHz，16 MHz，2.0 ~ 2.9 MHz，频率选择开关可使每个合成单元选择 2.0 ~2.9 MHz 中的任何一个频率。4 个合成单元采用完全相同的电路，即由两个混频器和一个分频器组成，它们所产生的输出频率依次从左向右传递，并参与后一单元的运算。例如，

从左边开始的第一单元，首先 f_{i1}（2 MHz）和 F（16 MHz）进行比较混频，其结果再与辅助基准 f_1 进行混频，两次混频得

$$f_{i1}+F+f_1=[2+16+(2.0\sim2.9)]\ \text{MHz}=(20.0\sim20.9)\ \text{MHz}$$

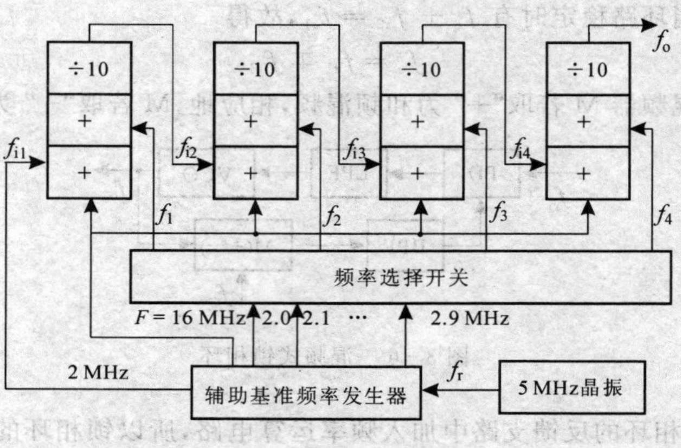

图 3-8 连续混频分频电路

经 10 分频得 2.00～2.09 MHz；再以该频率作为第二单元的输入频率 f_{i2}，继续进行运算；经 4 次运算，最后得输出信号的频率 f_o 为

$$f_o=2.000\ 00\sim2.099\ 99\ \text{MHz}$$

根据频率选择开关的状态，可以输出 10 000 个频率，频率间隔为 $\Delta F=10$ Hz，即为图 3-8 中合成器的频率分辨率。如果串接更多的合成单元，就可以获得更细的频率间隔，以进一步提高频率分辨率。

直接模拟合成技术在 20 世纪 60 年代就已成熟并付诸实用。它有如下一些特点：其一，从原理来说，频率分辨率几乎是无限的。从图 3-8 可知，增加一级基本运算单元就可以使频率分辨率提高一个量级。其二，合成单元由混频器、分频器及滤波器组成，其频率转换时间主要由滤波器的响应时间、频率转换开关的响应时间以及信号的传输延迟时间等决定。一般来说，其转换时间为微秒量级，这比采用锁相环的间接合成法要快得多，间接合成的转换时间为毫秒量级。其三，由于采用混频等电路会引入很多寄生频率分量，带来相位杂散，因此必须采用大量滤波器以改善输出信号的频谱纯度。这些将导致电路庞大、复杂、不易集成，这是直接模拟合成法的一大弱点。

相比之下，在间接合成中采用锁相环技术，它本身就相当于一个中心频率能自动跟踪输入基准频率的窄带滤波器，因此具有良好的抑制寄生信号能力，而且锁相环电路便于数字化、集成化，且便于工作在微处理器的控制之下，实现频率自动跟踪。因此，锁相合成技术一出现就受到人们的重视，而且还在持续发展中。

3.3 直接数字合成法

自 20 世纪 70 年代以来，由于大规模集成电路的发展以及计算机技术的普及，开创了另一种信号合成方法 —— 直接数字合成法（DDS），它突破了前两种频率合成法的原理，从“相位”的概念出发进行频率合成。这种合成方法不仅可以给出不同频率的正弦波，而且还可以给出

不同初始相位的正弦波，甚至可以给出各种各样形状的波形。

3.3.1 直接数字合成法的基本原理

如图 3-9 所示为直接数字合成法的原理框图。直接数字合成的过程是在标准时钟 CLK 的作用下，通过控制电路按照一定的地址关系从数据存储器 RAM 单元中读出数据，再进行数／模(D/A) 转换，就可以得到一定频率的输出波形。由于 D/A 的输出信号为阶梯状信号，为了使之成为理想正弦波，还必须进行滤波，滤除其中的高频分量，所以在 D/A 之后接一个平滑滤波器，最后输出频率为 f_o 的正弦信号波形。

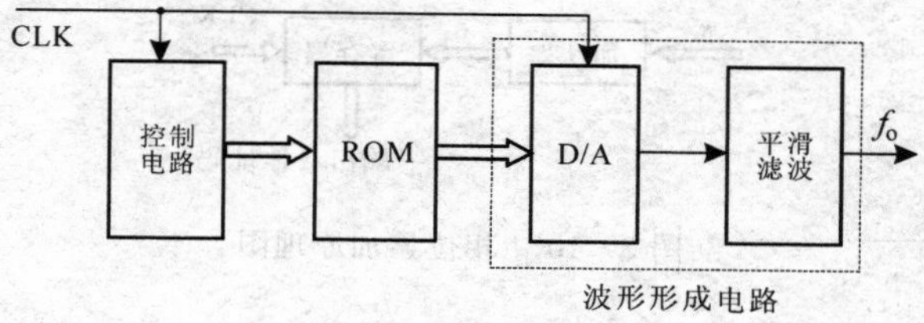

图 3-9 直接数字合成法的原理框图

以正弦波为例。在正弦波一周期(360°) 内，按相位划分为若干等份($\Delta\varphi$)，将各相位对应的幅值 A 按二进制编码并存入 ROM。若 $\Delta\varphi=6°$，则一周期内共有 60 等份。由于正弦波对 180° 为奇对称，对 90° 和 270° 为偶对称，因此 ROM 中只需存入 0° ～ 90° 范围的幅值码。若以 $\Delta\varphi=6°$ 计算，在 0° ～ 90° 之间共有 15 等份，其幅值在 RAM 中占 16 个地址单元。因此，$2^4=16$，可按 4 位地址码对数据 RAM 进行寻址。现设幅度码为 5 位，则在 0° ～ 90° 范围内编码关系见表 3-2。

表 3-2 正弦波信号相位-幅度关系

地址码	相位	幅值(满度值为 1)	幅值编码
0000	0°	0.000	00000
0001	6°	0.105	00011
0010	12°	0.207	00111
0011	18°	0.309	01010
0100	24°	0.406	01101
0101	30°	0.500	10000
0110	36°	0.588	10011
0111	42°	0.669	10101
1000	48°	0.743	11000
1001	54°	0.809	11010
1010	60°	0.866	11100
1011	66°	0.914	11101
1100	72°	0.951	11110
1101	78°	0.978	11111
1110	84°	0.994	11111
1111	90°	1.000	11111

在图 3-9 中，时钟 CLK 的速率为固定值 f_c。在 CLK 的作用下，如果按照 0000 → 0001 → 0010 → ··· → 1111 的地址顺序读出 ROM 中的数据，即表 3-2 中的幅值编码，其输出正弦信号频率为 f_{o1}；如果每隔一个地址读一次数据（即按 0000 → 0010 → 0100 → ··· → 1110 次序），其输出频率为 f_{o2}；f_{o2} 将比 f_{o1} 提高一倍，即 $f_{o2}=2f_{o1}$，依此类推，这样就可以实现直接数字频率合成器的输出频率的调节。

上述过程是由如图 3-9 所示的控制电路实现的，由控制电路的输出决定选择数据 RAM 的地址（即正弦波的相位），输出信号波形的产生是相位逐渐累加的结果，这由累加器实现，称为相位累加器，如图 3-10 所示为相位累加原理图。

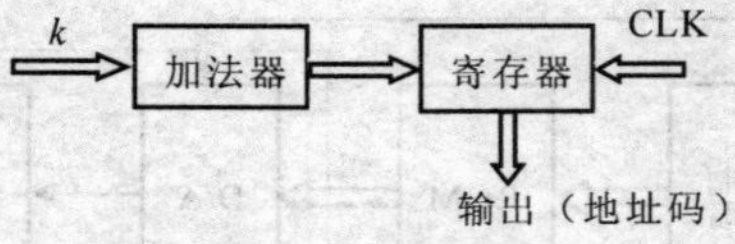

图 3-10　相位累加原理图

3.3.2　信号的频率关系

在图 3-10 中 k 为累加值，亦称相位步进码。若 $k=1$，每次累加结果的增量为 1，则依次从数据 ROM 中读取数据；若 $k=2$，则每隔一个 ROM 地址读一次数据，依此类推。因此，k 值越大，相位步进越快，输出信号波形的频率越高。

在时钟（CLK）频率一定的情况下，输出的最高信号频率为多少？或者说在相应于 n 位地址的 ROM 范围内，最大的 k 值应为多少？对于 n 位地址来说，共有 2^n 个 ROM 地址，在一个正弦波中有 2^n 个样点（数据）。如果取 $k=2^n$，就意味着相位步进为 2^n，一个信号周期中只取一个样点。它不能表示一个正弦波，因此不能取 $k=2^n$。若取 $k=2^{(n-1)}$，则一个正弦波形中只有两个样点，这在理论上满足了取样定理，但实际上是难以实现的，一般限制 k 的最大值为

$$k_{max}=2^{(n+2)} \tag{3-6}$$

这样，一个波形中至少有 4 个样点（$2^n/2^{(n-2)}=4$），经过 D/A 变换，相当于 4 级阶梯波，即图 3-9 中的 D/A 输出波形由 4 个不同的阶跃电平组成，在平滑滤波器的作用下，可以得到较好的正弦波输出，相应地，当 k 为最小值（$k_{min}=1$）时，一共有 2^n 个数据组成一个正弦波。

根据以上讨论可以得到如下一些频率关系。假设控制时钟频率为 f_c，ROM 地址码的位数为 n，输出频率为 f_o，则有

1）当 $k=k_{min}=1$ 时

$$f_o=f_{omin}=k_{min}\frac{f_c}{2^n}=f_c/2^n$$

2）当 $k=k_{max}=2^{n-2}$ 时

$$f_o=f_{omax}=k_{max}\frac{f_c}{2^n}=f_c/4$$

3）可输出的频率个数

$$M=\frac{f_{omax}}{f_{omin}}=\frac{f_c/4}{f_c/2^n}=2^{n-2}$$

4）频率分辨率为

$$\Delta f = f_2 - f_1 = (k+1)\frac{f_c}{2^n} - k\frac{f_c}{2^n} = f_c/2^n$$

为了改变输出信号频率，除了调节累加器的 k 值以外还可以调节控制时钟的频率 f_c。由于 f_c 不同，读取一轮数据所花时间不同，因此信号频率也不同。用这种方法调节频率，输出信号的阶梯仍取决于 ROM 单元的多少，只要有足够的 ROM 空间都能输出逼近正弦的波形，但调节 f_c 比较麻烦。

3.3.3　数字直接合成信号源的实现方法

数字直接合成信号源的一种实现方案如图 3－11 所示。图 3－11 中相位累加器、数据存储器(即图中的幅码存储器 ROM)、D/A 以及平滑滤波的作用如前所述。与图 3－9 相比，图 3－11 中增加了幅度码编码器和正、负半周幅码转换电路，前者是为了提供 0°～90°，90°～180°，180°～270° 以及 270°～0° 的幅值序列；后者是为了表征正半周和负半周幅度极值。

在图 3－11 中 A,B,C,D 为相位累加器输出的正弦波相位码；W,X,Y,Z 为幅度绝对值的编码(幅度码为 4 位)；J,K,L,M,N 为考虑幅度符号正、负半周的幅度码。在编码过程中，A 表示幅值的正负，$A=0$ 时幅值为正(即正半周)，$A=1$ 时幅值为负(即负半周)；B 表示信号的相位区间，当 $B=0$ 时，对应 0°～90° 及 180°～270°；当 $B=1$ 时，对应 90°～180° 及 270°～360°。C,D 用于确定数据 ROM 的地址，即按 C,D 值读取幅度的数值码 W,X,Y,Z。

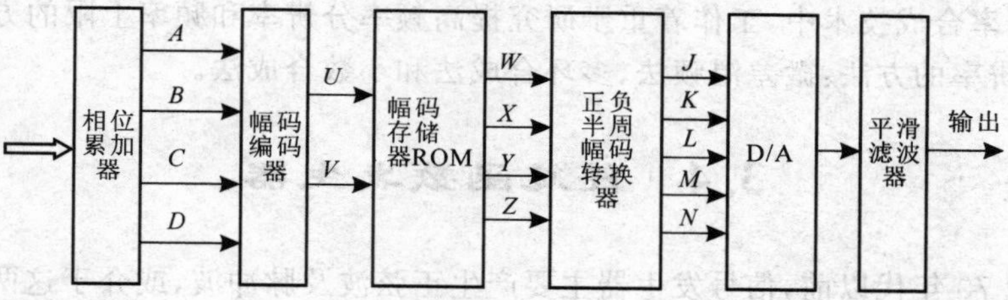

图 3－11　数字直接合成信号源方框图

3.3.4　噪声分析

在 DDS 中产生噪声的原因有二：一是相位和幅度量化噪声，简称量化噪声，在一定的电路中它一般是不变的；二是数 / 模转换器输出的阶梯波中的杂散频率，通过非线性低通滤波器而带来的噪声，这类噪声随频率增高而加大。

1. 量化噪声

对于合成正弦波来说，相位和幅度的量化值都是相应的相位和幅度的近似值，存在量化误差，或称为量化噪声。

由相位量化误差所引起的单位弧度的信噪比 SNR_φ 为

$$SNR_\varphi = (6n + 6.8)\ \text{dB} \tag{3-7}$$

由幅度量化误差引起的信噪比 SNR_A 为

$$SNR_A = (6D + 10.8)\ \text{dB} \tag{3-8}$$

式(3－7) 和式(3－28) 中，n 为地址码位数；D 为 DAC 的数据位数。

2. DAC 和输出滤波器所引起的信噪比下降

若定义 P_s 为寄生频率分量的功率，P_o 为输出信号的功率，则信噪比为

$$\frac{P_o}{P_s}=10\lg\left[\frac{\sin\ (\pi f_o/f_r)}{\sin\ (\pi f_s/f_r)}\frac{f_s}{f_o}\right]^2\ \mathrm{dB} \tag{3-9}$$

式中，f_s 为寄生频率；f_o 为输出频率；f_r 为基准频率。由式(3-9)可见，随着输出频率 f_o 的升高，P_o/P_s 将会减小，信噪比将要下降。

3.3.5 频率合成技术的进展

如前所述，三种合成方法基于不同原理，都有不同的特点。模拟直接合成法虽然转换速度快(μs 量级)，但由于电路复杂，难以集成化，因此其发展受到一定限制。直接数字合成法基于大规模集成电路和计算机技术的迅速发展，尤其适用于函数波形和任意波形的信号源，将进一步得到发展，但目前相关芯片的速度还跟不上高频信号的需要。DDS 芯片的频率分辨率的优良性能在其他合成方法中是难以达到的。锁相环频率合成虽然转换速度慢(ms 量级)，但是输出频率可达超高频甚至微波。输出信号频率谱纯度高，输出信号的频率分辨率取决于频率系数 N。

在现代通信中为了充分利用频率资源，每个信道所占的带宽必然受到限制，而各个信道间的间隔则取决于信号源的频率分辨率。

因此，在频率合成技术中，工作着重于研究提高频率分辨率和频率上限的方法。目前有三种提高频率分辨率的方法：微差混频法、多环合成法和小数合成法。

3.4 任意函数发生器

在 20 世纪 70 年代以前，信号发生器主要产生正弦波及脉冲波，或介于这两者之间的函数波形。在 20 世纪 70 年代之后，微处理器的应用不仅使信号发生器性能有很大的改善，而且还扩大了信号发生器的功能——能够产生更复杂的波形，如衰减振荡正弦波、随机脉冲波、指数形脉冲等，这些波形还是属于“有规律”的。到了 20 世纪 70 年代后期，一种新型信号发生器问世了，它可以产生“无规律”的任意波形，称为任意函数发生器(AFG)或任意波形发生器(AWG)。

实际上，自然界有很多无规律的现象，例如雷电、地震、动物的心脏跳动及机器运转时的振动现象都是无规律的甚至是转瞬即逝的。为了对这些问题进行研究，就要模仿这些现象的产生。在过去，由于信号源自身条件的限制，只能采用等效或模拟的手段进行研究。这样不仅麻烦，而且试验结果也只能是近似的，从而限制了人们对客观世界的分析和研究。

计算机技术和大规模集成电路的飞速发展为产生任意波形提供了有力的保证条件，并使之更加智能化。实际上，任意函数发生器(AFG)是直接数字合成技术的进一步发展，是由计算机直接参与波形的产生。

AFG 可以提供各种常用波形，因此它们非常适合于自动检测和设计期间的电路特性测定。例如，AFG 能模拟编码雷达信号、来自软盘的数据信号、短暂的机械振荡、映像信号和各种冲击信号等。AFG 所拥有的功能使它能够输出极长的复杂波形，使用户能够改变并编辑某些波形的大小和形状。AFG 与普通函数发生器功能对比见表 3-3。

表 3-3　AFG 与普通函数发生器功能比较

一般函数发生器	任意函数发生器
只提供标准波形	可获得任意波形
设计主要限于模拟类型	以数字方式设计
波形不能存储	波形可以存储
规格以模拟为基础	规格以数字为基础
一般不能在 PC 控制下调整波形	可以在 PC 控制下调整波形

借助于 AFG，用户可以方便地模拟各种系统的输出，而输出波形是通过微处理器系统来建立的，因此，整个过程具有数字化技术的可编程性、可重复性、可存储性等一系列优点。而且，它可用来做一些以往难以想象的工作。例如，对非标准的实际过程的仿真，对 ATE 的可编程仿真，对所捕捉存储的现象的重复再现，等等。

3.4.1　AFG 的组成

AFG 是在微机控制下进行工作的。因此，一般有两种结构形成。

1. 单机结构

由微处理器系统和信号产生部分组成独立仪器，可以通过标准接口组成自动测试系统。

2. 插卡结构

AFG 以插件形式插入 PC 机，或者将 PC 总线引出机外与插卡相连并控制插卡进行工作，这属于个人仪器形式。

单机结构式的 AFG 的组成如图 3-12 所示。

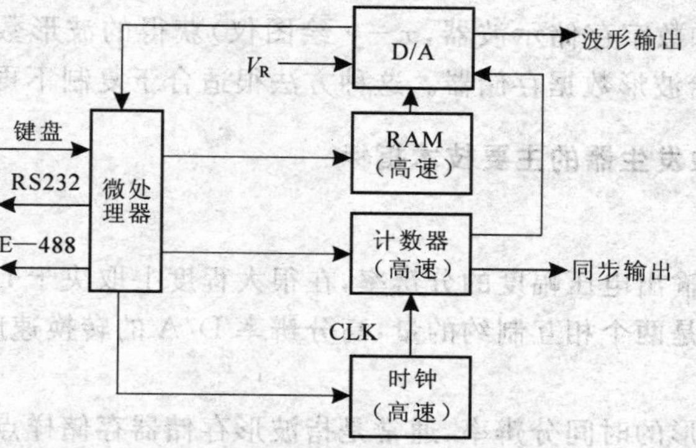

图 3-12　AFG 组成框图

微处理器将波形数据送至波形存储器 RAM，当输出波形时，由高速时钟发生器和高速计数器产生 RAM 地址信号。为了提高输出频率上限，D/A 必须工作在高速状态，因此，CPU 就必须高速地从波形存储器 RAM 读出数据。目前，CPU 系统的时钟频率还不能适应这一要求，因此，在图 3-12 中设置了高速地址产生系统，包括高速时钟发生器和高速（地址）计数器，当然 AFG 波形输出存储器也必须是高速的。

当产生波形输出时，所存信息通过一个 D/A 转换器，转换输出具有驱动能力的模拟量。该波形通过一个放大器来调整，可以提高其驱动和传输能力，并获得与显示器等下一级设备的匹配。

由于该信号发生器以模拟量形式输出波形，是在内部的 RAM 中所存储的数值信号控制下形成的，所以在用户构造波形时，享有时域、频域和视觉上的许多灵活性。

3.4.2 任意波形的产生方法

由图 3-12 可知，AFG 输出波形取决于波形存储器的数据，因此，产生任意波形的方法取决于向该存储器(RAM)提供数据的方法。目前有如下几种提供数据的方法。

1. 表格法

将波形数据(经量化的)按序放入存储器，对于经常使用的固定形式的波形，可将数据固化于 RAM 中，以便反复使用。表格法还可以将不同波形按 RAM 地址关系存入不同区域，以便于产生多种波形。

2. 数学方程法

先将描述波形的数学方程(算法)存入计算机，在使用时输入方程中的有关参量，计算机经过运算提供波形数据。在计算机条件下数学方程法使用起来很方便。

3. 折线法

对于任意波形可以用若干线段来逼近，只要知道每一段的起点和终点的坐标位置(x_1，y_1)和(x_2，y_2)，就可以按照下式计算波形各点的数据：

$$y_i = y_1 + \frac{y_2 - y_1}{x_2 - x_1}(x_i - x_1) \tag{3-10}$$

4. 作图法

通过 CRT 用移动光标法作图，生成所需波形的数据，再将此数据送入数据 RAM。

5. 输入法

将其他仪器(例如数字存储示波器，$x-y$ 绘图仪)获得的波形数据通过微机系统总线或 GPIB 接口总线传输给波形数据存储器。这种方法很适合于复制不再复现的信号波形。

3.4.3 任意函数发生器的主要技术指标

1. 幅度分辨率

幅度分辨率是指输出电压幅度的分辨率，在很大程度上取决于 D/A 转换器的性能。D/A 的分辨率和转换速度是两个相互制约的量，高分辨率 D/A 的转换速度较低。

2. 相位分辨率

相位分辨率即波形的时间分辨率，通常是指波形存储器存储样点的参数，亦可定义为存储器的深度或容量。波形的样点越多，意味着产生波形的失真越小，尤其是对慢速变化的波形来说，在一定的采样速度下，为了表现一个信号细节的变化过程则需要很大容量的存储器。

3. 最高采样速率

在 AFG 中最高采样速率是指输出波形样点的速率，它表征 AFG 输出波形的最高频率分量。按照采样定理，采样速率比最高频率分量高一倍。如果要求信号频率为 10 MHz，采样速率应为 20 MS/s。实际上在 20 MS/s 采样速率下，AFG 的输出信号频率不可能达到10 MHz，要比 10 MHz 低，低的程度取决于对信号失真可接受的程度。

4. 输出通道数

AFG 可单通道输出，也可双通道或多通道输出，还可模拟信号通道及数字信号通道输出。

5. 输出幅度

输出幅度是指在波形不失真时的输出峰-峰值，在最小输出时应该符合信噪比的要求，通常输出从1 mV～5 V，最大可到20 V，功率负载为50 Ω。

6. 波形纯度

波形纯度指在正弦波情况下的谐波和杂散信号的情况，应比基波至少小20～40 dB。

7. 直流偏移

在输出幅度不变，信号基线可移动的情况下，通常与仪器输出精度指标有关，一般为－5～5 V。

3.5　扫频信号发生器

电子测量中经常遇到的问题是对网络的阻抗和传输特性的测量，如增益和衰减、幅频特性、相位特性和时延特性等，需要用到扫频测量技术。在扫频测量中，用一个频率随时间按一定规律、在一定频率范围内扫动的扫频信号代替以往使用的固定频率信号，可以对被测网络或信号频谱进行快速、定性或定量的动态测量，给出被测网络的阻抗特性和传输特性的实时测量结果或信号的实时频谱分析。

扫频测量技术的发展是与扫频装置、扫频方式的技术发展密切相关的。在20世纪50年代扫频测量技术出现以后，最早的测量装置所使用的扫频方式是机械扫频。用一个小马达带动振荡器振荡回路中可变电容器或带动机械调谐的速调管，以改变振荡器的振荡频率而实现扫频。到了20世纪60年代则以铁氧体（又称铁淦氧）磁性材料扫频为主，在微波扫频测量中，电压调谐的行波管取代了机械调谐的速调管。20世纪70年代初期，扫频方式已转向变容二极管扫频，出现了固态微波扫频信号源。微波管因其使用寿命有限，已经很少采用。现在扫频测量中所使用的扫频方式，基本上是变容管扫频和高磁导率的YIG小球磁扫频。

现在扫频测量的精确度已经有很大的提高，已从早期的定性测量向全定量方向发展。例如，在窄带扫频时（扫频宽度为50 MHz），幅频特性的测量可以精确到0.05 dB，群时延的测量可精确到0.2 ns，相位测量的误差可以小于0.1°等。随着电子计算机技术和微电子学的发展，微处理器在扫频测量装置中已经被广泛采用，使扫频测量可以达到更高的测量精确度。

现代扫频测量装置已向着一机多能的方向发展，一台测量设备具备两种或多种测量功能。例如，兼有扫频仪和频谱分析仪功能的扫频频谱分析仪，能测量幅频特性、相位特性、时延特性和回波损耗的微波线路分析仪等。

尽管扫频测量装置门类繁多，但其基本原理是相似的，有三种基本部分是整个扫频技术所共有的：扫频信号源、解调器和显示器，而扫频信号源是扫频测量技术的基础。

3.5.1　扫频信号发生器的工作原理

扫频信号发生器是一种正弦信号发生器，其输出信号频率按一定规律，在一定范围内重复变化。如图3-13所示是扫频信号发生器的基本框图，其组成包括扫描发生器、扫描振荡器、频标电路、自动电平控制电路（ALC）等。有的扫频信号发生器还配有检波器，以便和示波器组合，用来测试系统的频率特性。

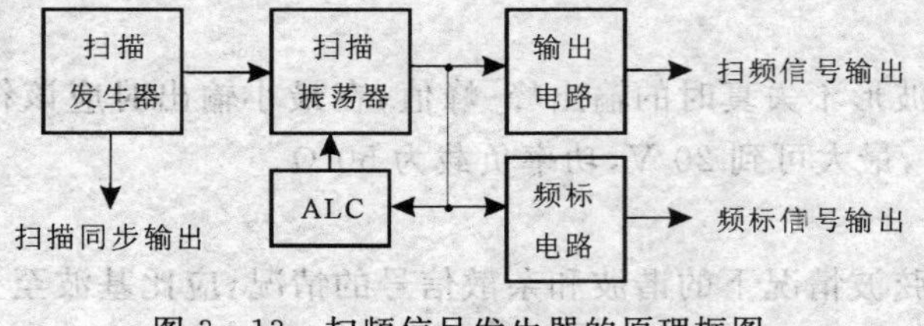

图 3-13　扫频信号发生器的原理框图

扫频振荡器是扫频信号发生器的核心，实际上它是一个调频振荡器，在扫描信号的作用下，产生频率随时间按一定的规律并在一定的范围内重复变化的信号。扫描电压由扫描发生器产生，扫频振荡器输出的频率与扫描电压呈线性关系。如果扫描电压是锯齿形或三角形，则扫频规律是线性的；如果扫描电压是对数形，则扫频规律是对数的。线性扫频能获得均匀的频率刻度，是常用的扫频方式；对数扫频能获得对数频率刻度，适用于宽带扫频。

由于振荡回路的 Q（品质因数）值在振荡中心频率的高端和低端差异很大，会造成在振荡中心频率高低端之间的幅度不一致，同时在扫频信号的传输和放大过程中，也会产生附加的幅度调制，所以必须采取稳定信号幅度（简称稳幅）的措施。

稳幅的一种简便方法是，用一只检波特性良好的二极管，对输出扫频信号进行包络检波，检出的包络在比较电路里与基准电平进行比较，比较后的控制信号由高增益直流放大器放大后，去控制扫频振荡器的振荡幅度，从而实现自动电平控制（ALC）。

频标电路用来产生频率标记信号，以便测量扫频信号发生器的频率。

扫频信号发生器还产生基准扫频信号，并可完成扫描功能变换和扫描方式的选择。

一般的扫描信号发生器除了能够连续扫描外，还有外触发、单次、手控等扫描方式。这与示波器的扫描方式有类似之处。在扫描功能方面，它能够改变扫描速度、扫描波形和调制方式。

在频率特性测试仪中，基准扫描信号分成两路去进行控制和驱动。一路用作扫频调制，一路驱动显示器的 X 轴扫描，作为扫描时间轴。因为这两路信号的周期和相位都相同，所以对扫频信号而言，显示器的时间轴就是频率轴。频率轴将由频标电路产生的频率标记（频标）去刻度。

3.5.2　扫频振荡器

一般的扫频振荡器是 LC 振荡器。它的振荡回路中包含着电感和电容等电抗元件，振荡器的振荡频率由下式决定：

$$f=\frac{1}{\sqrt{LC}} \tag{3-11}$$

式中，f 为振荡器的振荡频率；L 为振荡回路电感；C 为振荡回路电容。改变参数 L 或 C，振荡频率 f 就会改变。在扫频振荡器的振荡回路里，采用压控电抗元件，在扫描信号控制下，电抗发生周期性变化，从而实现扫频。例如，在磁扫频方式中，改变振荡回路中的电感，在压控扫频方式中，控制变容二级管的偏置电压，以改变振荡回路中电容 C 的容量。

1. 磁调制扫频振荡器

磁调制扫频振荡器是利用铁磁材料的磁导率随外加的磁场强度而变化这一特性来实现扫

频的。一个典型的磁调制扫频振荡器的电路原理图如图 3－14 所示。图中 C_a,C_g 分别为电子管阳极和栅极对地之间的分布电容。从电路原理图不难看出,这是一个电容三点式振荡器(考毕兹型振荡器),只要选择的元件参数适当,满足振幅平衡条件和相位平衡条件,电路是能够形成自激振荡的,而且能够达到稳定的振幅。

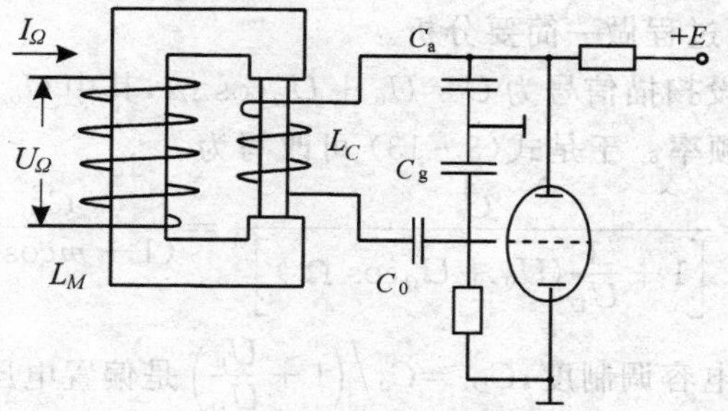

图 3－14　磁调制扫频振荡器原理图

磁调制扫频振荡器与一般的电容三点式振荡电路的不同之处是,振荡回路的电感是绕在圆柱形磁芯上,并置于一个电磁铁的缺口之间的。在电磁铁上绕有励磁线圈 L_M,当在 L_M 内通上扫描电流 I_Ω 时,可以近似地计算出电磁铁缺口处的磁场强度 H 为

$$H=\mu_M nI \tag{3-12}$$

式中,μ_M 为电磁铁的导磁系数;n 为励磁线包的线圈密度,即单位长度上线圈的匝数。

式(3－12)表明,电磁铁缺口处的磁场强度 H 是随调制电流的变化而变化的。因此,置于磁芯的动态磁导率亦随 I_Ω 而变化,最终表现为振荡回路电感量的变化和振荡频率的变化。如果扫描电流 I_Ω 是一周期函数,则振荡器的振荡频率亦随之产生周期性变化,从而达到扫频的目的。

2．变容二极管扫频振荡器

变容二极管是利用在二极管 PN 结上施加不同的反向偏置电压时结电容会发生变化的特性设计出来的二极管。当二极管 PN 结处于反向偏置时,外电压所建立的外电场与 PN 结动态平衡时建立的内电场方向一致,结内总电场增强,维持这样的电场所需要的空间电荷数目就要增加,结果阻挡层的宽度(即结区宽度)比平衡时增宽,对多数载流子扩散运动增加了阻力,因此反向电流很小,PN 结的反向电阻很大(对硅管来说,几乎可以看成是绝缘体)。这时,积聚在结区两边的空间电荷可以看成是充了电的电容器,其电容量大小取决于结区宽度。而结区宽度除取决于位垒电势 U_D(接触电位差)外,还取决于外偏置电压 U_0。当反向电压较小时,结内总电场较小,维持该电场所需的空间电荷较少,阻挡层较薄,相当于绝缘层很薄,因而电容量很大。随着反向电压的增大,结内总电场增强,维持该电场的空间电荷数目增多,阻挡层变厚,相当于绝缘层变厚,电容量减小。当反向电压 U 继续增加时(以不超过反向击穿电压为限),电容量减小的程度由缓慢逐渐趋于基本不变。结电容 C_D 与电压 U 的关系可用下式表示:

$$C_D=\frac{C_0}{\left(1+\dfrac{U}{U_D}\right)^n} \tag{3-13}$$

式中,C_0 为零偏置时的电容量;U 为外加电压(不需要再考虑负号);U_D 为接触电位差,对硅管而言,U_D 约为 0.7 V,锗管则为 0.2 ～ 0.3 V;n 为 PN 结的系数,称作电容变化指数,它取决于

PN 结的结构和杂质分布情况。

将变容二极管接入振荡器的振荡回路后，随着变容二极管上所加反向电压的变化，振荡器的振荡频率亦发生相应变化。因此，变容二极管扫频振荡器是压控振荡器（VCO）。如果在变容二极管上加一周期性的扫描信号，则振荡器的振荡频率将随扫描信号变化做周期性变化，从而实现扫频。下面对扫频过程做一简要分析。

为了简便分析起见，设扫描信号为 $U=U_0+U_\Omega\cos\Omega t$，其中 U_0 为直流偏压，U_Ω 为扫描电压振幅，Ω 为扫描信号角频率。于是式（3-13）可改写为

$$C_D=\frac{C_0}{\left[1+\frac{1}{U_D}(U_0+U_\Omega\cos\Omega t)\right]^n}=\frac{C_{D0}}{(1+m\cos\Omega t)^n} \tag{3-14}$$

式中，$m=\frac{U_\Omega}{U_D+U_0}$ 称为电容调制度；$C_{D0}=C_0\Big/\left(1+\frac{U_0}{U_D}\right)$ 是偏置电压为 U_0 时的变容二极管的电容量。

式（3-14）表明，变容二极管的电容量是被扫描电压调制的，调制的规律取决于电容变化指数 n，调制深度取决于 m。接入变容二极管的振荡回路（见图 3-15）的瞬时角频率为

$$\omega=\frac{1}{\sqrt{LC_D}}=\frac{1}{\sqrt{LC_{D0}}}(1+m\cos\Omega t)^{n/2}=\omega_0(1+m\cos\Omega t)^{n/2} \tag{3-15}$$

式中，$\omega_0=\frac{1}{\sqrt{LC_{D0}}}$ 是变容二极管所加偏置电压为 U_0 时，振荡回路的频率值，也就是扫频的中心频率。显然，当 $n=2$ 时，$\omega=\omega_0(1+m\cos\Omega t)$，为线性扫频。当 $n\neq 2$ 时，将式（3.15）用麦克劳林级数展开，则在振荡频率中，不仅含有 Ω 分量，而且还含有 2Ω 分量，即存在二次谐波失真。如果电容调制度 m 比较小，m^2 项可以略去，则式（3-15）将变成

$$\omega=\omega_0\left(1+\frac{n}{2}m\cos\Omega t\right) \tag{3-16}$$

仍是线性扫频，其最大扫频宽度为 $nm\omega_0/2$。

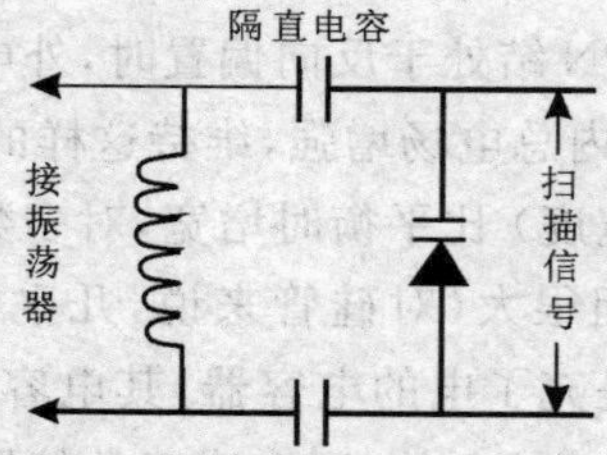

图 3-15　变容二极管构成的振荡回路

由此可以得出以下三点结论：

1）如果电容调制度较浅，扫频宽度较窄，则无论变容二极管的变容指数 n 是否等于 2，均能获得线性扫频。

2）如果电容调制度较深，扫频宽度较宽，且变容二极管的变容指数 n 不等于 2，则 m^2 项不能忽略，它将不可避免地产生二次谐波失真。因此，减小扫频信号中二次谐波失真的有效方法是选用 $n=2$ 的变容二极管。n 越接近 2，二次谐波失真越小。

3）由于 m^2 项不能忽略，在振荡频率中将增加一个直流分量，这相当于扫频中心频率的偏

移。n 越接近 2，则扫频中心频率偏移量越小。当电容调制度 n 不是很小时，即当扫描信号电压相对于直流偏压不是很小时，就会引起中心频率的偏移。这意味着，当使用扫频仪时，在调节扫频宽度后，扫频中心频率亦随之移动。

当采用变容二极管实现扫频时，扫频范围可以做得很宽。

3.5.3　频率标记

频率标记简称频标，用它来确定图形上各点的频率值。常见的频标有以下几种。

1. 菱形频标

菱形频标用在频率特性测量仪（简称扫频仪）中，它利用差频法，借助于被测网络而获得，如图 3－16 所示。给被测网络输入扫频信号 f_{sw}，同时再由标准信号源输入一个频率为 f_s 的正弦信号作为频标。这两个信号经被测网络送入检波器。由于检波器是一个非线性电路，它同时起到了混频的作用，因此，检波器的输出端除图形信号外，还叠加了一个差频信号。由于扫频信号的频率 f_{sw} 在一定范围内扫动，所以当 f_{sw} 向频标 f_s 靠近时，差频越来越小；当 $f_{sw}=f_s$ 时差频为零；当 f_{sw} 逐渐离开 f_s 时，差频越来越大。这样图形上叠加的差频信号波形中间疏、两边密，且越远越密。该差频信号通过低通滤波器后，高频成分被滤除，只留下 $f_{sw}=f_s$ 附近的低频成分，而且离 f_s 越远的差频信号幅度越小。这样保留下来的低频成分叠加在被测网络的幅频特性上，呈现一个菱形，故称为菱形频标。当改变频标频率 f_s 时，菱形频标将在幅频特性上移动。频标所在点的频率值可从标准信号源读出。

菱形频标适用于测量高频网络，因为菱形频标有一定的宽度，只有当它在图形上所占的相对宽度很窄时，才能形成一个较细的频标。

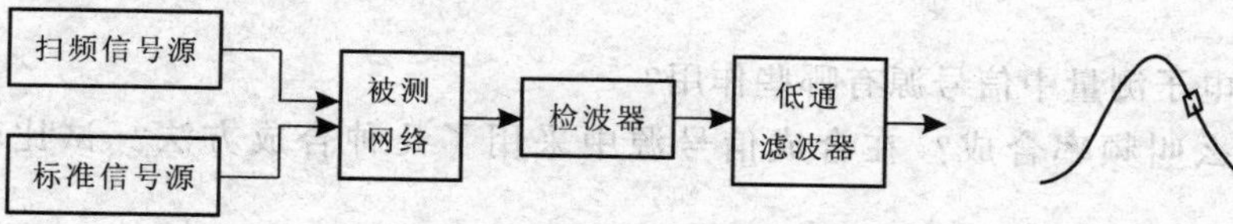

图 3－16　菱形频标的工作原理

2. 针形频标

为了提高低频段测量时频标的准确度，可用菱形差频信号触发一个单稳电路，经过整形电路产生一个窄脉冲。这个窄脉冲与图形信号相加，在图形上出现一条垂直针形短线，故称针形频标。针形频标的原理框图如图 3－17 所示，图中用独立的混频器产生菱形差频信号，这样测量电路与频标电路就相互独立了。

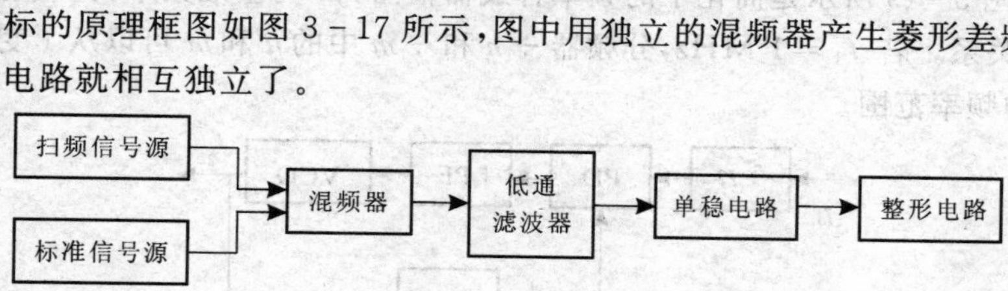

图 3－17　针形频标的产生原理

3. 梳状频标

上述两个单个频标适于测量窄带网络，测量宽带网络的频率特性常常采用梳状频标。所谓梳状频标就是在屏幕上出现一串菱形或针形频标，形似梳状，故称为梳状频标。梳状频标也是采用差频法产生的，它与单个频标电路的区别在于它用谐波分量丰富的石英晶体振荡器代替单一频率的频标振荡器，这样每当扫频信号扫过一个谐波分量时就产生一个菱形频标。梳状频标的显示方式有两种：一种是梳状频标叠加在幅频特性曲线上；另一种是电子开关双踪显示幅频特性和梳状频标，此种梳状频标不影响幅频特性曲线形状。

4. 吸收式频标

吸收式频标的工作原理如图 3-18 所示。先让扫频信号通过一系列高 Q 值串联谐振电路，即陷波电路，然后送给被测网络。这样当扫频信号频率等于某个陷波电路的频率时，信号将被吸收，被测网络幅频特性曲线在这个频点将出现一个凹口，如图 3-18 所示。图 3-18 中每个串联谐振支路各有一个按钮开关，以便预置所需频标。这种频标适用于大规模重复测量，例如电视机生产线上的调试。

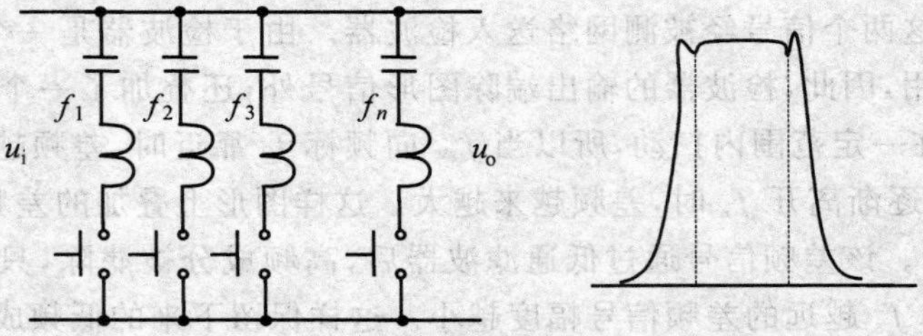

图 3-18　吸收式频标的工作原理图

习题与思考题

3-1　在电子测量中信号源有哪些作用？

3-2　什么叫频率合成？在合成信号源中采用了几种合成方法？试比较它们的优、缺点。

3-3　锁相环的输出为什么能跟踪输入信号频率的变化？锁相频率合成法中是如何提高频谱纯度的？

3-4　利用锁相环可以实现对基本频率 f_1 分频（f_1/N）、倍频（Nf_1）以及和 f_2 的混频（$f_1 \pm f_2$），试画出实现这些功能的原理方框图，包括必要的滤波器。由此可得出什么结论？

3-5　如图 3-19 所示是简化了的频率合成器框图，f_1 为基准频率，f_2 为输出频率，试确定两者之间的关系。若 $f_1 = 1$ MHz，分频器 $\div n$ 和 $\div m$ 中的 n 和 m 可以从 1 变到 10，步长为 1，试确定 f_2 的频率范围。

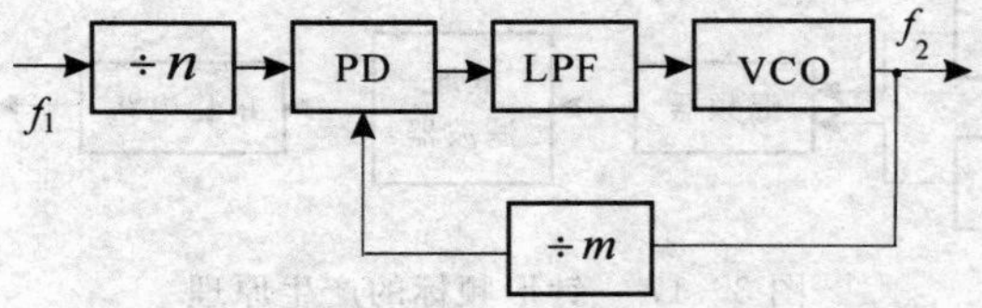

图 3-19　题 3-5 图

3-6　已知 $f_{r1} = 100$ kHz，$f_{r2} = 40$ MHz 用于组成混频倍频环，其输出频率 $f_o = 73 \sim 101.1$ MHz，步进频率 $\Delta f = 100$ kHz，环路形式如图 3-20 所示。试求：

(1)M 取"+"还是"−"?

(2)N 的值为多少?

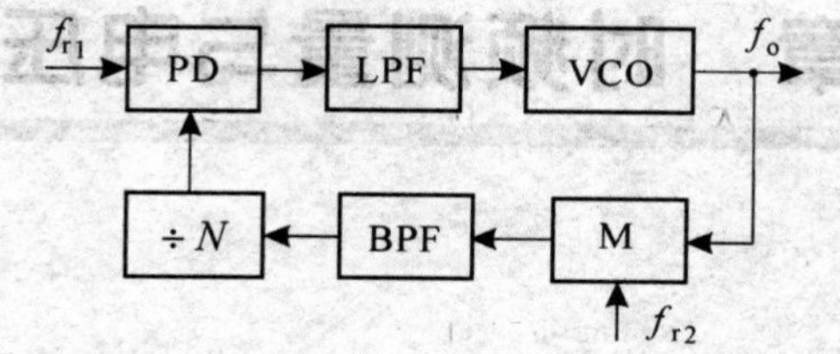

图 3-20　题 3-6 图

3-7　试说明直接数字合成信号源的工作原理。

3-8　在直接数字合成信号源中,如果数据 ROM 的寻址范围为 1 KB,时钟频率为 $f_c=1$ MHz,试求:

(1) 该信号发生器输出的上限频率 f_{omax} 和下限频率 f_{omin}。

(2) 可以输出的频率点数及最高频率分辨率。

3-9　扫频信号源是如何产生扫频信号的?

第 4 章　时频测量与电压测量

时间与频率是电子技术中两个重要的基本参量，时间是国际单位制中 7 个基本物理量之一，其基本单位是 s(秒)。时间有两种基本含义：时刻，即某事件发生的瞬间；间隔，即两个时刻之间的间隔，表示事件持续的时间。在相等的时间间隔重复发生的现象，称为周期现象。频率是描述周期现象的重要物理量，它表示单位时间内周期性过程重复、循环或振动的次数。周期和频率互为倒数，对它们的测量通常也是相互联系的。

在电子技术领域内，许多电参量的测量方案、测量结果都与频率有着十分密切的关系，先转换为频率再进行测量的现象比较常见，因此频率测量显得极为重要。目前在电子测量技术中，时间和频率测量精确度是最高的。在现代信息传输和处理中，对频率源的准确度和稳定度也提出了越来越高的要求，这又大大地促进了时间、频率测量技术的发展。

电压也是基本物理量之一，是集总参数电路中表征电信号能量的三个基本参数(电压、电流、功率)之一，电压测量是电子测量中的基本内容，对电压进行测量的要求是普遍存在的。在电子电路中，电路的工作状态如谐振、平衡、截止、饱和以及工作点的动态范围，通常都是以电压形式表现出来的；电子设备的控制信号、反馈信号及其他信息，主要表现为电压量。不仅是电量，即使是非电量也常常是借助电压测量的方法来进行研究的。人们利用各类传感器，将非电量参数转化为电压参数。电路中其他参数，包括电流和功率、信号的调幅度、波形的非线性失真系数、网络的频率特性和通频带、设备的灵敏度等，都可以看做是电压的派生量，通过电压测量获得其量值。最重要的是，电压的测量直接、方便。因此，电压测量是电子测量的基础。

本章将介绍对时间、频率和电压等电信号的基本参数的测量方法。

4.1　时频测量

与长度、质量、温度等物理量不同，时间、频率测量具有动态性质，即时间、频率信号总在改变着。因此在时频测量中，人们必须依靠信号源和时钟的稳定性，期望后一个周期是前一周期的准确复现。在时频测量中，特别要重视稳定度及其他一些反映频率和相位随时间变化的技术指标。

时频测量的另一个特点是时频信息可通过电磁波传播，人们可利用相应的接收设备接收含有标准时频信息的电磁波，获得世界上性能最好的标准，并因此极大地提高了全球范围内时间、频率的同步水平。

由于这两个特点，再加上时频计量中采用了以“原子秒”和“原子对”定义的量子基准，使得时频测量精度远远高于其他物理量的测量精度。

由于频率是时间的倒数，时间和频率共用一个标准源，并可由频率导出时间，所以在实际中往往反复地讨论频率测量。按工作原理来分类，频率测量技术可以分为如下 3 大类：

1)直接利用电路的某种频率响应特性来测量频率,其数学模型为

$$f_x=\varphi(a,b,c,\cdots) \tag{4-1}$$

表明被测频率 f_x 是电路或设备的已知参数 a,b,c 等的函数。进行测量时,仅有一个确切的函数关系是不够的。为了准确地测量频率,还要有判断这个函数关系存在时的各种有源或无源频率比较设备或指示器。如谐振法测频就是将被测信号加到谐振电路上,根据电路对信号发生谐振时频率与电路的参数关系,即

$$f_x=1/2\pi\sqrt{RC}$$

来确定被测频率。电桥法和谐振法一样,也是这类测量方法的典型代表。

2) 利用标准频率和被测频率进行比较来测量频率,其数学模型为

$$f_x=Nf_s \tag{4-2}$$

式中,N 为某个确切的常数;f_s 为标准频率。利用比较法测量频率,其准确度主要取决于标准频率 f_s 的准确度及式(4-2) 使用中存在的计数误差。

3) 利用电子计数器进行测量。随着数字电路的飞速发展和数字集成电路的普及,利用数字式时频测量仪器(电子计数器) 测量时间和频率具有精度高、使用方便、测量迅速以及实现测量过程自动化等一系列突出优点,已发展成为近代频率测量的重要手段。

在数字式频率计中,被测信号是以脉冲信号方法来传递、控制和计数的,易于做成智能化设备。数字式时频测量仪器的基本工作原理是以适当的逻辑电路,使电子计数器在预设的标准时间内累计待测输入信号的脉冲个数,实现频率测量;在待测的时间间隔内累计标准时间脉冲个数,实现周期或时间间隔测量。通常又把数字式时频测量仪器称为电子计数器或通用计数器。

4.1.1　计数器测频原理

频率就是指周期性信号在单位时间内重复的次数,若在一定时间间隔 T 内,计得这个周期性信号的重复次数 N,则其频率可表达为

$$f_x=N/T \tag{4-3}$$

电子计数器测频的原理框图如图 4-1(a) 所示,各主要端点的波形如图 4-1(b) 所示。

计数式测频主要由三部分组成:时间基准产生电路、计数脉冲形成电路和计数显示电路。

1. 时间基准产生电路

时间基准产生电路用来提供准确的计数时间 T,它一般由高稳定度的晶振、分频整形电路与门控(双稳) 电路组成。晶振输出频率为 f_c,周期为 T_c 的信号,经 m 次分频后,整形得到周期为 $T=mT_c$ 的窄脉冲。以此窄脉冲触发一个双稳(门控) 电路,从门控电路输出即得所需要的宽度为基准时间 T_s 的脉冲(见图 4-1(b) 中波形 ③),它又称为闸门时间脉冲,为了测量需要,闸门时间通常取 1 s 或其他单位时间,如 10 s,0.1 s,0.01 s 等。

2. 计数脉冲形成电路

计数脉冲形成电路的作用是将被测的周期信号转换为可计数的窄脉冲,它一般由放大整形电路和闸门组成。频率为 f_x,周期为 T_x 的被测信号,经放大整形得周期为 T_x 的窄脉冲(见图 4.1(b) 中的波形 ②),送至闸门的一个输入端。闸门的另一输入端加时间基准(简称时基)电路产生的闸门脉冲。在闸门开启期间,周期为 T_x 的窄脉冲通过闸门输出,并由计数器计数;闸门关闭后,被测信号不能输出,停止计数。因此,将闸门输出的脉冲称为计数脉冲,相应的这

部分电路称为计数脉冲产生电路。

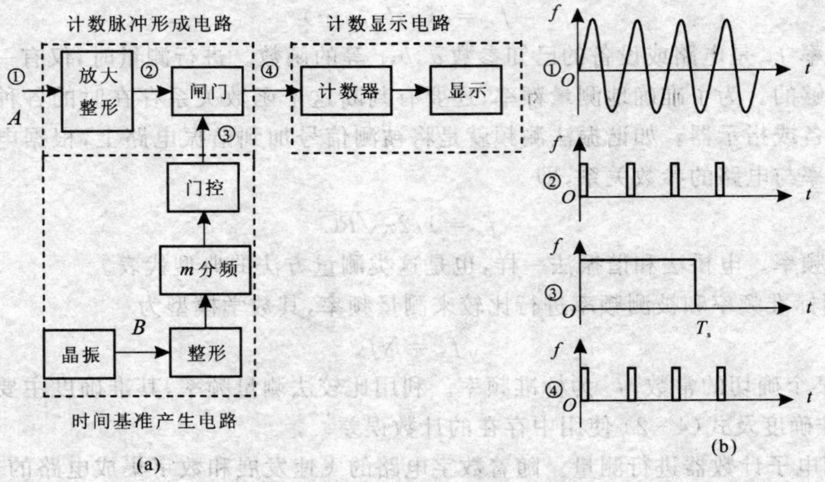

图 4-1 计数法测频框图、波形图

3. 计数显示电路

计数显示电路的作用是对被测周期信号重复的次数进行计数，显示被测信号的频率。它一般由计数电路、逻辑控制电路、译码器和显示器组成。在逻辑控制电路的作用下，计数器对闸门输出的计数脉冲实施二进制计数，其输出经译码器转换为十进制数，输出到显示器件显示。因为时基 T_s 都是 10 的整次幂倍秒，所以显示出的十进制数就是被测信号的频率，其单位可能是 Hz，kHz，MHz。在这部分电路中，逻辑控制电路用来控制计数器的工作程序，即准备 → 计数 → 显示 → 复零 → 准备下一次测量。逻辑控制电路一般由若干门电路和触发器组成的时序逻辑电路构成，时序逻辑电路的时基也是由闸门脉冲提供的。

电子计数器测频的原理实质是比较法，它将被测信号频率 f_x 与已知的时基信号频率 f_c 相比，将相比的结果以数字的形式显示出来。

4.1.2 计数器测周期原理

若将标准频率信号和输入被测信号的位置对调，即标准信号加在图 4-1 所示的端点 A 处，而被测信号加在端点 B 处，则可用计数器进行周期的测量，其原理框图如图 4-2 所示。

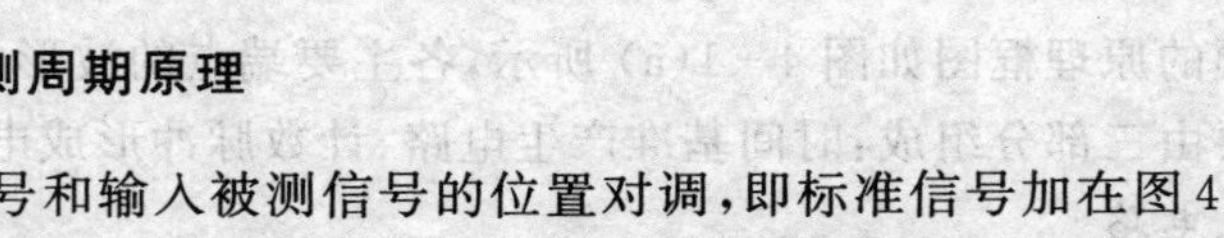

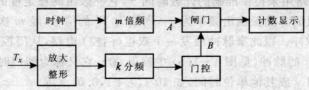

图 4-2 计数器测量周期原理框图

被测信号经放大整形后，形成控制闸门脉冲信号，其宽度等于被测信号的周期 T_x，晶振的输出或经倍频后得到的频率为 f_c 的标准信号，其周期为 T_c。加在闸门输入端，在闸门时间 T_x 内，标准频率脉冲信号通过闸门形成计数脉冲，送至计数器计数，经译码器显示计数值。若在 T_x 内通过标准信号周期 T_c 的数目为 N，则被测信号周期为

$$T_x = NT_c \tag{4-4}$$

为了提高测量周期的精度，可把被测信号进行 k 次分频，得到宽度为 kT_x 的门控信号，即采用多周期测量；还可把时钟信号进行 m 次倍频，得到周期为 T_c/m 的计数脉冲，即减小时标，同时采用这两种方法，则通过闸门的脉冲数为

$$N = kT_x/(T_c/m) = kmT_x/T_c$$

则被测周期为

$$T_x = (N/km)T_c \tag{4-5}$$

实际通用计数器的时标数值可能是时钟周期 T_c，也可能是 T_c 的倍频或分频。测量周期时，若改变时标或周期倍乘值，则显示结果的单位或小数点位置随之改变。

4.1.3　时间间隔的测量

如图 4-3 所示是计数法测量时间间隔的原理图。与测量周期的方法相同，时钟信号经倍频后得到的时标信号作为计数脉冲送入闸门。门控有两个输入通道：一个传送计数启动信号，另一个传送计数停止信号。对两个通道的斜率开关和触发电平作不同的选择和调节，就可测量一个波形中任意两点间的时间间隔。两个通道输入相同的信号，测量同一波形两点间的时间间隔；输入不同的波形，测量两信号间的时间间隔。

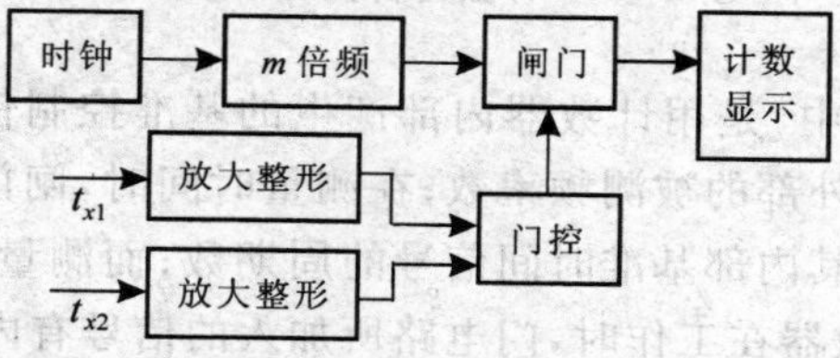

图 4-3　计数法测量时间间隔原理图

与测量周期相比，要提高时间间隔的测量精度，只能减小时标，而不能采用多周期测量。

4.1.4　计数法测量频率比

如图 4-4 所示是测量两个信号频率比值的原理框图。把频率高的信号 f_{x1} 经放大整形后，作为计数脉冲；把频率低的信号 f_{x2} 放大整形后送入门控电路，则计数结果为两个信号频率的比值，即

$$N = T_{x2}/T_{x1} = f_{x1}/f_{x2} \tag{4-6}$$

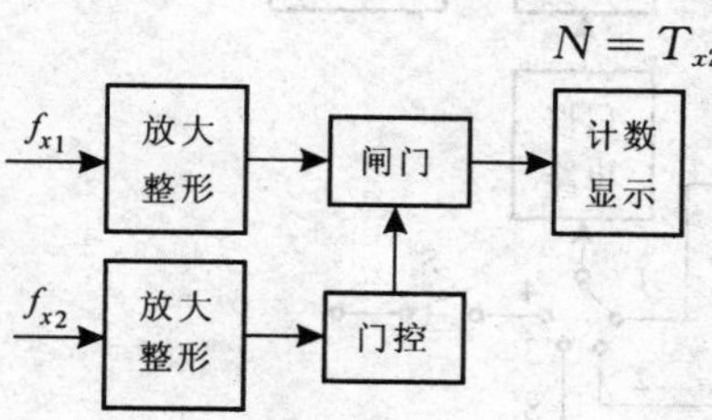

图 4-4　计数法测量频率比值的原理框图

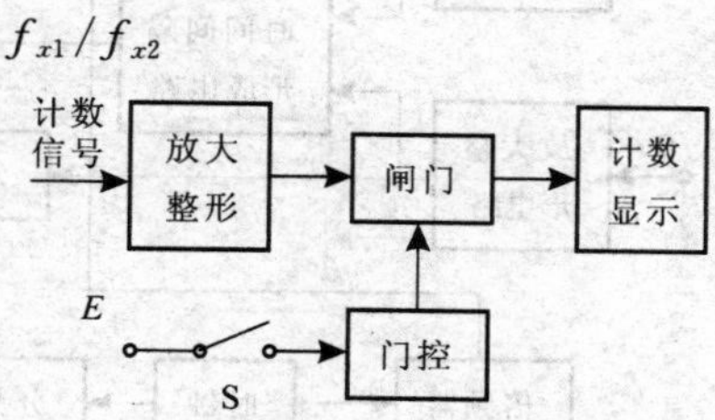

图 4-5　计数器累加计数的原理框图

4.1.5　累加计数

如图 4-5 所示是累加计数的原理框图。计数信号经放大整形后得到计数脉冲。计数开关

S 可以手控，也可以用电信号控制。计数前先使计数显示器复位（清零），若不复位则在上次计数结果上继续累加。

4.1.6　自检

如图 4-6 所示是计数器自检的原理框图。时钟信号一方面经 k 次分频和门控电路产生宽度为 kT_s 的脉冲去控制闸门，另一方面又经 m 次倍频作为计数脉冲，形成周期为 T_s/m 的时标，在 kT_s 闸门时间内对 T_s/m 时标脉冲计数，其结果应为

$$N = kT_s/(T_s/m) = km \tag{4-7}$$

由式(4-7)可见，自检结果只与分频、倍频系数有关，而与时钟数值无关。这就是说，自检只能检验控制、计数、显示单元是否正常，而不能检验时钟是否准确。

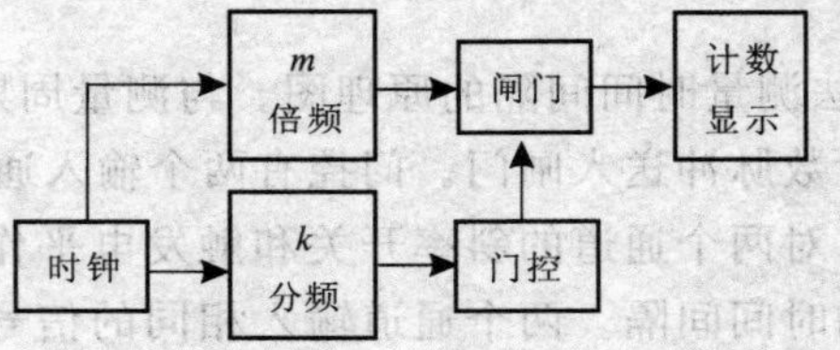

图 4-6　计数器自检的原理框图

综上所述，在频率测量中，是用计数器内部产生的基准控制信号来开启和关闭闸门电路的，计数器计数并显示来自外部的被测频率数；在测量时间时，闸门电路是由外部被测信号来开启和关闭的，计数器计数其内部基准时间信号的周期数；而测量频率比时，门控时间和计数脉冲都来自外部。虽然计数器在工作时，门电路所加入的信号有内外之别，但其共同之处都是通过闸门控制计数的脉冲数，因此闸门控制信号的起点和被计数的第一个脉冲出现的时刻，对测量结果将有很大的影响。

如图 4-7 所示是通用计数器的原理框图，它通常由输入通道（A 和 B 两个通道）、时钟、门控、显示和电源等部分组成，借助于开关的转换，实现各种测试功能。表 4-1 列出了功能开关 S_1 和 S_2 处于不同位置时计数器的功能。

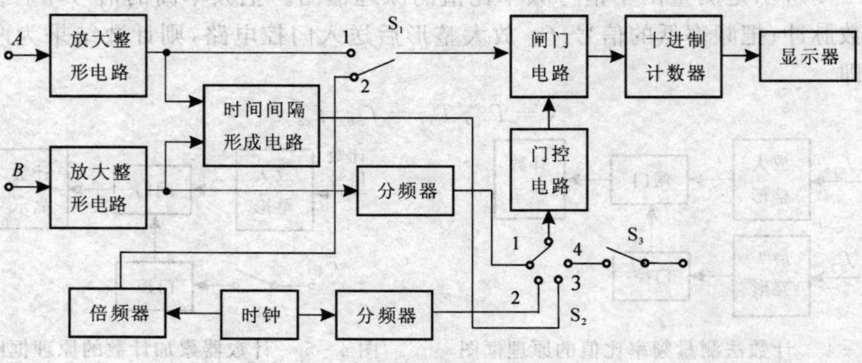

图 4-7　通用计数器的原理框图

表 4-1　通用计数器功能表

S_1 位置	S_2 位置	计数器功能
1	2	测频率 f_A
2	1	测周期 T_B
2	2	自检
1	1	测频比 f_A/f_B
2	3	测时间间隔
1	4	累加计数

4.1.7　通用计数器的误差分析

1. 测频误差分析

频率测量的误差取决于时基信号所决定的闸门时间的准确性和计数器计数的准确性，根据不确定度的合成方法，由式(4-3)可得

$$\frac{\Delta f_x}{f_x}=\left|\frac{\Delta N}{N}\right|+\left|\frac{\Delta T}{T}\right| \tag{4-8}$$

因 $T=kT_s=k/f_s$，且 k 为常数，有

$$\frac{\Delta T}{T}=\frac{\Delta T_s}{T_s}=-\frac{\Delta f_s}{f_s} \tag{4-9}$$

将式(4-9)代入式(4-8)可得

$$\frac{\Delta f_x}{f_x}=\left|\frac{\Delta N}{N}\right|+\left|\frac{\Delta f_s}{f_s}\right| \tag{4-10}$$

由式(4-10)可知，测频误差包括计数误差 $\Delta N/N$ 和时钟频率误差 $\Delta f_s/f_s$ 两部分。

(1) 计数误差(量化误差)或 ±1 误差

由于时基信号与被测信号间没有同步关系，门控信号与计数脉冲之间的相对位置是随机的，闸门时间 T 不一定是被测信号周期的整数倍，而计数值 N 只能是整数，这样可能引起误差。如图 4-8 所示为测频计数误差的示意图。图 4-8(a) 表示计数误差的一般情况。由图可得

$$T_1=NT_x+\Delta t_1-\Delta t_2=\left(N+\frac{\Delta t_1-\Delta t_2}{T_x}\right)T_x$$

$$\Delta N=\frac{\Delta t_1-\Delta t_2}{T_x} \tag{4-11}$$

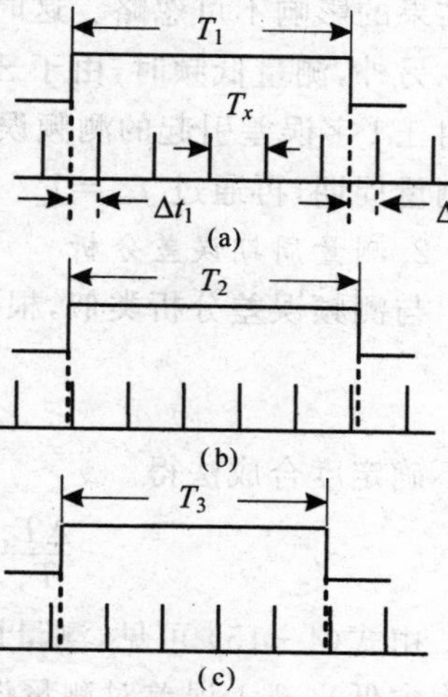

图 4-8　量化误差示意图

(a) 计数误差的一般情况；
(b) $\Delta t_1\approx T_x$，$\Delta t_2\approx 0$，计数误差 $\approx +1$；
(c) $\Delta t_1\approx 0$，$\Delta t_2\approx T_x$，计数误差 ≈ -1

计数器只能计整数 N，因此，无法反映 Δt_1 和 Δt_2 的影响，造成计数误差 ΔN。由于这种误差是将一个连续可变的被测信号周期 T_x 与闸门时间 T 之比量化为 1 与某个整数 N 之比，无法表达 N 包含的小数部分，因而造成误差。这种由于量化位数有限而造成的误差称为量化误差，又称计数误差。量化误差相当于数值分析中的舍入误差。考虑到 Δt_1 和 Δt_2 均小

于 T_x，它们的差也在 $\pm T_x$ 之间，因此有 $|\Delta N| \leqslant 1$。图 4-8(b) 和图 4-8(c) 给出了两种极端的情况。在图 4-8(b) 中，$\Delta t_1 \approx T_x$，$\Delta t_2 \approx 0$，计数误差 $\Delta N = +1$。在图 4-8(c) 中，$\Delta t_1 \approx 0$，$\Delta t_2 \approx T_x$，计数误差 $\Delta N = -1$。对计数器来说，不管计数值 N 为多少，其计数误差 ΔN 的取值只有 3 个可能值，即 0，+1，−1，最大计数误差为不超过 ±1 个计数单位，因此，这种计数误差又称 ±1 个字误差。

将 ΔN 用其最大误差代替，有

$$\frac{\Delta N}{N} = \frac{\pm 1}{N} = \pm \frac{1}{Tf_x} \tag{4-12}$$

从式(4-12) 可知，当 f_x 一定时，增大闸门时间 T 可以减小 ±1 误差对测频误差的影响。

【例 4-1】 $f_x = 1$ MHz，选闸门时间 $T = 1$ s，则由 ±1 误差产生的测频误差为

$$\frac{\Delta f_x}{f_x} = \frac{\pm 1}{1 \times 1 \times 10^6} = \pm 1 \times 10^{-6}$$

若 T 增加为 10 s，则测频误差为 1×10^{-7}，即可提高一个量级，但一次测量延长 10 倍。

从式(4-12) 还可以看出，在 T 选定后，f_x 越低，则由 ±1 误差产生的测频误差越大。

(2) 时钟频率误差

影响频率测量误差的另一因素，是闸门开启时间的相对误差 $\Delta T/T$，它取决于晶振的频率稳定度、准确度、分频电路和闸门开关速度及其稳定性等因素。由式(4-9) 可知，闸门时间的相对误差在数值上等于时钟的相对误差。

量化误差和时钟误差都是系统误差，考虑最坏情况，也可把两者的不确定度按绝对值合成法处理，把式(4-12) 代入式(4-10)，可得频率的最大相对误差为

$$\left(\frac{\Delta f_x}{f_x}\right)_{\max} = \pm\left(\frac{1}{f_x T} + \left|\frac{\Delta f_s}{f_s}\right|\right) \tag{4-13}$$

由式(4-13) 可见，当 f_x 一定时，闸门时间 T 选得越长，测量准确度越高，测量速度也越低；而在 T 选定后，f_x 越高，则由于 ±1 字误差影响的减小，闸门时间本身所具有的准确度对测量结果的影响不可忽略。这时，$|\Delta f_s / f_s|$ 可认为是用计数器测频准确度的极限。

另外，测量低频时，由于 ±1 字误差产生的测频误差大得惊人，例如，$f_x = 10$ Hz，$T = 1$ s，则由 ±1 字误差引起的测频误差可达 10%，因此测量低频时不宜采用直接测频的方法，而应通过测量周期，再通过 $f_x = 1 / T_x$ 计算而得。

2. 测量周期误差分析

与测频误差分析类似，根据误差传递公式，并结合式(4-5)，可得周期测量的相对误差为

$$\frac{\Delta T_x}{T_x} = \left|\frac{\Delta N}{N}\right| + \left|\frac{\Delta f_s}{f_s}\right| \tag{4-14}$$

用不确定度合成法得

$$\frac{\Delta T_x}{T_x} = \left|\frac{k}{T_x f_s}\right| + \left|\frac{\Delta T_s}{T_s}\right| = \left|\frac{k}{T_x f_s}\right| + \left|\frac{\Delta f_s}{f_s}\right| \tag{4-15}$$

由式(4-15) 可见，测量周期的误差表达式与测量频率的表达式相似，但 T_x 愈大(即被测频率愈低)，±1 误差对测量误差的影响愈小。

从信号流通的路径来说，测量频率与测量周期是完全不同的，测量频率时，标准时基是由晶振产生的，并由它来控制；测量周期时，内部基准信号通过 A 通道进入计数器，固定的计数误差包括量化误差和时基误差。门控信号则由 B 通道的被测信号所控制，被测信号的直流电平、

波形的陡峭程度以及噪声的叠加情况等，在测量过程中是无法事先知道和控制的。因此，测量周期时，存在比式(4-15)所表示的更多的误差因素。例如，当被测正弦信号叠加有噪声时，电路的触发时刻将比无噪声时提前 ΔT_1 或滞后 ΔT_2，从而产生触发误差。由于干扰或噪声都是随机的，所以 ΔT_1 和 ΔT_2 都属于随机误差，可按

$$\Delta T_n=\sqrt{(\Delta T_1)^2+(\Delta T_2)^2} \tag{4-16}$$

来合成，于是可得

$$\frac{\Delta T_n}{T_x}=\frac{\sqrt{(\Delta T_1)^2+(\Delta T_2)^2}}{T_x}=\pm\frac{1}{\sqrt{2}\pi}\frac{U_n}{U_m} \tag{4-17}$$

式中，U_n 为干扰噪声幅度；U_m 为信号振幅。

为了减小触发误差的影响，可用多周期测量。这是因为触发误差只发生在闸门的开关时刻，若采用 k 倍周期测量，则触发误差为

$$\frac{\Delta T_n}{T}=\frac{\Delta T_n}{kT_x}=\pm\frac{U_n}{\sqrt{2}\pi kU_m} \tag{4-18}$$

综上所述，可得如下结论：

1）用计数器直接测量周期的误差主要有三项，即量化误差、触发误差以及时钟误差，其合成误差可按下式计算：

$$\frac{\Delta T_x}{T_x}=\pm\left(\frac{k}{mT_xf_s}+\left|\frac{\Delta f_s}{f_s}\right|+\frac{U_n}{\sqrt{2}\pi kU_m}\right) \tag{4-19}$$

2）采用多周期测量可提高测量准确度，但测量速度下降；

3）选用小的时标（即 k 小）可提高测量周期分辨率；

4）测量过程中尽可能提高信噪比 U_m/U_n；

5）由式(4-19)可知，为减少触发误差，触发电平应选择在信号沿变化最陡峭处。

3. 中界频率的确定

通用计数器的基本功能是测量频率和测量周期。比较式(4-13)和式(4-19)可见，无论测量频率或测量周期，都存在量化误差，测量频率的量化误差随 f_x 的增大而减少，而测量周期的量化误差随 f_x 的增大而增大。为减少量化误差，当被测量频率较高时，宜直接测量频率；当被测量频率较低时，宜直接测量周期。当直接测量频率和直接测量周期的误差相等时，就确定了一个测量频率和测量周期的分界点。这个分界点的频率称为中界频率，由式(4-13)和式(4-15)可以确定中界频率的理论值。在不考虑触发误差和时钟误差的情况下，中界频率 f_m 为

$$\frac{f_{st}}{f_m}=f_mT_{0t}$$

$$f_m=\sqrt{f_{st}f_{0t}}=\sqrt{\frac{kf_0}{mT}} \tag{4-20}$$

式中，f_{st} 为测量频率时选用的频标信号频率，即闸门时间的倒数；f_{0t} 为测量周期时选用的频标信号频率，$f_{0t}=1/T_{0t}$；f_m 为中界频率。

当 $f_x>f_m$ 时，宜用测量频率的方法测量信号频率，再计算信号周期；当 $f_x<f_m$ 时，宜用测量周期的方法测量信号周期，再计算信号频率。

对于给定的通用计数器，可在同一坐标上分别给出测量频率和测量周期的总误差与频率

的关系曲线，两曲线的交点所对应的频率就是中界频率。

4. 测量精度的提高

在实际中可以用改进电路来提高测量时间和测量频率的精确度。通常提高精确度的方法有三种：① 采用数字技术的游标；② 采用模拟技术的内插法；③ 平均测量技术。前两种方法都是设法测出整周期数以外的尾数，减小计数值 ±1 误差，来达到提高测量精确度的目的，平均测量技术则是利用随机误差的性质降低测量误差。

若仅考虑量化误差，当计数为 N 时，其相对误差范围为 $-1/N \sim 1/N$，根据闸门和被测信号脉冲时间上的随机性，当进行多次测量时，其平均值必然随测量次数的增多而减小。例如，进行 n 次周期测量，则 n 次测量的相对误差值平均值为

$$\frac{\Delta T'_x}{T'_x} = \pm \frac{1}{\sqrt{n}} \frac{1}{N} \tag{4-21}$$

即误差为单位测量的 $1/\sqrt{n}$，测量次数 n 越大，其相对平均值越小，测量精确度越高。但 n 越大，所需的测量时间越长，与现代高科技中所要求的实时测量、实时处理、实时控制有矛盾，这种方法只有在实现自动快速测量的条件下，才得以广泛使用。

4.2 相位差的数字测量

在电子技术中常常需要测量频率相同的两个简谐振荡之间的相位差，它是与时间无关的常数，不同频率简谐振荡电压的相位差随时间呈线性变化，因此，有关相位差的概念只适用于简谐振荡，对于非简谐振荡通常以时间差表征它们之间的相位关系。

相位测量在通信、导航、遥测、遥控、自动化测试、自动化控制等各种电子技术领域有着广泛的应用。例如，在卫星导航中通过相位测量可精确测量载体的位置。

测量相位差的方法很多，如用传感器测量（方法简单，准确度低），与标准移相器比较测量（零示法），把相位差转换为时间间隔测量，把相位差转换为电压测量等，本节介绍后两种方法。

4.2.1 相位-电压转换法

如图 4-9 所示是相位-电压转换式数字式相位计的原理框图和波形图。两个周期为 T，相位差为 φ_d 的正弦信号经过相位-电压转换后变成了两个相隔时间为 t_d 的脉冲序列，则相位差为

$$\varphi_d = 360° t_d / T \tag{4-22}$$

若方波幅度为 U_g，则方波的平均值即直流分量为

$$U_o = U_g \frac{t_d}{T} \tag{4-23}$$

用低通滤波器将方波中的基波和谐波分量滤除后，输出电压即为直流电压，将式(4-23)代入式(4-22)可得

$$U_o = U_g \frac{\varphi_d}{360°} \tag{4-24}$$

若 A/D 的量化单位取为 $U_g/360$，则 A/D 的结果即为 φ_d 的度数。

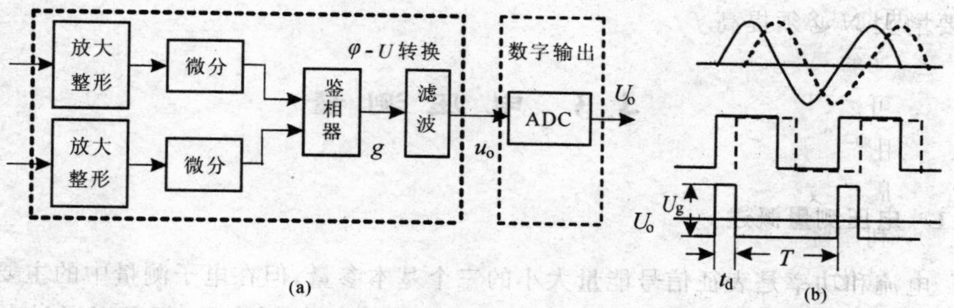

图 4-9　相位-电压转换式数字式相位计的原理框图和波形图

(a) 原理框图；(b) 波形图

4.2.2　相位-时间转换法

将图 4-9 中时间间隔 t_d 用计数器进行测量，便构成了相位-时间转换式相位计，如图 4-10 所示，它与时间间隔的计数测量原理基本相同，若时钟周期为 T_s，频率为 f_s，在闸门时间 t_d 内通过的时钟脉冲数为 N，则相位差为

$$\varphi_d = 360^\circ t_d / T = 360^\circ N T_s / T = 360^\circ N f / f_s \tag{4-25}$$

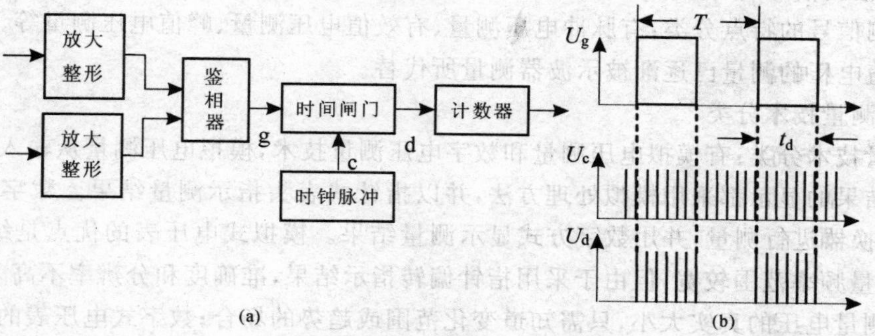

图 4-10　相位-时间转换式数字式相位计的原理框图和波形图

(a) 原理框图；(b) 波形图

式(4-25)表明，相位差 φ_d 与计数值 N 成正比，且与时钟周期 T_s 和信号周期 T 有关，为了直接使用计数值 N 表示相位差，可选择 f_s，使

$$f_s / f = 360^\circ \times 10^{-n} \tag{4-26}$$

则

$$\varphi_d = N \times 10^{-n} \tag{4-27}$$

量化误差 $\Delta N = \pm 1$ 所对应的相位误差（也称精度）为

$$\Delta\varphi = \pm (10^{-n})^\circ \tag{4-28}$$

例如，精度要求 $\pm 0.1^\circ$，则 $n=1$。因此，n 由所需精度要求决定。由式(4-25)可知，f_s 不允许太高，因此计数式相位计只能用于测量低频信号的相位差，而且要求测量精度越高（n 越大），能测量的频率 f 越低。此外，当被测信号频率 f 改变时，时钟频率 f_s 也必须按式(4-25)相应改变，当 f_s 可调时，其频率准确度难以提高，这不利于测量误差的减小。

相位-时间转换式数字式相位计测量误差的来源与计数器测量周期时相同，主要有计数误差、触发误差和量化误差。为减少测量误差，应提高 f_s 精确度、被测信号信噪比和增大计数器

读数 N,要增大 N 必须提高 f_s。

4.3 电压测量

4.3.1 电压测量概述

电压、电流和功率是表征信号能量大小的三个基本参量,但在电子测量中的主要参数是电压,因为很多电参数,如增益、频率特性等,都可以看作电压的派生量,都可以通过电压测量获得。因此,电压测量是电子测量中一项重要的内容。下面介绍电压测量的基本概念。

1. 电压测量仪器的分类

由于被测电压的幅值、频率以及波形的差异很大,所以电压测量仪器的种类也很多,通常有以下几种分类的方法。

(1)按频率范围分类

按频率范围分类:有直流电压测量和交流电压测量,在交流电压测量中按频率范围又分为低频、高频和超高频的电压测量。

(2)按被测信号的特点分类

按被测信号的特点分类:有脉冲电压测量、有效值电压测量、峰值电压测量等。目前,脉冲电压和峰值电压的测量已逐渐被示波器测量所代替。

(3)按测量技术分类

按测量技术分类:有模拟电压测量和数字电压测量技术,模拟电压测量从输入被测信号到最后测量结果的显示都采用模拟处理方法,并以指针式表头指示测量结果。数字式电压表采用 A/D 转换器进行测量,并用数字方式显示测量结果。模拟式电压表的优点是结构简单,价格便宜,测量频率范围较宽,但由于采用指针偏转指示结果,准确度和分辨率不高,主要用于不需要准确测量电压的真实大小,只需知道变化范围或趋势的场合;数字式电压表的优点是测量准确度高,测量速度快,输入阻抗大,过载能力强,抗干扰能力和分辨率均优于模拟电压表。此外,由于测量结果是以数字形式输出、显示的,除读数直观外,还便于与计算机及其他测量设备组成自动测试系统。目前由于微处理器的大量运用,高中档数字式电压表普遍具有数据存储、计算及自检、自校准、自动故障诊断功能,并配有 IEEE—488,USB,LAN 或 RS232 接口,很容易组成自动测试系统。数字式电压表的不足是频率范围不及模拟电压表。

2. 电压表的主要性能指标

当对电压进行测量时,测量装置必须正确反映被测量的大小和极性,并附有相应的单位。为此,测量装置必须在被测量值的范围内都可以进行正确测量,并且不能因为测量仪器的接入而影响被测对象的状态。具体要求如下:

1)测量范围足够大;

2)电压测量仪器的输入阻抗必须很高,避免对被测系统产生负载效应;

3)要有足够宽的频率响应范围,以便能测量从超低频到超高频的各种交流信号;

4)测量误差必须在允许的范围内;

5)可以准确地测量各种波形的信号,包括方波、三角波、非正弦信号。

鉴于上述要求,电压测量仪器通常具有如下主要技术指标。

(1)幅度范围

幅度范围是指可测量电压的范围，电压表测量的上限一般是 1 kV，有的达几千伏，甚至几十万伏；测量的下限一般为几微伏。随着科学技术的发展，已出现了灵敏度达 10^{-9} V 的数字电压表。利用超导器件，甚至可测量 10^{-12} V 的电压。在实际的电压表中还包括量程的划分以及每一量程的测量范围。

(2)频率范围

一般电压表的频率范围可从直流到数 GHz。目前模拟电压表可测量的频率范围要比数字电压表的频率范围大得多。

(3)输入特性

输入特性通常指电压表的输入阻抗 Z，包括输入电阻 R 和输入电容 C。目前，直流数字电压表的输入阻抗在小于 10 V 量程时可达 10 GΩ，甚至更高；高量程时，由于分压器的接入，一般为 10 MΩ，普通交流电压表的输入电阻为 1 MΩ，输入电容为几皮法。

(4)分辨力

分辨力是指测量被测电压最小增量的能力。该项技术指标主要针对数字电压表。

(5)准确度

准确度又称精确度，它是误差的反义，有时直接用误差表示仪器的技术指标，它指电压表的指示值(或显示值)与被测量的真值之差。模拟电压表的测量误差一般为 1%～3%，而数字电压表可以优于 10^{-7}。

(6)抗干扰能力

在实际电压测量中会遭受各种干扰信号的影响，使测量精确度受到影响，特别是测量小信号时，这种影响尤为明显。通常将干扰分为串模干扰和共模干扰两类。

从电压的测量方法上看，直流电压、交流电压和脉冲电压有其各自不同的测量原理和测量仪器，交流电压通常是利用检波器将交流电压转换为直流电压，再进行直流电压测量的。

由于测量准确度高，测量速度快，目前，电压测量大多采用数字电压表，而直流数字电压表通常是交流电压、电流和电阻等多种数字化测量的基础。下面，首先介绍数字电压表(DVM)以及直流电压的数字式测量方法。

4.3.2　数字电压表

1. 数字电压表概述

数字电压表(DVM，Digital Voltmeter)是利用模数(A/D)转换原理，将被测电压(模拟量)转换成数字量，由数字逻辑电路进行数据处理并以数字形式显示测量结果的一种电子测量仪器。典型的数字电压表主要由输入电路、A/D 转换器、逻辑控制电路、计数器(或存储器)、显示器等组成，如图 4－11 所示为其原理图。

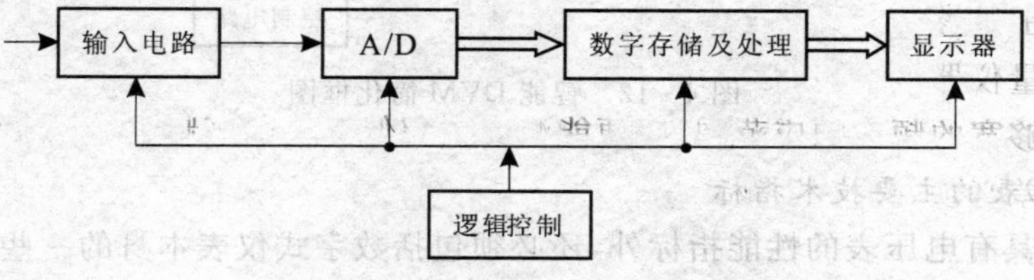

图 4－11　电压的数字测量原理框图

A/D 转换器是数字电压表的核心。由于 A/D 转换原理和方案的不同，所以相应地有各种不同的数字电压表。

与指针式电压表相比，数字电压表具有精度高、速度快、输入阻抗大、数字显示、读数准确方便、抗干扰能力强、测量自动化程度高等优点。由于采用数字技术，数字电压表可以方便地与数字计算机及其外设相连接，借助于计算机的资源进一步增强和完善数字电压表的功能，而且还可以通过标准总线接入自动测试系统实现测量的远程化、自动化。目前，数字电压表广泛用于电压的测量与校准，已有取代模拟电压表的趋势。数字电压表中最常用的是直流数字电压表，在此基础上，配合各种输入转换装置，如交流-直流转换器、电流-电压转换器、电阻-电压转换器、相位-电压转换器等，可以构成测量交流电压、电流、电阻、相位等的数字多用表。

2. 电压数字测量方法的特点

从 DVM 的结构来说，电压的数字测量方法具有以下一些特点。

(1)采用模数转换器

A/D 转换器是 DVM 的关键部件，在 DVM 中常用的 A/D 转换器有双积分式、多积分式、脉冲调宽式、余数循环比较式以及逐次逼近比较式等。

(2)用数码显示测量结果

目前普遍采用发光二极管(LED)式液晶显示器(LCD)显示数码，甚至还借助数码显示器显示 DVM 的其他有关信息。

(3)采用微处理器

自 20 世纪 70 年代微处理器问世以来，人们将它和 RAM，ROM 等芯片用于 DVM，构成控制器系统，管理整个 DVM 的操作及处理测量结果。

(4)具有标准接口功能

经常采用的标准接口有 IEEE—488 并行口和 RS—232C 串行口，近年来，USB 和 LAN 总线也成为 DVM 的标准接口总线，具备接口功能的 DVM 能与计算机(控制器)系统相连接，组成自动测试系统。

(5)利用计算机软件功能

软件功能包括对 DVM 的控制及数据处理等，数据处理功能使 DVM 的性能更加完善，还可以使 DVM 中的某些硬件功能利用软件来实现，如自动校零、抑制干扰等。

通常将具有微处理的 DVM 称为微机化 DVM 或智能 DVM，其组成如图 4-12 所示。

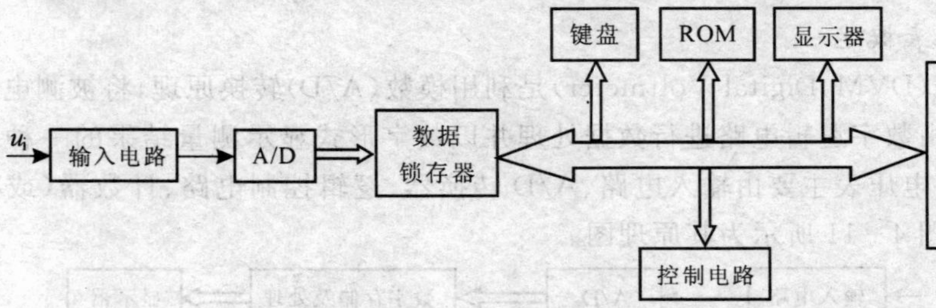

图 4-12　智能 DVM 简化框图

3. 数字电压表的主要技术指标

DVM 除了具有电压表的性能指标外，还必须包括数字式仪表本身的一些特殊要求。

• 输入范围。最大输入一般为±1 000 V，并具有自动量化转换和一定的过量程能力。

·准确度。最高可在 10^{-7}左右，其中 $7\frac{1}{2}$位 DVM 具有 2×10^{-6}基本直流精度，$8\frac{1}{2}$位 DVM 达到 0.6×10^{-6}基本直流精度。

·稳定度。短期稳定度为读数的 0.002 倍，期限为 24 h；长期稳定度为读数的 0.008 倍，期限为半年。

·分辨力。目前达 10^{-8}，即 1 V 输入量程时的测量分辨力为 10 nV。

·输入阻抗。典型值为 10 MΩ，输入电容的典型值为 40 pF。

·输入零电流。DVM 输入端短路时仪器呈现的输入电流，通常为 nA 量级。

·仪器的校准。DVM 内部备有供校准用的标准电压，并且校准部分是独立的，与测量无关。

·输入信号。BCD 码格式的信号，可用于记录、打印式机外数据处理。

·输出接口。通常为 GP1B 或 RS—232，近年来 USB 和 LAN 总线也被大量采用。

·显示位数。目前已达 $8\frac{1}{2}$位，大多数台式表为 $4\frac{1}{2}$位或 $5\frac{1}{2}$位，而手持式 DVM 为 $3\frac{1}{2}$位或 $4\frac{1}{2}$位，DVM 的位数是指能显示 0～9 的 10 个数字的有效位数，而$\frac{1}{2}$位指最高位只能取“1”或“0”，而不能像其他位可取 0～9 中的任一数字。

·读数速率。当仪器正常工作时，单位时间内可读数据（测量结果）的次数，如 $6\frac{1}{2}$位 DVM 最高可达 2 000 读数/s(四位半)，50 读数/s(六位半)。

·数据存储容量。目前 DVM 内部可存储大于 1 000 个数据。

·数据处理能力。能求得被测电压最大偏差、平均值，甚至还可以计算方差、标准偏差等。

4. DVM 的主要类型

由图 4-11 可见，数字电压表实际上主要是由 A/D 变换器和计数器组成的，其核心是 A/D。因此，可以根据 A/D 的基本原理对 DVM 进行分类。

比较型 A/D 是采用将输入模拟电压与数字标准电压比较的方法，典型的是逐次逼近比较式。

积分型 A/D 是一种间接转换形式，它对输入模拟电压进行积分并转换成中间量时间 T 或频率 f，再通过计数器将中间量转换成数字量。

比较型和积分型是 A/D 的基本类型。由比较型 A/D 构成的 DVM 测量速度快，电路比较简单，但抗干扰能力差；由积分型 A/D 构成的 DVM 的突出优点是抗干扰能力强，主要不足是测量速度慢。

复合型 DVM 是将积分型与比较型结合起来的一种类型。随着电子技术的发展，新的 A/D变换原理和器件不断涌现，推动 DVM 的性能不断提高。

随着大规模集成电路的发展，现今许多 A/D 的集成度越来越高，形成单片 DVM。例如，积分式 A/D 可将积分器、比较器和数字逻辑电路集成在一块芯片里，只要配上少量的外围电路（基准电源显示器以及控制开关等）就可以构成一个简单而实用的 DVM，还出现了带微处理器的单片式 A/D。这些芯片采用多重积分、数字调零、低噪声工艺等技术，实现了高准确度和高分辨率的技术指标。

4.3.3 直流电压的数字式测量原理

按照数字电压表中 A/D 转换的原理，直流电压的数字测量方法主要分为两类：逐次逼近比较式和积分式。首先介绍逐次逼近比较式直流电压测量的原理。

1. 逐次逼近比较式直流电压测量

逐次逼近比较式 A/D 的基本原理是将被测电压和一可变的已知电压(基准电压)进行比较，逐渐减小被测电压与基准电压的差，直到达到平衡，测出被测电压。电压逐次逼近比较式电压表主要由比较器、控制器、逐次比较寄存器 SAR、缓冲寄存器、数/模转换器(DAC)等组成，其原理图如图 4-13 所示。

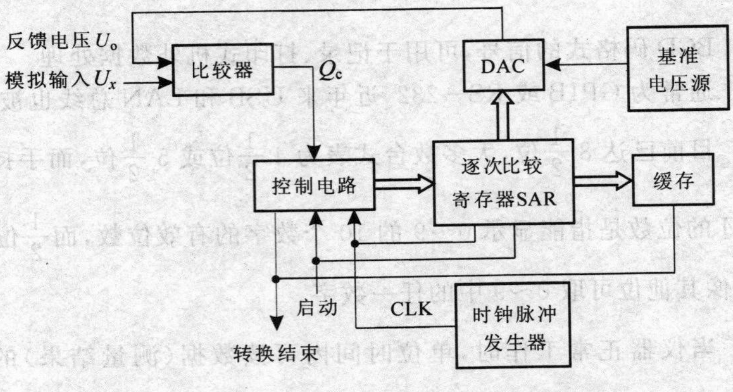

图 4-13 逐次逼近比较式电压表的原理框图

比较器是一种特殊设计的高速高增益运算放大器，它完成对输入端两电压的比较运算。在图 4-13 中，模拟输入电压 U_x 和反馈电压 U_o 分别作用在比较器输入端，若 $U_o > U_x$，则比较器的输出 $Q_c = 0$(逻辑低电平)，若 $U_o \leqslant U_x$，则 $Q_c = 1$(逻辑高电平)。

控制电路发出一系列的节拍脉冲，并根据 Q_c 的值控制 SAR 各位的输出状态。

SAR 是一组双稳触发器，如果电压表是 n 位的，则 SAR 中就有 n 个双稳触发器，SAR 的输出由控制器控制，并送往缓存和 DAC 变换成模拟量 U_o。

DAC 是由基准电压源、电子开关电路和分压分流电路组成的解码网络，其功能是将二进制数字量转换成模拟量。比如基准电压为 $U_s = 2.8$ V，对于 8 位 DAC，当数字量是 10000000 时，输入模拟电压为 $U_o = \frac{128}{256}U_s = 1.4$ V；当数字量是 00000001 时，输入模拟电压为 $U_o = \frac{1}{256}U_s = 10.94$ mV。可见同是二进制数码"1"，它在二进制数中的位置不同，其所代表的值也不同，不同位置上的"1" 所代表的值称为权值。根据叠加原理，对于 8 位 DAC，当输入为任意二进制数 $a_7a_6\cdots a_1a_0$ 时，输出电压为

$$U_o = \sum_{i=0}^{7} a_i 2^i U_{omin} \quad (a_i = 0 \text{ 或 } a_i = 1) \tag{4-29}$$

逐次逼近比较式直流电压测量的工作原理非常类似于天平称质量的过程，它利用等分搜索原理，依次按二进制递减规律减小，从数字码的最高位(MSB，相当于满刻度值 FS 的一半)开始，逐次比较到低位，使输出量 U_o 逐次逼近输入模拟量 U_x。

现以一个简单的 3B(3 位二进制)电压值的测量过程来说明逐次逼近比较式电压测量的工作原理。逐次逼近比较式电压表的一次变换过程是以一个启动脉冲开始的,启动脉冲使控制电路开始定时工作,时序控制电路在时钟信号作用下发出一系列节拍信号。设基准电压 $U_s=8$ V,输入电压 $U_x=5$ V,3B SAR 的输出为 $Q_2Q_1Q_0$,流程图如图 4-14 所示。控制电路首先置 SAR 的输出 $Q_2Q_1Q_0=100$,即从最高位 MSB 开始比较。100 经 D/A 转换成 $U_o=(1/2)U_s=4$ V,加至比较器,$U_o\leqslant U_x$,比较器的输出 $Q_c=1$,使 Q_2 维持“1”(留码);在此基础上再令 $Q_1=1$,即 $Q_2Q_1Q_0=110$,加至 D/A,使 $U_o=6$ V。因为 $U_o>U_x$,比较器的输出 $Q_c=0$,使得刚加上的码 $Q_1=1$ 改为 $Q_1=0$(去码);最后令 $Q_0=1$,即 $Q_2Q_1Q_0=101$,得 $U_o=5$ V。因为 $U_o\leqslant U_x$,$Q_c=1$,使 Q_0 维持“1”。至此 3 位码都已顺序加过,转换结束。最终 SAR 的输出 $Q_2Q_1Q_0=101$,即为输入电压 U_x 的数字码。

以上变换过程约经历 4 个时钟周期,对于 n 位电压表要经历 $n+1$ 个时钟周期,变换时间与电压表的分辨力(位数)有关。逐次逼近比较式电压表每完成一次转换的时间为

$$t_c=(n+1)/f_c \tag{4-30}$$

式中,f_c 为时钟频率。

逐次逼近比较式电压表的综合精度取决于它所采用的 DAC 的位数和线性度、参考电压的稳定性以及比较器的精度。由式(4-30)可以看出,其转换时间与输入信号的幅值无关,只取决于时钟频率和转换器的位数,提高转换速率的主要限制在于时钟频率,因为每个时钟周期必须不小于 DAC 的稳定时间、比较器的响应时间和逻辑电路的传输延迟时间之和。

逐次逼近比较式电压表由于采用对分搜索逐次逼近的直接比较方法,因此变换速度快,只需经过几个节拍时钟就完成了变换,其转换时间在 1 ~ 10 μs 数量级,主要用于自动测试和自动控制,在要求快速测量的场合都采用这种电压表。但由于直接与被测电压进行比较,因而也容易受到干扰。

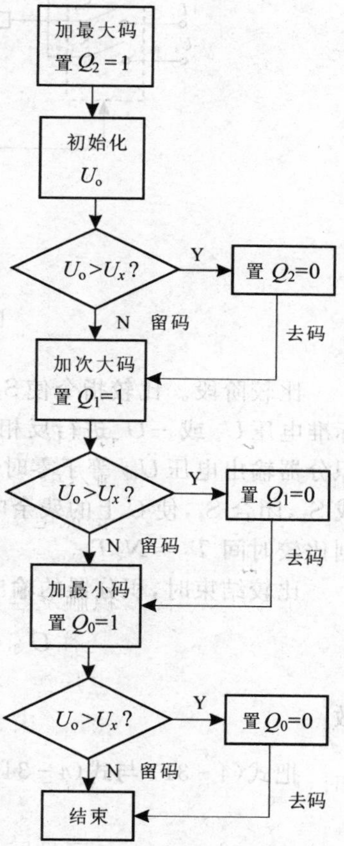

图 4-14 3 位逐次比较流程图

2. 积分式直流电压测量

积分型 A/D 转换器是通过积分电路把模拟电压变换成时间信号的,在这段时间内通过计数器对标准时钟脉冲进行计数,计数值反映了模拟电压的大小。由此可见,这种变换是把时间作为中间变量的,因此是一种间接变换。根据一次变换中积分斜率变化的次数又可分成单积分、双积分和四积分等类型。电压表中通常采用双积分式 A/D 转换器。

双积分式电压表的工作原理可用图 4-15 说明,它是在逻辑电路控制下工作的,工作过程包括采样和比较两个阶段。

采样阶段。逻辑电路发出采样指令,接通 S_1,同时断开 S_4,积分器对被测电压 U_x 积分,积分时间为 T_1,采样结束时,积分器输出电压为

$$U_{o1}=-\frac{1}{RC}\int_0^{T_1}U_x\mathrm{d}t=-\frac{T_1}{RC}\overline{U}_x \tag{4-31}$$

式中

$$\overline{U}_x=\frac{1}{T}\int_0^{T_1}U_x\mathrm{d}t \tag{4-32}$$

采样开始时，逻辑电路打开闸门，计数器对周期为 T_s 的时钟脉冲计数，当计数到一定数值 N_1，即采样时间 $T_1=N_1T_s$ 时，计数器给出信号，逻辑电路发出指令，关闭闸门，停止计数，计数器清零，同时发出比较指令。

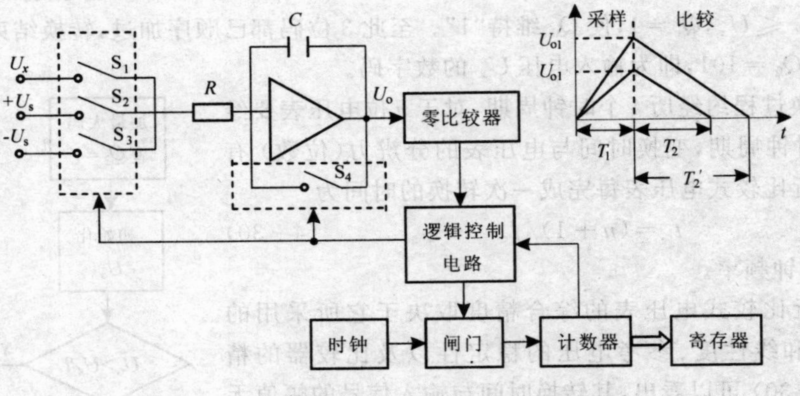

图 4-15 双积分式电压表的原理框图

比较阶段。比较指令使 S_1 断开，并根据 U_{o1} 的极性判定结果，接通 S_2 或 S_3，这时积分器对标准电压 U_s 或 $-U_s$ 进行反相积分。比较指令同时打开闸门，计数器对时钟脉冲重新计数，当积分器输出电压 U_{o2} 等于零时，零比较器给出信号，逻辑电路关闭闸门，停止计数，同时断开 S_2 或 S_3，闭合 S_4，使 C 上的残余电荷放完，为下一次采样做好准备。若比较结束时计数值为 N_2，则比较时间 $T_2=N_2T_s$。

比较结束时，积分器的输出电压 U_{o2} 应为零，即

$$U_{o2}=U_{o1}-\frac{1}{RC}\int_0^{T_s}U_s\mathrm{d}t=U_{o1}-\frac{T_2}{RC}U_s=0 \tag{4-33}$$

故

$$U_{o1}=\frac{T_2}{RC}U_s \tag{4-34}$$

把式(4-31)与式(4-34)联立求解，得

$$\overline{U}_x=-\frac{T_2}{T_1}U_s \tag{4-35}$$

计数器在 T_1 时间内计数值 $N_1=T_1/T_s$，在 T_2 时间内计数值 $N_2=T_2/T_s$，因此

$$\overline{U}_x=-\frac{N_2}{N_1}U_s=-eN_2 \tag{4-36}$$

式中，e 为刻度系数，即 $e=U_s/N_1$，表示单位数码所代表电压的大小。

由式(4-36)可得双积分式电压表的特点：

1）转换结果与 R，C 元件参数的准确度无关。也就是说，双积分式电压表不需要精密积分元件就能完成高精度的转换，而且转换结果也与时钟周期 T_0 无关，因而对时钟脉冲的准确度和长期稳定度要求不高。

2）具有很强的抗串模干扰能力。因为积分器对输入信号具有平均作用，所以若取采样阶段的 T_1 为干扰周期的整数倍，则可使由干扰引起的误差减小到最低程度，甚至为零。通常 50 Hz 的工频干扰最强，故常使采样时间 T_1 等于工频电压的周期（20 ms）的整数倍，因此双积分式电压表具有很强的抗干扰能力。

双积分式电压表的缺点是速度比较慢，在满量程情况下，变换要经历 2^{n+1} 个时钟脉冲才能完成。

4.3.4　交流电压的测量

1. 交流电压的表征

交流电压的测量，多数情况下是通过交流-直流变换器（AC/DC），将交流电压变为直流电压再进行测量的。AC/DC 变换成的直流电压可与交流电压的均值、峰值或有效值成正比，相应的三种变换器分别称为均值、峰值或有效值检波器。

当进行交流电压测量时，国际上一直以有效值表示被测电压的大小，因为有效值反映了被测信号的功率，但在实际测量中由于检波器的工作特性不同，所得结果有峰值、平均值、有限值之别。因此，无论用哪一种特性的检波器，都应该将最后的测量结果表示为有效值。

正弦交流电压可表示为

$$u(t)=U_P\sin(\omega t+\varphi) \tag{4-37}$$

式中，$u(t)$ 为交流电压瞬时值；U_P 为交流电压峰值；ω 为角频率；φ 为初始相位。交流电压的平均值为

$$\overline{U}=\frac{1}{T}\int_0^T u(t)\mathrm{d}t \tag{4-38}$$

式中，T 为交流电压的周期。将式（4 - 37）代入式（4 - 38），并认为 $\varphi=0$，得

$$U_{AV}=0.637U_P \tag{4-39}$$

交流电压的有效值为（当 $\varphi=0$ 时）

$$U=\sqrt{\frac{1}{T}\int_0^T u^2(t)\mathrm{d}t}=0.707U_P \tag{4-40}$$

因此，若采用峰值检波时输出为 U_P，平均值检波时输出为 $0.637U_P$，有效值检波时输出为 $0.707U_P$。

多数交流电压表的显示值是以被测电压为正弦电压确定的，即不管 AC/DC 是何种方式，只要被测电压是正弦波，显示值即为有效值。当被测电压为非正弦波时，需要对显示值进行相应的转换，否则就会给出错误的测量结果。

交流电压的波峰因数定义为

$$K_P=U_P/U \tag{4-41}$$

交流电压的波形因数定义为

$$K_f=U/\overline{U} \tag{4-42}$$

在实际测量中，被测电压除了理想正弦波以外，还有方波、三角波等各种波形，对于这些波形的检测结果还要进行相应的转换，其波峰因数 K_P、波形因数 K_f 见表 4 - 2。

表 4-2　各种波形的波形因数 K_f 与波峰因数 K_P

序号	名称	有限值 U	平均值 $\overline{U}$	波形因数 K_f	波峰因数 K_p
1	正弦波	$U_P/\sqrt{2}=0.707U_p$	$2U_P/\pi=0.637U_P$	$\pi/2\sqrt{2}\approx 1.11$	$\sqrt{2}\approx 1.414$
2	半波整流正弦波	$U_P/2$	$U_P/\pi\approx 0.318U_P$	$\pi/2\approx 9.57$	2
3	全波整流正弦波	$U_P/\sqrt{2}\approx 0.707U_P$	$2U_P/\pi\approx 0.637U_P$	$\pi/2\sqrt{2}\approx 1.11$	$\sqrt{2}\approx 1.414$
4	三角波	$U_P/\sqrt{3}\approx 0.577U_P$	$U_P/2$	$2/\sqrt{3}\approx 1.15$	$\sqrt{3}\approx 1.73$
5	方波	U_P	U_P	1	1
6	脉冲波	$\sqrt{\tau/T}U_P$	τ/TU_P	$\sqrt{T/\tau}$	$\sqrt{T/\tau}$
7	白噪声	$U_P/3$	$U_P/3\sqrt{\pi/2}\approx 0.266U_P$	$\sqrt{\pi/2}\approx 1.25$	3

注：τ 为脉冲宽度，T 为脉冲周期。

2. 检波式交流电压的测量

交流电压通常是利用检波器将交流电压转换为直流电压，再进行直流电压测量的。对于高频微伏电压，通常还要采用超外差电路将其转换到中频，再进行检波式测量。

对交流电压的检波式测量通常有两种基本的方法：放大-检波式和检波-放大式，如图 4-16 所示。它们都是利用检波器将交流电压变为直流电压并以表头指示测量结果的，放大-检波式(见图 4-16(a)) 测量灵敏度高，但频率范围只能达到几百千赫；检波-放大式频率范围可从直流到几百兆赫，但由于检波器的限制，其灵敏度较低。对于图 4-16(b) 来说，检波-放大式电压表在提高灵敏度的同时受到噪声的影响；但由于噪声的频谱很宽，并且被测信号正弦波是单频的，因此有时利用外差原理借助与中频放大器的优良选择性来克服噪声影响。无论采用哪一种方法，检波器是其核心部件，它将交流电压转换为相应的直流电压并使用表头指示测量结果。

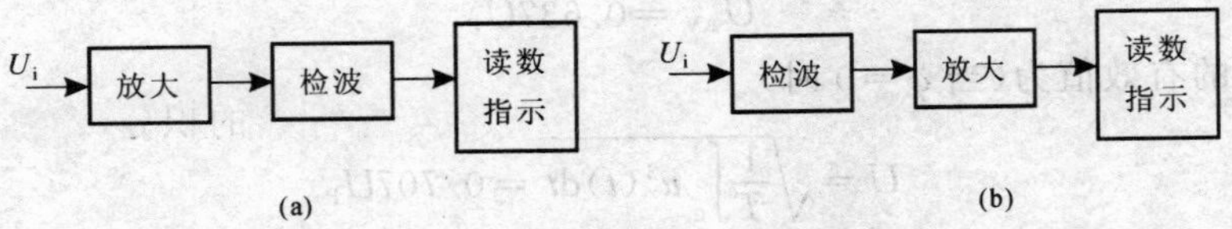

图 4-16　交流电压的测量方法

(a) 放大-检波式；(b) 检波-放大式

在放大-检波式电压表中，检波器多为平均值检波器或有效值检波器，分别构成平均值电压表和有效值电压表。如图 4-17(a) 所示为平均值检波器的基本电路，4 只性能相同的二极管构成桥式全波整流电路。为了改善整流二极管的非线性，实际电压表中也常使用图 4-17(b) 所示的半桥式全波检波。下面讨论平均值检波器的工作特性。

设被测电压为 $u_x(t)$，电表内阻为 r_m，二极管的正、反向电阻分别为 R_d 和 R_r。由于 $R_r \gg R_d$，忽略反向电流的作用，则流过电表的平均电流为

$$\overline{I}=\frac{1}{T}\int_0^T\frac{|u_x|}{2R_d+r_m}dt=\frac{\overline{U}}{2R_d+r_m} \tag{4-43}$$

式(4-43) 表明，流过表头电流的平均值只与被测电压的平均值有关，而与波形无关，且与平均值成正比。实际上，无论哪一种平均值检波器，输出的直流电压都与被测信号的平均值成正

比。大多数交流电压表，无论采用哪种检波方式，其示值都是按正弦电压有效值定度的。平均值检波式电压表的示值为

$$U = k_{fs}\overline{U} \tag{4-44}$$

式中，k_{fs} 为正弦波的波形因数，也是平均值检波式电压表的定度系数，按照表 4-2，$k_{fs} \approx 1.11$。

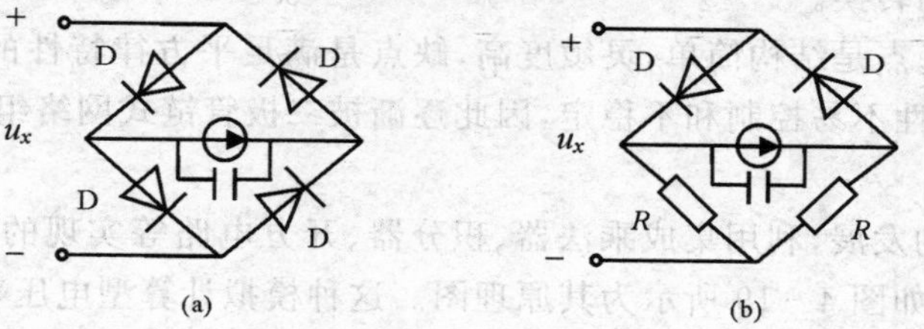

图 4-17　平均值检波器

式(4-44)表明，若被测信号是纯正弦波，则平均值检波式电压表的指示值 U_a 就是被测电压的有效值；若被测电压是失真正弦波或不是正弦波，则电压表指示的是与被测电压平均值相等的正弦波的有效值。由此可得被测电压的平均值为

$$\overline{U}_x = U_a / K_{fs} \tag{4-45}$$

被测电压的有效值为

$$U_x = K_{fx}\overline{U}_x = (K_{fx}/K_{fs})U_a \tag{4-46}$$

被测电压的峰值为

$$U_{Px} = K_{Px}U_x = (K_{Px}K_{fx}/K_{fs})U_a \tag{4-47}$$

式中，K_{Px} 和 K_{fx} 分别为被测信号的波峰因数和波形因数。

为了获得有效值响应，必须使 AC/DC 变换器具有平方律关系的伏安特性。这类变换器有二极管平方律检波式、热电变换式和模拟计算式等几种。二极管在其正向特性的起始部分，具有近似的平方律关系，如图 4-18 所示。图中 E_0 为偏置电压，当信号 u_s 较小时，有

$$i = k[E_0 + u_x(t)]^2 \tag{4-48}$$

式中，k 是与二极管特性有关的系数，称为检波系数。由于电容 C 的积分(滤波)作用，流过微安级电流表的电流正比于 i 的平均值 $\overline{I}$。

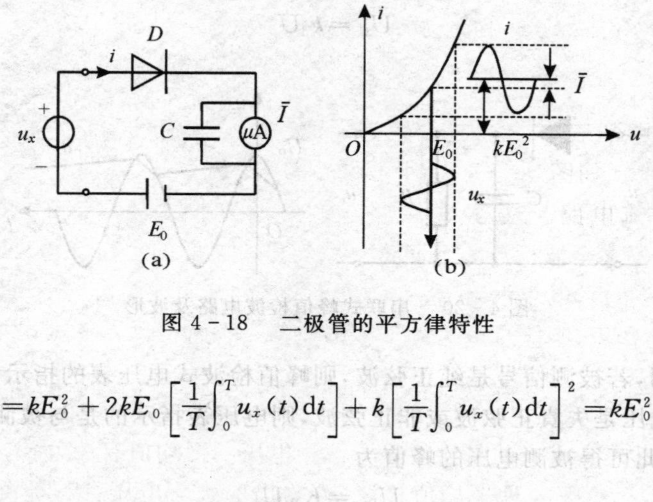

图 4-18　二极管的平方律特性

$$\overline{I} = \frac{1}{T}\int_0^T i(t)\,dt = kE_0^2 + 2kE_0\left[\frac{1}{T}\int_0^T u_x(t)\,dt\right] + k\left[\frac{1}{T}\int_0^T u_x(t)\,dt\right]^2 = kE_0^2 + 2kE_0\overline{U}_x + kU_{x\mathrm{rms}}^2 \tag{4-49}$$

式中，kE_0^2 是静态工作点电流，可以设法将其抵消；$\overline{U}_x$ 为 $u_x(t)$ 的平均值，对于正弦波等周期对称电压，有 $\overline{U}_x=0$，$U_{x\mathrm{rms}}$ 即 $u_x(t)$ 的有效值 U。这样流过微安级电流表的电流为

$$\overline{I}=kU_{x\mathrm{rms}}^2=kU^2 \tag{4-50}$$

从而实现了有效值的转换。

这种转换器的优点是结构简单，灵敏度高，缺点是满足平方律特性的区域，即有效值检波的动态范围过窄，特性不易控制和不稳定，因此逐渐被二极管链式网络组成的分段逼近式有效值检波器所代替。

随着电子技术的发展，利用集成乘法器、积分器、开方电路等实现的有效值测量是有效值测量的一种新形式，如图 4-19 所示为其原理图。这种模拟计算型电压表的刻度是线性的。

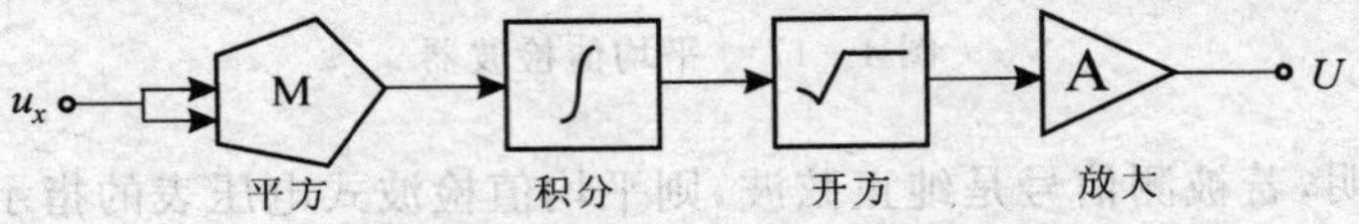

图 4-19　模拟计算型有效值电压表原理框图

有效值电压表的优点是，输出示值就是被测电压的有效值，而与被测电压的波形无关。当然，由于放大器动态范围和工作带宽的限制，对于某些被测信号，例如尖峰过高、高次谐波分量丰富的波形，会产生一定的波形误差。

在检波-放大式电压表中，检波器多采用峰值式，如串联式、并联式、双峰值式、倍压式峰值检波等。如图 4-20 所示为串联式峰值检波器原理电路及检波波形，元件参数满足：

$$RC \gg T_{\max},\quad R_{\mathrm{d}}C \ll RC \tag{4-51}$$

式中，$T_{\max}$ 为被测信号的最大周期；RC，$R_{\mathrm{d}}C$ 分别为放电时常数和充电时常数；R_{d} 包括二极管的正向导通电阻和被测电压的等效信号源内阻。在被测电压 u_x 的正半周，二极管 D 导通，电压源通过它对电容 C 充电，由于充电时常数 $R_{\mathrm{d}}C$ 非常小，电容 C 上的电压迅速达到 u_x 的峰值 U_{P}；在负半周，二极管 D 截止，电容 C 通过电阻 R 放电，由于放电时常数 RC 很大，电容上电压衰减很小，从而使其平均值 $\overline{U}_{\mathrm{C}}$ 始终接近 u_x 的峰值，即 $\overline{U}_{\mathrm{C}}\approx U_{\mathrm{P}}$。实际中，检波器的输出电压平均值 $\overline{U}_{\mathrm{C}}$ 略小于 U_{p}，用 k_{d} 表示峰值检波器的检波系数，有

$$\overline{U}_{\mathrm{C}}=k_{\mathrm{d}}U_{\mathrm{p}} \tag{4-52}$$

显然，k_{d} 略小于 1。

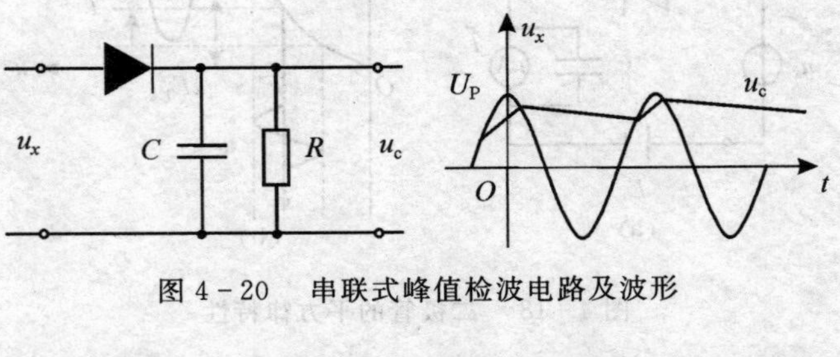

图 4-20　串联式峰值检波电路及波形

式(4-52)表明，若被测信号是纯正弦波，则峰值检波式电压表的指示值 U_{a} 就是被测电压的有效值；若被测电压是失真正弦波或非正弦波，则电压表指示的是与被测电压峰值相等的正弦波的有效值。由此可得被测电压的峰值为

$$U_{\mathrm{P}x}=K_{\mathrm{Ps}}U_{\mathrm{a}} \tag{4-53}$$

被测电压的有效值为

$$U_x = U_{Px}/K_{Px} = (K_{Ps}/K_{Px})U_a \tag{4-54}$$

被测电压的平均值为

$$\overline{U}_x = U_x/K_{fx} = (K_{Ps}/(K_{Px}K_{fx}))U_a \tag{4-55}$$

式中，K_{Px} 和 K_{fx} 分别为被测信号的波峰因数和波形因数。

3. 外差式高频电压的测量

检波二极管的非线性，限制了检波-放大式电压表的灵敏度，因此虽然其频率范围较宽，但测量灵敏度一般仅达到毫伏级；而放大-检波式电压表，由于受到放大器带宽增益积的限制，虽然灵敏度可以提高，但频率范围却较窄，一般在 10 MHz 以下。两种方法测量电压时，都会由于干扰和噪声的影响而妨碍了灵敏度的提高。外差式电压测量方法在相当大的程度上解决了上述矛盾，其原理框图如图 4-21 所示。

输入电路中包括输入衰减器和高频放大器，衰减器用于大电压测量，被测电压的放大主要由中频放大器完成。被测电压与本振信号在混频器中混频，改变连续可调的本振频率就可使它与被测信号的频率之差等于固定的中频频率。中频信号经放大后进入检波器转变为直流电压。由于中频放大器具有良好的频率选择性和固定中频频率，从而解决了放大器增益带宽的矛盾，具有较高的灵敏度，外差式电压表的灵敏度可以提高到微伏级。由此可见，这种电压表也是一种放大-检波式电压表，只不过其放大不是由宽带放大器定成，而是由具有滤波作用的中频放大器完成的。外差式电压表又称选频电压表。

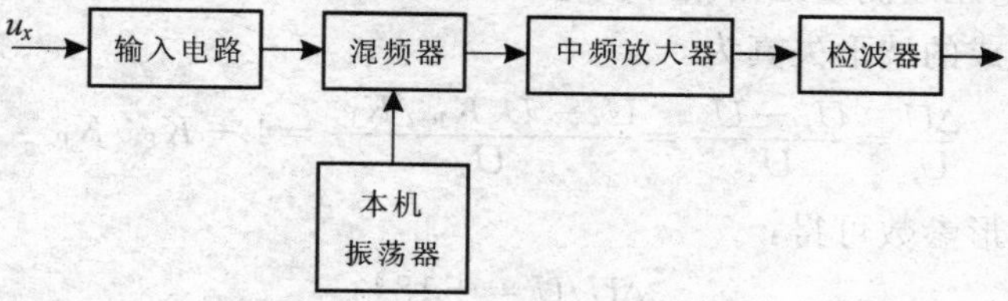

图 4-21　外差式电压表原理框图

交流电压表还有其他一些方式，如热电偶变换式、锁相同步检波式、取样式、测热电桥式等。测量波形未知或波形复杂的电压时，例如对噪声电压的测量、失真度的测量，都要能求出电压的真正有效值。这时采用较多的 AC/DC 变换器是热电偶元件。热电偶是用两种不同材料的导体所构成的具有热电现象的元件，当元件两端加电压时，流过元件的电流与所加电压的有效值成正比。这种方式的电压表频率范围很宽，频率高端可达几十兆赫以上，由于输入端阻抗变换器和衰减器的作用，可使输入阻抗提高到 10 MΩ 左右。取样式电压表实质上是一种频率变换技术，利用取样信号中含有被取样信号的幅度信息，将高频电压信号转变为低频电压信号进行测量。测热电桥式通常用于精密电压测量。

4. 交流电压测量中的误差

(1) 峰值检波器的理论误差

在式(4-53)中，检波输出的平均值近似等于被测信号的峰值，这种近似产生的误差称为峰值检波器的理论误差。检波器的输出电压平均值 $\overline{U}_C$ 总是略小于 U_p，若充电时间常数越短，且放电时间常数越长，则理论误差越小，也就是说，理论误差与 R_d/R 有关，可以表示为

$$\Delta U/U \approx -2.2(R_d/R)^{2/3} \tag{4-56}$$

为了减小理论误差，要求检波二极管的正向电阻 R_d 尽可能小，放电电阻 R 尽可能大。

(2) 与信号频率有关的误差

当峰值检波器工作在低频时，由于信号周期很大，峰值检波条件 $RC \gg T$ 不能满足。此时，$\overline{U}_C$ 将下降，测量误差加大，称之为低频误差。低频误差可以表示为

$$\Delta U/U = -1/(2fRC) \tag{4-57}$$

式中，f 为被测信号频率。为了减小低频误差，一方面可以增大负载电阻 R，另一方面可以加大检波电容。但电容过大，不仅使体积增大，而且加大分布电容，影响检波器的高频性能。

当峰值检波器工作在很高频率时，由于二极管高频参数和电路分布参数的影响，电压表也会产生误差。

(3) 波形误差

绝大多数交流电压表，无论采用哪种检波方式，其示值都是按正弦电压有效值定度的。当测量的是纯正弦电压时，则不会造成波形失真。但实际测量时，若被测信号是失真正弦波，或不是正弦波时，则交流电压表指示的并不是被测电压的有效值，而是与被测电压峰值或均值相同的正弦波的有效值。

用峰值检波式电压表测量非正弦波时，若测量的是失真正弦波，且失真度为 γ 时，相当于基波电压的最大波形误差为

$$(\Delta U/U)_{max} \approx \pm\gamma \tag{4-58}$$

用峰值检波式电压表测量三角波等其他非正弦波时，若把电压表的示值 U_a 当做被测电压的有效值，则由此造成的波形失真为

$$\frac{\Delta U}{U} = \frac{U_a - U_x}{U_a} = \frac{U_a - U_a K_{Ps}/K_{Px}}{U_a} = 1 - K_{Ps}/K_{Px} \tag{4-59}$$

由表 4-2 的波形参数可得：

测量三角波时　　$\Delta U/U = \pm 18\%$

测量方波时　　$\Delta U/U = -41\%$

测量白噪声时　　$\Delta U/U = +53\%$

因此，在用峰值检波式电压表测量非正弦信号时，应采用式(4-53)～式(4-55)计算被测信号的峰值、平均值和有效值，以避免波形失真。

用均值检波式电压表测量非正弦波时，若把电压表的示值 U_a 当做被测电压的有效值，则由此造成的波形失真为

$$\frac{\Delta U}{U} = \frac{U_a - U_x}{U_a} = \frac{U_a - U_a K_{fs}/K_{fx}}{U_a} = 1 - K_{fs}/K_{fx} \tag{4-60}$$

由表 4-2 的波形参数可得：

测量三角波时　　$\Delta U/U = -4\%$

测量方波时　　$\Delta U/U = +10\%$

测量白噪声时　　$\Delta U/U = -12\%$

因此，当用平均值检波式电压表测量非正弦信号时，应用式(4-45)～式(4-47)计算被测信号的峰值、平均值和有效值，以避免波形失真。

【例 4-2】 用峰值电压表测一个脉冲波电压，测得的读数为 5 V，已知脉冲波的周期为

27 ms，脉冲宽度为 3 ms，试求脉冲波有效值及波形误差。

解　对于峰值表，测量值 U_a 乘以正弦波的波峰因数 $\sqrt{2}$ 就等于被测电压的峰值，因此，脉冲波的峰值为

$$U_{Px}=\sqrt{2}U_a=1.414\times 5=7.07\ \text{V}$$

由表 4-2 查得脉冲波的波峰因数为

$$K_P=\sqrt{\frac{T}{\tau}}=\sqrt{\frac{27}{3}}=3$$

因此，可得被测电压的有效值为

$$U_x=U_P/K_{Px}=7.07/3\approx 2.36\ \text{V}$$

按照式(4-59)，测量的波形误差为

$$\frac{\Delta U}{U}=1-K_{Ps}/K_{Px}=(1-1.414/3)\times 100\%\approx 47.1\%$$

可见，用峰值表测量非正弦波电压，若将读数当做被测电压的有效值，就会产生较大的波形误差。

(4) 交流电压测量的其他误差

交流电压测量中的误差主要有以下几项：

1) 电压表的基本误差和附加误差。前者是给定频率和环境温度时电压表的误差，后者是其他频率和环境温度引起的附加误差。

2) 信号波峰因数较大时产生的误差。当波峰因数很大时，检波-放大式电压表因峰值检波器输出的直流电压与信号峰值相差较大；放大-检波式均值和有效值电压表因放大器的动态范围有限而引起的被测电压严重失真，都会产生误差。

3) 信号频率范围超出电压表的带宽范围产生的误差。实际中的电压表带宽是有限的，当被测信号的高频部分不能通过电压表时，会产生误差。

4) 电压表输入阻抗产生的误差。通常交流电压表的输入阻抗很大，而被测信号的输出阻抗很小，可以忽略电压表输入阻抗引起的测量误差。但若被测信号的输出阻抗很大，则应考虑该项误差。

4.3.5　数字多用表技术

直流电压的测量是最基本的测量。在直流电压测量的基础上还可以进行对其他参量的测量，如交流电压、电流的测量，电阻的测量，甚至温度、压力等非电量的测量。在数字直流电压表前端配接相应的交流-直流(AC/DC)、电流-电压转换电路(I/V)、电阻-电压转换电路(R/V)等，就构成了数字多用表(DMM)，如图 4-22 所示，可以看出 DMM 的核心是数字电压表(DVM)。

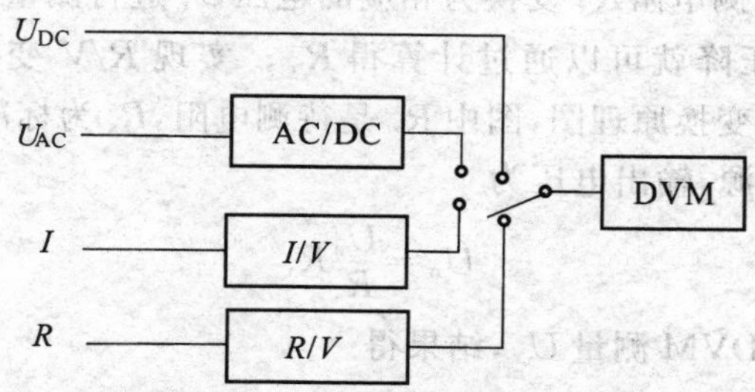

图 4-22　数字多用表的组成

下面主要介绍用于DMM中的AC/DC和R/V变换技术。至于I/V变换,通常是取被测电流在已知电阻上的压降进行测量的,若是交流量应该先进行交流到直流的变换,再对直流电压进行测量。

1. AC/DC

在DMM中,AC/DC的变换是按有效值的定义进行的,即取被测量的均方根值,现在大多采用集成电路实现,如图4-23所示是AC/DC变换的原理图。

输入交流电压u_i(波形①)首先进行半波整形,输出交流电压的负半周(波形②),然后和u_i在平方运算放大器的输入端相加,实现全波整流(波形③)。该电压经平方运算后,由开方电路和平均值放大电路一起完成平方运算,得到直流输入U_o,U_o是输入交流u_i的均方根值,即有效值。

$$U_o=\sqrt{\overline{u_i^2}}=U_{irms} \tag{4-61}$$

平方和开方电路是具有两个PN结的对数和反对数放大器。有效值AC/DC变换器的性能好坏直接影响DMM对交流电压测量的精度。

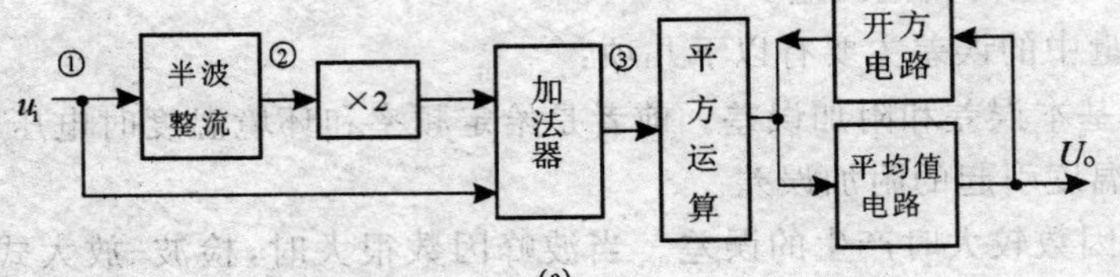

(a)

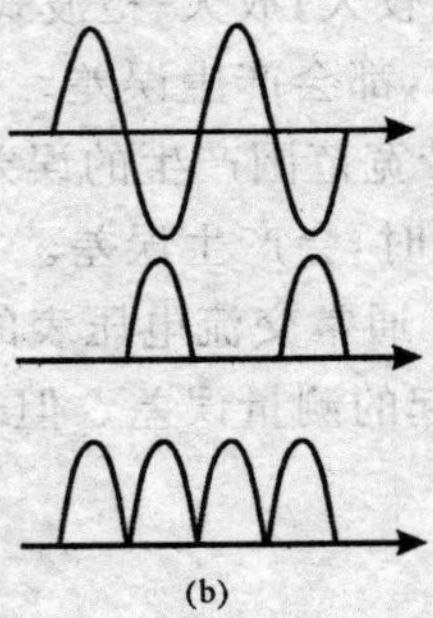
(b)

图4-23 AC/DC变换原理图

现在生产DMM的公司大都有自己的专用集成芯片,将AC/DC集成在一块芯片上,除了必要的电源电压外,只需外接有关的电路与元件作为平均及滤波之用。

2. R/V 变换技术

R/V变换技术是将被测电阻R_x变换为相应的电压U_x进行测量,只要流过电阻R_x的电流是已知的,测得R_x上的压降就可以通过计算得R_x。实现R/V变换的方法有很多种,如图4-24所示是恒流法R/V变换原理图,图中R_x是待测电阻,R_s为标准电阻,U_s为基准电压源,U_s/R_s实质上构成了恒流源,输出电压为

$$U_o=\frac{U_s}{R_s}R_x \tag{4-62}$$

与被测电阻成正比,再经DVM测量U_x,结果得

$$R_x = \frac{U_o}{U_s/R_s} \tag{4-63}$$

为了适应各种被测电阻的阻值变化范围，可通过开关改变 R_s，即改进电流的大小，从而可以改变 R_x 的量程。

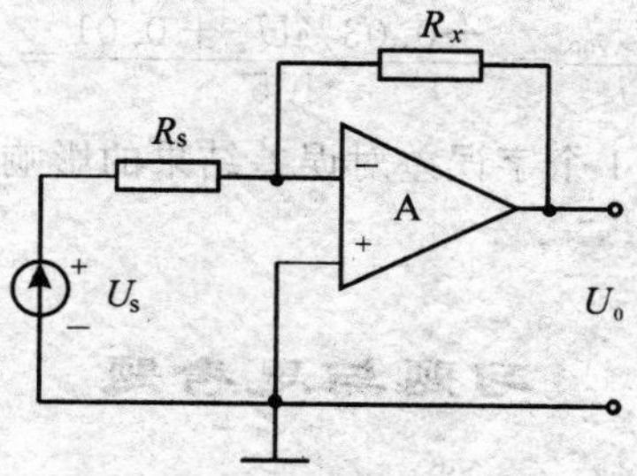

图 4-24　恒流法 R/V 变换原理图

4.3.6　数字电压表的误差分析与计算

在进行电压测量时，由于实际条件所限，测量结果存在误差，因此，在研究电压测量时，必须进行误差分析。

DVM 的误差公式通常有如下两种表示形式：

$$\left.\begin{aligned}\Delta U &= \pm(aU_x + bU_m)\\ \Delta U &= \pm aU_x \pm 几个字\end{aligned}\right\} \tag{4-64}$$

式中，U_x 为测量的值；U_m 为该量程满度值；aU_x 称为读数误差；bU_m 称为满度误差，它与被测电压大小无关，而与所取量程有关。当量程选定时，显示结果末位 1 个字所代表的电压值也就为一定值，因此满度误差通常用正负几个字表示。

【例 4-3】　直流 DVM 基本量程 8 V 挡固有误差为 $\pm 0.02\% U_x \pm 0.005\% U_m$，最大显示为 79 999，问满度误差相当于几个字？

解　满度误差为

$$\Delta U_{Fs} = \pm 0.005\% \times 8\ \text{V} = \pm 0.000\ 4\ \text{V}$$

该量程每个字所代表的电压值为

$$U_e = \frac{8}{79\ 999\ \text{V}} = 0.000\ 1\ \text{V}$$

因此，8 V 挡上的满度误差 $\pm 0.005\% U_m$ 也可用 ±4 个字表示。

【例 4-4】　用 $4\frac{1}{2}$ 位 DVM 测量 1.5 V 电压分别用 2 V 挡和 200 V 挡测量，已知 2 V 挡和 200 V 挡固有误差分别为 $\pm 0.025\% U_x \pm 1$ 和 $\pm 0.03\% U_x \pm 1$ 个字，问在这两种情况下由固有误差引起的测量误差各为多少？

解　该 DVM 为 4 位半显示，最大显示为 19 999，因此 2 V 挡和 200 V 挡 ±1 个字分别代表：

$$U_{e2} = \pm \frac{2}{19\ 999\ \text{V}} = \pm 0.000\ 1\ \text{V}$$

和

$$U_{e200} = \pm \frac{200}{19\ 999\ \text{V}} = \pm 0.01\ \text{V}$$

用 2 V 挡测量时的数值相对误差为

$$\gamma_{e2}=\frac{\Delta U_2}{Ux}=\frac{\pm 0.025\% U_x \pm 0.0001}{1.5}=\pm 0.032\%$$

用 200 V 挡测量时的数值相对误差为

$$\gamma_{e200}=\frac{\Delta U_{200}}{U_x}=\frac{\pm 0.03\% U_x \pm 0.01}{1.5}=\pm 0.70\%$$

由此可以看出，不同量程 ±1 个字误差对误差结果的影响也不相同，测量时应尽量选合适的量程。

习题与思考题

4-1　说明通用计数器测量频率、周期、时间间隔和自检的工作原理。

4-2　分析通用计数器测量频率的误差源。如何减小测量频率的量化误差？

4-3　分析通用计数器测量周期的误差。如何减小测量周期的量化误差和由噪声引起的触发误差？

4-4　用一个 7 位计数器测量一个 $f_x=2$ MHz 的信号频率，试分析计算当闸门时间为 1 s，0.1 s，10 ms 时，由 ±1 个字误差产生的测量频率误差。

4-5　用计数器测量一个 $f_x=500$ Hz 的信号频率，采用测量频率（闸门时间选为 1 s）和测量周期（时标选为 0.1 μs）两种方法，试比较两种方法由 ±1 个字误差所引起的测量误差。

4-6　若计数器内晶振频率 $f_0=10$ MHz，闸门时间为 1 s，试求中界频率。

4-7　说明相位差数字测量的基本方法。

4-8　交流电压的大小用哪些参数表示？说明其定义和相互之间的关系。

4-9　利用单峰值电压表测量正弦波、方波和三角波的电压，电压表的读数为 5 V，试问：

(1) 对每种波形来说，读数各代表什么意义？

(2) 三种波形的峰值、平均值、有效值各为多少？

4-10　用均值电压表测量一个三角波电压，读数为 10 V，试求其有效值及波形误差。

4-11　说明 DVM 测量电压的基本方法。

4-12　说明 DMM 测量的工作原理。

4-13　某 DVM 的误差表达式为 $\Delta=\pm 0.03\% U_x \pm 0.005\% U_m$，试问：

(1) 现用 1.000 000 V 基本量程测量一电压，得 $U_x=0.799\,876$ V，求此时测量误差 Δ 为多少？其相对误差 γ 为多少？

(2) 若测量得 $U_x=0.054\,876$ V，为了减小测量的相对误差 γ，应采用什么方法？

第5章 信号的显示与时域测量

5.1 引 言

5.1.1 显示信号的必要性

信号随时间的变化可用函数 $f(t)$ 来表示，研究信号随时间变化的情况称为时域分析，所进行的测量称为时域测量。示波器是一种基本的、应用最广泛的时域测量仪器，它是利用电子射线的偏转，来复现作为时间函数电信号的瞬时值图像(常称为时间波形)的一种仪器。它能快速地把肉眼不能直接看见的电信号的时变规律，以可见的形式形象地显示出来。它不但能像电压表一样测试信号的幅度，也能像频率计一样测试信号的周期、频率和相位，而且还能测试调制信号的参数，估计信号的非线性失真等。更重要的是，当测试脉冲信号时，如测试其上冲、下冲、平顶下垂、阻尼振荡等，示波器几乎是唯一可用的仪器，具有不可替代的地位。它同时还能方便地测试脉冲信号的幅度、宽度、延时、上升或下降时间、重复周期等参数。

示波器不单是一种用途广泛的信号测试仪，而且是一种良好的信号比较仪。很早以前，人们就用它来比较正弦信号的频率和相位。现在，人们更广泛地用它作为直角坐标显示器或用它组成自动或半自动的测试仪器或测试系统，例如晶体管特性图示仪、阻抗图示仪、频率特性测试仪、自动网络分析仪等。

通过各种传感器，示波器还可广泛地用来测试温度、压力、振动、密度、声、光、热和磁效应等，因而在医学、机械、农业、物理、航空、航天等各种科学技术领域中得到了越来越广泛的应用。

由于计算机技术和微电子技术的广泛应用，在现代数字示波器和数字存储示波器中采用的数据采集和存储技术，是连接模拟和数字化测试的基本技术，在其他电子测量仪器中也得到广泛应用。因此，研究信号的显示和测量具有广泛的意义。

5.1.2 示波器的分类

示波器的种类很多，分类方式也有多种。一般按示波器的主要工作原理可将其分成模拟和数字存储两大类。根据示波器的结构特点和用途可将其分成通用、数字存储、取样示波器等。通用示波器是一类最基本的模拟示波器，包括单通道示波器和多通道示波器，能在屏幕上同时观察一个到多个信号波形，可对信号进行定性观察和定量测量；数字存储示波器借助于计算机技术和大规模集成电路实现对信号的处理与存储，并对处理结果进行显示和测量(如FFT等)；取样示波器利用取样技术，将被测信号化为包络与其相似的低频信号，再借助于通用示波器的原理进行显示，荧光屏上所显示的信号波形的时间是其实际时间的若干分之一。根据显示器类型，可以把示波器分为阴极射线管、液晶和数字荧光屏等显示类型。

5.1.3 示波器的现状及发展

示波器已经有半个多世纪的历史了。1931 年美国通用无线电公司制造出了第一台电子示波器，第二次世界大战期间出于军事目标探测的需求和应用，使得示波器技术有了很大的发展。1948 年，美国 Tek 公司制造出了 511 型示波器，其频宽为 10 MHz，灵敏度为0.25 V/cm，首次采用了触发扫描，x 轴的精度达 5%，可对脉冲信号进行测量。1958 年，Tek 公司又研制成功了频宽为 100 MHz，灵敏度为 100 mV/cm 的示波器。此后通用示波器的频宽停滞不前，主要原因是电子管分布式放大器在示波器中的应用已经达到极限。1960 年，晶体管技术的飞速发展，使示波器的发展加快了步伐。1964 年，美国出现了高性能的 765/7902 型示波器，其频宽为 100 MHz，灵敏度为 100 mV/cm。1967 年，Tek 公司又生产了 454 型便携式示波器，其频宽为 150 MHz，灵敏度为 20 mV/cm。1968—1969 年，日本岩崎公司生产了 SS—211 型示波器，带宽达 200 MHz，灵敏度为 5 mV/div(刻度格)。

进入 20 世纪 70 年代后，通用示波器向着高频、高灵敏度、多用途、小型化、集成化、数字化、自动化等方面以更高的速度发展。带宽 1 GHz 的多功能插件式示波器标志着当时科学技术的高水平，为测试数字电路又增添了逻辑示波器和数字波形记录器。目前，出现了灵敏度为 1 μV 的高灵敏度、低漂移、低噪声的示波器，而取样示波器的带宽已超过 70 GHz。

随着科学技术的发展，示波器的功能还在不断增加。1957 年，美国休斯飞机公司首先制成带有记忆功能的记忆示波器，使示波器不但具有测试能力，而且具有存储信息的能力，从而大大扩展了示波器的应用范围。由于数字集成电路的发展和应用，20 世纪 80 年代末期还出现了基于数字存储技术的存储示波器。这种示波器的信息存储时间几乎是无限的。进入 20 世纪 90 年代，数字示波器除了带宽提高到 1 GHz 以上，更重要的是它的测量性能全面超越了模拟示波器，出现所谓数字示波器模拟化的现象。换句话说，就是吸收模拟示波器的优点，使数字示波器更好用。随着标准接口总线的提出和高性能微处理器的研制成功，示波器的自动化程度发展到一个崭新的阶段——智能示波器阶段。

目前，示波器中应用微处理器有两种类型。一种是微处理器并不作用于波形的显示过程，这种示波器除显示模拟波形外，还可用发光二极管以数字读出被测信号的时间间隔、频率、直流电压、电压差和相对幅度比等。其特点是不改变原来示波器的设计，引入微处理器来代替使用者的部分操作和计算工作，智能化程度不高。另一种是经过微处理器数字化，这种示波器的智能化程度较高，精确度较高，测量功能也较多，例如可进行微分和积分、求平方根、n 点平均值的计算，还可以计算上升时间、频率、有效值和峰-峰值等，所有这些功能都预先编好了程序，用户在使用时只需按下键盘上有关的功能键，仪器即可按指定程序自动地进行测量计算，然后用字符把测试结果连同波形一起显示在示波器屏幕上。

今后，示波器发展的重点是实现其自动化和实用化，并提高其准确度，而仪器的自动化、数字化、集成化、智能化与准确度是密切相关的。将微处理器用于示波器，可以大大提高示波器的测试准确度，利用微处理器还可提高示波器的自动化程度，至于实用化，就是要求仪器功能多样、使用灵活、操作方便、性能可靠、携带轻便、价格低廉。20 世纪 70 年代以来，各种便携式示波器大量涌现，在改善性能的情况下，其价格还大幅度地降低。此外，还出现了手持示波表，它常兼有数字多用表和频率计数器的功能。当前，示波器的可靠性有显著提高，100 MHz 示波器的平均故障间隔时间已达 10 000 h 以上。

示波器将进一步向高技术性能、高可靠性以及多功能、自动化等方面发展。

(1)向高频方向发展

向高频方向发展是目前示波器发展的一个主要趋向。随着计算机及编码调制通信系统的发展,要求示波器的频带宽度进一步扩展。目前,限制示波器频宽的主要障碍是垂直系统。这需要研究新型的放大器,同时也要积极地研制新型的示波器。现在这两个方面都已经取得了很大的进展,采样率上限已经突破 120 GHz。如美国力科的 LabMaster 9 Zi—A 示波器,带宽为 45 GHz,采样率为 120 GS/s,5 通道时最大带宽为 45 GHz,10 通道时最大带宽为 30 GHz,20 通道时最大带宽为 20 GHz;美国安捷伦的 Infiniium 90000 Q 系列示波器,带宽为 20～63 GHz,采样率高达 160 GS/s 。

(2)向高灵敏度发展

为了观测微弱的信号,要求示波器的灵敏度进一步提高。目前在研制高灵敏度的示波器方面,已经取得了很大的成就,出现了灵敏度为 1 μV/div,带宽为 25 MHz 的高灵敏度示波器。

(3)向高可靠性发展

用户对示波器的高可靠性、高稳定性的要求是十分强烈的,然而,采用分立式元器件和目前的工艺则是难以保证的。为了进一步提高示波器的可靠性和其他性能,现在已经采用了大规模集成电路和微处理器技术,从而使示波器的可靠性大大提高。

(4)向低频方向发展

示波器还将向低频方向发展,这是人们从前所忽视的。今后,随着地球物理、地震学、心理学、医学、生物学、声学等学科和技术的发展,将促使示波器向着低频方向发展,要求能够观察并准确地测量出 0.01 Hz ～ 20 kHz 的频率范围的信号。

(5)向自动化方向发展

现在一些高级、精密的示波器,其操作均较麻烦,测试不方便。为此将促使示波器向自动化方向发展,提高线路的自动化水平。例如,自动选择灵敏度,自动选择扫描速度,自动同步以及自动聚焦,等等。

(6)向计算化方向发展

为了简化程序,保证测量准确,要求示波器能够进行数据计算。将微处理器引入示波器,使示波器能够自动进行计算,并将各种计算结果显示出来。不久的将来,计算示波器将以惊人的速度向前发展。

(7)向综合测试系统发展

随着科学技术的发展,要求示波器具有多种测试功能。目前,计算机的运用和数字显示的发展,使示波器的测试功能大为提高,示波器和其他测试仪器之间的联系越来越密切,差别越来越小,将发展成为一种综合的测试系统。

(8)向小型化、标准化、积木化和系列化方向发展

大体积的示波器会给工作带来不便,要求示波器体积小、质量轻、功率低,因此便携示波器将有很大发展。另外,示波器的标准化和系列化,可以增加通用性和互换性,使示波器充分发挥其效能。

目前,数字存储示波器无论在技术指标还是在发展方向上都优于模拟示波器,各大公司的高端示波器都属于数字示波器,且性能卓绝,不但具有杰出的信号采集性能与数据存储能力,而且提供了完善的信号计算与分析功能。但就目前来说,模拟示波器还有存在的必要性,而且

数字存储示波器的许多原理仍是基于模拟示波器的。因此，本章将对模拟和数字存储示波器的原理和测量技术进行介绍，下面首先介绍信号显示的基本原理。

5.2 信号显示的基本原理

信号显示是将被测信号以波形方式显示在屏幕上。目前屏幕显示有示波管(又称阴极射线管(CRT，Cathode Ray Tube))和平板显示器两大类。下面首先介绍用示波管构成的示波器的显示原理。

5.2.1 示波管的显示原理

1. 示波管的组成

示波管是示波器的核心，它的主要作用是在屏幕上形成光点，并在垂直信号和水平信号偏转的作用下，将输入信号以图像形式显示出来。

示波管一般分为静电式和电磁式两大类。静电偏转是以光点为基础显示波形的，如扫频仪、频谱分析仪及医疗仪器等图示式仪器；磁偏转是以光栅为基础显示图像的，如电视机、计算机显示屏等。现代电子仪器，如数字示波器、频谱分析仪等越来越多地采用磁偏转方式。

在示波器中的示波管大多采用静电偏转式，或称静电式阴极射线示波管。一般示波管由电子枪、偏转系统和荧光屏(屏幕)三部分组成，如图 5-1 所示。

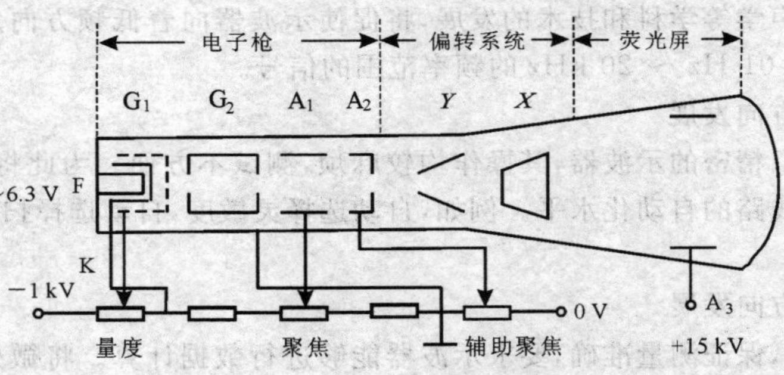

图 5-1 示波管结构示意图

电子枪由灯丝 F、阴极 K、控制栅极 G_1 和 G_2、第一阳极 A_1、第二阳极 A_2 组成。它的作用是产生一束极细的高速电子射线以轰击屏幕产生光点。

灯丝加热阴极，产生电子。控制栅极 G_1 对阴极 K 是处于负电位的，调节它的电位，就可以控制电子束的强弱，从而改变屏幕上所显现光点的亮度。调节 G_1 电位的 W_1 常被称为“亮度”调节电位器。G_2，A_1，A_2 的电位均远高于 K，它们与 G_1 组成聚焦系统，第一阳极 A_1 用以阻挡离开轴线的电子束，使通过的电子束具有较细的截面。第二阳极 A_2 用以限制穿过的电子束，使之具有较细的截面，并能减少电子束在偏转时发生的散焦现象。调节第一、第二阳极电位，可以起到聚焦和辅助聚焦的作用，使得高速电子束打到荧光屏上时，聚成很细的一束。在荧光屏附近还有第三阳极 A_3，具有上万伏的电压，用于对电子束进行加速，使得电子束以较大的能量轰击荧光屏，形成光点。第三阳极的目的是使电子进入偏转板时 Z 方向速度不要太快，以使电子束在偏转板间受偏转电压的作用时间长一些。但一旦电子束离开偏转板后，则希望加大电子在 Z 方向的运动速度，因此，第三阳极是先偏转后加速，故又被称为“后加速极”或“先偏转后加速极”。后加速极通常做成分段式或螺旋形。

将结晶型磷化物，如硅酸锌等发光材料涂敷于管屏的内壁即构成屏幕，在高速电子轰击下，磷光物质发光，在屏幕上呈现光点。光点的颜色、效率及余辉时间，由荧光粉的性质决定，常用的有长余辉（黄色）、中余辉（绿色）、短余辉（蓝色）等。此外，从阳极到屏幕之间的玻璃管的内壁上，涂有一层石墨或其他金属导电层，用以吸收从屏幕上被轰击出来的二次电子；同时，对偏转系统起屏蔽作用，使偏转后的电子射线不再受外界干扰的影响。屏蔽层通常接地，保持零电位。

偏转系统由两对位置彼此垂直的偏转板构成。靠近电子枪的一对为垂直（Y）偏转板；另一对为水平（X）偏转板，利用静电场使电子射线产生偏转，屏幕上的光点将随电场的变化而移动。如果仅在 Y 偏转板间加电压，则电子束将根据所形成的电场的强弱与极性在垂直方向上运动；同理，如果仅在 X 偏转板间加电压，则电子束将根据所形成的电场的强弱与极性在水平方向上运动，电子束最终的运动情况取决于水平方向和垂直方向电压的共同作用。

2. 波形显示原理

示波器的波形显示原理可用图 5 - 2 来说明。通常给示波管的垂直偏转板（Y 偏转板）上加被测信号，通过垂直偏转系统，使电子射线在示波管的垂直偏转板上的垂直偏转距离正比于被测信号的瞬时值；给水平偏转板（X 偏转板）施加一个随时间线性变化的锯齿波形信号 —— 称之为扫描电压 u_x，使电子射线在示波管水平偏转板上的水平偏转距离正比于时间。这两个信号同时作用于示波管，于是示波管的屏幕上就会得到输入信号的时间波形。

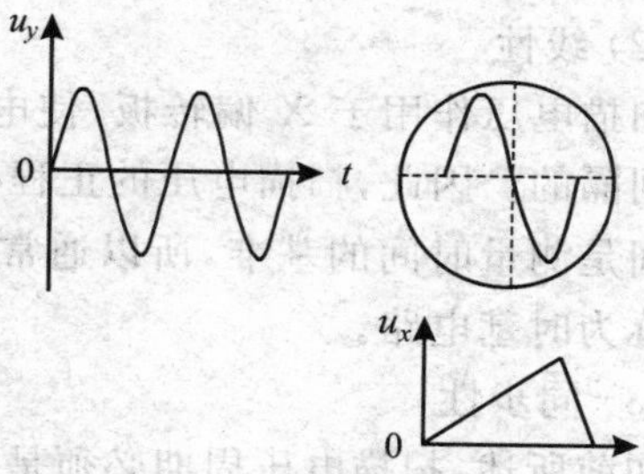

图 5 - 2　波形显示原理图

一开始，当垂直偏转板和水平偏转板上都未加信号时，电子束对准屏幕中央打出一个光点；当 Y 轴偏转板上加有电压时，光点随着 Y 通道电压的变化上下移动；当 X 轴偏转板上加有电压时，光点随着 X 通道电压的变化左右移动。当 Y 轴偏转板和 X 轴偏转板上同时加有电压时，因 X 通道所加电压随时间而增加，屏幕上就形成了与 Y 通道外加电压相同的波形。图 5-2 中，正弦波的频率与锯齿波的频率相同，在屏幕上显示出一个周期的正弦波；如果正弦波的频率是锯齿波的一倍，即 $f_y=2f_x$（其中，f_y 是 Y 通道的待测信号的频率；f_x 是锯齿波的频率），或者说电子束沿水平方向移动的时间等于正弦电压的两个周期，这时在屏幕上就可以观察到两个正弦波的周期。由此推理，当 $f_y=nf_x$（n 是整数）时，屏幕上就能显示 n 个周期稳定而清晰的波形，这称为信号与扫描电压同步。

如果 f_y 与 f_x 之间不是整数倍的关系（当 n 不是整数时），波形就不能完全重叠，不易看出完整、清晰的波形。要想使 f_y 与 f_x 保持整数倍关系是困难的，因为任何信号发生器的频率不可能绝对地保持不变，示波器里的锯齿波发生器当然也不例外。解决这个问题的办法，并不是使 f_x 保持绝对稳定，而是用待测信号去控制示波器的锯齿波发生器，使锯齿波的频率 f_x 能跟随 f_y 作些微小的变化，以保持 f_y 与 f_x 成整数倍的关系。当 f_y 是 f_x 的整数倍时，就可以说达到了信号的同步。同步时，屏幕上的波形稳定不动；没有达到同步时，波形是不稳定的。

3. 对扫描电压的要求

以上介绍了波形显示的基本原理。由此可见，要对被测信号进行准确地显示，扫描电压必须满足以下要求。

(1) 周期性

扫描电压必须是周期性的。在实际测量中，对连续信号而言，被测信号是随时间而连续存在的。若用示波器进行测量，势必扫描电压也应该持续线性增长，而这在实际中是不可能的，因为扫描电压产生电路的输入电压幅度有限，示波管的屏幕为有限值，所以，为了显示连续信号，作用在 X 偏转板上的扫描电压必须是周期性的。因此，示波器屏幕上显示的波形实际上是以扫描周期重复展示的。

另外，实际中的扫描电压并不是理想的锯齿波，而是有一定的下降时间的，如图 5-3 所示。扫描电压周期为 T，上升（扫描正程）时间为 t_r，下降（扫描回程）时间为 t_b，t_w 为等待时间。扫描电压正向斜升过程对应于电子束沿水平方向从左到右的运动。

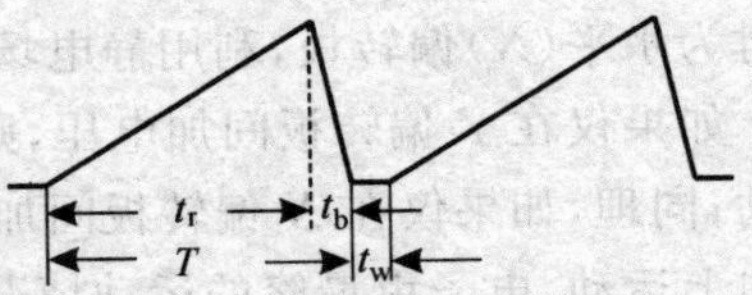

图 5-3　扫描电压波形

(2) 线性

扫描电压作用于 X 偏转板，使电子束沿水平方向运动必须是匀速的，从而保证时间坐标是等间隔的。因此，扫描电压的正程必须是线性变化的。由于扫描电压的正程表征被测信号的时间是测量时间的基准，所以通常称示波器中的扫描（电压正程）为时基，产生扫描电压的电路称为时基电路。

(3) 同步性

如前所述，扫描电压周期必须是被测信号周期的整数倍，否则每次扫描起点和对于被测信号的相位不定（即两者不同步），屏幕上将显示一个晃动而模糊的波形。因此，当在测量连续信号时，每次扫描正程的起点必须与被测信号相同步。然而，扫描电压是由时基电路（即扫描发生器）产生的，它与被测信号不相关。为此，通常用被测信号产生同步触发信号（称为触发脉冲）去启动扫描发生器，这就是示波器的同步系统。

5.2.2　光栅显示

光栅显示主要用于电视机和计算机的显示器，现在一些电子仪器，如光栅式频谱分析仪、光栅式示波器也采用光栅显示。

1. 光栅显示原理及实现

(1) 光栅的形成

光栅显示原理与电视机中图像显示原理相似，为了显示图形，它在屏幕上产生光栅。与电视光栅不同的是，它的光栅是垂直的、看不见的，即所谓暗光栅。屏幕上的图形是通过增辉脉冲在每条暗光栅上产生的亮点组成的，由于暗光栅线条很密，所以图形是连续曲线，如图 5-4 所示为光栅显示的原理框图。

在光栅显示中，X,Y 的偏转都受线性扫描信号控制，而其亮度则受被测信号控制。其扫描过程如图 5-5 所示，通常 Y 方向偏转信号为锯齿波，频率高（速度快）；X 方向偏转信号为三角波，频率低（速度慢），在垂直和水平偏转电流的作用下，屏幕上产生一幅垂直光栅。当没有被测信号时，显像管阴极接正电位，没有电子束发射，故看不见光栅。通常水平扫描的三角波

频率 F_x 可调，三角波正程或回程期间形成的光栅数有几条至数万条。例如，在光栅增辉式扫频仪中，锯齿波发生器输出频率为 $F_y = 18.5$ kHz 的锯齿波，三角波发生器产生频率为 $F_x = 0.01 \sim 30$ Hz（可调）的三角波。设 $F_x = 1$ Hz，则三角波正程或回程期间形成的光栅条数为

$$F_y/(2F_x) = 18\,500/(2 \times 1) = 9\,250 \text{ 条}$$

即使 $F_x = 30$ Hz，光栅条数也有近 308 条。由此可见，光栅是非常密的。

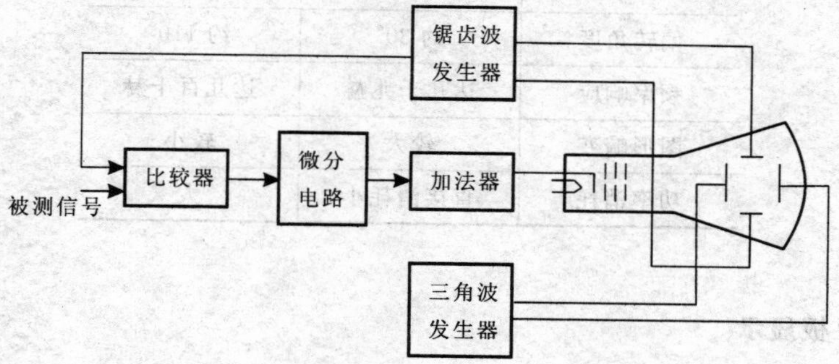

图 5-4　光栅显示的原理框图

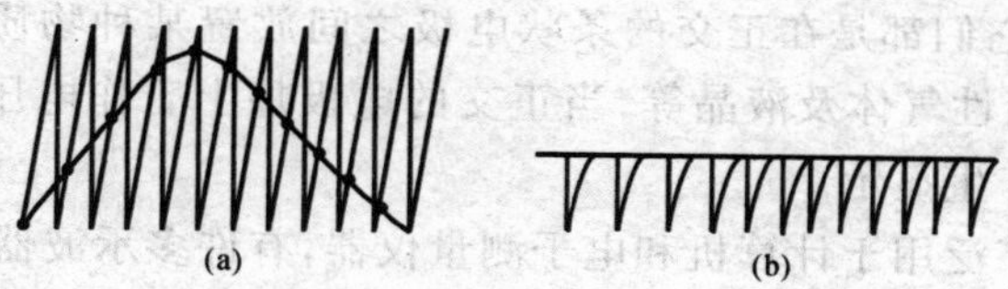

图 5-5　光栅及信号显示过程

(a) 暗光栅及信号轨迹；(b) 增辉脉冲

(2) 波形的形成和显示

被测信号加在图 5-4 中比较器的一端，另一端加锯齿波电压。当锯齿波电压等于被测信号时，比较器翻转，积分电路产生负脉冲，称作增辉脉冲，该脉冲放大后通过加法器送至显像管阴极，屏幕上出现一个亮点，亮点的水平坐标取决于三角波电流的瞬时值，亮点的垂直坐标取决于被测信号的瞬时电压。锯齿波每扫描一次，与直流放大器输出电压比较一次，产生一个增辉脉冲，屏幕上出现一个亮点。水平扫描正程（或逆程）扫描一次，有数百次至数万次垂直扫描，这样屏幕上数百至数万个亮点连成一条曲线，就形成了被测信号的波形。

2. 示波管与显像管

现代光栅显示可以采用示波管，也可采用显像管，由于示波管是静电偏转，所以当采用示波管时，X 和 Y 偏转应该加扫描电压；而显像管是磁偏转，应该用电流驱动线圈以产生线性扫描电压。

阴极射线管（CRT）是电子束显示波形器件的总称，显像管也属于 CRT。起初，显像管在电视机中用量最大；现在由于计算机迅猛发展，显像管也广泛用作计算机的显示器（俗称 CRT）。在电子测量中，为了获得大的视野，也有将显像管用于电子测量仪器的，例如美国的 HP54504 型示波器就采用 9 in(23 cm)CRT 显示器。从结构上来说，显像管和示波管大体相同，具有电子枪、偏转系统、荧光屏等，但从偏转机理来说，示波管为静电偏转，而显像管则是磁

偏转，以电流通过线圈产生的磁场对电子来进行偏转，现将它们的主要特点列于表 5－1 中。

表 5－1　示波管和显像管的比较

功　能	类　别	
	示波管	显像管
偏转过程	受电场作用	受磁场作用
偏转角度	约 30°	约 110°
频率响应	达几千兆赫	达几百千赫
图形畸变	较大	较小
功率消耗	直接消耗小	大

5.2.3　平板显示

近年来，由于平板显示器件的性能不断提高，计算机和数字电路技术不断发展，平板显示技术也得到了很大发展。平板显示器件主要有电致发光（EL）显示板、等离子体（PDP）显示板和液晶（LCD）显示板，它们都是在正交的条状电极之间放置某种物质，使之产生光效应。这些物质分别是 PN 结、惰性气体及液晶等，当正交的电极加上工作电压时它们就发光、放电或改变其光学性质，从而产生显示。

目前，液晶显示已广泛用于计算机和电子测量仪器，有许多示波器就采用液晶显示屏。

1. 液晶显示原理

液晶是一种介于液态和固态之间，具有规则性分子排列的有机化合物，加电或加热后会呈现透明的液态状态，断电或冷却后则会呈现结晶颗粒的浑浊固体状态。在平板显示器中，液晶放在具有电极的两块玻璃平板之间，当周边加密封时，称为液晶盒。通常采用的是扭曲向列型液晶。现以图 5－6 说明扭曲向列型液晶显示原理。

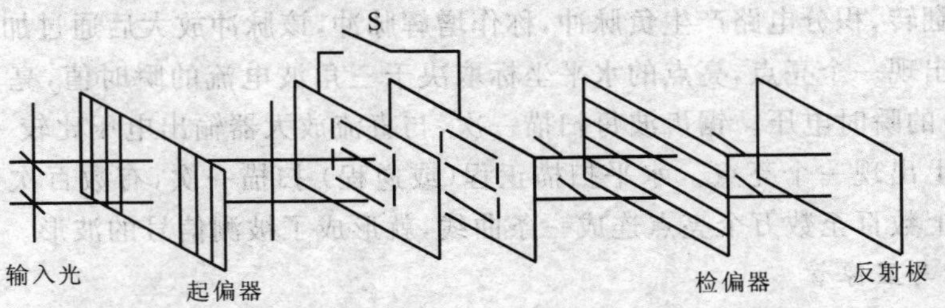

图 5－6　扭曲向列型液晶显示原理示意图

在液晶盒两侧分别放置光的起偏器和检偏器，并互相垂直放置。当自然光从左边通过起偏器后形成垂直方向的偏振光，并和前电极（液晶盒靠近起偏器的电极）处的液晶分子指向一致时，由于扭曲向列型液晶分子的指向是依次旋转的，故具有旋光性，可以使进入液晶盒的垂直偏振光进行旋转，当它达到后中极（靠近检偏器的）时，光已经旋转 90°，成为水平偏振光，可以顺利地通过水平检偏器到达反射极，反射光再按原路线折回至光的输入端，于是从图 5－6 左端看去呈白色。如果在液晶盒的两个电极施加方波电压，即图中开关 S 合上，由于电场的作用使这些液晶分子沿电场方向排列，不再扭曲，失去了旋光性，垂直偏振光不能通过水平检偏器，以致没有反射光，就不再呈现白色。如果加以适当信号，从左端看去就出现白底黑字，达到显示的目的。从上述原理可见，液晶不是发光器件，对于扭曲向列型液晶来说，是一种反光器件，因此，使用液晶显示器时必须放在有光源的地方，否则看不到相应的显示。

2. 液晶显示器的驱动

液晶显示有数码显示和点阵显示两种形式，点阵显示既可以显示图形，也可以显示点阵或字符。

(1) 液晶数码显示的驱动原理

为了对图 5-7(a) 中所示的液晶数码显示器进行驱动，必须在 a ～ g 中某些有关段的电极和公共电极 (COM) 之间加方波驱动电压。当某段的电压与 COM 上电压的极性相反时，由于存在电位差，该段就显示黑色；如果两者之间的电压极性相同，就没有黑色显示。在图 5-7(b) 中只有 b，c 段和 COM 之间的方波电压极性相反，故这时显示数码 1。通常驱动方波的频率为 30 ～ 300 Hz，并且要求正负对称，其直流分量越小越好，否则会由于长时间施加直流电压而使液晶电解，缩短其使用寿命。

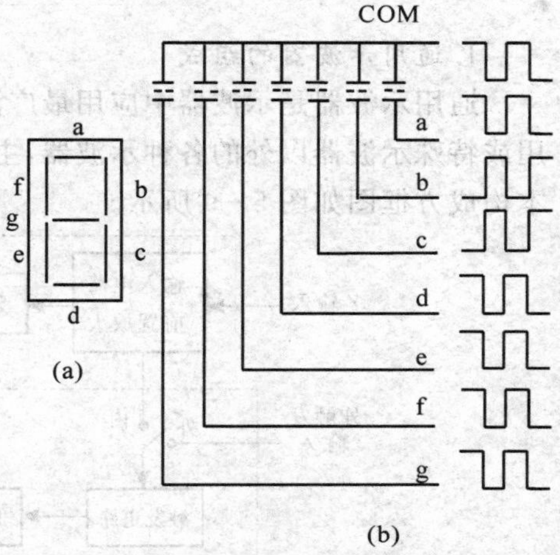

图 5-7　液晶数码显示器的驱动原理

(2) 液晶平板显示器的驱动方法

液晶平板显示器是点阵式液晶显示器，它是由许多条状正交电极组成的，每一个交叉点就是点阵中的一个点，或称为一个像素，如图5-8(a) 中所示的像素点 A(其位置为 x_1，y_2)。因此，LCD 平板显示器是矩阵式结构，其等效电路如图 5-8(b) 所示。这些正交电极分别称为 Y 电极和 X 电极，或称为扫描电极和信号电极，扫描电极依次加扫描电压 U_{y_1}，U_{y_2}，…，U_{y_n}；每一扫描电压 U_{y_j} ($j=1, 2, \cdots, n$) 驱动显示器的一个行 y_j。与此同时，信号电极 x_1，x_2，…，x_m 加驱动信号 U_{x_i} ($i=1, 2, \cdots, m$)。由图 5-8(b) 可见，在矩阵式 LCD 中对扫描电极加驱动电压相当于行驱动；对信号电极加驱动电压相当于列驱动。每驱动一行时就有一组列信号加到 x_1，x_2，…，x_m 电极。通常行驱动信号由扫描电路产生，列驱动信号则是将要显示的信号经过数字化后写入数据存储器，而后再读出用于显示。现在这种液晶平板显示器已经广泛用于示波器及其他仪器中。

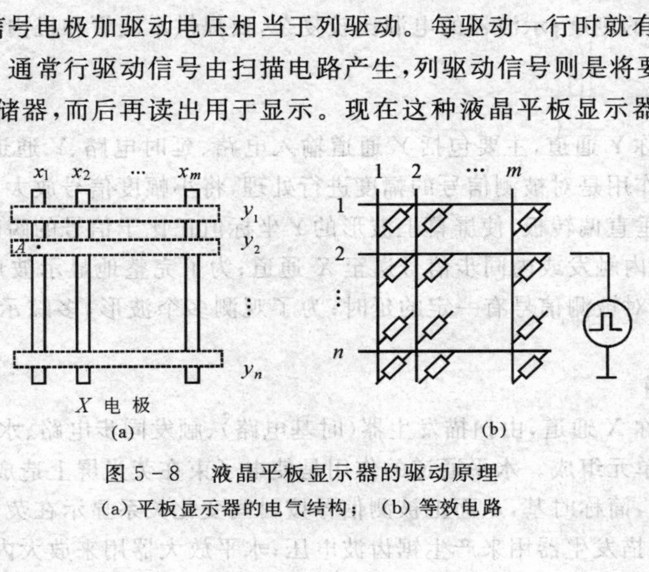

图 5-8　液晶平板显示器的驱动原理

(a) 平板显示器的电气结构；(b) 等效电路

5.3 示波器的组成与工作原理

5.3.1 通用示波器的基本组成与工作原理

1. 通用示波器的组成

通用示波器是示波器中应用最广泛的一种，通常泛指采用单束示波管，除取样示波器及专用或特殊示波器以外的各种示波器，主要由主机、垂直通道、水平通道、电源等部分组成。其基本构成方框图如图 5－9 所示。

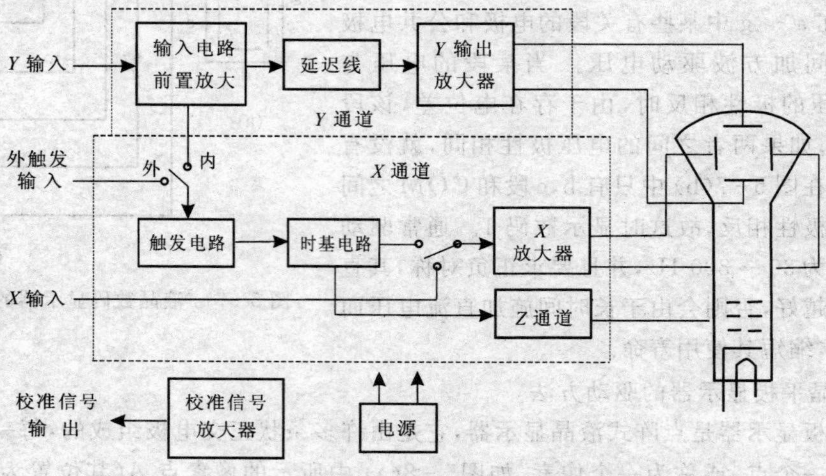

图 5－9 模拟通用示波器的基本组成

(1) 主机部分

主机主要包括示波管、Z 通道、电源和校准信号发生器等。示波管显示被测信号的图像；调辉通道传输和放大增辉脉冲；校准信号发生器是一个频率和幅度都准确已知的方波信号源，用来校准 X,Y 轴的刻度；示波器的电源比较复杂，要提供示波管和机内电路所需的各种高压、低压和灯丝电源。

(2) 垂直通道

垂直通道又称 Y 通道，主要包括 Y 通道输入电路、延时电路、Y 通道放大器、输出放大器等。垂直通道的作用是对被测信号的幅度进行处理，将小幅度信号放大，将大幅度信号衰减而后加到示波管的垂直偏转板，使屏幕上波形的 Y 坐标值正比于信号的瞬时值；为了得到稳定的波形，Y 通道产生内触发或内同步信号送至 X 通道；为了完整地显示波形，抵消内触发信号延时的影响，Y 通道对被测信号有一定的延时；为了观测多个波形，多踪示波器还具有通道转换能力。

(3) 水平通道

水平通道又称 X 通道，由扫描发生器(时基电路)、触发同步电路、水平(X) 放大器及增辉电路(Z 通道) 等单元组成。水平通道的作用是使电子束在荧光屏上造成与时间成正比的水平位移，即时间基线，简称时基，从而把被测信号按时间变化关系显示在荧光屏上，形成被测信号的图像。其中，扫描发生器用来产生锯齿波电压；水平放大器用来放大内锯齿波电压或外输入水平信号以供水平偏转；触发同步电路用来将内、外触发同步信号化为触发同步脉冲，控制扫描电压，使之与被测信号同步，从而使荧光屏上的显示图像稳定；增辉电路的作用是将与扫描时基同步变化的增辉脉冲加以放大，以控制示波管的控制极，使示波管只在扫描的正程时发光而在回程时熄灭，从而消除扫描线回扫时对显示波形的影响，使显示的图像清晰稳定。

时基的相等长度代表相同的时间。为了使时基所表示的时间明确，就要求扫描电压必须能够使亮点沿水平轴做匀速运动。显然，只有电压幅度随时间呈直线变化的电压(简称直线电压)可以满足这一要求。

(4) 电源

对示波器的各系统、各电路提供高压、低压及灯丝等电源。此外，示波器一般都具有时标和校幅两个附属电路，分别用来测量信号的时间参数和信号的幅度，或用来校准时基及垂直偏转因数。

2. 通用示波器的主要技术指标

通用示波器有如下几个主要技术指标。

(1)Y 通道的带宽和上升时间

当屏幕上显示的正弦波幅度相对于基准频率下降 3 dB 时，其高端频率和低端频率之差定义为 Y 通道的带宽或称示波器的带宽，其表示式为

$$W_B = f_h - f_l \tag{5-1}$$

式中，f_h 为高端频率；f_l 为低端频率。现代示波器大多可以从直流信号开始测量，即 $f_l = 0$ Hz，因此，对于可以测直流信号的示波器，其带宽为

$$W_B = f_h \tag{5-2}$$

一般来说，模拟示波器能测量的低端频率 f_l 相对于 f_h 是一个很小的数值，由式(5-1)可见，其带宽主要取决于 Y 通道的高端频率 f_h，或者说取决于上限频率。现代数字示波器的带宽已经超过 30 GHz。

所谓上升时间是指示波器对理想阶跃信号的响应时间。对理想示波器而言，其上升时间为零，相当于示波器具有无限带宽。然而，实际上由于带宽的限制，Y 通道的上升时间不可能为零。对于具有一级 RC 电路的 Y 通道而言，其上升时间 t_r 和带宽 W_B 的关系为

$$t_r W_B = 0.35 \tag{5-3}$$

由式(5-3)可知，示波器的带宽和上升时间是两个相互关联的技术指标，对 30 GHz 带宽的示波器来说，其上升时间 $t_r \leqslant 12$ ps。

(2) 偏转灵敏度和偏转因数

示波器的偏转灵敏度的定义：在单位输入信号电压的作用下，屏幕上光点在垂直方向的偏转距离，其单位为 cm/V(或 cm/mV)。

偏转灵敏度的倒数称为偏转因数，其单位为 V/cm 或 mV/cm。有的示波器把荧光屏上的刻度格(div)作为长度单位，通常 1 div＝0.8 cm。

偏转灵敏度或偏转因数表征 Y 通道对被测信号的响应能力。由于放大器中带宽和增益是一对互相制约的因素，因此，宽带示波器的偏转灵敏度较低。除此之外，示波器的灵敏度还要受到噪声、漂移等因素限制。目前，示波器的最高偏转灵敏度达 10 μV/div。

(3) 输入方式和输入阻抗

输入方式是指被测信号从示波器的输入接线端至 Y 通道输入电路的连接方式，大体上分

为直流(DC)和交流(AC)两种方式。输入阻抗是指示波器输入接线端对被测信号源呈现的阻抗,通常等效为输入电阻和电容的并联。输入阻抗越大,示波器对被测电路的影响就越小。输入电阻一般为1 MΩ,而输入电容的大小直接影响示波器的带宽。

(4) 扫描速度、时基因数和扫描频率

示波器屏幕上光点水平扫描速度的高低可用扫描速度、时基因数、扫描频率等指标来描述。扫描速度就是光点在水平方向移动的速度,其单位是cm/s(或div/s)。扫描速度的倒数就是时基因数,它表示光点水平移动单位长度(cm或div)所需的时间,扫描频率表示水平扫描的锯齿波的频率。通常在观测时,一个信号周期在水平坐标占两格(2 div)较为适宜。例如,当信号最高频率为100 kHz,周期为10 μs时,时基因数以5～10 μs/div较为适宜。

在示波器中时基因数与带宽这两个指标是有联系的。扫描速度越高,表示示波器能够展开高频信号或窄脉冲信号波形的能力越强;为了观察缓慢变化的信号,则要求示波器有较低的扫描速度。因此,示波器的扫描频率范围越宽越好。

(5) 扫描方式

产生时间基线的各种方式称为扫描方式,通常有触发扫描、连续扫描(或称自激扫描)、单次扫描以及双时基扫描。

(6) 触发特性

为了将被测信号稳定地显示在荧光屏上,扫描电压必须在一定的触发脉冲作用下产生,这样才能达到同步。示波器的触发特性是指触发脉冲的取得方式,通常有如下几种:由被测信号产生的内触发方式,由与被测信号相关的外信号产生的外触发方式等。在这些方式中,都可以从触发信号的不同位置产生触发脉冲,包括不同电平、不同极性(信号的上升沿为正极性,下降沿为负极性)。这些都是为了测量的需要将被测信号的相关部位显示在荧光屏上的。

(7) 示波管性能

示波管的性能直接影响示波器的技术指标,这些性能包括频带宽度,X,Y偏转灵敏度,屏幕形状、尺寸以及坐标刻度形式等。

3. 扫描电路

由波形显示的基本原理可知,波形显示的关键技术在于产生与被测信号同步的扫描电压,也就是扫描电压的产生和触发特性,下面首先介绍扫描电压的产生。

(1) 扫描电压的产生

扫描电压是由扫描发生器环产生的。如图5-10所示是扫描发生器环的电路图,它是一个具有反馈的闭环系统,由时基闸门、扫描发生器、电压比较器及释抑电路等组成,输出线性扫描电压U_o。如图5-11所示为扫描发生器环各点的时间波形。

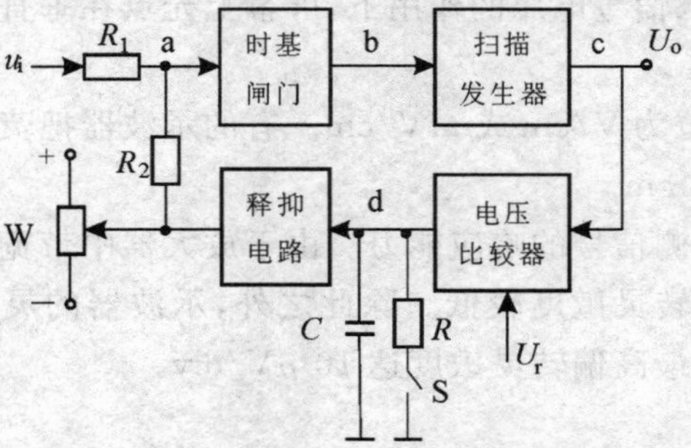

图5-10 扫描发生器环原理电路图

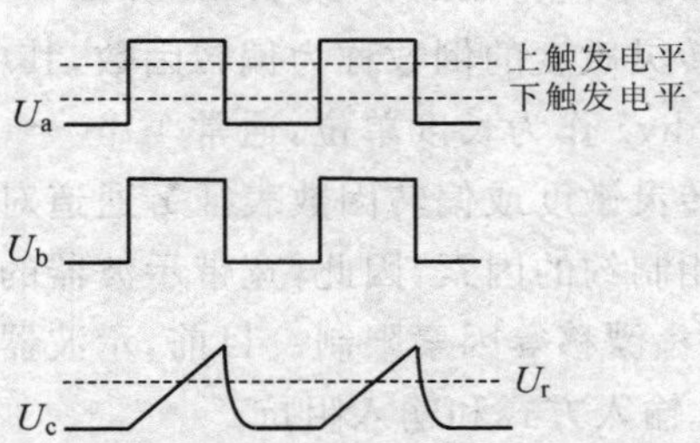

图5-11 扫描发生器环的时间波形

如图 5－10 所示，环路中时基闸门电路是一个典型的施密特电路，它是一个双稳态触发电路，当输入电平（a 点电位）低于下触发电平时，输出电平（b 点电位）为高；当输入电平高于上触发电平时其输出电平为低；若输入在上、下触发电平之间，其输出状态不会发生变化。

扫描发生器是该环中的关键电路，它实际上是一个锯齿波发生器，在时基闸门的控制下产生扫描信号的正程及回程。在图 5-10 中，只有当扫描发生器的输入 U_b 为高电平时，才输出斜升的锯齿波电压 U_c（即 U_c 的正程）；当输入为低电平时，立即停止斜升过程进入扫描的回程，输出电压一直下降到原来的起点电平，而后进入等待期，如图 5-11 中 U_c 所示。扫描发生器通常采用密勒积分器或用恒流源对电容器的充电电路，从而输出线性优良的锯齿波。

电压比较器将扫描发生器的输出电压与基准电压 U_r 进行比较，当电压超过 U_r 时比较器就有变化的输出，其变化规律和扫描发生器的输出完全相同。

释抑电路的作用是保证每一次扫描都从同样的电平开始，使屏幕上显示稳定的波形。在扫描回程期间，电容 C（即电压比较器的输出）以较慢的速度放电。由于该电路的放电时常数要比扫描发生器的放电时常数大得多，因此当它下降到起点位置时，扫描发生器的输出电压早已回到起始电位。这样，下次扫描仍从该电位开始，可以在屏幕上获得起点固定的扫描基线。

(2) 触发扫描和自激扫描

在示波器中有两种产生扫描电压的基本方法，即触发扫描和自激扫描。

触发扫描是在外触发信号的作用下产生扫描电压。在图 5-12 中，假设在扫描环路的输入端加负触发脉冲，并且时基闸门输入端的起始电平 U_1 介于上、下触发电平之间，如图 5－12(a) 所示。当第一个触发脉冲到达时，时基闸门的输入端达到下触发电平，如图 5－12(a) 中波形 U_a 所示，其输出转为高电平；从此扫描发生器开始正程输出，同时扫描电压经电压比较器、释抑电路反馈至时基闸门的输入端（图中波形 U_a）。随着锯齿波电压的增高，时基闸门的输入端达到上触发电平，使时基闸门的输出状态再次发生变化（变为低电平），从此开始扫描电压的回程，虽然锯齿波的回程时间极短，但由于释抑电路中 R 与 C 的作用，时基闸门的输入端要经过很长时间才能恢复到起始电平 U_1，以便进行下一次扫描。由上述工作过程可见，如果没有触发脉冲，时基闸门的输出端永远处于低态，扫描环路不可能输出锯齿波；只有在触发脉冲的作用下才能输出锯齿波，这就是触发扫描。调节图 5-10 中的电位器 W 可调节 a 点处时基闸门的起始电平 U_1，使得扫描发生器环路对各种幅度的触发脉冲都能正常工作。

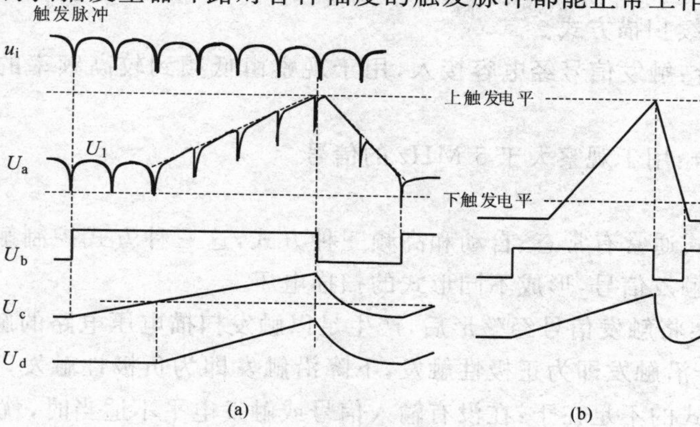

(a)　　　　(b)

图 5－12　触发扫描和自激扫描

(a) 触发扫描时间波形；(b) 自激扫描时间波形

自激扫描是指扫描发生器环路在没有触发脉冲的情况下也能自行输出扫描电压，其关键在于设置时基闸门的起始电平。如果将此电平置于上、下触发电平之外，例如，将U_1置于触发电平之下，扫描发生器就有扫描电压输出，并且重复进行，如图5-12(b)所示。

不管是触发扫描还是自激扫描，大多用于显示连续信号波形，它们的扫描电压应该与被测信号同步。通常触发扫描由被测信号产生触发脉冲，而自激扫描虽然扫描发生器环自身可以产生扫描电压，但为使时基与被测信号之间保持同步，往往将被测信号经整形后作为扫描发生器环的同步脉冲，以得到稳定的显示。

(3) 单次扫描

以上讨论的是连续信号的显示，但有许多信号是不连续的单次波形。对单次信号采用重复扫描是没有意义的，甚至产生错误的显示。单次信号必须采用单次扫描，而且扫描必须由单次信号本身，或与单次信号有关的事件触发产生，每次观测只进行一次扫描过程。通常的方法是断开图5-10中所示的释抑电阻R上的开关S，在扫描回程时释抑电容C无放电通路，使整个扫描电路处于抑制状态，不再重复产生扫描电压。只有再次接通开关S，使释抑电路解除抑制状态，才可以重新产生扫描输出。

4. 触发特性

触发特性包括触发源的选择、触发信号耦合方式选择等。

(1) 触发信号来源

触发信号有3种来源。

1) 内触发：内触发信号来自于示波器内的Y通道触发放大器，它位于延迟线前，当需要利用被测信号触发扫描发生器时，采用这种方式。

2) 外触发：用外接信号触发扫描，该信号由触发"输入"端接入。当被测信号不适合做触发信号或为了比较两个信号的时间关系时，可用外触发。

3) 电源触发：来自50 Hz交流电源产生的触发脉冲，用于观察与交流电有时间关系的信号，例如，整流滤波的纹波电压等波形。

(2) 触发信号耦合方式

为了适应不同的信号频率，示波器设有4种触发耦合方式，可用开关进行选择。

1)"DC"直流耦合：用于接入直流或缓慢变化的信号，或频率较低并且有直流成分的信号，一般用"外"触发或连续扫描方式。

2)"AC"交流耦合：触发信号经电容接入，用于观察由低频到较高频率的信号，用内或外触发均可。

3)"HF"高频耦合：用于观察大于5 MHz的信号。

5. 触发方式

示波器的触发方式通常有常态、自动和高频三种方式，这三种方式控制触发整形电路，以产生不同形式的扫描触发信号，形成不同形式的扫描电压。

1) 常态触发方式：将触发信号经整形后，产生足以触发扫描电压电路的触发脉冲，它的触发极性是可调的，上升沿触发即为正极性触发，下降沿触发即为负极性触发，另外还可调节触发电平。这种触发方式的不足在于：在没有输入信号或触发电平不适当时，就没有触发脉冲输出，因而也无扫描基线，适用于单次脉冲扫描。

2) 自动触发方式：自动触发方式时，整形电路为自激多谐振荡器，振荡器的固有频率由电路时间参数决定，该自激多谐振荡器的输出经变换后去驱动扫描电压发生器。因此，当无被测信号输入时，仍有扫描，一旦有触发信号且其频率高于自激频率时，则自激多谐振荡器内触发信号同步而形成触发扫描，一般测量均使用自动触发方式。

3）高频触发方式：其触发方式原理同自动触发方式，不同点是自激振荡频率较高，当高频触发信号与它同步时，同步较为稳定。高频触发方式常用于观测高频信号。

5.3.2　宽带示波器的实现

随着科学技术的发展，被测信号的频率范围越来越宽，从 mHz 至 GHz 量级，例如低频的气象、地震信号的测量；而高频信号达 1 000 MHz 以上，例如高速数字信号中毛刺的测量、通信系统中串行数据信号的测量。对于低频率信号，应该采用慢扫描示波器。由于数字存储示波器将信号存储和显示分开进行，所以它完全可能胜任慢扫描示波器的功能。而高频率信号的测量一直是人们研究的课题。在宽带显示技术中通常要考虑下列问题。

1. 示波器带宽指标的选择依据

示波器的带宽（W_B）是按照 -3 dB 定义的，即当被测信号的频率到其带宽的上限时测量误差接近 30%。因此，为了减少测量误差，应该选择示波器的带宽高于被测信号的频率范围。对于正弦信号，若选择示波器的带宽为被测信号最高频率的5倍，则测量误差优于2%，这就是所谓的“5 倍”带宽法则。如果是非正弦信号，例如方波，其陡峭的前后沿具有丰富的高次谐波分量，如果示波器的带宽选择不恰当，就有可能得到错误的测量结果。

那么选择示波器的带宽是否越宽越好呢？在现有的技术条件下示波器的带宽还是有限的，而且宽带示波器的价格十分昂贵。因此，在实际测量工作中，应该合理选择示波器的带宽。

2. 宽带示波器的实现要求

现代的宽带示波器的带宽范围大多是从直流开始直至其频率上限，通常认为带宽在 60 MHz 以上的示波器为宽带示波器。在宽带示波器中，首先 Y 通道的带宽必须能让被测信号带宽范围内的各种频率分量都不失真地通过并到达示波管的 Y 偏转板，同时示波器的 X 通道以及示波管等部件也应符合宽带的要求。

（1）对垂直通道的要求

由图5-9可知，示波器垂直通道的主要电路是放大器。为了能准确地显示被测信号，Y 通道中的放大器不仅要求有足够的带宽和足够的增益，而且要不产生失真。

通常，示波器的 Y 通道是由 n 级放大器组成的，则 Y 通道的总增益 A 为

$$A = A_1 A_2 \cdots A_n \tag{5-4}$$

式中，$A_1, A_2, \cdots, A_n$ 为各级放大器的增益。示波器 Y 通道的带宽 W_B 取决于各组成级的带宽，其关系为

$$W_B = \frac{1}{\sqrt{\left(\frac{1}{W_{B1}}\right)^2 + \left(\frac{1}{W_{B2}}\right)^2 + \cdots + \left(\frac{1}{W_{Bn}}\right)^2}} \tag{5-5}$$

式中，$W_{B1}, W_{B2}, \cdots, W_{Bn}$ 为各级放大器的带宽。

由式(5-5)可见，示波器的带宽 W_B 小于 Y 通道中任何一级放大器的带宽，或者说 Y 通道中每一级放大器的带宽都大于示波器所要求的带宽 W_B。因此，Y 通道放大器必须兼顾带宽和

增益的要求，为此必须进行精心设计。

除此之外，实际上还必须考虑衰减器、延迟线、示波管、Y 偏转板等部件对带宽的影响。

如果将 Y 通道的频率响应等效为一阶 RC 特性(单极点)，则示波器的上升时间 t_r 与带宽 W_B 之间的关系为

$$t_r W_B = 0.35$$

其实，由于 Y 通道放大器的级数较多，或由于另加滤波器，它就不为一阶 RC 特性，其乘积也就不是 0.35 了，具体数值见表 5－2。

表 5－2　不同频率响应时通道的带宽和上升时间的乘积

频响类型	单极点型	高斯型	$\sin x/x$ 型	巴特沃斯型			贝塞尔型 2 阶	椭圆型 3 阶
				2 阶	3 阶	5 阶		
带宽上升时间乘积	0.349	0.399	0.354	0.342	0.364	0.488	0.342	0.370

由式(5－3)和式(5－5)可知，示波器的带宽指标随着 Y 通道放大器级数的增多而变窄，相应地上升时间 t_r 要加长。由于 t_r 的增加，影响示波器对瞬态信号的测量结果。

(2) 对扫描速度的要求

在宽带示波器中，当被测信号的频率较高，或者被测信号中含有很高的频率分量时，为了能将被测信号准确地显示在屏幕上，不仅要求扫描电压有良好的线性，而且要有很高的扫描速度。例如，带宽为 500 MHz 的示波器，要求在测量 100 MHz 信号时水平坐标每 2 div(2 格)显示一个信号周期，如果水平方向有 10 div，这时相应的扫描速度计算如下：

被测信号的周期 T 为

$$T = 1/(100\times10^6)\ \text{s} = 10\ \text{ns}$$

因为一个周期显示两格，故示波器的扫描速度为

$$2/T = 2/10\ \text{ns} = 0.2\ \text{div/ns}$$

则扫描的正程时间为

$$\frac{10\ \text{div}}{0.2\ \text{div/ns}} = 50\ \text{ns}$$

由此可见，在宽带示波器中，为了满意地显示波形，必须有与之相应的扫描速度。

5.3.3　取样示波器

如前所述，放大器的带宽和增益的乘积为常数，两者互相约束。在高频信号放大器中不仅要求带宽，而且要求增益高，在末级放大器中还要求足够的动态范围和输出功率。目前在宽带示波器中，为了达到足够的带宽，仍必须采用分立元件构成 Y 通道放大器，此外，对于 1 GHz 以上的频率，电路间的连接、Y 通道工作特性的控制以及机械结构等都需要认真设计。

由于电子技术的迅猛发展，如光通信、高速计算机、高速半导体器件的研究等领域对示波器带宽的要求越来越高，为此可采用取样技术。采用取样技术实现的取样示波器可以有效地拓宽示波器的带宽，但被测信号必须是重复的周期性信号。早在 1969 年，美国 HP 公司的 1811A 取样示波器的带宽就已达到 18 GHz。此外，取样技术还被数字存储示波器及其他仪器所采用。

在取样示波器中采用的是非实时取样，或称变换取样，是把一个高频率信号经过跨周期的取样，形成一个波形和相位完全相同、幅度相等或有严格比例关系的低频（或中频）信号。在介绍取样示波器之前，首先介绍变换取样的基本原理。

1. 变换取样的基本原理

变换取样也叫等效取样，在周期信号或在可重现信号的每一个信号上或每隔整数个信号上取出一个采样值，由取出的样值重新组成一个信号，新组成的复现信号的形状与原来信号形状相似，并且在时间刻度上比原信号增长了若干倍，这种采样称为变换取样，或称等效采样。

变换取样可分为顺序变换取样（简称顺序采样，或称时序采样）和随机变换取样（简称随机采样）两种。顺序采样又可分为步进采样、步退采样和差频采样三种。对正弦信号而言，无论是步进采样还是步退采样，都归结为差频采样。

变换取样在一个信号时间上最多只能取出一个样本。为了无失真地复现信号，采样必须在相当多的信号时间上进行，且采样点必须散布在整个信号的各个部位，采样点在被测信号上依次排列。为此需要一个相对于信号不动的参考点，各采样点的位置都是相对于参考点而言的。参考点可以取自信号本身，也可取自与它同步的信号。下面以步进采样为例，说明变换采样的工作过程。

如图 5-13 所示是步进采样的示意图。设被测信号周期为 T，每 N 个周期采样一次（图中 $N=2$）。设参考点为被测信号的起点，则第 0 个采样点在参考点上，第 1 个采样点在参考点后 Δt 处，第 2 个采样点在参考点后 $2\Delta t$ 处，…… 由此可见，采样点沿着时间轴正方向均匀移动，每次采样相对参考点都有一个步进时间 Δt，因此这种采样称为步进采样。

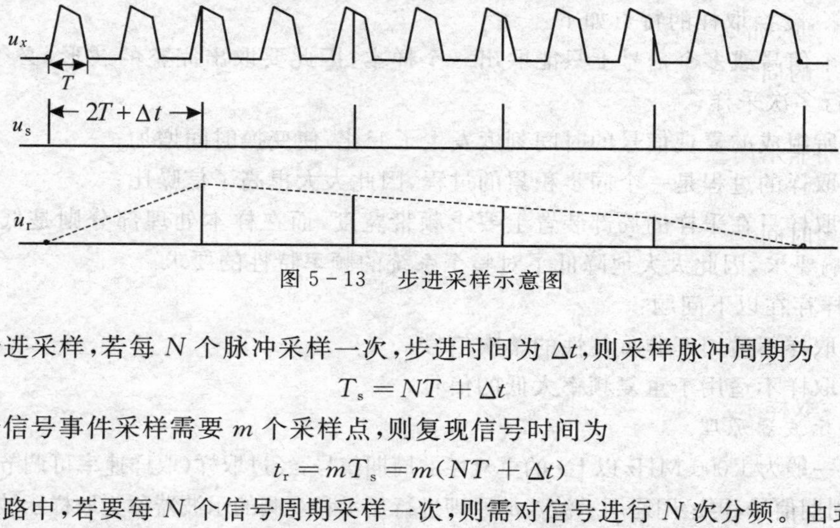

图 5-13　步进采样示意图

对于步进采样，若每 N 个脉冲采样一次，步进时间为 Δt，则采样脉冲周期为

$$T_s = NT + \Delta t \tag{5-6}$$

若完成整个信号事件采样需要 m 个采样点，则复现信号时间为

$$t_r = mT_s = m(NT + \Delta t) \tag{5-7}$$

实际电路中，若要每 N 个信号周期采样一次，则需对信号进行 N 次分频。由式(5-7)可见，N 越大，复现时间越长；若 Δt 越小，则采样点越密，复现信号的时间也越长。

在变换取样中，若采样点沿着时间轴的负方向移动，即每次采样相对于参考点都有一个步退时间 Δt，这种采样方式称为步退采样。差频采样是对正弦信号而言的，它可以是步进采样，也可以是步退采样，也可以用其他方法获得。步进采样所得复现信号与被测信号相位相同，步退采样所得复现信号与被测信号相位相反。

无论是步进式、步退式或差频式的变换取样，它们的一个共同特点是采样点沿着时间轴的正方向或反方向移动，换言之，这种移动总是具有一定的顺序性，因此，这三种采样皆属于顺序变换取样。

在变换取样中，从信号事件上取出样本的位置不是按着时间轴的某一方向顺序排列的，而是不定的随机排列，这种采样称为随机变换取样，或称为非顺序变换取样，通常分别简称为随机采样或非顺序采样。

与顺序采样相对应，随机采样的采样脉冲是由一个独立电路产生的，它与被测信号不相关。随机采样过程中采样点在信号波形上的位置是随机的，但在信号复现时，必须反映原信号的变化规律，否则测量将没有实用价值。因此，在采样过程中应该同时记录各采样点在信号波形上的相对位置。

随机采样时间样本的初始位置是可以任意选用的，因此信号的采样时间的零点是非常灵活的，即可以人为地给出预测区域，克服了时序变换取样中的固有延迟的限制，又避免在采样系统中采用延迟线。变换取样系统的频率响应往往由于延迟线的频率特性不良而受到限制。

随机采样的缺点是，随机采样的任意两个相邻样本之间是不相关的，因此不能采用反馈系统来稳定灵敏度和增加动态范围；而且由于采样的随机性，采样脉冲可能有很大一部分落在信号外面，而没有取出信号样本，使采样脉冲不能充分利用；再者，若采样脉冲和被测信号同步，则只能在信号的某一相位点采样，而不能达到采样的目的，因此随机采样主要用于超高频信号。

变换取样可以实现很高的数字化转换速率，然而这种技术要求信号波形是周期的或可以重复产生的。由于波形可以重复取得，故采样可以用较慢速度进行，采集的样本可以是有顺序的，也可以是随机的，也可以把许多次采集的样本合成一个采样密度较高的波形。

归纳起来，变换取样的特点如下：

1) 在一个信号或多个信号上只能取出一个样本，因此要取出完整的波形，必须对重复出现的信号进行多次采样；

2) 样本所组成的复现信号的时间刻度发生了变化，使变换时间增加；

3) 变换取样的过程是一个同步积累的过程，因此大大提高了信噪比；

4) 变换取样只在采样的局部装置上要求频带宽度，而在样本处理部分则是低频信号，没有更高的频响要求，因此大大地降低了对整个系统的频率特性的要求。

变换取样存在以下问题：

1) 变换取样不适用于非重复性的单次信号；

2) 变换取样不适用于重复频率太低的信号。

2. 取样示波器原理

将高频(一般为 1 000 MHz 以上) 的重复性的周期信号，经过取样(取样速率可调节)，变换成低频的重复性周期信号，再运用通用示波器的原理进行显示和观测的示波器称为取样示波器。

取样示波器的组成框图如图 5-14 所示。与图 5-9 所示的示波器原理图相比，主要差别是增加了取样电路和步进脉冲发生器。此外为了能观测到信号前沿，必须把延迟线放在示波器的输入端。

取样电路的关键是取样门，通常用二极管取样门或由二极管组成的桥式取样门，桥式取样门得到了较广泛的应用。

步进脉冲发生器与取样示波器的 X 通道和 Y 通道均有关，其组成及时间波形如图 5-15 所示。触发脉冲通常由被测信号产生，用于启动快斜波发生器，使之输出快斜波(见图 5-15(b)

中波形 ②)。在电压比较器中，快斜波与阶梯波进行比较，当快斜波达到阶梯波的幅度时，比较器的输出状态发生变化。这个变化产生两个作用，一方面使取样脉冲发生器输入一个取样脉冲(见图 5-15(b) 中的步进脉冲) 加到 Y 通道，打开 Y 通道的取样门对被测信号进行取样；另一方面驱动泵发生器使阶梯波的输出升高一阶。这个比较过程如图 5-15(b) 中的波形 ② 所示。由于在采样过程中阶梯波不断地逐阶提高，使得步进脉冲之间的间隔每次增加一个步进时间 Δt，如图 5-15(b) 中波形 ③ 所示。如果阶梯波每一阶升高的电压是相等的，且快斜波线性良好，则取样脉冲的步进时间 Δt 是相等的。因此，Y 通道取样门在此脉冲的控制下就能在各个被测信号波形上等间隔地依次取得各个采样点，从而达到等效取样的目的。

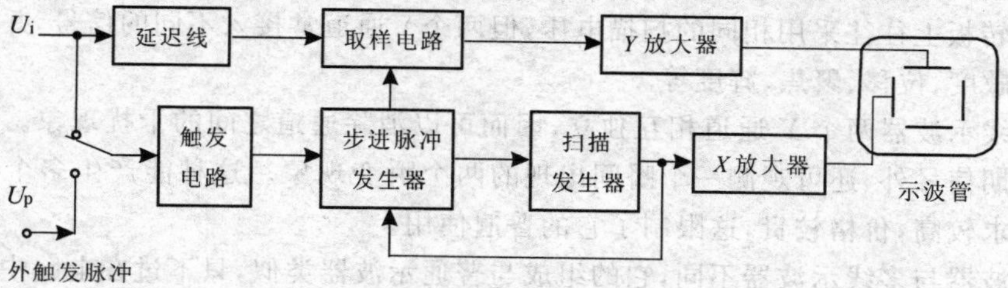

图 5-14　取样示波器原理框图

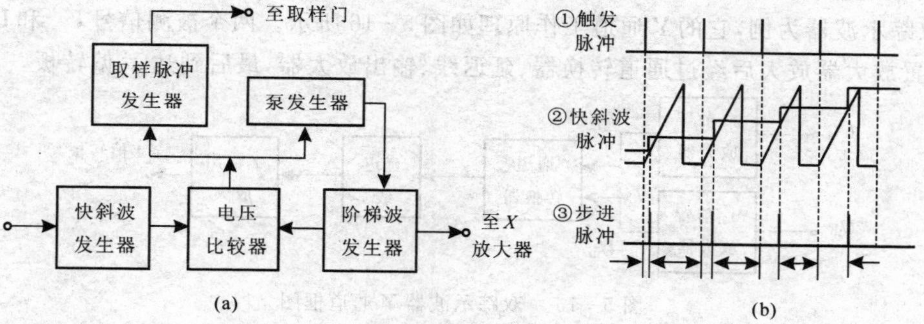

图 5-15　步进脉冲发生器原理

(a) 步进脉冲发生器；(b) 步进脉冲信号波形框图

步进脉冲发生器产生的阶梯波还用作取样示波器的水平扫描电压，阶梯波的总高度决定了屏幕上扫描基线的长度，也就是被测信号在水平方向的显示范围。

取样示波器的显示过程是，在步进脉冲发生器的作用下产生取样脉冲和阶梯波扫描电压，被测信号 U_i 经取样电路后，变成窄脉冲，经放大、展宽后形成量化的信号包络，到达示波管的 Y 偏转板，为了在屏幕上显示出由不连续的亮点构成的取样信号波形，必须采用与取样信号同步的阶梯波作扫描电压。当取样点足够密时，就能在屏幕上无失真地呈现被测信号的波形。

取样示波器是一种非实时取样过程，它只能观测重复信号，对非重复的高频信号或单次信号，只能用高速示波器进行观测。

5.3.4　多波形显示

如果示波器能够同时显示几个信号波形，就能方便地进行信号之间的比较。例如，若能同时显示放大器的输入与输出波形，就能一目了然地知道放大器的增益、相移以及失真情况。有时即使只观察一个脉冲序列，也希望能把其中某一部分拿出来，在时间轴上予以展宽，在荧光屏的另一位置同时显示，以使在观测脉冲序列的同时能仔细地观测其中的某一部分。这些都需要在屏幕上能同时显示几个波形。为了实现这一目的，常见的方法有多线显示、多踪显示及双扫描显示等。

1. 多线显示和多踪显示

在屏幕上同时显示多个波形的方法有两种，即多线（束）显示和多踪显示。多线示波管有多个相互独立的电子束。常见的双线（双束）示波器的示波管的电子束可产生两个电子束（多数情况下用两个电子枪，亦可以用一个电子枪产生两个电子束），并有两套 X，Y 偏转系统。其中两对 X 偏转板上往往采用相同的扫描电压，但两个 Y 通道常接入不同的信号，并可分别调节两通道的灵敏度、位移、聚焦、辉度等。

因为双线示波器两个 Y 通道相互独立，因而可以消除通道之间的干扰现象。这种示波器除了观察周期信号外，还可观测一个瞬间出现的两个瞬变现象。这种能产生多个电子束的示波管工艺要求较高，价格较贵，这限制了它的普遍使用。

多踪示波器与多线示波器不同，它的组成与普通示波器类似，只不过在电路中多了一个电子开关并具有多个垂直通道。电子开关在不同的时间里，分别把两个垂直通道的信号轮流接至 Y 偏转板，使其可在屏幕上显示多路波形。

以双踪示波器为例，它的 Y 通道工作原理如图 5-16 所示。两个被测信号 U_{ia} 和 U_{ib} 被 Y_A 和 Y_B 前置放大器放大后经过通道转换器、延迟线、输出放大器，最后到达 Y 偏转板。

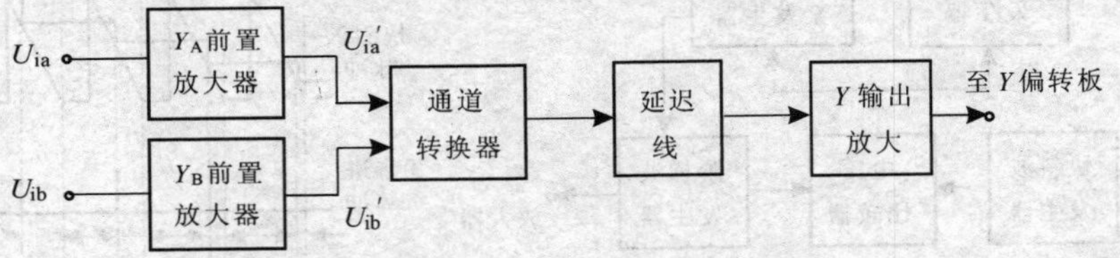

图 5-16　双踪示波器 Y 通道框图

通道转换器实际上是一组电子开关，可以用二极管或三极管来实现。通道转换开关轮流接通 A 通道和 B 通道，按一定的时间分割轮流被接至垂直偏转板，从而在屏幕上显示两个波形。也就是说，两个波形是轮流显示，而不是同时显示的。

双踪示波器有两种不同的时间分割方式，即交替方式和断续方式。交替方式是每一次扫描接通一个被测信号。比如第一次扫描接通信号 U_{ia}，第二次扫描接通信号 U_{ib}，依次轮流。交替方式的实现是由时基闸门发出控制信号的，在每一次扫描之前切换一次电子开关。断续方式是在一次扫描过程中轮流接通信号 U_{ia} 和 U_{ib}，其实现是用一个多谐振荡器的输出方波作为开关控制信号。如果多谐振荡器的周期远小于扫描周期，在一次扫描过程中有多次分别接通两个信号，屏幕上显示的两个波形尽管被分成许多小段，但看起来仍有一种连贯性。交替方式适于观测高频信号，断续方式适于观测低速信号。

2. 双扫描示波显示

双扫描示波系统（或称双时基系统）有两个独立的触发和扫描电路，同时产生两个扫描时基：一个是慢扫描，称为 A 扫描；另一个是快扫描，称为 B 扫描。

A 扫描和 B 扫描幅度相等，因此它们在屏幕上有相等长度的时基线。但扫描的正程时间不同，因此时基因数不等。双扫描显示是在示波器中用 A 扫描和 B 扫描轮流将被测信号显示在屏幕上。双扫描示波器的电路组成如图 5－17 所示，其有关波形如图 5－18 所示。

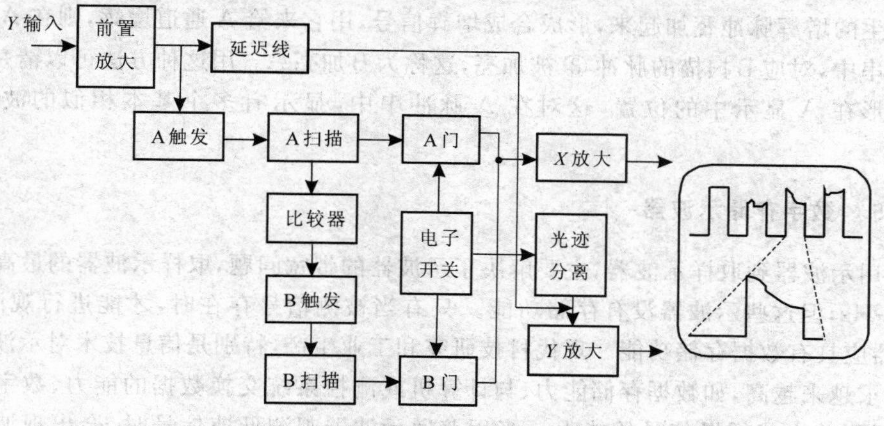

图 5－17　双扫描示波器的组成

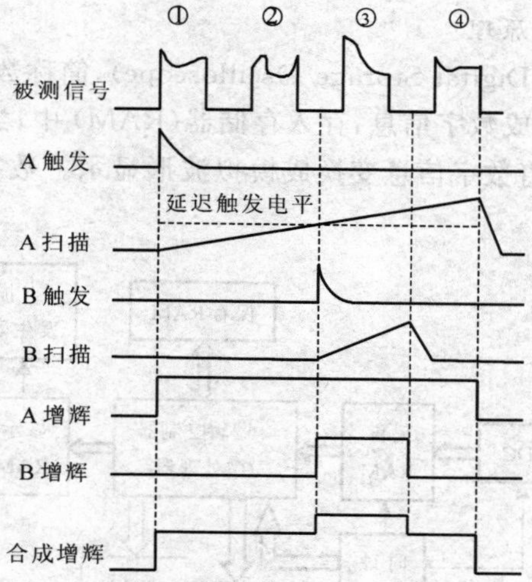

图 5－18　双扫描示波器的有关波形

在图 5－18 中要观测由 4 个脉冲组成的脉冲序列，同时还希望在同一屏幕上仔细观测其中的第三个脉冲。这时可用 A 扫描去显示脉冲串，用 B 扫描去展开第三个脉冲，如图 5－18 所示。首先脉冲 ① 达到触发电平，产生 A 触发，在它的作用下产生 A 扫描，这个扫描电压将脉冲 ① ～ ④ 显示在屏幕上。与此同时，A 扫描电压与参考电压 U_r 在比较器中进行比较，当电平相等时产生 B 触发，开始 B 扫描，B 扫描相对 A 扫描的迟延时间可由 U_r 的大小来调节，U_r 因此被称为延迟触发电平。B 扫描的扫描速度是可以调节的，在图 5－18 中，B 扫描的正程略大于脉冲 ③ 的周期，则在 B 扫描期间，脉冲 ③ 被“拉”得很宽，可以看清它的前后沿、上下冲激振荡波形等细节。

为了能同时观测脉冲串的全貌及其中某一部分的细节，在 X 通道中设有电开关，把两套扫描电路的输出交替地接入 X 放大器。电子开关还控制光迹分离电路，在两种扫描中给 Y 放大器施加不同的直流电位，使两种扫描显示的波形上下分开。由于荧光屏的余辉和人眼的残留效应，使人感到“同时”显示了两种波形。电子开关通常用扫描回程来控制。

利用增辉脉冲还可显示加亮波形，在扫描正程期间扫描门可以提供增辉脉冲，若把A，B扫描门产生的增辉脉冲叠加起来，形成合成增辉信号，用它来给A通道增辉，则在A通道所显示的脉冲串中，对应B扫描的脉冲③被加亮，这称为B加亮A。用这种方法可以清楚地表明B显示的波形在A显示中的位置，这对在A脉冲串中，显示有多个基本相似的波形是很方便的。

5.3.5 数字存储示波器

从通用示波器到取样示波器，主要解决了示波器的带宽问题，取样示波器的最高带宽已经超过70 GHz，但这些示波器没有存储功能。只有当被测信号存在时，才能进行观测研究，因此，示波器应具有数据存储功能。现代科技研究和工业生产，特别是信息技术对示波器的功能和性能要求越来越高，如数据存储能力、与计算机或测控系统交换数据的能力、数字信号处理的能力、观测单次或缓慢信号的能力。当用普通示波器观测低速信号时，会出现波形闪烁现象，给波形分析带来困难，数字存储示波器则适应了这些要求。

1. 数字存储显示的基本原理

数字存储示波器(DSO，Digital Storage Oscilloscope)，简称数字示波器，采用数字电路将输入信号经过A/D变换，变成数字信息，存入存储器(RAM)中；当需要显示时，再从存储器中读出数据，通过D/A变换，将数字信息变换成模拟波形显示。数字存储示波器的原理框图如图5-19所示。

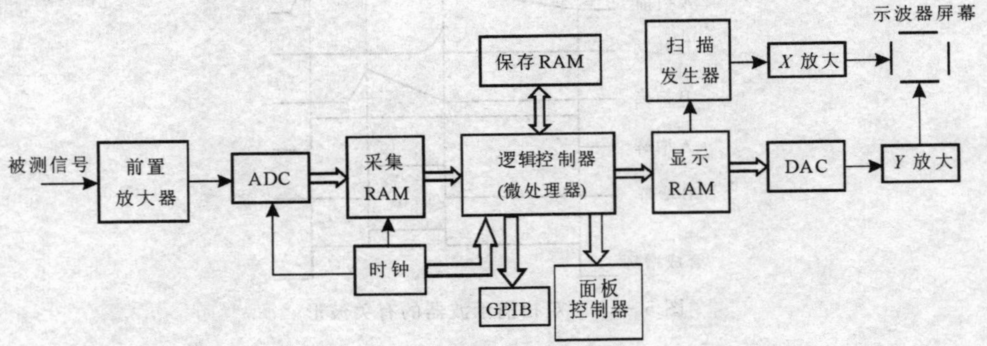

图5-19 数字存储示波器原理框图

数字存储示波器的整个工作过程是在控制电路(微处理器)的控制下进行的。被测信号通过前置放大器后，送至ADC，把模拟信号数字化，变换过程中的采样速率通过时基因数(t/div)选择开关实现。在逻辑控制电路的作用下，数字信号依次进入采集存储器(RAM)。无论信号以何种速率写入，波形显示过程都是以一定的速率读出数据。需要显示的数据通过控制电路从采集存储器或保存存储器中送至显示存储器，通过D/A变换为模拟信号，加至示波管的Y偏转板。由于Y偏转信号是时间离散的幅值，因此X偏转电压不是用锯齿波发生器产生的，而是将RAM中的地址经过DAC，形成阶梯波去控制扫描电压的。这样在示波管的屏幕上以极细的光点包络，重现信号波形。所显示的每一个点表示存储器中的一个数据字，点的垂直位置取决于数据值，点的水平位置取决于数据所在的地址。

数字存储示波器在显示波形的同时，能用数字显示各种给定值和测量结果。此外，它还能对波形进行各种运算处理；对测量过程进行程控或遥控；可通过通用接口(GPIB) 把波形数据送至计算机，进行数据处理，或组成自动测试系统。

在数字存储示波器中波形的存储和显示分开进行，因此与宽带示波器相比，数字存储示波器对其显示功能的速度要求不高，只要选择一个适合人们观察的速度即可。对于变化极慢的信号，由于采用了合适的显示速度，也不会给人以闪烁的感觉。

2. 数字存储显示的特点及发展前景

由于数字存储示波器是以通用示波器为基础的，并采用计算机和大规模集成电路(LSIC)等先进技术，因此具有如下特点。

(1) 可以永久地存储信息

数字存储示波器可以将波形数据保存在 RAM 中，并可以反复读出这些数据，在荧光屏上再现波形信息，还可通过其他接口总线把波形数据存入计算机磁盘。

(2) 测量精度高

通用示波器的时基因数取决于扫描电压斜率，其精度和稳定性均不高，数字存储示波器的时基因数取决于单位时基长度的取样点数和信号采样速率；由于数字存储示波器采用高精度晶振做时钟，所以具有很高的测时精度和稳定性；数字存储示波器还采用高分辨率 ADC，因此具有很高的电压测量准确度。通常数字存储示波器的测量精度约为 1%，而通用示波器一般为 3% ～ 5%。此外，现代数字存储示波器普遍采用电压和时间光标，实现数字化测量，用数字显示被测信号的电压和时间数值，因而可减小放大器和示波管非线性对测量精度的影响。

(3) 信号处理和显示分开进行

这里的信号处理是指模拟信号的处理及存储。由于信号的显示和处理可以分别进行，因而可以分别设计各自的电路。信号处理部分必须根据被测信号的变化速率进行设计。数字存储示波器对显示部分的速度要求不是太高，这样一方面可采用大屏幕(磁偏转) 彩色显示器，增加分辨率；另一方面还可以采用液晶、发光二极管等器件，有助于减小仪器体积，降低功耗，组成便携式示波器。

(4) 多种触发方式

普通示波器只能观测触发点以后的波形。在科学研究和工程技术中，常常需要观测分析触发点之前的波形，例如分析故障的起因。数字存储示波器不仅能后触发，而且能预触发，还具有窗口触发和组合触发的功能，这对数字电路、计算机和数字通信设备的调试是十分有用的。

(5) 多种显示方式

数字存储示波器中的主要显示方式有实时显示、存储显示、滚动显示、自动抹迹等。滚动显示是指信号波形在屏幕上从左向右滚动，它可以在有限屏幕范围内观测长时间信号，也可监测数据流中出现的突发信号。

(6) 便于进行多波形的分析比较

数字存储示波器能存储多个波形，并能在屏幕上同时显示多个波形，以便对它们进行分析、比较；所显示的波形可以是实时观测的信号，也可以是保存在存储器中的任一个信号。

(7) 便于波形数据的分析处理

数字存储示波器或内含 CPU，或能通过标准接口总线(GPIB，USB，LAN) 将信号数据送到外部计算机，能方便地进行数据处理，如平均、叠加、相关处理、频谱分析、FFT 等。数字存储示波器的数据处理能力在某种程度上可以起到硬件作用，因而减轻了对硬件的要求。

数字存储示波器的迅猛发展与数据采样技术的发展密切相关，实时取样、非实时取样技术以及 CCD 技术的运用，使变换速率大大提高。例如，美国 Tek 公司的 DSA8300 采样示波器，采用实时取样和顺序取样相结合的方法，提供最佳的垂直分辨率 16 b 模数转换器，电接口带宽大于 70 GHz。安捷伦公司的 DSOX96204Q Infiniium 高性能示波器，有效带宽达到 20～63 GHz(2 通道，33 GHz 带宽)，采样率高达 160 GS/s(2 通道，80 GS/s 采样率)，配备高达 2 Gpts的波形存储器，可使用由安捷伦直接提供 Matlab 软件，适用于开发定制测量和分析例程、用户定义的滤波器软件或仪器应用程序。力科公司最新的 LabMaster10Zi 系列示波器，提供 60 GHz 的带宽、160 GS/s 的采样率、10 通道 60 GHz、20 通道 36 GHz，以及每通道 1 Gpts 的分析存储深度。对于大多数要求极高的科学研究和应用，例如下一代光传输的开发，LabMaster 10 Zi—A 是唯一的解决方案。目前，实现数字存储示波器的关键器件，例如高速 ADC，RAM 等新品种不断出现，计算机技术水平不断提高，这些都是发展数字存储示波器的有利条件。

3. 数字存储示波器的主要技术指标

(1) 最高采样速率 f_s

最高采样速率是指单位时间获得被测信号的样点数，也称数字化速率，常用频率 (Hz)或每秒的取样点数 S/s(Sample/second)表示。例如，DSOX96204Q Infiniium 高性能示波器的采样速率高达 160 GS/s。目前，在数字存储示波器的 Y 通道中，限制最高采样速率的因素主要是 ADC 的转换速度。

实际测量中，根据被测信号选择合适的时基因数 $F_t(t/\text{div})$ 和单位长度的取样点数，即取样密度 M(S/div)，可求得采样速率 f_s 为

$$f_s = M/F_t \tag{5-8}$$

例如，时基因数 $F_t = 10$ ms/div，取样密度 $M = 100$ S/div，则采样速率 $f_s = 10$ MHz。

(2) 存储带宽

数字存储示波器的存储带宽用有效存储带宽和等效存储带宽表示。当采用实时取样时，用有效存储带宽表示数字存储示波器记录被测信号的能力。有效存储带宽与采样速率和显示方式有关，定义为

$$W_{Ba} = f_{smax}/K \tag{5-9}$$

式中，f_{smax} 为最高采样速率；K 为显示方式系数，也称带宽因子。显示方式有光点显示($K=25$)、线性内插显示($K=10$) 和正弦内插显示($K=2.5$)。

等效存储带宽是采用等效取样技术能够测量的周期信号的最高频率。

(3) 存储长度(存储容量，存储深度)

存储长度表示一次采样、存储过程中获取被测信号长度的能力，它是采集存储器(主存储器)的最大字节数，数字存储示波器的存储长度一般为 4 KB字，研究水平为 2 MB字，例如，高端 DSOX96204Q，则配置了高达 2 Gpts 的波形存储器。

(4) 测量分辨率和测量精度

测量分辨率和测量精度包括电压分辨率和时间分辨率。电压分辨率或称垂直分辨率，主要取决于 ADC 的位数，通常以量化结果最低有效位(1 LSB) 所对应的电压表示其分辨率的高低。在数字存储示波器中一般以二进制码表示量化结果。例如，当测量的满度值为 10 V 时，

8 b ADC 的测量分辨率 ΔV 为

$$\Delta V = 10/2^8 \approx 40\ \text{mV}$$

如果 ADC 是 10 b 的，则分辨率为 10 mV。显然 ADC 的位数越多，数字存储示波器的分辨率越高，测量精度也相应提高。

电压分辨率也与 Y 通道的偏转因数有关。数字存储示波器的测量精度不仅与 ADC 的量化误差有关，还与其他条件有关。在低频应用时，数字存储示波器的系统噪声增加了测量误差；在高频应用时，除噪声外，ADC 的孔径时间也会导致测量误差。因此，要估计数字存储示波器的幅度测量误差，上述各种误差因素都要考虑。

时间分辨率又称为水平分辨率，是指示波器 X 坐标上相邻两样点之间时间间隔 Δt 的大小。在数字存储示波器中 X 方向的点数取决于水平通道的 DAC 的位数。例如，用 8 b DAC 时，X 方向有 $2^8 = 256$ 点，而 10 b DAC 有 $2^{10} = 1\ 024$ 点。通常 X 总长度为 10 div，对于 10 b DAC 来说，相当于 $1\ 024/10 \approx 100$ 点 /div，其测量分辨率达 0.01/div。

在数字存储示波器中，时间分辨率还与时基因数有关，扫描速度越高，则测量的时间分辨率就越高。数字存储示波器屏幕上相邻两点之间的距离取决于 DAC 的 1 个最低位(1 LSB)的电压增量，其时间测量精度主要与 DAC 所用基准电压源以及控制时钟的精度有关，这两者均有较高的精度。

4. 数字存储示波器的主要部件及要求

从数字存储示波器的组成来说，主要采用了 ADC，DAC，存储器以及控制系统等部件，宽带数字存储示波器对这些部件的要求很高。

(1)高速 ADC 和 DAC

数字存储示波器中采用了 ADC 和 DAC，其中 DAC 的转换速度要能适应宽带数字存储示波器的要求，而高速 ADC 一直是人们关注的问题。宽带示波器中的 ADC 主要分为并行比较式和并/串比较式两大类。

(2)存储器

从数字存储示波器的要求来看，存储器应该是高速大容量的，在存储速度不够高的情况下也可将高速采集的数据分路变成低速数据进行存储，如图 5 - 20 所示。图中将 ADC 输出高速数据经过寄存器后分为 2 路，分时存入 RAM1 和 RAM2；有时还可分为更多路，如 4 路进行存储，这时对存储器的速度要求可降到 1/2 或 1/4，就可采用相对廉价的慢速存储器存储高速信号。

(3)控制系统

数字存储示波器在控制器的管理下完成各项测量任务，而控制器的核心是微处理器。在宽带数字存储示波器中，有时 CPU 的速度还不能满足高速数据采集和存储的要求。例如，并行式 AD9006 转换速率为 470 MS/s，目前一般 CPU 还不能胜任对它的直接控制。因此，必须有独立的高速时钟电路在 CPU 的管理下工作。

数字存储示波器的控制系统不仅要进行数据采集，还要实现数据处理、显示、人—机控制等功能，如果只用 1 个 CPU 很难及时完成这些任务。因此，现代数字存储示波器出现多 CPU 系统，1 个 CPU 为主 CPU，控制管理相应的存储器(RAM，ROM)、I/O 接口和外设，执行管理整个仪器的软件；其余工作交给从 CPU，使之在主 CPU 的管理之下完成某一部分工作。例如，带宽为 500 MHz，采样速率为 1 GS/s 的 HP54615B 数字存储示波器使用了 3 个 CPU，1

个 CPU 用于数据采集，1 个 CPU 用于显示，1 个 CPU 用于数据处理等。

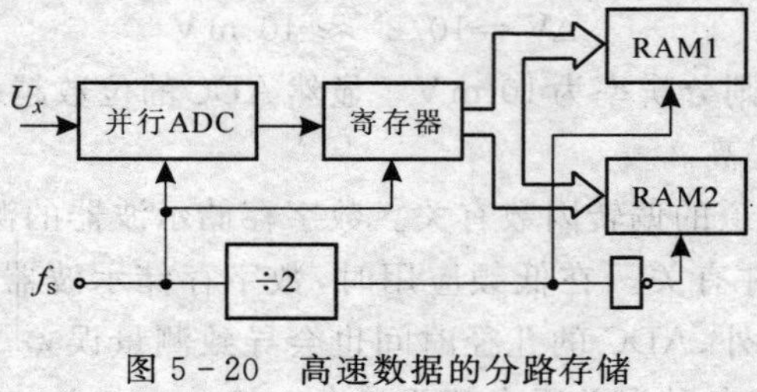

图 5 - 20　高速数据的分路存储

5. 数字化波形处理系统

宽带数字存储示波器的性能受 ADC 的速度与精度限制，虽然世界各大仪器公司的高速 ADC 不断问世，但或是因为 ADC 商品化的问题，或是因为价格问题，限制了其在数字存储示波器中的应用。因此，人们在不断探讨用低速器件来采集和存储高速信号的问题，目前有如下几种方案。

(1)CCD 器件和 A/D 相结合

这种方法的特点是重复取样和实时取样相结合，模拟存储和数字存储相结合。首先对被测信号进行重复非实时取样，实现从高频到低频的频率变换，并借助于电荷耦合器件(CCD)进行信号的模拟存储；然后将 CCD 中的信号读出并进行 A/D 转换，其数字化结果存入 RAM。荷兰 Pilips 公司和美国 Tek 公司都已成功地将这种方案用于数字存储示波器，如图 5 - 21 所示为 Pilips 公司的 PM3355 型示波器所采用的信号波形采集系统。

系统以高达 250 MS/s 的等效速率对两个通道进行顺序取样，得到的样点存入两个高速 CCD 器件 PPCCD 中，再以 78 KS/s 速率对 PPCCD 中存储的信号进行 A/D 转换，得到的结果存入 RAM。可见采用这种方案，只要用 78 KS/s 转换速率的 ADC 就可以实现 250 MS/s 的等效取样，从而提高了数字存储示波器的频率上限。另外，采用 PPCCD 可以精确捕捉信号，提高测量精度。

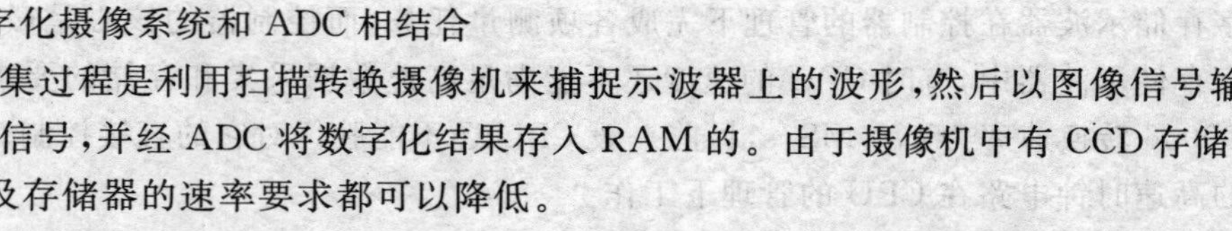

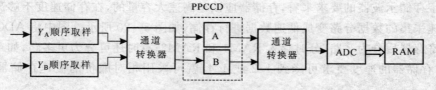

图 5 - 21　借助于 CCD 器件采集高速信号

(2)数字化摄像系统和 ADC 相结合

这种采集过程是利用扫描转换摄像机来捕捉示波器上的波形，然后以图像信号输出的形式取出存储信号，并经 ADC 将数字化结果存入 RAM 的。由于摄像机中有 CCD 存储器件，所以对 ADC 及存储器的速率要求都可以降低。

日本岩崎公司已经采用这种技术实现了带宽为 100 MHz 的数字存储示波器，其等效数字化速率可达 25×10^9 字/s，相当于 ADC 以 25 GS/s 的速率进行转换。这种技术的关键在于摄像机能够摄取到示波器屏幕上的波形，而其带宽限制则完全在示波器本身，它的存储带宽在目前要算最高水平的，信号频率可达 6 GHz。

(3)等效取样和 ADC 相结合

通常大多数被测信号是重复的，因此可以采用等效取样的方法将高速信号变为低速信号，在数字存储示波器中只需对此低速信号进行采集、存储。在数字存储示波器中采用的等效取样有顺序取样和随机取样，目前采用顺序取样的数字存储示波器的最高带宽达 80 GHz，如 Tek 公司的 DSA8300 采样示波器；采用通道同步（Channel Sync）专利技术的数字存储示波器，如力科公司的实时带宽示波器 LabMaster 10 Zi，带宽为 60 GHz，采样率为 160 GS/s。

(4)多通道组合

用多个通道对一个被测信号进行采集，称为多通道组合采集。如图 5-22(a)所示为两通道组合采集原理框图，被测信号同时作用于两个采集通道的输入端。如果通道 1 和通道 2 的采样、存储控制时钟相差半个周期，则它们采集、存储的样点也依次相差半个时钟周期，在显示时再将这些样点依次交替读出进行显示，其显示的波形如图 5-22(b)所示。因为每半个时钟周期采集一个数据，所以相当于 ADC 的速率提高了一倍；如果是 4 通道示波器，就有可能将采集速率提高 4 倍，如力科公司的实时带宽示波器 LabMaster 10 Zi，一个数据采集模块有 4 个 36 GHz 带宽的输入采样通道组成 2 个 60 GHz 带宽的输入采样通道。

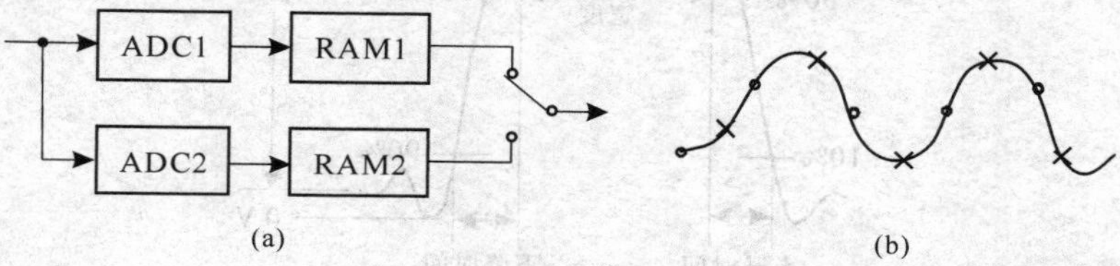

图 5-22　组合采集原理

6. 波形显示技术

在一个信号波形被采样、数字化、存储和处理后，有多种方法可以将它复现，如点显示法、线性插值法、正弦插入以及修改型正弦插入法等，所有的方法都需要用 DAC 将数字信息转换成模拟电压。在数字存储示波器中，对 DAC 器件的要求要低于对 ADC 器件的要求。

(1)点显示技术

点显示技术就是在屏幕上以离散点的形式将信号波形显示出来。能够做到正确显示的前提是必须有足够的点来重新构成信号波形，考虑到有效存储带宽，一般要求每个信号周期显示 20～25 个点。

采样点显示可以实现用较少的点构成一个波形，但容易造成视觉错误，特别是对正弦波这样的周期波形。视觉错误是人眼感觉出一条错误曲线，它的频率比实际输入信号的频率低，为此，可采用插值技术。

(2)插值显示技术

插值是在相邻采样点之间插入适当的数据点，使屏幕上的显示逼近被测信号波形。采用插值技术可以降低对采样速率的要求，解决点显示中的视觉错误问题。在数字存储示波器中，通常有两类插值方法，即线性插值和正弦插值。

线性插值是在两个采样点之间插入一点，用直线将采样点和插值点连接起来。对于线性插值，若数据点没有落在信号波形顶部，会造成顶尖幅值误差。

正弦插值，又称 $\sin x/x$ 插值，是对数据进行函数运算，用曲线段将采样点连接起来，使显示波形平滑。但有时由于过于依赖曲线的平滑性而使用很少的采样点，因而噪声容易混入数据中。

5.4 示波器的测量与应用方法

示波器是典型的时延测试仪器,其基本应用主要是观测幅度和时间。由于示波器可以将被测信号显示在屏幕上,因此可以测量信号的许多参量如幅度、周期(频率)、脉冲信号的前后沿、上冲量、顶部下降量,以及其他物理量,如相位、频率差等。如图 5-23 所示是脉冲信号主要参数示意图。下面介绍这些物理量的基本测量方法。

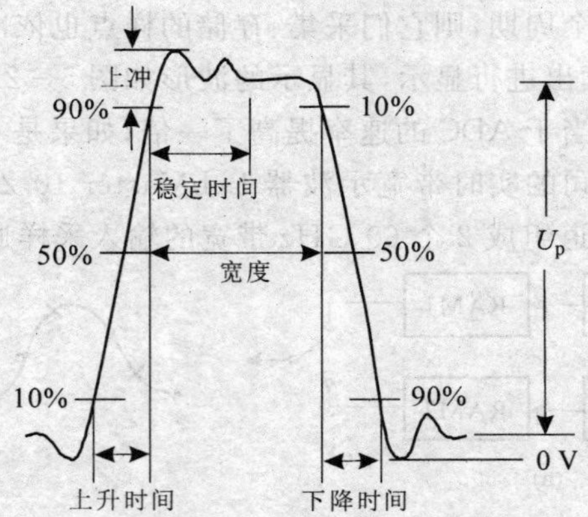

图 5-23　脉冲信号主要参数示意图

5.4.1　示波器的幅度测量

示波器是观测幅度的基本仪器之一。由于能提供直观的波形,示波器测量电压有很大的灵活性,可以测量各种波形,包括脉冲和各种非正弦信号的电压幅度,测量阶梯电压的级间差、脉冲信号的上冲量、顶部下降量和寄生振荡幅度等,容易及时发现波形失真、电路自激等。利用示波器测量电压的基本方法主要有以下几种。

1. 直接测量

直接测量法是指直接从示波器的屏幕上测量被测电压波形的高度,然后根据垂直偏转因数的定义直接计算幅度。

若 D_y 为 Y 通道偏转灵敏度,h 为波形在垂直方向的高度,则被测电压的幅值为

$$u = D_y h \tag{5-10}$$

对于模拟示波器,当使用直接法进行测量时,垂直偏转因数旋钮应置于“校正”位置。

2. 自动参数测量

现代数字示波器均有此功能。这种方法根据采集的被测波形数据,自动算出波形峰-峰值、有效值、平均值、最大值等并在屏幕上显示。

自动参数测量可以直接给出测量结果,使用非常方便。但除了上述典型值外,自动参数测量不能测量任意两点间的幅度。

3. 光标测量

数字示波器具有同时显示两个电压光标和两个时间光标的能力。利用示波器前面板的转

轮，调整水平光标线，分别对准显示图形上任意两个被测点，显示器上就会给出这两点间电压幅度之差。

光标法简单、直观，而且通常比由垂直偏转因数直接计算法更加准确。它可以直接测量任意两点之间的电压。对于有光标测量功能的示波器，直接法已不太经常使用。

5.4.2　示波器的时间测量

观测时间也是示波器的基本测量内容。目前，示波器是测量数字时钟信号和脉冲时间参数的主要工具。利用示波器测量时间非常直观，而且能提供较多的信息。时间测量多指对脉冲波形的宽度、周期、上升、下降时间的测量，脉冲电压最好用示波器测量，不仅可测量脉冲电压幅度，而且可观察脉冲波形。时间测量方法与电压测量方法有对应性，下面介绍几种常用的时间测量方法。

1. 直接测量

直接测量是根据示波器的扫描时间因数的定义直接计算而得的。当观测信号时，若示波器的时基因数 F_t 已知，屏幕上某两点的水平距离为 l，则这两点所对应的时间为

$$t = F_t l \qquad (5-11)$$

用直接测量法测时间时，扫描时间微调应放在校正位置，并调节扫描速度开关，使选择的扫速恰当，被测时间所对应的光迹长度适中。

2. 自动参数测量

具有自动参数测量功能的数字示波器，可以自动给出被测信号的周期、频率前后沿时间、脉冲宽度、占空比等参数，但不能测量任意两点间的时间间隔。

3. 光标测量

具有光标测量功能的数字示波器，通常利用示波器的垂直光标线测量时间，两光标分别对准显示图形上任意两个被测点，此时，显示器上自动显示光标间的时间间隔。

5.4.3　示波器的相位差和频率比测量

相位测量是测两个信号(或多个信号)之间的相位关系以及被测信号相对于某个特定时刻的关系。利用示波器的多波形显示是测量信号间相位差的最直观、最简便的方法。通常有如下几种方法。

1. 时间坐标法

用双踪示波器将两个被测信号波形显示在屏幕上，借助于时间坐标进行测量和计算。如图 5－24 所示，信号间的相位差可以表示为

$$\theta = \frac{x_1}{x} \times 360° \qquad (5-12)$$

用这种方法测量相位时应注意只能用其中一个信号去触发各路信号，以便提供一个统一的参考点进行比较。由于光迹的聚焦不可能很细，读数又有一定的误差，这种测量方法的准确度不是很高，特别是当要观测的波形间的相位

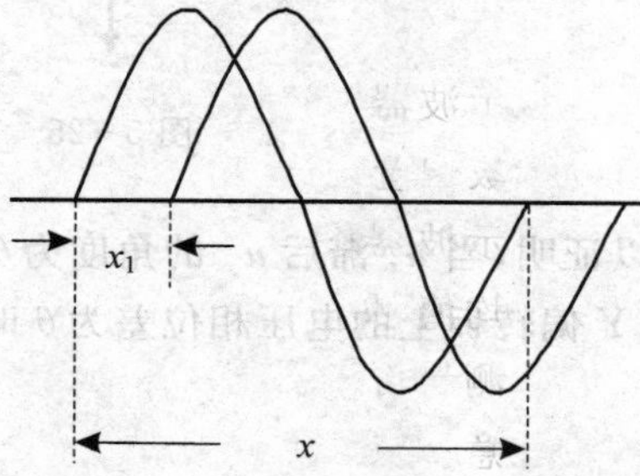

图 5－24　利用多波形显示的相位测量

差较小时尤其如此。

2. 李沙育图形法

当示波器工作于 X 输入方式时常称为 $X-Y$ 工作方式。通常将 X,Y 输入端均为正弦信号时显示的波形称为李沙育图形。这种方法不仅可以测量信号相位差，而且还可以测量频率比，是用示波器比较两个正弦波信号之间相位差和频率比的常用方法。从物理学可知，李沙育图形是在同一平面上两个正交简谐运动的合成运动的轨迹。因此，利用示波器 X 和 Y 通道分别输入被测信号和一个已知信号，调节已知信号的频率，使屏幕上出现稳定的李沙育图形，根据已知信号的频率（或相位）即可求得被测信号的频率（或相位）。

当两个正弦信号的频率比和相位关系确定时，把它们加到示波器的 X,Y 输入端，屏幕上会显示确定形状的李沙育图形。如图 5-25 所示是用李沙育图形测量相位差的原理图。如图 5-26 所示为几种常用的不同频率、不同相位的李沙育图形。设

$$\left.\begin{aligned} u_x &= U_{xm}\sin(\omega t+\theta) \\ u_y &= U_{ym}\sin\omega t \end{aligned}\right\} \tag{5-13}$$

把它们分别加到 X 和 Y 偏转板，得到如图 5-25 所示的图形。调整 x 和 y 位移，使椭圆的中心与荧光屏坐标原点对正，这时，椭圆与坐标轴的上、下和左、右截距分别相等，可得

$$\left.\begin{aligned} \sin\theta &= \frac{x_0}{x_m} = \frac{2x_0}{2x_m} \\ \theta &= \arcsin\frac{2x_0}{2x_m} \end{aligned}\right\} \tag{5-14}$$

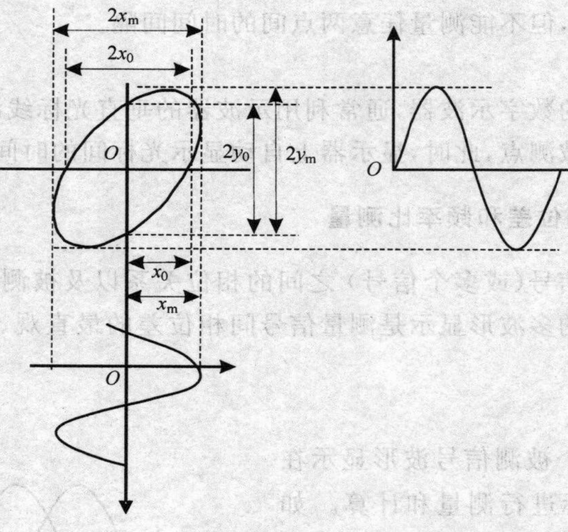

图 5-25　用李沙育图形测相位示意图

可以证明，当 u_x 滞后 u_y 的角度为 θ 时，也可以得到式(5-14)的结论。同样还可以证明，当 X 和 Y 偏转板上的电压相位差为 θ 时（不论是超前还是滞后），存在以下关系：

$$\theta = \arcsin\frac{2y_0}{2y_m} \tag{5-15}$$

被测信号的频率也可以借助于李沙育图形通过计算方法求得。当被测信号作用于示波器的 Y 通道输入端时，正弦波在一个周期内和 X 坐标相交两次，有两个交点；作用于 X 输入端

时,则与 Y 坐标有两个交点。因此,测量时在示波器的屏幕上引一水平线和垂直线与李沙育图形相交,用 X,Y 方向的交点数以及已知信号的频率就可以求得被测信号频率 f_x,其表达式为

$$f_x = \frac{n_y}{n_x} f_y \tag{5-16}$$

式中,f_y 为已知信号频率;n_x 为水平线与李沙育图形的相交点数;n_y 为垂直线与李沙育图形的相交点数。通常已知信号加在 Y 通道输入端,被测信号加到 X 输入端。引出的水平或垂直线不能通过李沙育图形自身的交点,也不能与李沙育图形相切。李沙育图形测频不适合 n_y,n_x 很大的情况,因为这时图形中的线条数目过多,难以计数。通常可以测量的范围是 $f_x/f_y < 10$,或 $f_y/f_x < 10$。

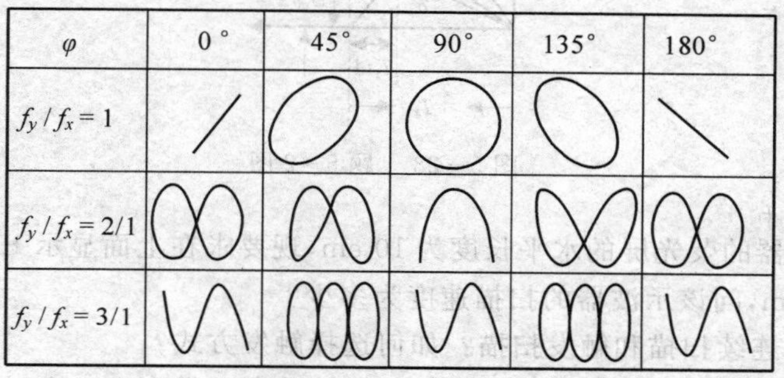

图 5-26　常用的几种李沙育图形

5.4.4　通信信号的测量

通信信号主要指调制信号,用示波器测量的是调制系数。

(1) 调幅信号的测量

用示波器测量调幅信号有线性扫描法、梯形法和圆扫描法,线性扫描法简单实用,它不仅可测量调幅度,还可观察有无明显的非线性调制。

把调幅波送至示波器 Y 输入端,调节有关旋钮,使屏幕上出现如图 5-27 所示的波形。调幅度按下式计算:

$$m_a = \frac{A-B}{A+B} \times 100\% \tag{5-17}$$

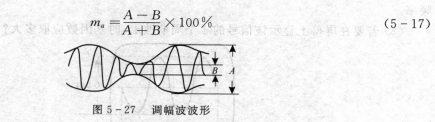

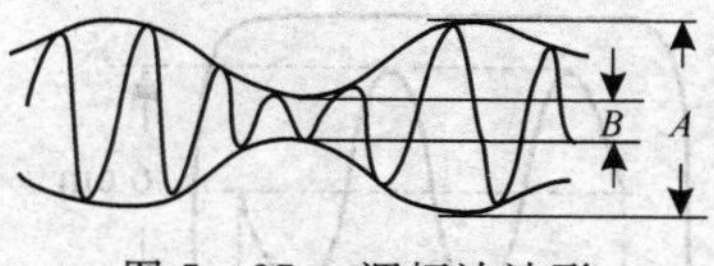

图 5-27　调幅波波形

(2) 调频信号的测量

测量调频信号有脉动椭圆法和稳定椭圆法。在脉动椭圆法测量中,将被测的调频信号加到示波器的 Y 输入端,载波信号加到 X 输入端,在屏幕上看到一个脉动的椭圆,从其脉动的光带宽度及其他有关量就可以计算调频系数。

习题与思考题

5-1　通用示波器由哪几部分组成？它们的主要作用是什么？

5-2　示波器 Y 输入端加一正弦电压，其周期为 T_y，峰-峰值为 U_m，使光点偏移 6 格；X 输入端分别加上如图 5-28 所示的波形，扫描周期 $T_x=2T_y$，试画出屏幕上相应的波形。

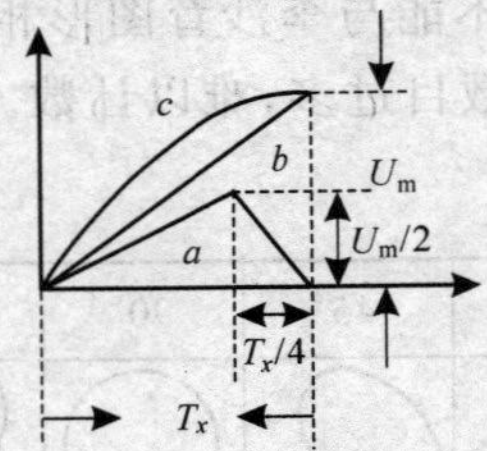

图 5-28　题 5-2 图

5-3　一示波器的荧光屏的水平长度为 10 cm，现要求在上面显示 100 kHz 正弦信号的 4 个周期，幅度为 4 cm，问该示波器的扫描速度为多少？

5-4　什么是连续扫描和触发扫描？如何选择触发方式？

5-5　通用示波器的主要技术特性有哪些？示波器的带宽和上升时间有什么关系？

5-6　若要观察上升时间为 80 ns 的脉冲波形，现有下列 4 种技术指标的示波器，试问选择哪一种示波器最好？为什么？

(1) $f_{3dB}=10$ MHz，$t_r\leqslant 40$ ns；　(2) $f_{3dB}=30$ MHz，$t_r\leqslant 12$ ns；

(3) $f_{3dB}=15$ MHz，$t_r\leqslant 24$ ns；　(4) $f_{3dB}=100$ MHz，$t_r\leqslant 3.5$ ns。

5-7　利用带宽为 30 MHz 的示波器观察上升时间 $t_r=10$ ns 的脉冲波形，屏幕上显示波形的上升时间为多少？若要求测量误差限制在 2% 范围内，该示波器 Y 通道的带宽应为多少？

5-8　已知示波器的偏转因数 $D_Y=0.5$ V/cm，屏幕的水平有效长度为 10 cm。

(1) 若时基因数为 0.02 ms/cm，所观察的波形如图 5-29 所示，求被测信号的峰-峰值和频率。

(2) 若要在屏幕上显示该信号的 4 个周期波形，时基因数应取多大？

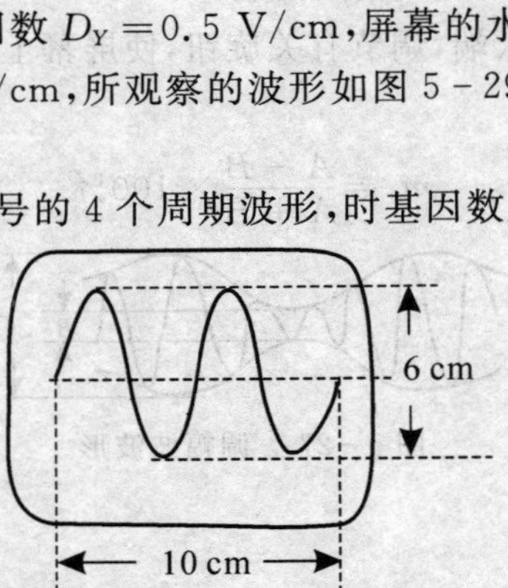

图 5-29　题 5-8 图

5-9　有两个周期相同的正弦波，在屏幕上显示一个周期为 8 div，两波形间相位间隔为以下值时，求两波形间的相位差。

(1)0.5 div;　　　(2)2 div;　　　(3)4 div。

5-10　步进或取样示波器由哪些部分组成？说明步进脉冲产生的过程。

5-11　用取样示波器能否观察单次高频信号？为什么？

5-12　说明数字存储示波器的工作原理、特点和主要技术特性。

5-13　一数字存储示波器 Y 通道的 A/D 为 10 b；RAM 为 4 KB，现以 256 个样点存储一个信号波形，问该示波器能存储几个波形？

5-14　一数字存储示波器，其时基因数为 5 μs/div，偏转因数为 0.1 V/div，屏幕上两点的坐标 (x, y) 分别为 A 点(3BH，70H)，B 点(5FH，19H)；示波器的 $X=10$ div，$Y=5$ div，量化满度值为 FFH，试计算被测的时间和电压大小。

5-15　某示波器 X 通道的工作特性：时基因数范围为 0.2 μs/div～1 s/div；荧光屏水平方向长度为 10 div。试估算该示波器能观测正弦信号的频率上限并写出计算步骤。

第 6 章　信号与系统的频域分析与测量

6.1 信号与系统的频域分析概述

一个电信号的特性，可以用其时域特性，即它随时间变化的波形来描述；也可以用其频域特性，即它的频谱来描述。因此，信号分析包括波形分析和频谱分析。

频域和时域表明了动态信号的两个观察面，即这两种观察信号方法的物理角度不同。波形分析是以时间轴为坐标表示动态信号的时间关系，频谱分析是以频率轴为坐标表示动态信号的频率关系。时域表示较为形象和直观，频域表示动态信号则更为简练，剖析问题更加深刻和方便。目前，动态信号分析的趋势是从时域向频域发展的，并且它们是互相联系、缺一不可、相辅相成的。因此，信号的分析与测量可在时域、频域、调制域等多种域内进行，其中频域的分析和测量在无线电技术中尤为重要。

频域的分析和测量包括两类：一类是分析信号的频谱特性，所采用的仪器通常为频谱分析仪（简称频谱仪）；另一类是测量系统（网络）的频域特性，常用的仪器为扫频仪，因此又称扫频测量。信息系统频率特性的测量和信号的频谱分析，是对模拟系统测试的基本要求。

6.1.1 信号的频谱分析概述

信号的频谱分析是一门广泛使用的测量技术。在无线电电子技术、声与振动、医学、地震等领域，都需要对时间信号进行频谱分析。它的理论基础是傅里叶分析，但又涉及随机信号的统计分析与取样理论等诸方面，针对不同的信号对象与场合，采用不同的频谱概念。

一个平稳信号的非实时频谱分析，采用了频率扫描的工作方式，如图 6－1 所示。频率扫描方式又可以分为两种：一种是分析滤波器的频率响应在频率轴上扫描；另一种为差频式频谱分析法，即固定分析滤波器的响应频率，用扫频信号与被分析的信号在混频器里进行差频，再通过滤波器和测量电路进行分析。后者是频谱仪中最常采用的分析方法。

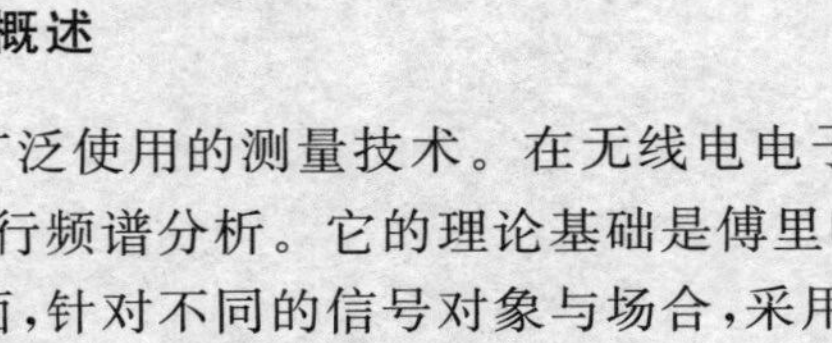

图 6－1　采用频率扫描的频谱分析原理框图

计算机的普及以及测量系统的数字化趋势，为频域测量提供了广阔的前景。快速傅里叶变换（FFT）技术在信号的频谱分析中得到了广泛的应用。

非线性系数和已调波参数的测量是频域测量的一个分支。其测量内容有网络的非线性畸变，调制器、解调器的线性度，调频或调幅波的调制系数等参数，其中网络的非线性畸变和调幅系数等参数，可以在对被测信号进行频谱分析以后，再通过简单的计算得出测量结果。

6.1.2　频率特性的测量(扫频测量)概述

电子测量中经常碰到的问题是对网络的阻抗和传输特性的测量，如增益和衰减、幅频特性、相位特性和时延特性等。最初，这些网络参数的测试是在固定频率点上逐点进行的。这种测试方法烦琐、费时，且不直观，有时还会得出片面的结果。例如，测量点之间的谐振现象和网络特性的突变点常常被漏掉。

现在，扫频测量技术已经获得了迅速的发展和广泛的应用，利用扫频信号源和示波器可以实现频率特性的半自动或自动测试。在扫频测量中，用一个频率随时间按一定规律、在一定频率范围内扫描的扫频信号代替固定频率信号，可以对被测网络或信号频谱进行快速、定性或定量的动态测量，给出被测网络的阻抗特性和传输特性的实时测量结果。

扫频测量相频特性，主要是测量被测网络的相位和时延特性，即时延和相位的动态测量，包括群时延测量和微分相位测量。通过测量，可得到被测网络时延或相位与频率之间的动态关系曲线。

在扫频测量技术中，幅频特性和相位特性是可以同时进行测量的。同时进行幅频特性和相位特性测量的技术，通常又称为网络分析技术。

扫频测量的应用范围极广，例如广播通信中发送设备与接收机的测量，雷达监视设备、导航设备、微波地面中继通信设备、卫星通信设备、电视发射系统和电视接收机的测量以及声表面波器件和微波元器件的测量等。

在上述测量范围内，可以进行的测量项目很多，例如放大器的带宽、增益及损耗，滤波器的带宽和插入损耗等诸多方面的测量。

扫频测量应用的频率范围也很宽，可以从甚低频直至微波频段。它的使用频段可以大致分成超低频(0.1～2×10^2 Hz)、低频(50 Hz～200 kHz)、高频(0.1～30 MHz)、超高频(10～500 MHz)、甚高频(300 MHz～1.5 GHz)和微波(10 GHz 以上)。

本章将着重介绍信号的频谱以及系统的频率特性的分析与测量。

6.2　信号的频谱分析

6.2.1　概述

频谱是对信号及其特性的频域描述。信号的时域特征分析主要采用示波器，频域特性则主要采用频谱仪来分析和测量。

当对不同类型的信号进行频谱分析时，在理论上和工程上采用不同的频谱概念和频谱形式，在分析方法上也有很大的差别，因而在进行频谱分析之前，应对信号的类型和性质有所了解。一般来说，确定性信号存在着傅里叶变换，由它可获得确定的频谱；随机信号则只能根据某些样本函数的统计特征值做出估算，这类信号不存在傅里叶变换，其频谱分析是指功率谱分析。

时域分析和频域分析各具特点，各自适用于不同场合，两者互为补充。实际的频谱仪通常只给出幅度谱和功率谱，不直接给出相位信息，不同相位信号的频谱图没有区别，但用示波器观察波形则有明显的不同；一个失真很小的正弦波信号用示波器很难看出来，而用频谱仪却能定量地测出很小的频谱分量，计算出波形失真系数。

信号时域特性和频域特性之间的数学关系，可通过傅里叶变换来表征。

6.2.2　频谱仪的种类

频谱仪种类繁多，可以从多种角度对它们进行分类。例如，频谱仪可分为模拟式和数字式、实时型和非实时型、单通道和多通道、滤波法和计算法等。

模拟式频谱仪是以模拟滤波器为基础构成的。用滤波器来实现信号中各频率成分的分离，数字式频谱仪是以数字滤波器或 FFT 为基础构成的。

实时和非实时的分类方法主要针对低频频谱仪而言，如语言信号的分析，系统的实时控制等，都要求对信号进行实时分析。实时分析能达到的速度与信号的带宽和所要求的频率分辨率有关。一般认为，实时分析是指在长度为 T 的时间内完成的频率分辨率达到 $1/T$ 的谱分析，因此只能在一定的频率范围内进行实时分析。在该范围内，分析速度与数据采集速度相匹配，不会发生数据"积压"现象。如果要求分析的信号频带超过了这一频率范围，则分析成为非实时的，对于平稳信号，其频谱不随时间变化，则无需实时分析。

单通道频谱仪只能对一路信号进行分析，双通道或多通道分析仪可对两个或两个以上的信号进行分析，因此可用于系统分析。

用滤波法进行的频谱分析是用滤波器来分析信号的频谱的，而计算法则借用傅里叶变换计算来完成频谱分析。如图 6－2 所示为滤波式频谱仪（简称频谱仪）的基本结构图。输入信号经过一组中心频率不同的滤波器或经过扫描调谐式滤波器，选出各个频率分量，经检波后进行显示或记录。因此，在这种频谱仪中，滤波器和检波器是两个重要的电路。按照滤波器和检波器电路的不同，滤波式频谱仪有不同的类型。

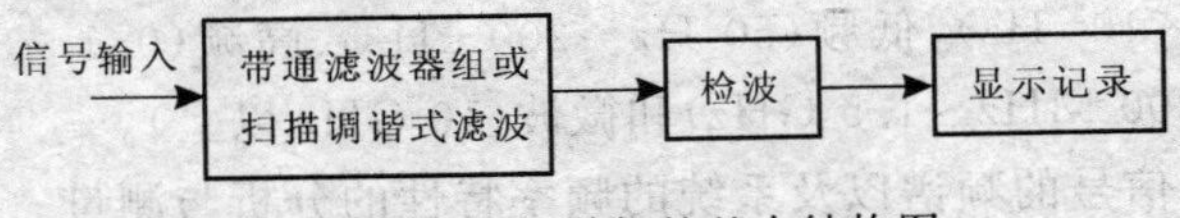

图 6－2　滤波式频谱仪的基本结构图

6.2.3　滤波式频谱仪的工作原理

1. 并行式频谱仪

并行式频谱仪又称多通道频谱仪。在这种频谱仪中，被测信号经放大等信号调理后，同时加到多个带通滤波器上，每个滤波器选出自己通带中能通过的频率分量，经检波得到各频率分量的幅值。电子扫描开关对每一通道的检波结果进行一次巡检，获得信号频谱。处理及显示电路将各频率分量在显示器的频率轴的相应位置排开，从而快速在屏幕上刷新频谱，其方框图如图 6－3 所示。

并行的 N 个滤波器通带首尾相接，覆盖整个频谱仪的工作频率范围。由于采用大量模拟滤波器会给仪器的稳定性和各通道之间的一致性带来问题，因此，滤波器数不可能做得太多，因此这种频谱仪的工作频率范围不可能很宽。由于滤波器数不可能太多，因而每个滤波器的通带不能设计得太窄。这导致无法区分通带内靠得很近的信号频谱，因此不宜用于窄带内存在多个频谱分量的信号的分析，常用于低频的频谱仪中。但由于并行式频谱仪未对信号做复杂处理，因而分析速度快，分析工作基本上可以认为是实时的。

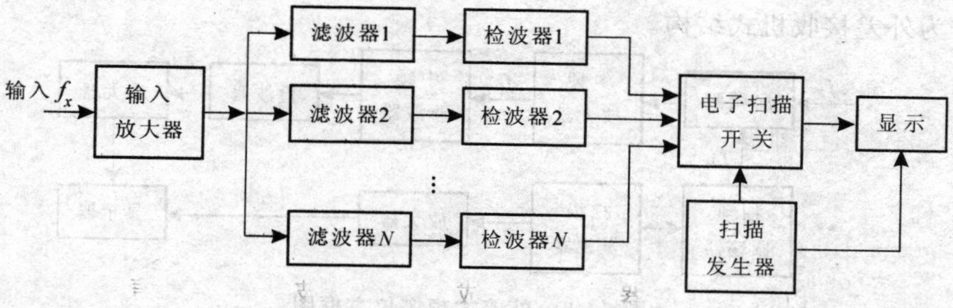

图 6－3　并行式频谱仪方框图

2. 顺序式频谱仪

顺序式频谱仪的框图如图 6－4 所示，由多个通带互相衔接的带通滤波器和一个共用的检波器组成。由于信号同时被送到各个滤波器以及扫描开关，处理速度都很快，因此当对各通道进行扫描测量时，不必考虑因为切换带来的滤波器的建立时间，所以也称顺序式频谱仪为准实时的。同样，由于滤波器个数的限制，这种频谱仪不宜做窄带分析，常用于低频频谱仪中。

与并行滤波式频谱仪相比，顺序滤波式频谱仪节省了大量的检波电路，但必须考虑检波器的时间常数和记录仪的动态特性。

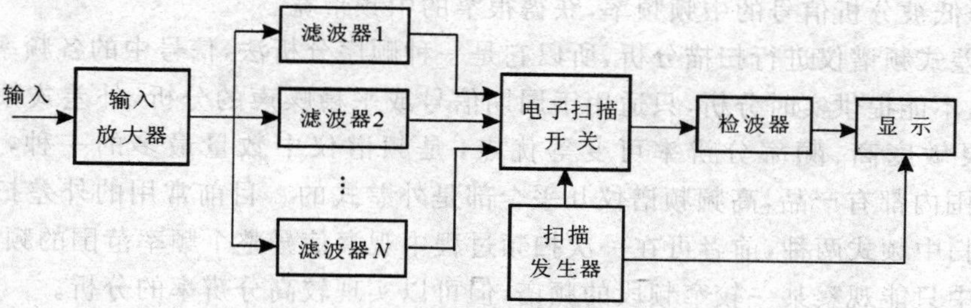

图 6－4　顺序式频谱仪方框图

3. 扫描式频谱仪

以上两种频谱仪都需要大量的滤波器，使得仪器笨重而昂贵。扫描式频谱仪则采用单一的、中心频率可调谐的带通滤波器，通过扫描调谐完成整个频带的频谱分析。所得结果是一个连续曲线，线上每一点表示一个在滤波器带宽内的频谱的积分，其框图如图 6－5 所示。

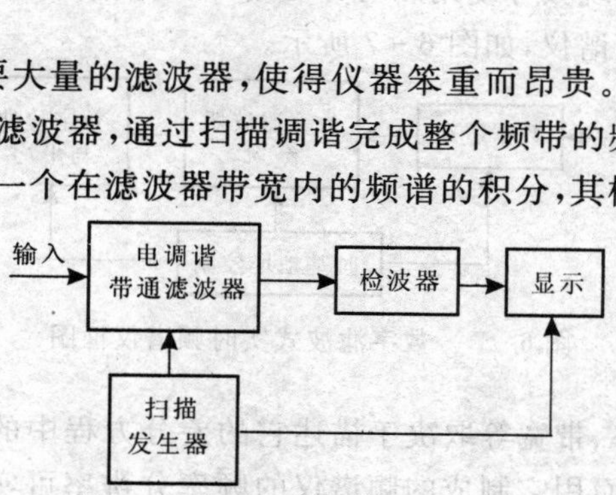

图 6－5　扫描式频谱仪框图

扫描式频谱仪结构简单，但由于可调滤波器的通带很难做得很窄，其可调范围很难做得很宽，而且在调谐范围内难以保持频率特性的均匀，因而只适用于窄带频谱分析。

4. 外差式频谱仪

外差式频谱仪采用扫频技术进行频率调谐，如图 6－6 所示为外差式频谱仪的原理框图，其核心部分为外差接收机式结构。

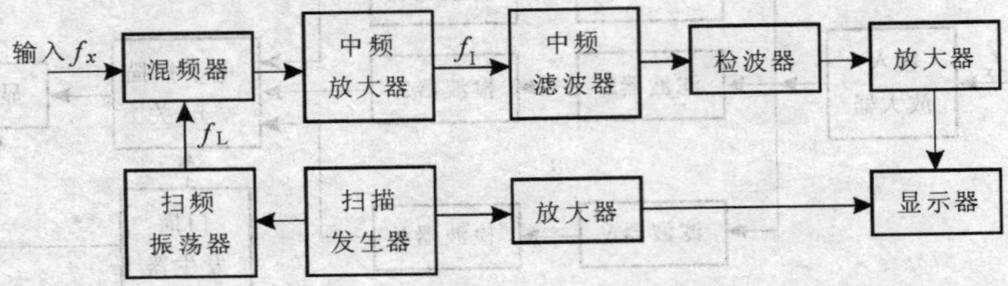

图 6-6 外差式频谱仪方框图

输入信号中的频率 f_x 与本振频率 f_L 相混频后，产生差频分量，其幅度与输入信号中的 f_x 频率分量成正比，经过中心频率为 $f_I=f_L-f_x$ 的中频率滤波器滤波后，再经过检波，即可测得信号中 f_x 频率分量的幅度。中频滤波器的中心频率是不变的，当本振进行扫频时，被测信号与扫频本振进行混频，将被测信号中的各频率分量逐个移入中频滤波器中顺序测量，从而获得频谱。

在外差式频谱仪中，中频滤波器为固定频率的窄带滤波器，因此可以得到较好的频率分辨率。为了获得很窄的通带，中心频率不可能太高，因此，通常对混频后的信号再经过二、三次变频，以逐步降低被分析信号的中频频率，获得很窄的中频带宽。

由于外差式频谱仪进行扫描分析，所以它是一种顺序分析法，信号中的各频率分量不是同时被测量的，不能提供实时分析，只适用于周期信号或平稳噪声的分析，外差式频谱仪具有频率范围宽、灵敏度高、频率分辨率可变等优点，是频谱仪中数量最多的一种，从几十赫到 325 GHz 范围内都有产品，高频频谱仪几乎全部是外差式的。目前常用的外差扫频式频谱仪有全景式和扫中频式两种，前者可在一次扫频过程中观察信号整个频率范围的频谱；后者在一次扫描过程中只能观察某一较窄频段的频谱，但可以实现较高分辨率的分析。

5. 数字滤波式实时频谱仪

利用数字滤波器可以实现频分复用和时分复用，因而仅用一个数字滤波器，即可构成一个与并行滤波法等效的实时频谱仪，如图 6-7 所示。

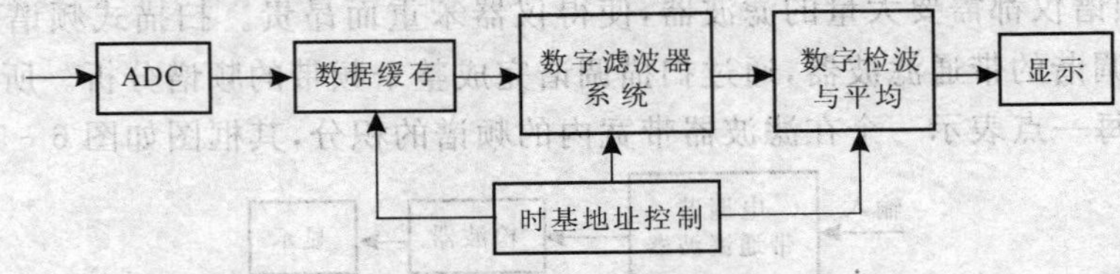

图 6-7 数字滤波式实时频谱仪框图

数字滤波器的中心频率、带宽等取决于描述它的差分方程中的系数，只要改变系数，即可改变滤波器的频率特性，因而用它制成的频谱仪的频率分辨率可实现程控。这对模拟并行通道来说是很困难的。数字滤波器本身性能优良，稳定可靠。

由于数字滤波器的输出是数字量序列，所以它可以进行准确的数字平方检波和均方运算，从而大大地提高了检波环节的精度和动态范围。

数字滤波器工作的时间过程，从微观上看是时分的，而从整体上看，各个频率滤波是“同时”进行的，因而分析过程是实时的，数字系统的工作速度决定了等效通道的多少。

6. 时间压缩式实时分析仪

时间压缩式实时分析仪是在将信号记录后，以高倍率速度重放，这时整个信号的频谱也随之移向高频段，并展宽了同样的倍数。例如，20 Hz～20 kHz 的声频信号在时基压缩了 400 倍后，成为 8 kHz～8 MHz 的信号，欲对原信号进行分辨率为 1 Hz 的频谱分析，等效为对压缩后的信号进行分辨率为 400 Hz 的分析，所用的分析滤波器的带宽也可以增大 400 倍，建立时间降为 1/400。这样在一次采集的周期内，可进行 400 次调谐在不同频率上的滤波分析，完成频率分辨率达整个频带宽度 1/400 的谱分析，如果在分析的同时，仍不断地采集新的数据，则可构成实时分析，其基本框图如图 6－8 所示。

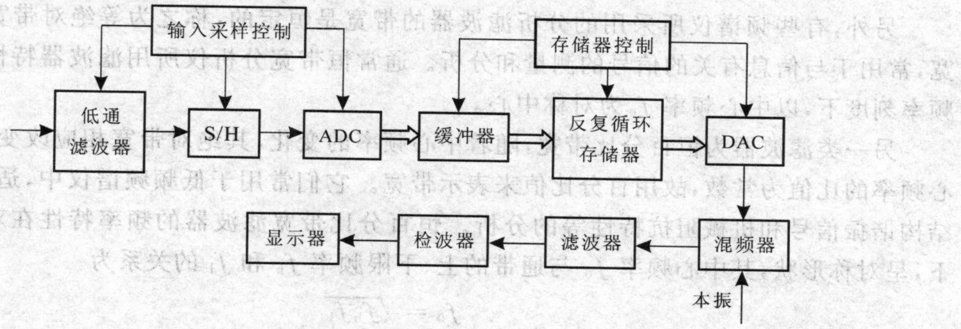

图 6－8　时间压缩式实时分析仪

在实际的频谱仪中使用数字信号采集存储和数字信号重放，再经 D/A 还原模拟信号的办法来实现高倍率的时间压缩，此后再进行外差式的谱分析。这种方法又称为模拟数字混合式频谱议，多见于较早期的窄带实时频谱仪中，现已不太采用。

7. 滤波式频谱仪的性能指标

在滤波式频谱仪中，滤波器和检波器是两个重要的电路，分别有自己的性能指标。

(1) 带通滤波器

带通滤波器主要考虑的性能指标有带宽与分辨率、波形因子、响应时间、动态特性等。

1) 带宽与分辨率。频谱仪的选择性是表示选择信号频谱的能力，通常用频谱分辨率来表示选择性的优劣。频谱分辨率是指滤波器能把两个靠得很近的频谱分量(相邻谱线) 分辨出来的能力。从频谱仪工作原理可知，分辨率的高低主要取决于窄带中频滤波器的带宽。通常用半功率带宽即 3 dB 带宽 W_{B_3} 来表示滤波器的带宽，它表示区分两个等幅信号的最小频率间隔的能力，因此，也被称为分辨率带宽，如图 6－9 所示。带宽越窄，分辨率越高。

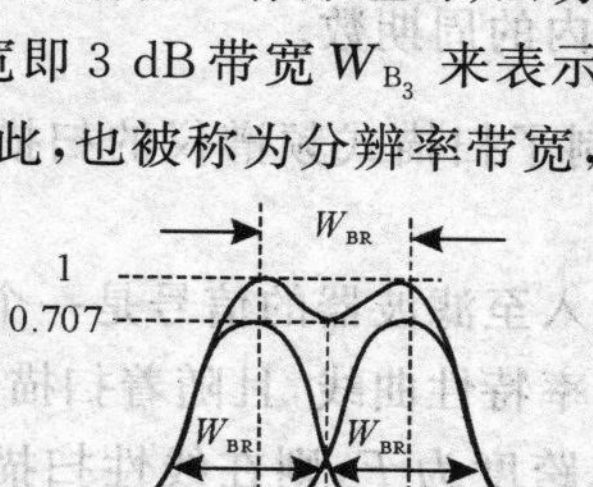

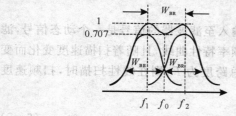

图 6－9　频谱仪的分辨率带宽 W_{BR}

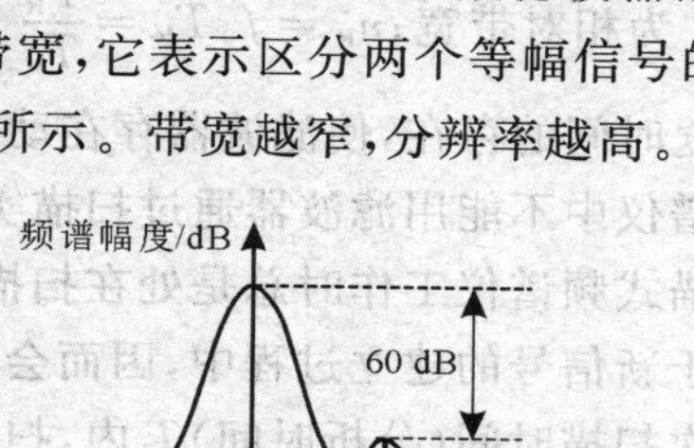

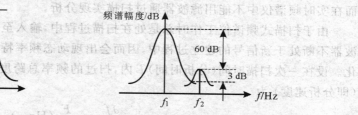

图 6－10　频谱仪的选择性带宽

2) 波形因子。波形因子定义为滤波器特性曲线两侧衰减达 60 dB 的带宽 $W_{B_{60}}$ 与 3 dB 带

宽 W_{B_3} 之比，表示为

$$S_F = W_{B_{60}} / W_{B_3} \tag{6-1}$$

波形因子反映了频谱仪能区分幅度相差很大(60 dB)的两个频率分量的能力，如图 6-10 所示，它也被当做选择性指标。能反映相差 60 dB 的两个信号 f_1 与 f_2 之间的最小频率间隔被称为滤波器的选择性或矩形系数。此时，谷底比谷峰低 3 dB。

S_F 的理想值应为 1，但老式频谱仪的 $S_F = 25/1$，现代频谱仪的模拟滤波器的幅频特性呈高斯分布，可做到 $S_F = 15/1 \sim 11/1$，而数字滤波器的波形因子可以达到 $S_F = 5/1$。

频谱仪的分辨率反映了频谱仪能力的高低。

另外，有些频谱仪所采用的分析滤波器的带宽是恒定的，称之为等绝对带宽或等信息带宽，常用于与信息有关的信号的测量和分析。通常恒带宽分析仪所用滤波器特性曲线在线性频率刻度下，以中心频率 f_0 为对称中心。

另一类滤波器为恒百分比带宽，随着中心频率的变化，其绝对带宽相应改变，但带宽与中心频率的比值为常数，故用百分比值来表示带宽。它们常用于低频频谱仪中，适用于对噪声、结构谐振信号和机械阻抗特性等的分析。恒百分比带宽滤波器的频率特性在对数频率刻度下，呈对称形状，其中心频率 f_0 与通带的上、下限频率 f_h 和 f_l 的关系为

$$f_0 = \sqrt{f_h f_l} \tag{6-2}$$

常用“倍频程选择性”来描述恒百分比带宽滤波器的性能指标，它由远离中心频率一倍频处($\frac{1}{2}f_0$ 和 $2f_0$)滤波器的衰减量来表示。

3) 响应时间和动态特性。一个信号加到滤波器的输入端，需经过一段时间才能达到稳幅输出，这称为滤波器的响应时间或建立时间。通常将达到稳定幅度 90% 所需的时间称为滤波器的建立时间，记做 T_R，它与带宽 W_B 成反比。

$$T_R \propto \frac{1}{W_B} \tag{6-3}$$

对于恒百分比带宽滤波器，因带宽随中心频率 f_0 而变，其建立时间也随之变化。这时，如输入信号频率为中心频率 f_0，则用输出达到稳态所需的周期数来表示更为方便，即

$$n_R \approx \frac{W_B}{b} T_R \tag{6-4}$$

式中，$b = \frac{W_B}{f_0}$ 为相对带宽；$n_R = f_0 T_R = \frac{T_R}{T_0}$ 为响应时间内的周期数。

由于建立时间的存在，使滤波器存在动态特性，限制了扫描式频谱仪的扫描分析速度，因而在实时频谱仪中不能用滤波器通过扫描实现分析。

由于扫描式频谱仪工作时总是处在扫描过程中，输入至滤波器的信号是一个动态信号，滤波器不断处于新信号的建立过程中，因而会出现动态频率特性曲线，且随着扫描速度变化而变化。设在一次扫描时间(分析时间)T 内，扫过的频率总跨度为 F，则在线性扫描时，扫频速度(即分析速度)为

$$\gamma = \frac{\partial f}{\partial t} = -\frac{F}{T} \ (\text{Hz/s}) \tag{6-5}$$

一般来说，随着 γ 的提高，分析滤波器的动态响应曲线变宽、变矮，峰值点在频率横坐标上向频率变化的方向移动，峰值点的左右两边变为不对称；当 γ 很大时，在曲线的下降沿甚至还

会出现起伏，如图 6－11 所示。图中，α 为动态曲线峰值与静态曲线峰值之比。

滤波器的动态特性对频谱分析的影响：

· 滤波器的分辨率带宽增加(平顶宽度)，使频率分辨率下降；

· 顶部最大值下降，使仪器灵敏度下降；

· 谱线的位置偏移，出现频率误差；

· 因动态特性曲线可能存在波动，使频谱出现寄生谱线。

当扫频速度一定时，滤波器的动态分辨率带宽 W_{B_d} 与静态分辨率带宽 W_{B_s} 的关系曲线如图 6－12 所示。由图可见，存在一个最佳分析带宽 W_{B_s} 值，对应该扫速下的动态分辨率带宽 W_{B_d} 最小。这一 W_{B_d} 值称为最佳动态分辨率，记作 $W_{B_{od}}$，与之相应的静态分辨率为 $W_{B_{os}}$。理论上，两者之间关系为

$$W_{B_{od}} = \sqrt{2} W_{B_{os}} \tag{6-6}$$

而

$$W_{B_{os}} = K_2 \sqrt{\frac{S}{\Delta t}} \tag{6-7}$$

式中，K_2 为带宽(对于高斯型滤波器，此值为 0.665)；$S/\Delta t$ 为扫频速度，S 为扫过的时间。于是有近似值：

$$W_{B_{od}} \approx \sqrt{\frac{S}{\Delta t}} \tag{6-8}$$

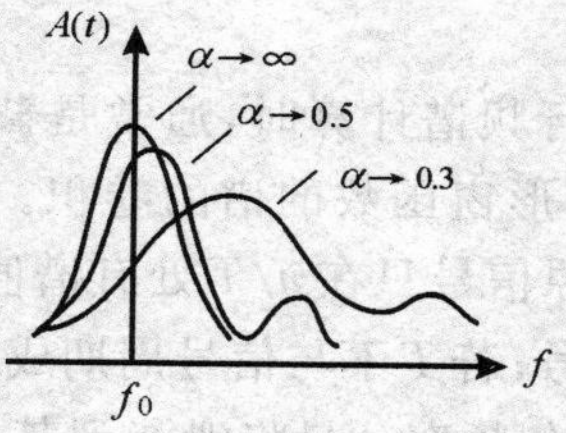

图 6－11　滤波器动态特性示意图

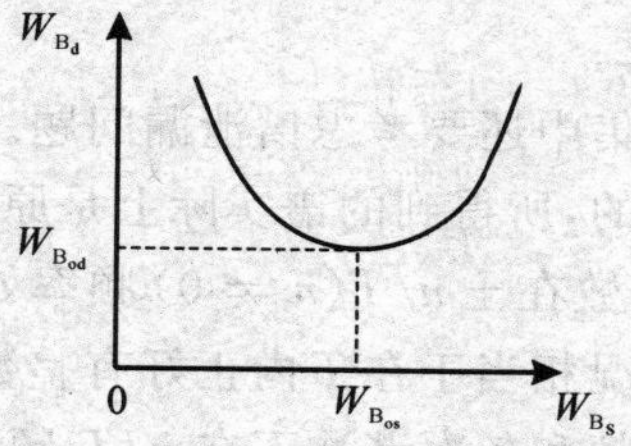

图 6－12　动态分辨与静态分辨率的关系

扫描速度与带宽的合理选择，在很大程度上影响着频谱分析的质量，务必求得较佳的配合。现代频谱仪大多能自动配置扫描时间，根据选取的扫频宽度和分辨率带宽自动地选择最快的可允许扫描时间。

(2) 检波器和平均电路

频谱仪中采用有效值检波，可兼顾对多种信号的分析。检波包含了平方检波、平均和开方的处理过程。平均时常数 T_A 的大小，对频谱分析结果有较大影响，尤其是当分析瞬态信号或非平稳信号时，要认真选择，可以从以下几个方面来考虑。

分析周期信号和平稳噪声信号时，应使 RC 常数与带通滤波器的中心频率 f_0 和带宽 W_B 相适应，T_A 可表达为

$$\frac{3}{f_0} \leqslant T_A \leqslant \frac{1}{3W_B} \tag{6-9}$$

还可以根据要求的误差范围，来选择平均时间常数的长度。对于平稳随机信号，经滤波器和检波器后，测得值的相对标准偏差为

$$\sigma=\frac{4.34}{\sqrt{W_B T_A}} \tag{6-10}$$

T_A 越长，标准偏差越小。在一些智能仪器中，既可由操作者设定平均时间 T_A，也可只设定对误差的控制范围，由仪器根据其当前滤波器带宽 W_B 来自行选定 T_A 值。

6.2.4 计算法频谱仪的原理

1. 计算法频谱仪的基本构成

计算法采用快速傅里叶变换(FFT) 和数字滤波等数字信号处理技术，通过对采集的信号序列进行频谱计算，得到信号的频谱分析，其基础是 FFT 计算。计算法频谱仪的构成如图 6-13 所示，它由数据采集、数字信号处理、结果读出、显示记录等几部分构成。

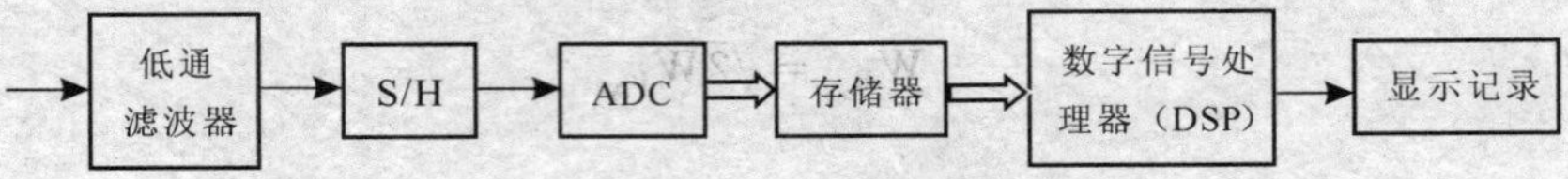

图 6-13 计算法频谱仪构成方框图

(1) 数据采集

数据采集部分是由抗混叠低通滤波器(LP)、采样保持(S/H) 和 ADC 等几个部分组成的。由采样定理可知，如果被采样的模拟信号中所含的最高频率为 f_{max}，则采样频率 f_s 应满足 $f_s > 2f_{max}$，这样，采样值序列能包含信号的全部信息。实际中 f_{max} 可能无法确切地知道，而是采用一个估计值。因此在采样前，应先用低通滤波器滤除信号中高于 $f_s/2$ 的频率，以防频谱混叠误差。

在数据采集中还要考虑谱泄漏问题。当对信号进行频谱计算时，通常是截取信号的一个时段做谱分析的，所得到的谱实际上是原信号的谱与矩形窗函数的谱的卷积。若截取长度为 T，则矩形窗函数在 $\pm n/T(n \neq 0)$ 频率处皆为零。若原信号只在 n/T 处有谱值，则卷积后，谱不变。这种情况相当于在 T 内正好有整数个原周期信号；若 T 不与信号周期成整数倍关系，则周期信号的基频和各次谐波不在 n/T 频率上，卷积后，各频率分量将泄漏到其他谱线位置上，造成谱泄漏。因此对周期信号应采用同步采集，即使一个样本长度 T 内含整数个信号周期。这需要选择一定的采样间隔 Δt，通过微调 Δt 自动进行同步采集。对于非周期信号，它的频谱在频率轴上连续取值，因截断带来的泄漏现象不可避免，只能在进行频谱计算之前采用矩形窗函数，对采样序列进行加窗处理，使泄漏现象得到改善。

(2) 数字信号处理(DSP)

DSP 部分的核心是 FFT 运算，通过它进行包括频谱分析在内的各种运算，获得信号的复数谱(它包含了振幅谱和相位谱的信息)。

频谱仪显示的是信号加噪声，为了减少噪声对信号的影响，在 DSP 中经常采用平滑和平均。平滑通常采用低通滤波器来实现，滤除高频干扰，可使信号被平滑。当计算频谱时，通常是将多个频谱做平均，用来减少平稳随机过程信号频谱的统计误差，提高谱质量。通常，FFT 频谱仪在给定指标时，也指明是对信号进行多少次的平均计算。

频率分辨率是频谱仪的重要指标。计算法频谱仪的频率分辨率随参数选择的谱估计方法的不同而不一样。理论上有极限分辨率 Δf 为

$$\Delta f=\frac{1}{N\Delta t}=\frac{1}{T}=\frac{f_s}{N} \tag{6-11}$$

式中，N 为采样点数。Δf 实际上是离散谱线之间的频率间隔。

在滤波法中，对于两个频率为 f_1 和 f_2 的等幅正弦信号，将谷点比峰点下降 3 dB 时，两峰的频率间隔作为滤波器的分辨率带宽（见图 6－9）。在计算法中若也用这个频率间隔作为频率分辨率值 $\Delta f = |f_1 - f_2|$，则计算频谱仪的分辨率近似为

$$\Delta f \approx 0.86 \frac{f_s}{N} \tag{6-12}$$

由此可见，可以通过增加采样点数 N 或增加采样时间 T 来提高频率分辨率。

(3) 计算法谱分析的基本步骤

1) 选定频率范围，并由此设定抗混叠低通滤波器的带宽；

2) 选择采样频率 $f_s > 2.56 f_{max}$，如果抗混叠低通滤波器的截止特性不好，则应适当提高采样频率以补偿；

3) 根据频率分辨率的要求，选定点数 N，使在被分析信号序列的长度内包含两个以上的基频周期；

4) 设定平滑方式和平均参数，选择窗函数类型；

5) 最后对所得到的离散谱做出正确的解释。

2. FFT 分析仪

通过 FFT 方法计算 DFT（离散傅里叶变换），即可得到信号的离散频谱，平方后可获得功率谱，它已成为低频谱分析的主要方法。采用 FFT 作谱分析的仪器，一般都具有众多的功能，远远超出了谱分析的范围。

3. 采用数字中频的外差式频谱仪

这种频谱仪融合外差扫描与数字处理、实时分析技术于一体，使频谱仪的性能得到很大提高。

传统的外差扫描式频谱仪的分辨率和分析速度受中频滤波器的带宽和动态特性的限制，分析时间和带宽成反比这一固有矛盾难以克服。要制成高分辨率的窄带滤波器，并具有优良的波形因子也比较困难。而采用数字中频后，可以通过数字滤波和 FFT 的方法，使分辨率和分析速度都大为提高。如图 6－14 所示为数字中频部分的方框图。

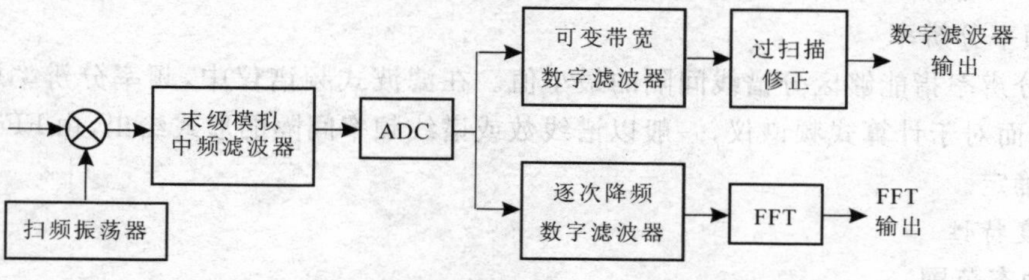

图 6－14　外差式频谱仪的数字中频部分方框图

图 6－14 中数字中频有以下两个特点。

(1) 采用数字带通滤波器取代模拟中频滤波器

数字滤波器可设计实现很窄的分辨率带宽和很优良的波形因子。传统的模拟中频滤波器的波形因子为 11∶1，而数字滤波器的波形因子为 4∶1，这就从根本上改善了频谱分析的质量。

采用数字滤波器可以使扫描速度（扫速）提高的机理可从两个方面说明：一方面数字滤波

器的响应输出对于一定类型的输入信号而言,是可预测的。随着扫速的变化,滤波器呈现为动态特性,表现为带宽增加,响应幅值下降和中心频率偏移。这些由扫速带来的影响,对数字滤波器而言,也是可预测的,因而可以通过"过扫描"修正来实现准确的测量,而无需等它达到稳态,因而大大提高了扫描分析速度。另一方面数字滤波器有优良的波形因子,在达到同等选择性(60 dB带宽)的条件下,数字滤波器有比模拟滤波器窄得多的3 dB带宽,而扫速与带宽的平方成反比,从而可以大大提高扫速。

采用数字滤波器后,扫速可提高 4 ～ 40 倍。

(2) 采用FFT实时分析技术,大大提高了分辨率和分析速度

当仪器的前端外差调谐部分工作于点频状态时,其输入经A/D变换后,由数字滤波器按 $1/2^N$ 逐级完成降频滤波,经数字滤波器选出的窄带信号再由FFT完成谱分析。若中频带宽为40 kHz,采用512点FFT,可达到200线的分辨率,窄至0.004 5 kHz。FFT过程可视为一组滤波器(512点FFT时等效为200多个滤波器)同时工作,这是一种实时分析技术,速度比单个滤波器进行扫描式分析快了数百倍。

由于采用了中频数字技术,其输出亦为数字量,因而可采用数字功率测量来代替传统的检波,即利用FFT输出的实部Re和虚部Im,计算 $P=P_{\mathrm{Re}}^2+P_{\mathrm{Im}}^2$。这时对于不同类型的信号,都能进行准确的功率测量。

6.2.5 频谱仪的技术指标

频谱仪种类繁多,不同类型的频谱仪参数也不尽相同,其主要的性能参数有频率特性、幅值特性及分析速度。

1. 频率特性

(1) 频率范围

频率范围指频谱仪分析信号的频率下限至上限的频段。对于全景外差式频谱仪来说,表示扫频宽度最宽时的频率范围,而扫中频频谱仪则给出它的扫中频宽度(一次扫描的频率范围)和中心频率的可调范围,以此作为它的工作频率范围。对于FFT计算式频谱仪来说,其频率范围由采样频率决定,一般取 $f_s>2.56\,f_{\max}$,$f_{\max}$ 即为最高的分析频率。

(2) 频率分辨率

频率分辨率指能够区分谱线间隔的最小值。在滤波式频谱仪中,频率分辨率取决于滤波器的带宽;而对于计算式频谱仪,一般以谱线数或谱线频率间隔的形式给出,由FFT点数 N 和信号带宽确定。

2. 幅度特性

(1) 动态范围

动态范围表征频谱仪同时显示大信号和小信号的能力,它是指显示信号中最大谱值与最小谱值的差,以dB表示。频谱仪必须有宽的动态范围,一般在60 dB以上。

(2) 灵敏度

灵敏度用来表征在给定其他指标条件下,频谱仪能测量最小的信号电平,表征频谱仪测量微小信号的能力。它主要取决于仪器的内部噪声,通常定义为信噪比为1时的输入信号功率或电压。为了易于从频谱图上看清楚信号谱线,一般要求信号电平比内部噪声电平高10 dB。如Agilent N9020A MXA信号分析仪,灵敏度可达－151 dB/Hz。

(3) 幅度精度(或误差)

幅度精度是指所测得的谱值幅度的读数精度。对于采用 FFT 计算的频谱仪来说，谱值的误差包括计算误差(有限字长)、混叠误差、泄漏误差等系统误差以及每次单个样本分析含有的统计误差。不同原理的误差要采取不同的方法解决。如安捷伦公司的 MXA 系列 N9020A—503 的全频率响应从 20 Hz ～ 3.6 GHz，其幅度精度为 0.23 dB。

3. 分析时间与扫频速度

(1) 分析时间

分析时间是指完成一次频谱分析所需要的时间。对于滤波式频谱仪来说，它由滤波器带宽、检波平均时间常数及结果处理速度决定；对于 FFT 式频谱仪，则主要取决于 N 点 FFT 变换的运算时间、平均处理及结果处理的时间。如泰克公司的 RSA3300B 可以执行 48 000 次 /s 运算，即可以在频域显示 41 μs 的频率瞬变，而 RSA6120A 则可以处理 3.7 μs 内的频率瞬变。

(2) 扫频速度

在外差式频谱仪中，扫频宽度与分析时间之比为扫频速度。扫频宽度又称为分析带宽，表示频谱仪在一次测量过程中显示的频率范围，为了便于分析频谱的细节，有时需要窄带扫频。频谱仪的扫频宽度都是可调的。如安捷伦公司的 MXA 系列 N9020A—503 的扫描时间从 1 ms ～ 4 000 s 可调(扫描宽度 ＞ 10 Hz)。

扫频速度与仪器的动态分辨率密切相关。为了获得最佳动态分辨率和扫频宽度，所选用的中频带宽和扫描分析时间之间应正确搭配。

6.2.6　频谱仪的发展趋势

频谱仪的功能在不断提高，新型仪器不断出现，实时化、数字化成为趋势。从高频频谱仪来看，工作频率已达数十 GHz。通过外置波导混频，分析频率上限已扩展到数百 GHz 到 1 200 GHz，如 Agilent PSA 系列的 E4448A 频谱仪，使用外接组件可使频率覆盖至325 GHz。普遍采用频率合成器作为调谐本振，频率稳定度达到 10^{-9}/d。采用数字技术，使幅度分辨率达 0.01 dB，动态范围达 125 dB，灵敏度达 －150 dB，如 Agilent E4407B—COM ESA—E 通信测试分析仪，灵敏度可达 －167 dB 的显示平均噪声电平。利用数字滤波器和 FFT 取代模拟滤波器，使频率分辨率和灵敏度大为提高。有的频谱仪还用 FFT 计算代替滤波法作谱分析，用数字计算代替检波，提高了精度，扩大了动态范围，波形适用性强。在现代频谱仪中采用了高性能的数字信号处理(DSP) 芯片，使分析速度、精度和分辨率等指标不断提高。

6.2.7　频谱仪的应用

频谱仪是一种综合性的，能深入、全面分析信号频率和幅度关系的多功能仪器。它不但广泛应用于电子技术领域，同时在声学、光学、振动等科学技术中也是必不可少的测试设备。由于频谱仪具有灵敏度高、频带宽等特点，在射频及微波频率下使用特别得心应手。此外，其应用的深度和广度与用户的专业知识与仪器提供的某些附加功能有很大关系。下面讨论频谱仪的一些典型应用。

1. 分析信号中包含的频谱分量及其幅值

分析信号中包含的频谱分量及其幅值是频谱仪最基本的功能。只要将被测信号接入频谱仪的输入端，就可测得信号中各频谱分量的幅值。在测量时，首先将显示的参考(基准) 电平设置为不大于仪器动态范围最大值的某个数值。扫频范围应根据信号的频谱设置，既可以设置高、低两个显示频段，也可设置中心频率。使用现代频谱仪的“自动”功能，仪器会根据信号的实际情况选择坐标刻度，还能根据扫频宽度自动选择分辨率宽度和扫频时间。

2. 用频谱仪测量失真度

(1) 失真的概念

失真有三种：幅度失真、相位失真和非线性失真。系统对同幅度、不同频率的信号的输出幅度不同，产生幅度失真；系统对不同频率信号相移的非线性，产生相位失真。当单一频率的信号通过电路时，幅度失真和相位失真都会产生输出信号与输入信号的波形不一致。电路中器件的非线性产生非线性失真，又称谐波失真。也就是说，当输入信号为单一纯正弦波时，输出信号变成了失真正弦波。失真正弦波可以看成是基波和各次谐波的合成。由此可见，非线性失真不同于幅度失真和相位失真，它使输出信号产生了输入信号中没有的频率成分。

非线性失真的程度用非线性失真系数 γ 表示，其定义为信号总的谐波功率与基波功率之比的算术根，即

$$\gamma=\sqrt{\sum_{n=2}^{\infty}P_n/P_1}=\sqrt{\sum_{n=2}^{\infty}U_n^2}\Big/U_1 \tag{6-13}$$

式中，P_1，U_1 为信号基波的功率和电压有效值；P_n，U_n 为信号 n 次谐波的功率和电压有效值。

非线性失真系数简称为失真度，通常用百分比表示。测量非线性失真的方法主要有两种：频谱分析法和基波抑制法。前者多采用频谱仪，后者是根据基波抑制原理制成失真度测量仪，专门用来测量信号的非线性失真。

(2) 用频谱仪测量失真度

把被测信号送入频谱仪的输入端，调节有关旋钮，使屏幕上出现包含基波分量和各次谐波分量的频谱图，如图 6-15 所示。根据图中各分量的幅值，按式(6-13) 计算失真度，最高谐波的次数 n 可按要求的测量精度选取。用频谱仪测量失真度适用于各种频段，不仅测量精度高，而且可测量很小的失真度。

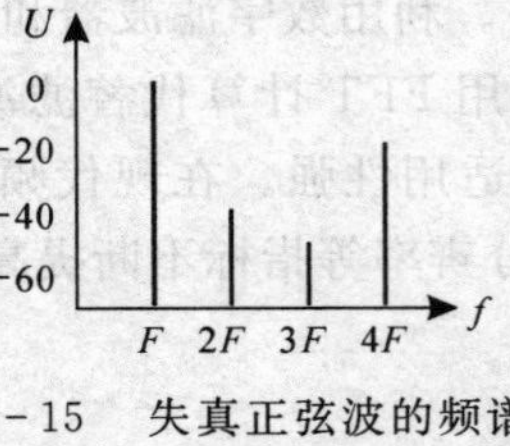

图 6-15　失真正弦波的频谱图

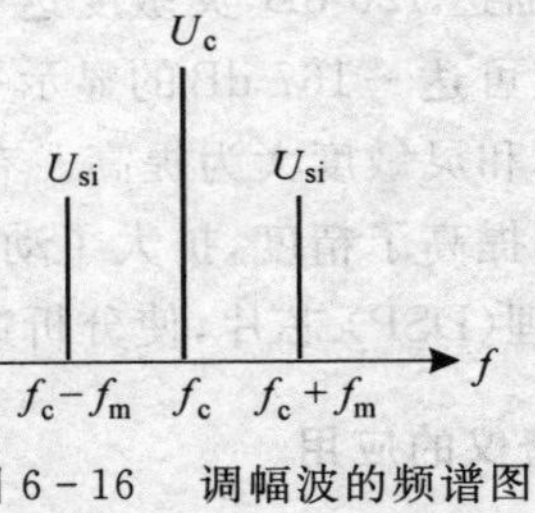

图 6-16　调幅波的频谱图

2. 用频谱仪测量调制度

用要传送的信号(调制信号) 去控制载波的某一参数，称为调制。使载波的振幅随调制信号而变化，称为调幅(AM)；使载波的频率随调制信号而变化，称为调频(FM)，振幅和频率被调制的程度称为调制度，或称为调幅系数、调频系数。很多类型的调制信号都可以用频谱仪进行测试。

(1) 用频谱仪测量调幅度

设调制信号为 $u_m(t)=U_m\cos\omega_m t$，载波信号为 $u_c(t)=U_c\cos\omega_c t$，则调幅波表示为

$$u(t)=(U_c+U_m\cos\omega_m t)\cos\omega_c t=U_c\cos\omega_c t+\frac{1}{2}m_a U_c\cos(\omega_c-\omega_m)t+\frac{1}{2}m_a U_c\cos(\omega_c+\omega_m)t \tag{6-14}$$

式中，$m_a=U_m/U_c$ 为调幅系数。

式(6-14)表明该调幅波由 3 个频率分量构成，即载波和 2 个边带分量。将调幅信号送入频谱仪，屏幕上将出现如图 6-16 所示的频谱图，调整频谱仪的增益，使载波谱线的高度为 0 dB，边带分量的幅度为 U_{si}(dB)，则可求得调幅系数为

$$m_a=2\times10^{U_{si}/20} \tag{6-15}$$

由于频谱仪的动态范围很宽，因此用它能测量很小的调幅系数。另外，用频谱仪测量寄生调幅也是非常有效的，可以测出调幅时的非线性失真。

(2) 用频谱仪测量调频系数

调频波的瞬时角频率为

$$\omega(t)=\omega_c+\Delta\omega\cos\omega_m t \tag{6-16}$$

则调频波表示为

$$u(t)=U_c\cos\left[\int\omega(t)\mathrm{d}t\right]=U_c\cos[\omega_c t+(\Delta\omega/\omega_m)\sin\omega_m t]=U_c\cos(\omega_c t+m_f\sin\omega_m t) \tag{6-17}$$

式中，$\Delta\omega=2\pi\Delta f$，$\Delta f$ 为最大频偏；$m_f=\Delta\omega/\omega_m$ 称为调频系数。将式(6-17)用三角函数公式展开，并写成级数形式，可得

$$u(t)=U_c\left[J_0(m_f)\cos\omega_c t+\sum_{n=1}^{\infty}J_n(m_f)(-1)^n\cos(\omega_c-n\omega_m)t+\sum_{n=1}^{\infty}J_n(m_f)\cos(\omega_c+n\omega_m)t\right] \tag{6-18}$$

式中，$J_k(m_f)$ 是以 m_f 为变数的 k 阶第一类贝塞尔函数。

$$J_k(m_f)=\sum_{j=1}^{\infty}\frac{(-1)^j(m_f/2)^{2j+k}}{j!\,(k+j)!} \tag{6-19}$$

式(6-19)表明，虽然调制信号 $u_m(t)$ 是单一频率信号，但调频波却包含无穷多项频率分量。不过频谱的主要成分集中在以载频为中心的有限带宽内，如图 6-17 所示。用频谱仪测量调频波时是借助于贝赛尔函数的计算来确定调频系数 m_f 和频偏 Δf 的。

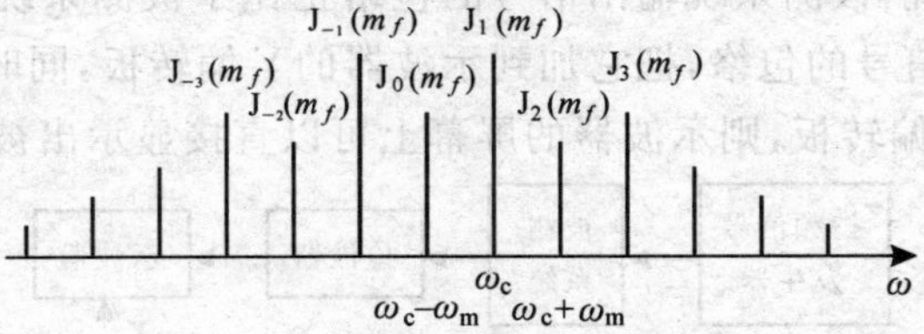

图 6-17　调频波的频谱

除了上述列举的应用外，结合具体的专业和仪器特点，频谱仪还有多种应用，如进行脉冲调制信号的测量，复合信号(如射频脉冲信号、时分多址(TDMA)信号等)的频谱测量，相位噪声信号的测量等。利用各种传感器，可将频谱分析用于机械、振动、医学、地震以及声学等多种

学科。

6.3 系统的频率特性测量

6.3.1 概述

频谱仪主要用来分析信号中所包含的频率成分，对系统、元器件以及电路和网络在不同频率下的特性，则主要使用频率特性分析和网络分析。对系统频率特性的测量就是在不同频率的正弦信号作用下，测量输出电压与输入电压之比，这个比值可以是增益，也可以是损耗。系统（网络）的频率特性测量也是频域分析的重要内容。电子测量中经常碰到的问题是对网络的阻抗和传输特性的测量，如增益和衰减、幅频特性、相位特性和时延特性等。

频率特性的测量方法有很多，可以是正弦波点测法，也可以是扫频测量。点测法是指系统参数的测试是在固定频率点上逐点进行的，如图 6-18 所示。将正弦信号源的输出及被测系统的输入电压 U_i 固定为某确定值，在不同的频率下测量被测系统的输出电压 U_o，则系统的增益或衰减表示为

$$K = U_o / U_i \tag{6-20}$$

将测量范围内各频率点的 K 都集合起来，就是被测系统的频率特性。这种测试方法烦琐、费时，且不直观，有时还可能因为所选的频率点不够多或不够恰当而漏掉测量点之间的谐振现象和网络特性的突变点。

图 6-18　频率特性的点频测量

所谓扫频是指采用扫频信号发生器，使正弦信号的输出频率在一定范围内扫描。利用扫频信号发生器和示波器可以实现频率特性的快速、半自动或自动测试。扫频测量法简单、省时，而且扫频信号发生器输出的频率连续扫描，因此不会漏掉被测系统频率特性的细节。

6.3.2 扫频法测量频率特性

如图 6-19 所示是利用扫频法测量频率特性的原理方框图。扫频信号发生器输出的等幅扫频信号被送入被测系统，被测系统输出信号的包络正比于被测系统的频率特性。用幅度检波器检出被测系统输出信号的包络，把它加到示波器的 Y 偏转板，同时把扫频信号发生器的扫描电压加到示波器的 X 偏转板，则示波器的屏幕上可以直接显示出被测系统的频率特性。

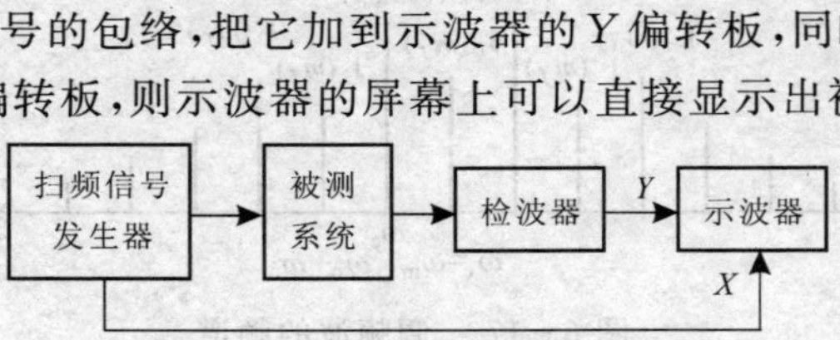

图 6-19　扫频法测量的频率特性

由扫频信号发生器、示波器、检波器构成的专门用来测量频率特性的仪器就是频率特性测试仪，通常又称作扫频仪。它可以分成不带显示器的扫频信号源（扫频信号发生器）和带显示器的频率特性测试仪两类。按照扫频振荡器的类型可将扫频仪分为变容管扫频仪、磁调制扫

频仪等。

对于扫频仪来说，扫频信号的中心频率应当是被测网络通频带的中心频率，扫频宽度应略大于被测网络带宽。为此要求扫频振荡器的中心频率及扫频宽度均可独立调节。此外，与频谱仪一样，当扫频信号的频率变化较快时，扫频速度对被测系统的频率响应有一定的影响。若被测系统的通频带很窄，那么它对快速瞬变过程将不能做出快速的反应，这时扫描信号的频率应足够低，否则显示的频率将产生较大的失真。在某些情况下，不仅需要测试系统的静态频率特性，还需要测试其动态频率特性。

有的扫频仪本身不带扫频振荡器，它借助于扫频信号发生器测量网络的频率特性，这种扫频仪称为通用扫频仪，如图 6－20 所示为其原理框图。

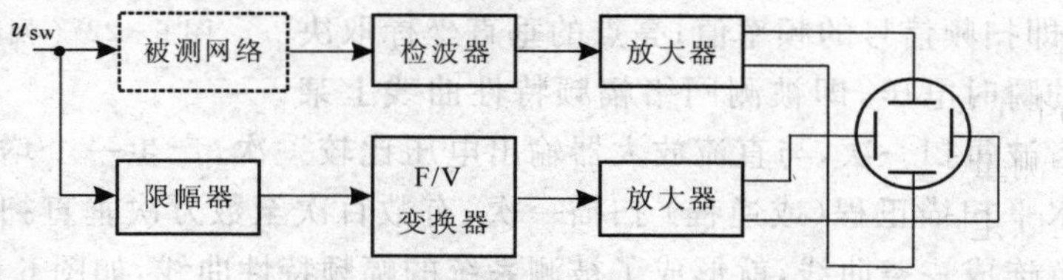

图 6－20　通用扫频仪原理框图

外来的扫频信号 u_{sw} 送给被测网络，被测网络的输出经检波、放大后加在示波管 Y 偏转板上。同时外来扫频信号经限幅送至频率／电压(F/V)转换器上，得到扫描电压，该电压经放大后送至 X 偏转板。F/V 转换器是通用扫频仪的关键部件。

6.3.3　光栅增辉式扫频仪

扫频仪按显示方式可分为光点扫描式和光栅增辉式。光点扫描式扫频仪采用静电偏转示波管，其屏幕面积较小，影响测量精度的提高。为此可采用大屏幕的电磁偏转的示波管，它采用光栅显示原理，所形成的扫频仪称为光栅增辉式扫频仪。如图6－21所示为其原理框图。它有暗光栅产生、幅频特性形成和显示、电子电平刻度线和频率刻度线等单元电路。

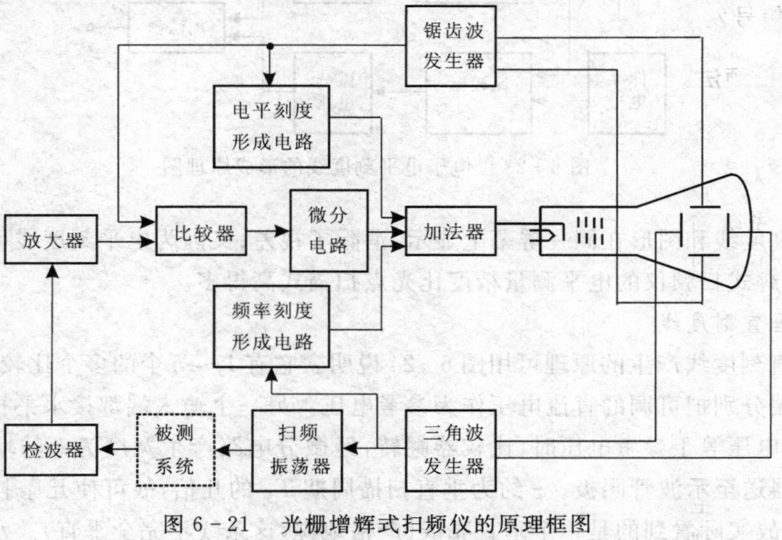

图 6－21　光栅增辉式扫频仪的原理框图

1. 幅频特性的形成和显示

锯齿波发生器输出频率 $F_y=18.5$ kHz 的锯齿波，送至垂直偏转线圈，频率为 $F_x=0.01\sim30$ Hz(可调) 的三角波电流送至水平偏转线圈，在垂直和水平偏转电流的作用下，屏幕上产生暗光栅。暗光栅的形成原理在 5.2.2 节已经做了介绍。

扫频信号经被测网络、检波器和直流放大器，得到被测系统的幅频特性，加在比较器的一端，另一端加锯齿波电压。当锯齿波电压等于被测信号时，比较器翻转，积分电路产生负的增辉脉冲，该脉冲放大后通过加法器送至显像管阴极，屏幕上出现一个亮点，亮点的水平坐标取决于三角波电流的瞬时值，即扫频信号的频率值；亮点的垂直坐标取决于直流放大器的瞬时电压，即被测网络幅频特性曲线上某点的电平。锯齿波每扫一次，与直流放大器输出电压比较一次，产生一个增辉脉冲，屏幕上出现一个亮点。水平扫描正程(或逆程) 扫描一次，有数百次至数万次垂直扫描，这样屏幕上数百至数万个亮点连成一条曲线，就形成了被测系统的幅频特性曲线，如图 6－22 所示。

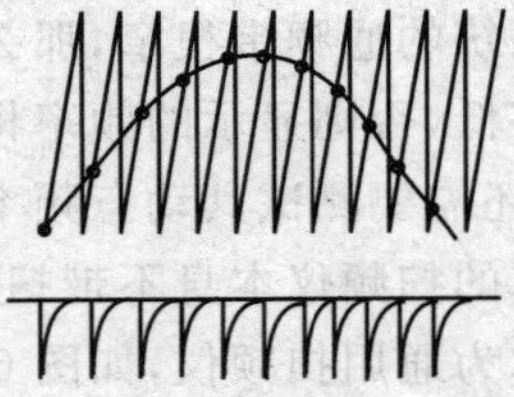

图 6－22　幅频特性显示过程

2. 电子电平刻度线

利用光栅显示图形的原理，可在屏幕上显示电子电平刻度和电子频率刻度线。

当图形信号为一直流电平时，屏幕上显示一条水平线，其高度正比于直流电压值，基于这一原理可产生电子电平刻度线，如图 6－23 所示为电子电平刻度线形成的原理框图。由图 6－23 可见，它与被测信号显示电路基本相同，不同的是它给比较器输入的参考电平是连续可调的直流电压，这样屏幕上显示的水平线高低表示了参考电平的大小。图中比较器的直流电平连续可调，也可输入标准电平作校准用。

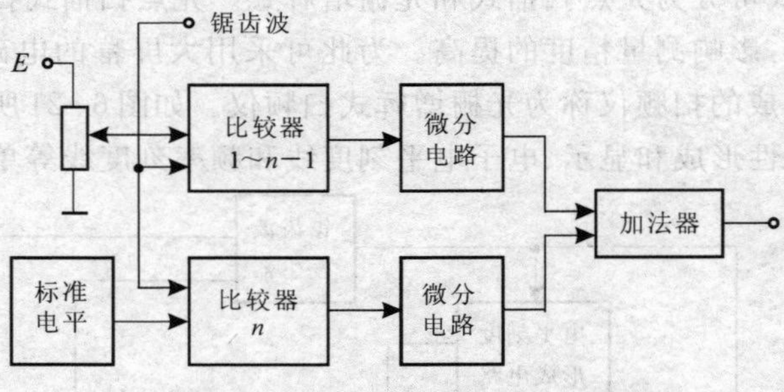

图 6－23　电子电平刻度线的形成原理图

因电平刻度线和图形在同一屏幕上显示，消除了视差；又因为电平刻度线可用标准电平校准，故光栅增辉式扫频仪的电平测量精度比光点扫描式高得多。

3. 电子垂直刻度线

电子垂直刻度线产生的原理可用图 6－24 说明。它有 $1\sim n$ 个的多个比较器，每个比较器的一个输入端分别把可调的直流电压作为参考电压。另一个输入端都接水平扫描的三角波电压，当三角波电压等于参考电压时，比较器翻转，经微分电路产生宽度为 τ 的增辉脉冲。增辉脉冲经加法器送至示波管阴极。τ 约为垂直扫描周期 T_y 的几倍，故可使几条扫描线发亮。因暗光栅很密，故实际看到的是一个垂直亮线(严格地说，这条线不完全垂直)。水平方向的不同位置代表不同的频率，故每一条亮线就是一条频率刻度线。改变比较器的参考电压，可使频率刻度线移动。

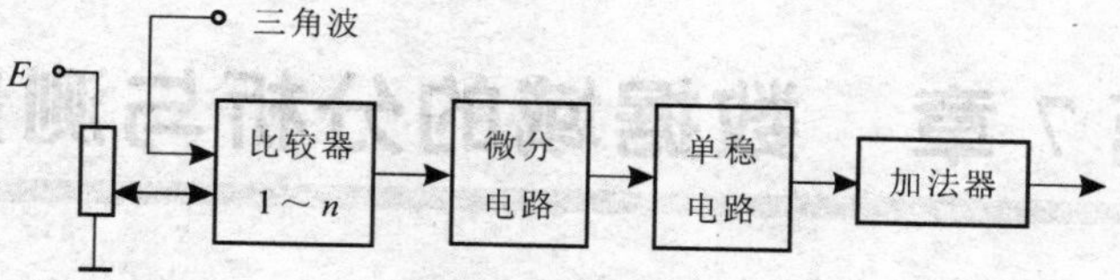

图 6-24　电子垂直刻度线的形成原理图

校准频率刻度线的方法很多，最简单的方法是用差频法产生针形频标，把频标脉冲变成增辉脉冲送至加法器，屏幕上就显示一条频率刻度线。如图 6-25 所示为显示频率特性时的屏幕正面。

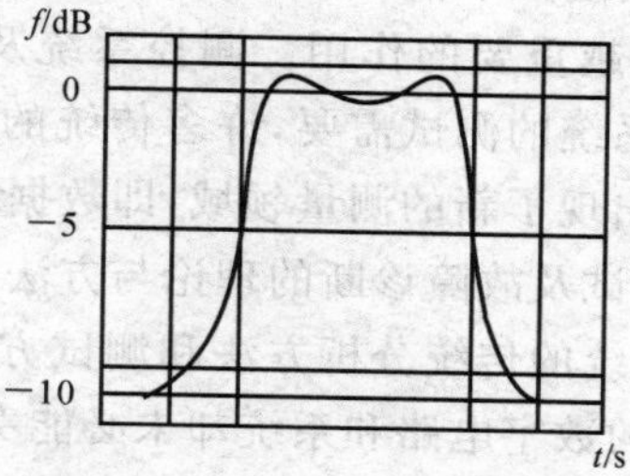

图 6-25　分栅显示的屏幕画面

综上所述，光栅增辉式扫频仪采用大屏幕显像管、电子电平刻度线和电子频率刻度线，因此其电平和频率测量精度比光点扫描式扫频仪的精度高。

习题与思考题

6-1　什么是频谱仪的频率分辨率？试说明在各种频谱仪中，频率分辨率与哪些因素有关？

6-2　说明外差式频谱仪的基本工作原理。为什么外差式频谱仪要采用多次混频？

6-3　设滤波式频谱仪中，扫频宽度为 25 kHz，扫描时间为 40 ms，试计算此时频谱仪能达到的最高频率分辨率。

6-4　在外差式频谱仪中，用 100 Hz 的分辨率分析 40 Hz～40 kHz 的频率的信号，问需要多长分析时间？

6-5　滤波器的动态特性对频谱分析的性能有何影响？

6-6　说明频率特性的测试原理。

6-7　说明光栅增辉式扫频仪的工作原理。

6-8　为什么光栅增辉式扫频仪的测量精度高？

6-9　如何用频谱仪测量信号的失真度和调幅系数？

第 7 章 数据域的分析与测量

7.1 引 言

随着计算机、微电子技术与高速数字信号处理器的迅猛发展和广泛的应用，数字电路和数字系统在测控系统中担负着越来越重要的作用。测控系统及测控仪器都在向数字化方向发展，为满足这些数字设备和数字系统的测试需要，许多传统的测量理论、技术和仪器都随测试系统的发展发生了巨大的变化，出现了新的测量领域，即数据域测试。数据域测试的研究内容就是数字系统和计算机系统的测试及故障诊断的理论与方法。

时域和频域方法是电路和系统的传统分析方法和测试方法，对于模拟电路和系统是久经考验而行之有效的；但对于复杂的数字电路和系统却未必能奏效，甚至会完全无能为力。

在一个模拟电路中，某一点上所发生的事件，一般会立即（只有有限的延时）在其输出端反映出来。数字系统则不然，某一点上所发生的事件，往往在经过若干个内部工作循环周期之后，才会在另一点或输出端上有所表现，或者，甚至可能毫无表现。并且，数字系统中不同的内部事件，也有可能产生同样的外部或终端效果。加之，在数字集成电路中，特别是大规模集成电路（LSI）和超大规模集成电路（VLSI）中，内部电路规模庞大，十分复杂，而外部可观测点（引脚）则甚少，常常不得不依靠少数外部测试点上所得的有限结果来推断电路内部所发生的复杂过程。此外，在数字系统中，除了由于硬件故障而引起外部信息错乱之外，还可能由于软件的问题而导致异常输出。除此之外，高性能的数字电路不但总线位数多，工作速度快，而且信号间通常要求严格的时序关系，软件和硬件之间彼此作用，相互影响。在程序运行时各种信号大多是单次或非周期的。凡此种种因素，都给数字系统的测试和分析带来极大困难，也因此形成了数字系统与模拟系统测试分析的重大差别。为此，不论在数字系统及其组件、元件的设计、研制、生产、调试乃至运行、应用、维护或修理等各项工作中，都迫切要求提供全新的、适当的测试和分析方法，以及相应的测试仪器和系统。

数字系统所处理的是一些脉冲序列，多为二进制信息，通常一般化地称之为“数据”，因此，有关的测试分析也就称为数据域测试分析。

数据域测试的历史，其渊源虽可上溯到 20 世纪 50 年代初期或更早，而其真正的开始则可认为是始于 60 年代初期对电子计算机的诊断工作。事实上，所谓数据域测试就是对数字电路和系统进行故障侦查、定位和诊断。

随着数字系统和计算机技术应用的日益普及，数字系统和计算机本身也日益庞大复杂，其维护、检修问题日益严重，这就更加促进了数据域测试的发展。特别是在一些实时控制的联机应用中，诸如航天、航空的飞行控制，武器系统的管理和控制，化学过程和核反应堆的管理和控制，等等，其中所用的数字系统和计算机的任何故障或失误，都将会导致大的灾祸。因此，数据域测试又与数字系统的可测性设计和可靠性设计紧密结合起来，并由此而发展了数据域测试中的所谓内测试或自测试技术。

在实际的数据域测试中，工作量十分巨大，通常利用计算机来辅助测试，即所谓计算机辅助测试(CAT)。数据域测试的最新发展是无接触测试，目前已被采用的有自动视觉测试(AVT)和热图像处理等技术。AVT技术利用摄像机采集被测试板的图像信息，通过计算机来发现故障；热图像技术利用红外线扫描获取信息。不少系统还引入了人工智能和专家系统，这是数据域测试发展的重要方向之一。

7.1.1　数字信号的特点

数字系统是由基本的数字单元组合而成的，在运行过程中，各基本单元电路只有高低两种电平的组合及其变化，从而形成数据流。系统中的数据流，无论是信息本身还是控制信号都是数字信号，其主要特点如下。

(1)数字信号一般为多路

字符、数据、信息、指令都是由有一定编码规则的多位(bit)数据组成的，因此，同时传递数字信息要有多条通道，这就形成了总线，多个器件都同样地"挂"在总线上，按一定的时序节拍脉冲同步工作。

(2)数字信号按时序传递

数字系统具有一定的逻辑功能，为使它正常运行，要求各个部分按照预先规定的逻辑程序进行工作，这些逻辑关系是由控制器产生和保证的，系统中的信号是有序的信息流，它们之间有严格的时序关系。因此，数字电路的测试最重要的就是检查数字脉冲的先后次序和波形的时序关系是否符合设计要求。

(3)数字信号有多种传递方式

数字信号的传递方式有串行和并行两种。串行传递方式用时间序列换取硬件设备的简化，并行传递方式用硬件扩展换取速度的提升。通常近距离指令和数据的长字节数据采用并行传递；短字节(B)数据可以采用串行传递；在远距离数据传输中，一般采用串行传递方式。

(4)数字信号具有非周期性

数字信号往往是单次或非周期的。数字系统在程序控制下运行，当执行一个程序时，许多信号只出现一次，例如中断事件；某些信号可能重复出现，但并非时域上的周期信号，例如子程序的调用。

(5)数字信号的速度范围很宽

数字系统中，高速微处理器具有ps(10^{-12} s)量级的时间分辨率，而低速设备如电传机的输入键的选通脉冲却以ms(10^{-3} s)计量，可见数字信号的速度范围很宽。

(6)数字信号为脉冲信号

数字信号是脉冲信号，各通道信号的前沿很陡，其频谱分量十分丰富，因此，数据域测量必须注意选择开关器件，并注意信号在电路中的建立和保持时间。

(7)数字系统的故障判别与模拟系统不同

模拟系统的故障往往表现在某些节点的电位不正常，在相同信号的激励下节点的波形不正常等。而在数字系统中，故障往往不在于信号或波形的变化，而在于信号间的逻辑关系是否满足要求。当不满足规定的逻辑关系时即发生故障。错误的数据往往混合在正确的数据流中，例如在数据流中出现持续时间明显小于时钟周期的尖脉冲(或称毛刺)。毛刺的出现往往导致硬件电路工作不正常，而这种不正常有时在程序执行过程中以故障形式表现出来。

在拟定数据域测试方案设计、制造数据域测试仪器时，都应考虑上述数字信号的特征。

7.1.2 数据域测试的基本方法与可测试性

数字系统测试的目的，一是确定系统中是否存在故障，二是确定故障的位置。前者称为合格/失效测试，或称故障检测(fault detection)，后者称为故障定位(fault location)。故障诊断包括故障检测和故障定位。

要对一个数字电路做出完备的测试，最简单的方法无疑是穷举测试法，即把任何可能的输入组合加于被测系统，看是否得到应有的输出结果。如果所有的输入信号，输出信号的逻辑关系都是正确的，则这个数字电路就是正确的；如果输出信号的逻辑关系不正确，则这个数字电路就是错误的，这种方法就是穷举测试法。对于复杂的被测电路，以一个正确电路作为参考电路，将正常电路的真值表同有某种故障电路的实际真值表相比较。如果两电路输出数据流始终相同，则被测电路是正确的，否则就是错误的。根据这个测试结果，可给出“合格/失效”指示，求得完备的测试集。穷举测试法如图 7-1 所示。

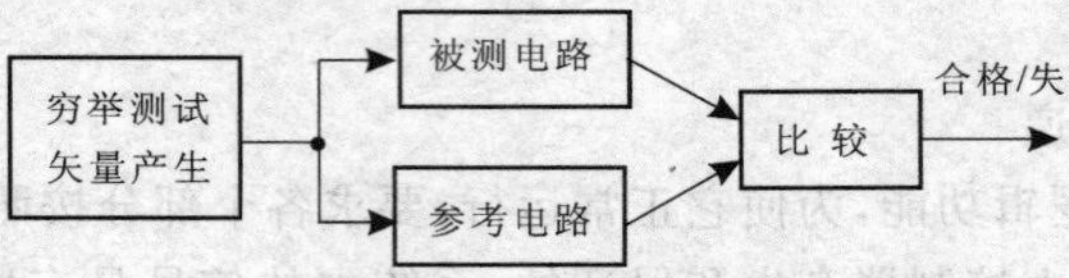

图 7-1　穷举测试法示意图

穷举测试法的优点是能够测出 100% 的故障，其缺点是测试时间随输入端数量的增加呈指数增加。

对于组合逻辑电路来说，较为实际可行的测试方法是采用伪穷举测试法。伪穷举测试法的基本思想是把一个大电路划分成数个子电路，对每个子电路进行穷举测试。伪穷举测试法的子电路划分可以采用两种方法，一种是多路开关硬件划分法，一种是敏化划分法。多路开关硬件划分法是在硬件电路设计中，加入多路开关，从硬件上把复杂电路划分为若干个相关的子电路。这种方法的缺点是增加了电路的硬件和电路延迟，降低了工作速度。采用敏化划分技术可以避免这些缺点。敏化划分技术是采用通路敏化方法，对被测试的子电路进行分析，确定在输入端的 2^n 个组合数据流中选取 $m(m<2^n)$ 个组合。只输入这 m 种组合情况，即可完全测试子电路的性能，这 m 种组合称为“最小完全测试集”。

将图 7-1 中的“穷举测试矢量产生”电路换成“随机测试矢量产生”电路，就构成了随机测试法的原理框图。在随机测试法中，随机产生输入可能的 2^n 个组合数据流，由它产生的随机和伪随机测试矢量序列同时加到被测电路和已知功能完好的参考电路中，对它们的输出响应进行比较，根据测试结果，给出“合格/失效”指示。随机测试法的一个重要问题是，对于给定的故障覆盖率，来确定随机测试矢量序列的长度。

微处理器系统一般由 LSI 电路组成。由于 LSI 电路的结构太过于复杂，而且用户一般也不了解其细节，所以前面所述的结构性测试就无法实施技术测试。对微处理器的测试是属于子系统级的功能性测试，包括对 RAM 的测试和对裸 CPU 的测试。还有利用被测系统自身的应用程序来对系统进行测试的方法，这类方法只对该系统的应用所涉及的功能进行测试，至于用不着的一些功能则置之不理。这类测试显然远非完备，但却十分实用，就实际应用而言，测试是完备的。

一个大规模集成电路设计得再好，如果在设计时没有考虑测试问题，那么这个电路由于无法检查验证其正确性而不能投入实际使用。因此，当在设计数字逻辑电路时，一定要同时考虑系统的测试问题，比如，多留一些与外电路连接的开关或引脚，有意识地将数字电路划分为若干个子电路等，使数字电路的测试变得可能和容易。

数字电路的可测性有多种定义，其中一个定义是，若对一数字电路产生和施加一组输入信号，并在预定的测试时间和测试费用范围内，达到预定的故障诊断要求，则说明该电路是可测的。

数字电路的可测性包括两种特性：可控性和可观察性。可控性是指通过外部输入端信号设置电路内部的逻辑节点为逻辑"1"和逻辑"0"的控制能力；可观察性是指通过输出端信号观察电路内部逻辑节点的响应的能力。

目前较为流行的可测性设计方法是扫描设计技术和自测试技术。

7.1.3　数据域测试仪器的分类

数据域测试仪器按其功能可分为三大类：节点测试器、逻辑分析仪和微机开发系统。

1. 节点测试器

节点测试器是最早用于数字系统测试的一种工具，以节点信息为测试对象，通过分析、比较测试节点处的信息，判断故障所在。其结构简单，使用方便，被广泛地用于数字系统中诊断节点开路、短路和桥接等故障。逻辑笔、逻辑监视器、逻辑比较仪、逻辑脉冲发生器、电流故障检寻器等都属于这一类。此外，运用纠错码理论和数据压缩技术的特征分析仪也属于这一类。

2. 逻辑分析仪

逻辑分析仪以总线概念为基础，能同时对多个节点进行测试。它能对逻辑电路、软件的逻辑状态进行记录和显示，通过各种控制功能实现对逻辑系统的分析，给出对逻辑系统的功能的判断。逻辑分析仪是目前功能很强、使用最广的通用数据域测试仪器。通用接口总线(GPIB)分析仪也属于这一类。

3. 微机开发系统

微机开发系统是对各种带有微处理器的数字系统进行数据域测试的多功能仪器。它不仅具有调试系统软、硬件的各种功能，还能对系统软件运行进行实时跟踪、仿真。高级的微机开发系统，是目前最复杂的数据域测试仪器。微机开发系统可分为专用、通用和多功能开发系统三种。

7.2　逻辑分析仪的基本概念

对复杂的大规模集成电路的测试以及对微处理器和微机系统测试主要使用逻辑分析仪。自1973年美国首先推出逻辑分析仪以来，逻辑分析仪相关技术发展迅速，是研究测试数字电路的重要工具。随着信息工业的发展和数字系统的普及，逻辑分析仪的应用也更加广泛。

逻辑分析仪具有通道数多、存储量大、多通道逻辑信号组合触发、数据处理和多种显示等特点，它能够用表格形式、波形形式或图形形式显示具有多个变量的数字系统的状态，也能用汇编形式显示数字系统的软件运行状态、寄存器当前值、数据与指令地址等信息，从而实现对数字系统软、硬件的测试。

逻辑分析仪可分为两大类:逻辑定时分析仪(LTA)和逻辑状态分析仪(LSA)。这两类分析仪的基本结构是相似的,主要区别表现在显示方式和定时方式上。逻辑定时分析仪用时间关系图显示被测数据,即用多路矩形脉冲(理想化波形)或高低电平表示逻辑“1”和“0”,这种图形方式便于分析多路数字信号的时间关系。

逻辑定时分析仪用来测试两个系统之间的数字信号传输情况和时间关系。通常两个被测系统有各自的时钟,因此逻辑定时分析仪必须有内部时钟源,而且为了提高测量精度和分辨率,它的时钟频率要远高于被测系统时钟,这样单位时间内采集的信息量较大,需要的内存容量也较大。总之,逻辑定时分析仪在内部时钟的控制下,与被测系统异步工作,它主要用于测试系统的硬件工作状态。

逻辑状态分析仪用状态表显示被测数据的逻辑状态,它显示直观,能从大量的数据中发现错码,便于进行功能分析。

逻辑状态分析仪用来对系统进行实时状态分析,检查在被测系统时钟作用下的信息状态,因此状态分析仪内部没有时钟源,它采用被测系统的时钟,与被测系统同步工作。逻辑状态分析仪主要用于软件分析。

目前,逻辑分析仪一般同时具有状态分析和定时分析能力。

7.2.1 逻辑分析仪的组成

逻辑分析仪的类型繁多,尽管在通道数量、取样频率、内存容量、显式方式及触发方式等方面有较大区别,但其基本组成部分是相同的,主要包括数据捕获和数据显示两大部分,如图7-2所示为逻辑分析仪的基本组成框图。

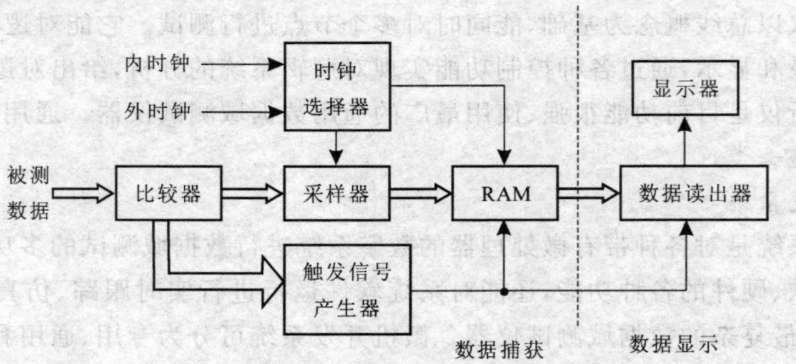

图 7-2 逻辑分析仪的基本组成

数据捕获部分包括信号输入、采样、数据存储、触发产生和时钟电路等。被测信号经过多通道逻辑测试探头形成并行数据,送至比较器,与门限电平进行比较并将输入波形整形为符合逻辑分析仪内部逻辑电平要求的信号。经整形后的数据送至采样器,在时钟脉冲控制下进行采样。采样获得的数据流送到触发电路进行触发识别。触发信号产生器按照给定的数据捕获方式,在数据流中搜索特定的数据字,当搜索到特定数据字时,产生触发信号控制数据存储器,使它开始或停止存储数据,以便确定数据窗口。数字存储电路在触发信号的作用下进行相应数据存储的控制。数据捕获完成后,由显示控制电路将存储的数据按照先后顺序逐一读出,由显示器按设定的方式对捕获的数据进行观察。

逻辑状态分析仪的数据采集时钟由被测系统提供(外时钟)。例如,在微机系统中可用读、写信号作为采集时钟,当被测系统中的微处理器执行读、写操作时,逻辑状态分析仪就采集数据。因此,逻辑状态分析仪的数据采集与被测系统的工作站是同步的。逻辑定时分析仪的采集时钟由仪器内部提供,它与被测系统的工作是异步的。逻辑状态分析仪主要用于软件开发,而逻辑定时分析仪主要用于硬件开发。逻辑分析仪大都同时具有状态分析和定时分析功能。

最高时钟频率、存储器容量及输入通道数是逻辑分析仪的三个主要指标。

7.2.2　逻辑分析仪的触发方式

逻辑分析仪可以同时采集多路信号,以便于对被测系统正常运行的数据流的逻辑状态和各信号间的时序逻辑关系进行观测和分析。

一个运行着的数字系统,所提供的数据流非常大,时钟是无穷尽的,而存储数据的存储器的容量和显示数据的屏幕尺寸是有限的。因此,要全部一次存储或显示所有采集数据是不可能的。为了对数据流进行存储和分析研究,并提高存储器的利用率,应该将数据流分成若干段落,并分段有选择地采集数据。实际上,用户往往仅对长数据流中的某个片段感兴趣。这个“数据片段”称为观察窗口。在逻辑分析仪中通过设定一个或一组数据字或事件来获得观察窗口,当选定的数据字在某一时刻出现时,就立即产生一个脉冲作为触发的标志,用来启动或结束跟踪。这种用于设定观察窗口的数据字称为触发字;当逻辑分析仪识别出被测数据流中的触发字时,就开始采集并存储在观察窗口的数据,这称为跟踪;识别出触发字而引起的跟踪的动作称为触发。

触发在逻辑分析仪中的含义是,由一个事件来控制数据的获取。这个事件可以是数据字、数据字序列或其组合,某一通道信号出现的某种状态、毛刺等。由于被测数据流往往是很复杂的、多种多样的,因而在逻辑分析中有多种触发方式。以某一通道状态为触发条件的称为通道触发,即当选择的通道出现状态 1 或 0 时产生触发;以毛刺作为触发条件的称为毛刺触发,即当信号中出现毛刺时产生触发;以数据字为触发条件的称为字触发,即当数据中出现该触发字时产生触发。当进行数字信号观测时,必须正确选择触发方式。下面是一些常见的触发方式。

1. 基本触发

基本触发也称字组合触发,是几乎所有的逻辑分析仪都采用的触发脉冲产生方式,它把逻辑分析仪各通道的信号和预置的触发字进行比较,当所有对应的数据位都相同时,产生一次触发。字组合触发功能为在复杂的数据流中捕获特定的数据段提供了有效途径,这对于数字系统的故障诊断是非常方便的。

设置触发字时,每一通道可取三种触发条件:0,1,X。“1”表示该通道为高电平时才产生触发,“0”表示该通道为低电平时才产生触发,“X”表示通道状态任意,也就是通道状态不影响触发条件。在各通道状态设置好后,当被测系统各通道数据同时满足条件时,才能产生触发信号。如图 7-3 所示为四通道组合触发的例子,其触发数据字为 1001 或 1011。

基本触发包括以下一些方式:

(1)触发终止跟踪方式

这种跟踪方式是一旦遇到触发字就停止跟踪,在逻辑分析仪的存储器内存储了触发前的数据,触发字位于存储器队列的最后面,并显示在显示器的最后一行。

(2)触发开始跟踪方式

这种触发方式是当遇到触发字时开始跟踪(存储)数据流,当存储器存满数据时就停止跟踪。因此,在存储器存储了触发后的数据,触发字位于RAM队列的最前面,显示在显示器的第一列。

(3)中间触发方式

存储器存储触发字后到停止采样前各一半的数据,触发字位于RAM的中间。

(4)延迟触发

在捕获到触发字后,到延迟程序设定的延迟时间后再停止数据的采集,RAM存储触发字后到停止采样前的数据。

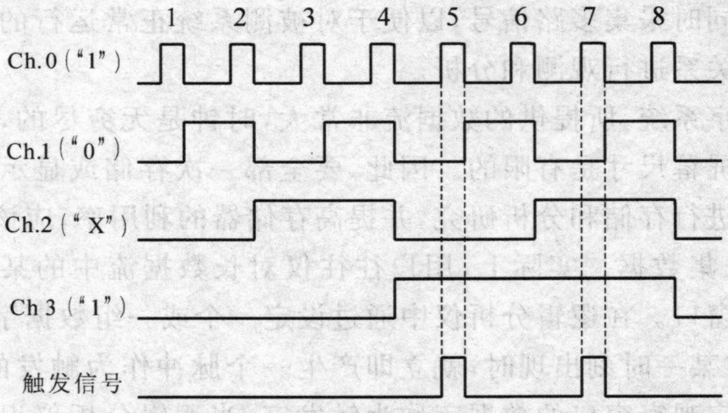

图7-3　四通道组合触发

2.序列触发

逻辑分析仪应该具有这样的能力,即只有当采样数据与某一预先设定的触发字序列(而不是一个触发字)相符合时才触发跟踪。它是为检测复杂分支程序而设计的一种重要触发方式,也称多级触发。

在两级触发中,最简单、最常用的形式是使能触发,又称为引导触发,其含意是允许触发。为了有选择地跟踪特定数据流,可以利用发生某一条件作为允许触发条件,只有当这一条件满足时出现的触发字才能产生触发信号。

把两级触发和延迟触发或某种基本触发结合起来,可构成多种形式的两级序列触发。

3.计数触发

较复杂的软件系统中常有嵌套循环的情况存在,在逻辑分析仪的触发逻辑中设立一个"遍数计数器",那么就能针对某次需观察的循环进行跟踪,而对其他各次循环不进行跟踪。

4.跟踪触发

这种触发方式把被测系统的地址码指定为触发字,逻辑分析仪仅采集并存储对应于这些指定地址的数据。例如,若设置触发字为38A0H,则在这种方式中,仅当地址总线上出现38A0H时,才获取数据总线上的数据。有时为了扩大跟踪范围,可把触发字中的某些位设置为任意状态(X)。例如38X0H确定为触发字,则分析仪将跟踪3800H,3810H,3820H,…,38F0H触发字。逻辑分析仪还可设定为仅采集某指定范围内的地址,或采集执行某程序模块时的数据。

5.触发限定

触发限定是给触发字施加一定的限定条件,只有当限定条件为真时,才能识别触发字,产生触发。有时设定的触发字在数据流中出现较为频繁,为了有选择地存储和显示特定的数据流，逻辑分析仪增加一些限定通道作为约束或选择所设置的触发条件，进行限定触发时，用户可把限定通道连接到提供限定条件的电路节点。

6. 交互触发

交互触发也称链路触发，它是指不同性质的分析通道之间的相互触发。常有下列三种方式：

1)由一个触发条件同时触发两种分析通道。它可以用状态分析通道触发定时分析通道，也可用定时分析通道触发状态分析通道。例如，用状态分析通道观察 CPU 的地址总线，用定时通道监视外设接口的有关信号，把控制程序的入口地址设定为触发字。当执行控制程序时，状态通道识别触发字产生触发，定时通道也同时被触发，两者分别采集控制程序的执行情况及接口的工作状态。这时定时通道不识别触发字。

2)引导触发，它与序列触发中的引导触发不同，它的两级触发不是对同一种分析通道的。这时，两种通道的触发条件均有效，但以设置为引导条件的分析通道为主，在满足引导条件的前提下，另一个分析通道识别出自己的触发条件才有效。

3)并行触发，这种触发产生的条件是两种分析通道各自的触发条件必须同时满足。现代逻辑分析仪还有其他一些触发方式。例如，利用组合字和另外一个或多个通道信号的逻辑“与”产生触发信号，即为“与”触发，这种触发可大大扩展逻辑分析仪的触发功能；利用组合字和另外一个或多个通道信号的逻辑“或”产生触发信号，即为“或”触发。当故障原因较多，而发生次数较少，难于捕捉时，这种触发功能特别有用；当指定的触发字不出现时产生触发信号，即为“非”触发。这种触发方式通常要设置两个触发字 A 和 B，当触发字 A 出现时，经过 n 个时钟(或事件)的延迟，若正好不是触发字 B，则逻辑分析仪进行触发，否则不进行触发。例如，主程序在调用某一子程序时偶尔失常，这时把子程序入口地址(即出错位置)设置为触发字，若 B 不出现，则表明程序没有正常进入子程序。

以上各种触发方式组合在一起，就可产生更多的触发方式。

7.2.3　逻辑分析仪的数据捕获和存储

1. 数据捕获

被测数据经数据探头进入逻辑分析仪，输入的数据信号通过比较电路与阈值电平比较，若高于阈值则输出逻辑 1，反之则为逻辑 0。从数据探头得到的信号，经电平转换延迟变为逻辑电平后，在采样时钟的作用下，经采样电路存入高速存储器，如图 7-4 所示。这种将被测信号进行采样并存入存储器的过程称为数据捕获。在逻辑分析仪中，数据捕获的方式有采样方式和锁定方式两种。

(1)采样方式

采样方式是在采样时钟到来时，对探头中比较器输出的逻辑电平进行判断：若比较器输出高电平，采样电路就将 1 送入存储器；若比较器输出低电平，采样电路则将 0 送入存储器。

在采样方式下的数据采样与一般的数据采样有两点不同。第一，采样电路的输出是在时钟脉冲到来时才变化的，而对两个时钟脉冲之间的波形变化不予理睬。因此，输入波形电平跳变的时刻并不严格等于存储显示信号电平跳变的时刻；第二，由于采样电路是对比较器的输出进行采样的，因此，它只能反映高、低两种电平，而不能反映原输入信号的电平幅度。

由于这两点不同，常把逻辑分析仪上显示的高低电平波形称为伪波形。

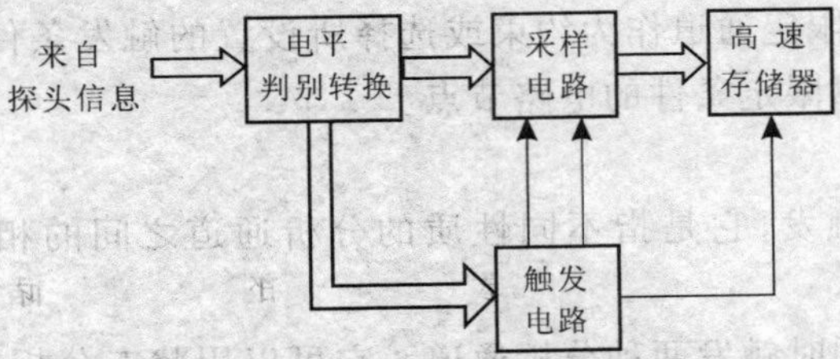

图 7-4　数据捕获

(2)锁定方式

锁定方式用来捕捉出现在两个采样脉冲之间的毛刺。所谓毛刺,是指在一个采样周期内出现的极窄的尖锋脉冲,毛刺往往是逻辑电路误动作的主要原因。检测毛刺的一种方法是提高采样频率,但相应地要增加存储容量和提高存储器工作速度。为了避免使用大容量的高速存储器,大多数逻辑定时分析仪都有专门的毛刺检测电路,用于捕捉毛刺的锁定方式、毛刺方式以及毛刺触发方式。在锁定方式下,逻辑分析仪内部的锁定电路能把一个很窄的毛刺展宽,并能用一个与采样时钟周期相同的宽度显示出毛刺,以便于观察分析。

锁定电路主要由毛刺锁存器和控制电路组成。毛刺锁存器与数据锁存器并行工作。数据锁存器在采样脉冲作用下只能锁存输入数据,而对采样时钟之间的毛刺不予理睬。毛刺锁存器不仅能锁存输入数据,而且对输入数据之间的毛刺也能锁存。

根据逻辑分析仪用途的不同,数据的采样可以与被测系统同步工作,也可以异步工作。

同步采样是利用被测系统的时钟作为逻辑分析仪的采样时钟。这个从被测系统取得的时钟称为外时钟。同步采样能保证逻辑分析仪按被测系统的节拍工作,可以对被测系统的逻辑状态进行分析。逻辑状态分析仪采样外时钟工作,因此也被称为同步分析仪。

逻辑分析仪采用其内部时钟对被测系统的输入数据进行采样的方式称为异步采样。由于逻辑分析仪的内部时钟频率一般比被测系统高得多,这使得单位时间内得到的信息量更多,提高了分辨率,从而使得显示的数据更为精确。异步采样可以检测出波形中的毛刺,并将其存储到存储器中。逻辑定时分析仪采用内部时钟和异步采样方式工作。

在逻辑定时分析仪中,由于用仪器内部时钟采样数据,因而时间分辨率等于时钟周期 T_P。为了提高分辨率,以便尽可能得到正确的待测逻辑波形,必须提高时钟频率。但随着时钟频率的提高,数据量增大,就必须要求增大存储器容量,或者在给定存储器容量的情况下压缩观测窗口。为了合理满足分辨率和足够长的观察时间这两个要求,通常选择采样时钟频率为被测系统数据速率的 5～10 倍。

2. *数据存储*

逻辑分析仪的存储器主要有移位寄存器式存储器和随机存取存储器(RAM)两种。移位寄存器式存储器每存入一个新数据,以前存储的数据就移位一次,待存满后最早存入的数据就被移出。随机存取存储器是按写地址计数器规定的地址向 RAM 中写入数据。每当写时钟到来时,计数器加 1 并循环计数。在存储器存满之后,新的数据将覆盖旧的数据。可见这两种存储器都是以先入先出的方式存储数据的,但现代逻辑分析仪大多采用后一种方式。

7.2.4　逻辑分析仪的显示方式

逻辑分析仪将被测信号存入存储器以后,测量者可以根据需要通过控制电路将内存全部或部分数据稳定地显示在屏幕上。逻辑分析仪提供了多种显示数据的方式，以满足实时数字系统硬件与软件的测量和维修功能，但基本的显示方式是状态表显示和定时图显示，它们分别用来显示同步和异步采集的数据。除此之外，还有图解显示、映像显示和反汇编源代码显示等方式。

1. 定时图显示

定时图显示方式，是以 0，1 逻辑电平表示的波形的形式将存储器中的内容显示在屏幕上的，这种方式显示的是一连串经过整形后的类似方波的波形，显示逻辑电平与时间的关系。由于显示的不是被测点信号的实际波形，不含有被测信号的前沿、后沿及幅度信息，只表征信号逻辑电平的高低，所以也称为“伪波形”或“伪时域波形”。这种方式可将存储器的全部内容按通道顺序显示出来，也可以改变通道顺序显示，以便于进行分析和比较。定时显示方式可以清楚地描述数字系统的时序关系，并可用光标测试相关时间间隔。

定时图显示通常用于硬件分析，例如分析集成电路输入和输出端之间的逻辑关系，计算机外设的中断请求等。

2. 状态表显示

状态表显示将逻辑分析仪采集的数据以列表的方式显示出来，其数据表示可以以各种数制进行，如二进制、八进制、十进制、十六进制或 ASCII 码的形式。通常用十六进制数显示地址和数据总线上的信息，用二进制数显示控制总线和其他电路节点上的信息，见表 7－1。逻辑状态分析仪还能进行反汇编，把采集到的信息翻译成各种微处理器汇编语言源程序，见表 7－2。在这种显示方式中，用户可以用键盘或鼠标移动数据列表，选择显示任意时刻的采集数据，并可用光标进行测试。用户可以清楚地观测、分析被测系统的数据流。若将采集数据进行反汇编成对应微处理器的汇编程序，用户就可以方便地分析出微机系统的工作或监视系统的运行。在反汇编显示中，同样可以利用光标的移动，观察任何一段汇编程序，这对于智能系统的监视、测试、维修都是十分有用的。

表 7－1　状态表显示

地址（HEX）	数据（HEX）	状态（BIN）
2850	34	11010
2851	7F	01011
2852	9D	11000
2853	AC	00111
…	…	…

表 7－2　反汇编显示

地址（HEX）	数据（HEX）	操作数（HEX）	操作数（HEX）
2000	214200	LD	HL，2042H
2003	0604	LD	B，04H
2005	97	SUB	A
2006	23	INC	HL
…	…	…	…

3. 图解显示方式

图解显示是将屏幕的 X 方向作为时间轴，将 Y 方向作为数据轴进行显示的一种方式。将欲显示的数字量通过 D/A 转换为模拟量，将此模拟量按照存储器中取出数字量的先后顺序显示在屏幕上，形成一个图像的点阵。如图 7-5 所示的是一个简单的 BCD 计数器的工作图形，BCD 计数器的工作由全零状态(0000)开始，每一个时钟脉冲使计数值增 1，计数状态变化的数字序列为 0000→0001→0010→0011→0100→0101→0110→0111→1000→1001→0000，周而复始地循环。经 D/A 变换后的亮点每次增加 1，就形成由左下方开始向右上方移动的 10 个亮点，当从 1001→0000 时，亮点回到显示器底部，如此循环往复。这种显示方式可用于检查一个带有大量子程序的程序执行情况。

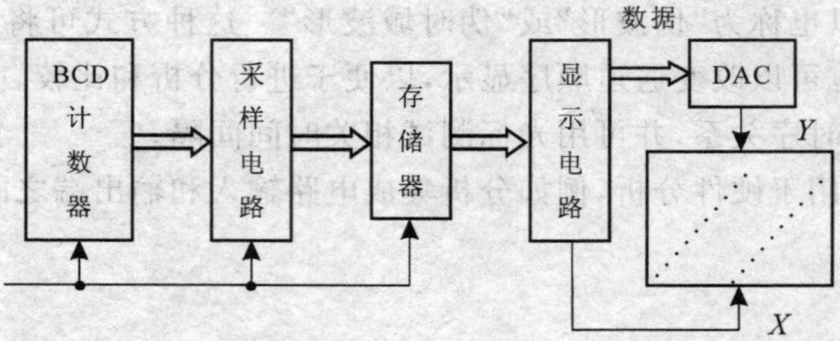

图 7-5　BCD 计数器的图解显示

图解显示方式在数字信号处理中很有用处。将一个模拟量经过一个 A/D 变换后进行处理，如数字滤波，然后将滤波后的数字量进行 D/A 变换又变成模拟量，将数字滤波前后的模拟量分别送到荧光屏上显示，就可对数字滤波前后的模拟量进行比较。

图解显示亦可用于观察程序的运行情况。将地址总线上的信息引入逻辑分析仪，经 D/A 变换后进行图解显示，由此可观察循环程序的执行是否正确。

4. 映像显示方式

映像显示是把逻辑分析仪的全部内容以点图形式一次显示出来。与图解显示不同，这种显示方式是将每个存储器字分为高位和低位两部分，分别经由 X，Y 方向的 DAC 变换为模拟量，送入 CRT 的 X 通道和 Y 通道，则每个存储器字点亮屏幕上的一个点。图 7-5 所示的 BCD 计数器用映像图显示的结果如图 7-6 所示。

若计数器有故障，则点图形将发生变化，可以对照正确的映像图，发现屏幕显示的波形是否正确。这种显示方式的优点是用户能快速地确定数据流的正确性，比起逐行检查状态表要方便得多。用映像显示方式也可观察程序的运行情况。

上述四种显示方式各具特点，可以互相补充使用。映像显示方式适宜对系统工作进行“全景检查”，图解显示方式适宜对可疑区进行较仔细的检查，状态表显示方式可对故障区进行最仔细的研究。

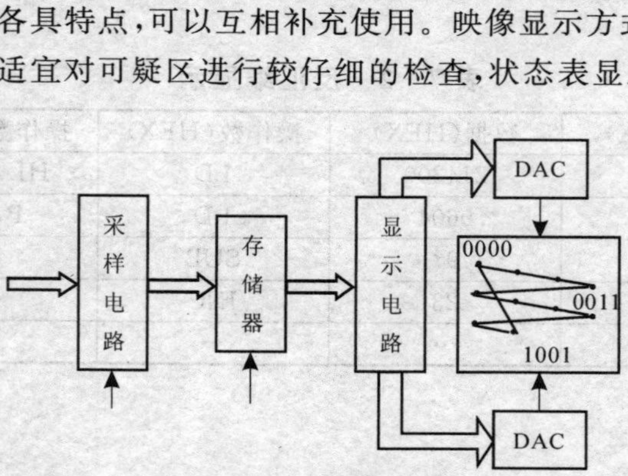

图 7-6　BCD 计数器的映像显示

7.2.5　逻辑分析仪的应用

逻辑分析仪的工作过程就是数据采集、存储、触发及显示的过程。它可以广泛地应用于数字系统的测试中，如数字集成电路测试、印制板系统测试、微处理器系统测试等。

用逻辑分析仪检测被测系统就是使用逻辑分析仪的探头检测被测系统的数据流，通过对特定数据流的观察分析，进行软、硬件的故障诊断。

测试时，逻辑分析仪首先对被测系统进行数据采样，采样方式有同步和异步两种，异步采样可以检测波形中的"毛刺"干扰，并将其存储下来。数据存储过程中，应注意选择合适的触发方式，以便存入所需的检测数据流。逻辑分析仪也可不采用触发方式，使被测系统数据不断存入存储器，待存储器存满之后，自动进入显示过程。显示过程中，应针对不同的测试对象，选择合适的显示方式。将数字集成电路芯片接入逻辑分析仪中，利用适当的显示方式，得到具有一定规律的图像，通过显示不正确的图形，找出逻辑错误的位置。

1. *逻辑分析仪在硬件测试及故障诊断中的应用*

逻辑定时分析仪和逻辑状态分析仪均可以用于硬件电路的测试和故障诊断。给数字系统加入激励信号，用逻辑分析仪检测其输出的状态，即可测试其功能。通过分析数字系统中各种信号的状态、各信号间的时序关系，就可以进行故障诊断。

例如，如图 7－7 所示为 ROM 最高工作频率的测试方案。由数据发生器以计数方式产生 ROM 的地址，逻辑分析仪工作在状态分析方式下，将数据发生器的计数时钟送入逻辑分析仪作为数据采集时钟，ROM 的数据输出送入逻辑分析仪的探头，同时用频率计检测数据发生器的计数时钟频率。

首先让数据发生器低速工作，逻辑分析仪进行一次数据采集，并将采集到的 ROM 各单元的数据存入参考存储器作为标准数据，然后逐步提高数据发生器的计数时钟频率，同时逻辑分析仪将每次采集到的数据与标准数据进行比较，直到出现不一致时为止，此时数据发生器的计数时钟频率就是 ROM 的最高工作频率。

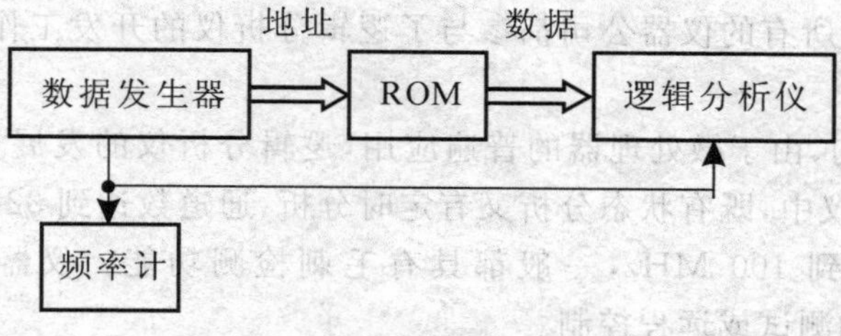

图 7－7　ROM 最高工作频率测试

计算机的外部设备在使用中常常会出现"毛刺"型干扰脉冲，可用逻辑分析仪使用"毛刺"触发工作方式，迅速而准确地捕捉并显示出来。

微处理系统工作过程中，经常会发生硬件和软件故障。将微处理系统的多路并行地址信号和数据信号分别接到逻辑分析仪的输入探头，用读写控制线作为逻辑分析仪的触发信号，这样，正在运行的微处理系统的地址线和数据线上的内容，就可通过逻辑分析仪显示出来。显示方式可选用状态表显示、图解显示和映像显示方式。当发现故障时，还可以利用不同的显示方式，显示出故障前后的情况，从而可以迅速排查故障，提高测试效率。除故障检测外，还可用逻辑分析仪监视微处理器的加电和中断功能，以及数据传送的情况。

2. 逻辑分析仪在软件测试中的应用

逻辑分析仪也可以用于软件的跟踪测试，发现软、硬件故障，而且通过对软件各模块的监测与效率分析还有助于软件的改进。在软件测试中必须正确地跟踪指令流，逻辑分析仪一般采用状态分析仪来跟踪软件运行。如果程序中包含了许多子程序和分支程序，可以将分支条件或子程序入口作为触发字，采用多级序列触发的方式，跟踪不同条件下程序的运行情况。有的逻辑分析仪序列触发可达16级以上，从而保证了对程序准确、灵活地跟踪分析。

7.2.6 逻辑分析仪的发展概况

由于数字技术和微机技术的迅速发展，作为检测维护数字系统重要设备的逻辑分析仪几乎是同步迅速发展的，从1973年推出第一台逻辑分析仪到现在，已经发展到第四代具有智能的逻辑分析仪。

逻辑分析仪大体上分为逻辑状态分析仪和逻辑定时分析仪两大类，这两类的区别在于工作方式和显示方式的不同，发展的趋势是一台分析仪同时具有状态分析和定时分析功能。

逻辑分析仪按其性能大致可分为高、中、低三档。通道数不大于16，最大时钟频率为20 MHz以下，只有状态分析或只有定时分析和简单触发功能的属于低档；状态分析为20～50 MHz，通道数为16～64个，具有反汇编和多种触发功能或同时具备100 MHz以下定时分析能力的属中档；状态分析不低于50 MHz，定时分析大于100 MHz，通道数大于64个，有丰富反汇编和触发能力的属高档。

早期的逻辑分析仪是在示波器基础上发展起来的，称为逻辑示波器，20世纪70年代初由美国HP公司率先推出。HP1601的通道数为16个，存储深度为64 B，最大时钟频率为10 MHz，触发功能简单，数据采集和显示分别用两个分机工作。20世纪70年代末，高速比较器和存储器的出现，使逻辑分析仪的最大时钟频率达到20 MHz，通道数为32个，存储深度为256 B～1 KB，一般都有较丰富的触发功能，有些分析仪具备反汇编和助记符号的显示能力。这一时期，世界上几乎所有的仪器公司都参与了逻辑分析仪的开发工作。这是第二代逻辑分析仪。

20世纪80年代初，由于微处理器的普遍应用，逻辑分析仪的发展进入第三代，实现了智能化。在同一台分析仪中，既有状态分析又有定时分析，通道数达到32～72个，状态分析达到50 MHz，定时分析达到100 MHz，一般都具有毛刺检测功能。仪器可配接GPIB接口或RS232接口，实现自动测试或远程控制。

20世纪80年代中期，逻辑分析仪向智能化方向发展，使功能更加完善。如TEK公司的DAS9100和DAS9200定时分析频率达到2 GHz，状态分析达到300 MHz，最大为1 005个通道，50 MHz的测试图形发生器，使之成为高性能的数字分析系统。

20世纪80年代末，HP公司在逻辑分析仪技术竞争不利的情况下，推出了第四代单片式、模块化逻辑分析仪HP16500系列。用户根据自己的需要可通过选择不同的模块，很容易组成性能不同的分析仪。

逻辑分析仪面世时间不长，但其发展非常快，其主要发展方向是数据获取速率越来越高，如稍早时期的TEK公司的DAS9100和DAS9200的异步采样速率达2 GHz，DAS9100的同步采样速率达330 MHz；通道数越来越多，如DAS9200最大通道数为540个，HP18500最大通道数为 400 个；此外反汇编、触发功能和显示功能越来越完备。而目前 TEK 公司的 TLA7000 系列主机，如 TLA7016 可以提供高达 15 GHz 的带宽，40 GS/s 取样速率和 64 Mb 的模块采集能力，最多支持 6 528 条逻辑分析仪通道，48 条独立总线，可在波形、列表、源码、直方图(性能分析)窗口中查看数据，执行跨域分析，支持使用 Microsoft. NET 和 COM/DCOM 技术进行远程控制，并支持高级数据分析。而 Agilent 16900 系列逻辑分析仪模块使用 4 GHz (250 ps) 的定时缩放和 64 KB 内存深度，可以完成测量精确的定时关系，每个分析仪模块的通道数量为 102 条，定时缩放为 4 GHz，分析状态数据速率为 800 Mb/s，最大支持 506 条数据通道，32M 样点的采集能力，使用 Eye Finder 程序可以自动调节建立时间和保持时间，从而准确完成对高速同步总线取样，同时监测所有通道上的眼图，快速发现故障信号。

习题与思考题

7-1　什么是数据域分析？它与时域分析和频域分析有什么不同？

7-2　数字信号有什么特点？

7-3　说明逻辑分析仪的基本组成及各部分的工作过程。

7-4　逻辑分析仪的触发方式有哪几种？各有什么特点？

7-5　逻辑分析仪有哪些显示方式？

第 8 章　自动测试系统

8.1　概　　述

8.1.1　自动测试系统的意义

通常把机人工最少参与的情况下，能自动进行测量、数据处理，并以适当方式显示或输出测试结果的系统称为自动测试系统(ATS，Automated Test System)。在这种系统中，整个测试工作通常都是在预先编制好的测试程序统一控制下自动完成的。自动测试系统在计算机的控制下实现对测试仪器的管理和控制，并实现数字信息的处理。

自动测试系统的产生和发展，是测试技术与现代科学技术、现代化大生产相结合的产物，也是测量科学与计算机科学相互作用的结果。随着无线电电子学的发展及其在各方面的应用日益广泛，对电子测量技术和电子仪器系统提出愈来愈高的要求。测试项目和测试范围的不断发展，对测试速度和精确度的要求也与日俱增。

在大规模集成电路的研制和生产中，一块集成电路内就集成有成千上万个门电路。要对它们进行详尽的测试，没有自动测试系统，依靠人工测试是根本不可能的。即便是中、小规模集成电路，由于产量大、用量多，人工测试也不能解决工程测试问题。

现代的电子设备，不论多么简单，要保证产品的可靠性都必须做大量的测试。对于大批量的产品，没有自动测试系统也是难以想象的。至于许多现代化的系统，例如庞大的通信网、复杂的过程控制、反应快速的武器系统等，它们的研制、调试、维修等工作对自动测试系统的依赖就更是不言而喻了。

随着工业革命与科学技术的发展，在生产与科学研究的许多领域存在着许多大量而复杂的测量任务。由于在某些测量场合人们难以或根本不可能进入，这时，自动测试系统的建立与运行可能决定了整个工业生产与科学研究的成败。例如，火星探测器的科学研究，钢铁厂的高温炼钢的炉温测量，等等。

众所周知，自动化的突出特点之一是高速度，可以节约大量人力。目前，自动测试的速度比人工测试一般可以快 50～500 倍。在电子对抗战中，人工控制的搜索、侦察系统，根本无法与自动频谱分析系统相抗衡。

然而，自动测试的意义还不仅限于此。自动测试系统依靠具有计算、处理能力的控制器(计算机)，适时地切换量程或更换仪器设备，不难获得极宽的测量频率范围(例如，从直流至 18 GHz 甚至 40 GHz)和极广的测试动态范围(例如，达到 100 dB 以上)。通过间接测量方法，可以用较简单的测试设备测出为数不多的几个基本参量，再由计算机换算出许多其他的参数，从而可使自动测试系统在硬件尽量简化的情况下达到多参数、多功能的测试效果。测试结果还可以用多种方式输出，如显示数据，打印数表、文件，描绘单色或彩色曲线、图形及各种字体，等等。在测试过程中，还能做出各种复杂的分析、统计、判断、处理，并能进行自校准和自检查，甚至还可能做出自诊断和自修复。自动测试系统避免了人为误差，可获得良好的测试复现性；通过进行大量的冗余测量，进行统计、分析和计算，可以在很大程度上消除或削弱随机误差和系统误差，从而获得极高的测量精确度。凡此种种，都是人工测试难以达到，甚至根本无法实现的。

上述种种技术上的突破，往往同时也带来重大的经济效益。通常在电子技术和航天技术等尖端科技部门，花在测试上的人力、物力通常达到总人力和总投资的一半或更多。自动测试在人力、物力上常可带来可观的节约。

过去科学研究、创造发明在相当大的程度上取决于个人的聪明才智，因为研究者不得不从有限的观测去猜想事物的本质和规律。现在有了优越的自动化观测手段，就可以从极其大量的观测结果利用统计方法来推断出事物的本质和自然规律。自动测试系统还可以不倦地长期连续监控事物的状态，从而捕获瞬息万变或稍纵即逝的稀有、突发事件；也可以通过大量的数据分析把十分隐蔽的现象揭露出来。例如，通过大量平均或相关分析而检测出深埋于噪声中的信号。

由于现代信息科学领域中的微电子技术、计算机技术、网络技术、信号处理技术的高速发展及其在电子测量技术与仪器中的应用，新的测量方法和理论、新的测量仪器和结构、新的测试领域正在不断地出现，从而促使现代电子测量技术向着自动化、智能化、网络化和标准化发展。

8.1.2　自动测试系统的概念及其发展

自动测试系统的发展可追溯到 20 世纪 50 年代，甚至可能更早。从某种意义上说，从 20 世纪 40 年代初期兴起的扫频测试技术可以说是电子测量技术自动化的先声。这是在某些局部功能上采用模拟式自动控制的一类测量技术。然而比较完善的自动测试系统是在 20 世纪 60 年代，即测试系统中采用了计算机后才逐渐形成的，真正的高速度、高精确度、多参数、多功能的自动测试系统，是电子测量技术与自动控制、电子计算机技术密切结合的成果，是电子测量仪器数字化与数字信息系统相结合的产物。众所周知，数字式仪器比模拟式仪器的精确度高得多，且数字系统具有非常强的逻辑、计算和控制能力。

像许多新技术的发展一样，自动测试首先是由于军事上的需要而发展起来的。约在 20 世纪 50 年代中期，美国在新发展起来的一代尖端武器的维护检修方面，面临着许多棘手的问题。在这种背景下，提出了多用途的“万能”自动测试系统的概念。所设想的最终目标大体可归纳如下：可以实际上不必依靠任何有关的技术文献（如被测件的技术说明及仪器手册、测试手册等），由非熟练的人员上机进行几乎全自动的操作，并以计算机的速度完成测试；而且通过编程的灵活性还可以适应任何具体测试任务。在这个概念之下，美国国防部在 1956 年开始了一个称为 SETE 计划的研究项目，这大概是现代自动测试的大规模研究的开端。后来的事实表明，自动测试在军事应用上虽然取得了不少成就，却远远未能达到上述终极目标。尽管如此，自动测试并未因此遭到损失而仍然日益得到发展。

也如其他许多新技术一样，自动测试在发展到一定程度之后，很快就突破了原先军事应用的狭隘范围，并且在更为广阔的新天地中获得了更大的发展。大约从 20 世纪 60 年代开始，自动测试就应用于工业并且着重解决生产上测试关键所需的“专用”测试系统。大约在 60 年代中、后期，就有民用的成套自动测试系统出现在电子仪器商品市场上。

早期的自动测试系统大都是为某种测试目的而专门设计制造的专用系统，难以改作它用。约在20世纪60年代后期，自动测试系统开始采取组合式或积木式的组建设备，即尽可能利用各种现成的通用仪器设备(或略经改装)，加上一台现成的计算机组成自动测试系统。这种积木概念简化了自动测试系统的组建工作，节省了不少人力、物力，在许多实际应用中证明是成功的。

20世纪70年代末以来，随着微处理器的广泛应用，出现了完全突破传统概念的一种新仪器——智能仪器(Intelligent Instrument)。所谓智能仪器是指能够完成一些需要人的智慧才能完成某些工作的仪器。目前，人们所说的智能仪器与传统的测量仪器不同，它是以微处理器为核心的测量仪器，并配有GPIB等通用总线接口，也可作为自动测试系统的装置。

20世纪80年代初，随着计算机的普及，特别是PC机的飞速发展，出现了一种以个人计算机为基础的电子仪器，即所谓的“虚拟仪器”。它是把实现一种或一个系统功能的硬件做成一个或几个插件板，插入计算机内的扩展槽或机外的扩展插件箱内，所有的板件均与计算机总线连接(内总线)，再以相应的控制软件或在某集成软件平台上完成相应的测试控制软件，构成相应的测量平台并完成相应的虚拟测量任务。

自动测试系统的发展大体上可分为三个阶段，也可以说有三代自动测试系统。

1. 第一代自动测试系统

第一代自动测试系统多为专用系统，往往是针对某项具体测试任务而设计的，应用于要求有大量的重复测试、高可靠性的复杂测试、高速测试或测试者难于进入的测试场合。从功能上看有三类：自动数据采集系统、自动数据分析系统和自动监测系统。这类系统的设计、维护复杂，适应性不强，研究费用较高。

自动数据采集系统的典型代表是巡回检测系统；自动数据分析系统用于需要进行大量数据分析的场合，系统中的计算机不仅对系统装置进行程序控制，还要对测得的数据进行计算和分析。这类系统的典型代表是自动网络分析仪。自动监测系统也称为综合程控自动测试系统。

接口可以看成为数字编码的程控信号和测量数据输出输入必经的道路。在第一代自动测试系统中，可程控测量设备的接口未标准化。在逻辑电平、编码格式、定时关系、信号线的多寡、接插头的形式，以及具体接口功能等方面均各自为政、互不相容，因此系统的组建比较麻烦，需要解决系统内仪器与仪器、仪器与计算机之间的接口问题。当系统的程控仪器较多时，研制的工作量很大，费用昂贵，而且系统的适应性差，改变测试内容和任务时需要重新设计接口电路。

因此，接口的全面标准化和使用的简便化就成为自动测试系统发展中的一个极端紧要的问题。人们普遍希望能做出一种统一的、通用的标准接口系统，以便能适用于任何自动测试系统中来连接任何类型的器件。

针对上述目标曾制定过不少测量系统用的接口标准，其中以GPIB尤为成功，并且成为了国际标准。其应用范围已超出了自动测试的领域而被用于通信、工业过程控制及电子医护系统等多方面。

2. 第二代自动测试系统

第二代的自动测试系统属于接口标准化阶段，采用积木式结构，系统中的所有装置(计算机、可程控仪器、可程控开关等)都带有标准化的接口,接口之间采用无源总线连接。这种系统组建方便,其通用接口电路的更改与测试内容的增删也很灵活,在完成测试任务后,拆卸的所有装置、电缆都可继续使用,因此,设备的利用率高,显示了很大的优越性。

通用接口总线(GPIB,General Purpose Interface Bus),也称 IEEE—488,IEC—625 标准接口,是第二代自动测试系统中应用最广的接口总线标准。还有计算机自动测量与控制接口总线(CAMAC,IEEE—538)标准,主要用于核物理和航天领域的测试系统或其他大型测试系统,在微机的数据采集系统中常用 S—100 总线、PC104 总线等。

采用标准化接口是第二代自动测试系统的主要特征,因此,其组建和使用都十分灵活方便,而且费用低廉。此外,用第二代自动测试系统可随时解散或改组,设备的利用率非常高,它们是目前军事上应用最广泛的自动测试系统。

3. 第三代自动测试系统

第二代自动测试系统的发展方兴未艾,第三代自动测试系统的研究就已经开始了。第二代自动测试系统仍是使用传统的测试设备,只不过配备了新的标准接口,其测试方法在本质上仍然只不过是传统人工测试的模仿。作为控制处理器的计算机,其能力尚未被充分利用。

所谓第三代的自动测试系统就是充分发挥计算机的能力,取代传统电子测量设备的大部分功能,使之成为测量仪器的一个不可分割的组成部分,并与整个测试系统融为一体。在这类系统中,某些仪器的部分硬件或整个仪器从系统中消失,用计算机完成它们的功能,形成所谓的“虚拟仪器”(Virtual Instrument)。

第三代自动测试系统可以看成是以计算机为中心的测试设备,完成自动测试的功能。它在测量原理、总体方案、测量方法等方面与传统的测量设备大不相同。目前第三代自动测试系统还处在发展的初始阶段,但其发展十分迅速,它的出现无疑将伴随着传统测量技术的革命,在测量原理、仪器设计等多方面都产生了重大影响,而 VXI 总线模块式仪器系统的推广,将会为第三代自动测试系统的实现奠定重要基础。

8.2　自动测试系统的组成

8.2.1　自动测试系统的基本组成

通常把在最少人工参与或完全无人工干预的情况下能自动进行数据采集、测量、处理、显示并输出或显示输出测试量值的系统称为自动测试系统。一般来说,一个自动测试系统大致包括以下几个组成部分。

1)控制器,主要是计算机、各种控制类单片机、可编程控制器、控制类的 DSP 芯片等,是整个测试系统的指挥与控制中心。

2)程控仪器与设备,包括各种程控仪器、板卡、激励信号、程控开关、程控伺服随动系统、执行器件、显示器件(如液晶屏、显示器、LED 屏)、存储记录材料(如磁盘、磁带、FLASH 卡等)、打印输出系统,这些设备均可在控制器的指令下,完成一定的具体的测试与控制任务。

3)总线与接口,包括各类型内部总线、外部总线,如机械接插件与电气插槽,连接电缆,内部总线 ISA,EISA,PC104,PCI,VXI,PXI 等,外部总线 RS232,RS422,USB,CAN,GPIB,LAN 等,还有工业生产中广泛使用的现场总线等,是连接控制器与各程控仪器、设备的数据与指令通路，完成命令、信息、数据的传输与交换。

4）测试软件，要完成系统控制与测试任务，需要相应的各类应用程序与软件，如测试主控程序、数据处理与管理程序、设备驱动程序、I/O 控制与显示软件等，这些软件使得相应的测试任务得以高质量地完成。

5）被测对象，随测试任务的不同和使用环境的不同与差异，测试对象往往千差万别。因此，操作人员往往需采用非标准方式与器材（设备）通过标准或非标准总线将被测对象与测试系统或设备相连。

自动测试系统将测试所需要的全部激励与设备集成在一起，由计算机控制高效地完成各种模式的激励以及响应信号的采集、存储与分析，自动地对被测单元进行性能测试、故障定位和诊断。以图 8-1 所示的数字电路的自动测试系统为例，说明自动测试系统的组成。图中，逻辑发生器（LG）是可编程的比特图形发生器，可用微处理器对其编程，发出测试中所需的激励信号。使用不同的应用程序，该系统能够完成中小规模数字集成芯片的功能测试、某些大规模数字集成电路逻辑功能的测试、程序自动跟踪、在线仿真以及数字系统的自动分析功能。

对于这样一个系统，要求使用者了解微机的工作原理、GPIB 总线的工作原理及接口功能，并且能够针对不同的测试对象编制不同的应用程序。

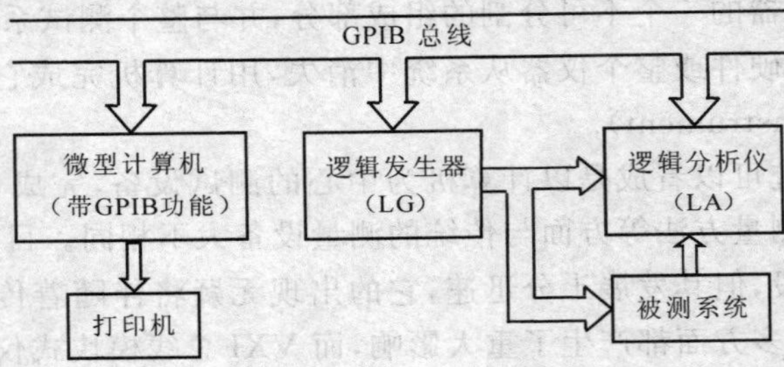

图 8-1　数字电路的自动测试系统

自动测试系统的软件及接口总线是整个系统的核心和关键，是联系测试资源和被测单元的桥梁，构建的好坏直接影响自动测试系统整个性能。

8.2.2　自动测试系统中的接口与接口总线的种类

1. 接口的基本概念和术语

一个自动测试系统由若干部分组成。其中有些部分可能十分复杂，如计算机、频谱分析仪等，有些则可能非常简单，如可程控的开关器、衰减器等。这些复杂程度不相同的各种组件可以通称为器件或装置。更准确地说，一个器件（device），也就是一个功能块，是指在电气性能和机械结构上组合成为一个单个个体，且能在系统中实现某一种或多种特定的功能，若干个能实现简单功能的器件可以组成一个能实现复杂功能的器件。

为某一种或多种目的、由若干器件组成的任何装备都可视为一个系统，系统是若干器件的一种有机的集合。在一个自动测试系统中的计算机控制器或处理器，同其他测量设备一样，也是系统中的一个器件。按照上述定义，一个器件可以脱离它所属的系统而单独使用，也可以被用作另一个系统的一个组成部分。

当一个器件具备某种能够接受外来程序控制的能力时被称为是可程控的，也就是说，一个可程控器件能够接受外来的数据(数字式控制信号或指令),并据此改变器件内部的工作状态,以使该器件能执行两个或多个功能中被指定的一个功能。

接口(interface)是系统或器件与外界联系的通道,是系统或器件与外界环境的分界面。接口的种类有很多,例如电源接口、数据接口、模拟接口、测量接口等。测量接口就是测量仪器或系统从被测器件获取测量信息所必须通过的通道。数控和数传接口,或称数字接口,则是数字式程控指令和数据的传入、传出所必须通过的通道,也就是器件或系统与外界交换数字式信息的通信联络接口。

事实上,一个器件的接口,若要能与另一器件的接口直接连接,完成其互相联络通信的使命,必须具备下列四个接口要素:

1)机械上的相容性,包括接插头座、安装、电线组都应在机械上(几何上)相容或匹配;

2)电气上的相容性,包括逻辑电平和极性、负载能力的匹配等;

3)功能上的相容性,包括所允许的接口功能、状态变迁、定时关系、接口消息等;

4)运行上的相容性,包括测量数据的表示方法和编码格式、器件的程控指令格式等,这些都与器件本身的性能特性及其运行操作紧密相关。

接口的目的,在于提供一种有效的通信联络手段,以便能在一组互相连接而构成一个系统的器件中间进行无误的信息交换。为了实现此目的,各器件的接口所必需的整套机械的、电气的和功能的要素,其总体就称为一个接口系统。

2. 接口系统中信息的分类和传递

在接口系统上传递的信息包括两大类:接口消息机器件消息。

(1)接口消息

接口消息是用来管理接口系统本身工作的信息。接口消息又分为两类,在两个或多个接口之间交换的接口消息称为远地接口消息,或简称为远地消息。器件同它自己的接口之间互相交换的接口消息称为本地接口消息,或简称为本地消息。

远地消息仅在各接口功能之间进行交换,不进入器件内,对器件功能不起作用。远地消息通常用大写英文字母来表示。

本地消息仅在本器件的器件功能和接口功能之间进行交换,不通过接口而传送到器件外部去(不传到另一器件的接口去)。本地消息往往用小写英文字母表示。

在接口标准中,对全部接口消息均应明确规定。

(2)器件消息

器件消息是器件功能与另一个器件的器件功能之间通过各自的接口功能而交换的信息。器件消息由器件功能产生,并为另一有关器件的器件功能所利用。器件消息通过接口功能而传递,但接口功能对器件消息却并不直接加以利用,也不对器件消息进行处理,而只是让它们通过或不通过接口。

在接口标准中,对器件消息一般不予硬性规定,但器件的技术说明书和使用手册则应对器件消息有充分说明,如程控指令、数据格式以及状态数据的编码等。

3. 基本的接口功能

在一个接口系统中,要进行有效的通信联系,一般至少要包含三种基本的接口功能:

(1)听者功能

能够接收该系统内经由另一个接口发来的器件消息,并把它传递给自己的控制器件。

(2)讲者功能

能够把器件功能所产生的器件消息发送到系统内的另一个接口去。

(3)控者功能

能够发出远地接口消息去控制系统内其他接口的工作。例如,令系统内某个接口的讲者功能起作用,令系统内某一个或几个接口的听者功能起作用等。

一个具体器件的接口,可能兼备上述三种功能或其中某种功能,也可能只具备其中一种功能。

在特殊情况下,一个接口系统也可以不具备控者功能。在此情况下,系统内的讲者应具有只讲能力,即无须受命(无须接收远地消息寻址)而一直起作用,只要电源接通即可。同样,这种无控者的系统内的听者应具有只听能力,即无须受命而一直起作用,只要电源接通即可。

一个接口系统内可能存在多个讲者、听者和控者功能。但是,显然在任一时刻只允许有一个控者或一个讲者作用,否则就会产生逻辑混乱。不过,在任何时刻都可以允许有多于一个的听者作用,以便于系统的高效工作和时间的合理使用。例如,打印机、绘图仪和存储器可以同时接收同一数据。

在一个具有多个控者功能的系统中,正在作用的一个控者称为负责控者。负责控制权可以某种方式在各控者之间转移。在多个控者之中,必须有一个控者担任接口系统的系统控者,它在接口系统中具有一种至高无上的权力:在系统的全部运行期间的任何时候,系统控者(不论它是否是当时的负责控者)都可以令接口系统清除(恢复到一定的起始状态),或令系统内一切有接收远控能力的器件进入能受远控的状态,并且同时使系统控者自己成为负责控者。

除了上述三种基本接口功能之外,在一个接口系统中还可视需要而添加其他一些标准化的接口功能,如服务请求和查询(识别)等。

4. 自动测试系统中总线的种类

任何一个微处理器都要与一定数量的部件和外围设备连接,为了简化硬件电路设计、简化系统结构,常用一组线路配置以适当的接口电路,与各部件和外围设备连接,这组共用的连接线路被称为总线。采用总线结构便于部件和设备的扩充,尤其制订了统一的总线标准则容易使不同设备间实现互联。自计算机问世以来,出现了各种各样的总线,按其用途可分为三类:内总线、系统总线和外总线。

1)内总线,又称元件级总线,是微机内部各外围芯片与处理器之间的总线,用于芯片一级的互联,通常包括地址总线、数据总线和控制总线。

2)系统总线,是计算机系统内部各印刷板插件之间的通信通道。从功能上可分为数据总线、地址总线及控制总线三种。

3)外总线,又称通信总线,是计算机和外部设备之间的总线,计算机作为一种设备,通过该总线和其他设备进行信息与数据交换,用于计算机和其他设备之间或计算机系统之间的通信。从广义上说,计算机通信方式可以分为并行通信和串行通信,相应的通信总线被称为并行总线和串行总线。并行总线中各信息位同时传递,串行总线中各信息位依次传递。并行通信速度快、实时性好,但由于占用的口线多,不适于小型化产品;而串行通信速率虽低,但在数据通信吞吐量不是很大的微处理电路中则显得更加简易、方便、灵活。串行通信一般可分为异步模式和同步模式。

并行总线有 GPIB,CAMAC,VXI,PXI 等。目前,常用的串行通信接口标准是 EIA RS—

232C,RS—422A,RS—485,RS—449,USB,CAN,军用标准为 MIL STD—1553B 等。随着计算机技术的飞速发展,新兴发展的三种新型串行总线 1 - wire(单总线)、USB(通用串行总线)、IEEE1394(俗称火线)正在占据越来越重要的地位。

下面介绍几种目前比较流行的总线。

(1)I^2C 总线

I^2C(Inter - IC)总线由 Philips 公司推出,是微电子通信控制领域广泛采用的一种新型总线标准。它是同步通信的一种特殊形式,具有接口线少,控制方式简单,器件封装形式小,通信速率较高等优点。在主从通信中,可以有多个 I^2C 总线器件同时连接到 I^2C 总线上,通过地址来识别通信对象。

(2)SPI 总线

串行外围设备接口(SPI,Serial Peripheral Interface)总线技术是 Motorola 公司推出的一种同步串行接口。SPI 总线是一种三线同步总线,因为其硬件功能很强,所以与 SPI 有关的软件就相当简单,使 CPU 有更多的时间处理其他事务。

(3)SCI 总线

串行通信接口(SCI,Serial Communication Interface)也是由 Motorola 公司推出的。它是一种通用异步通信接口 UART,与 MCS—51 的异步通信功能基本相同。

(4)ISA 总线

ISA(Industrial Standard Architecture)总线标准是 IBM 公司 1984 年为推出 PC/AT 机而建立的系统总线标准,因此也称为 AT 总线。它是对 XT 总线的扩展,以适应 8/16 位数据总线要求。ISA 总线有 98 只引脚。

(5)EISA 总线

EISA 总线是 1988 年由 Compaq 等 9 家公司联合推出的总线标准。它是在 ISA 总线的基础上使用双层插座,在原来 ISA 总线的 98 条信号线上又增加了 98 条信号线,也就是在两条 ISA 信号线之间添加一条 EISA 信号线。在实用中,EISA 总线完全兼容 ISA 总线信号。

(6)VESA 总线

VESA(Video Electronics Standard Association)总线是 1992 年由 60 家附件卡制造商联合推出的一种局部总线,简称为 VL(VESA Local bus)总线。VL 总线定义了 32 位数据线,且可通过扩展槽扩展到 64 位,使用 33 MHz 时钟频率,最大传输率达 132 Mb/s,可与 CPU 同步工作,是一种高速、高效的局部总线。

(7)PCI 总线

PCI(Peripheral Component Interconnect)总线是当前最流行的总线之一,它是由 Intel 公司推出的一种局部总线。它定义了 32 位数据总线,且可扩展为 64 位。PCI 总线主板插槽的体积比原 ISA 总线插槽还小,其功能比 VESA,ISA 有极大的改善,支持突发读写操作,最大传输速率可达 132 Mb/s,可同时支持多组外围设备。PCI 局部总线不能兼容现有的 ISA,EISA,MCA(Micro Channel Architecture)总线,但它不受制于处理器,是基于奔腾等新一代微处理器而发展起来的总线。

(8)Compact PCI

以上所列举的几种系统总线一般都用于商用计算机中，在计算机系统总线中，还有另一大类为适应工业现场环境而设计的系统总线，比如 STD 总线、VME 总线、PC/104 总线等。这里仅介绍当前工业计算机的热门总线之一——Compact PCI。

Compact PCI 是当今第一个采用无源总线底板结构的 PCI 系统，是 PCI 总线的电气和软件标准加欧式卡的工业组装标准，是当今最新的一种工业计算机标准。Compact PCI 是在原来 PCI 总线基础上改造而来的，它利用 PCI 的优点，提供满足工业环境应用要求的高性能核心系统，同时还考虑充分利用传统的总线产品，如 ISA，STD，VME 或 PC/104 来扩充系统的 I/O 和其他功能。

(9)RS—232－C 总线

RS—232－C 是美国电子工业协会（EIA，Electronic Industry Association）制定的一种串行物理接口标准。RS—232－C 总线标准设有 25 条信号线，包括一个主通道和一个辅助通道，在多数情况下主要使用主通道，对于一般双工通信，仅需几条信号线就可实现，如一条发送线、一条接收线以及一条地线。RS—232－C 标准规定的数据传输速率为 50 b/s，75 b/s，100 b/s，150 b/s，300 b/s，600 b/s，1 200 b/s，2 400 b/s，4 800 b/s，9 600 b/s，19 200 b/s。RS—232－C 标准规定驱动器允许有 2 500 pF 的电容负载，通信距离将受此电容限制。例如，当采用 150 pF/m 的通信电缆时，最大通信距离为 15 m；若每米电缆的电容量减小，通信距离可以增加。传输距离短的另一原因是 RS—232 属单端信号传送，存在共地噪声和不能抑制共模干扰等问题，因此一般用于 20 m 以内的通信。

(10)RS—485 总线

当要求通信距离为几十米到上千米时，广泛采用的是 RS—485 串行总线标准。RS—485 采用平衡发送和差分接收，因此具有抑制共模干扰的能力。加上总线收发器具有高灵敏度，能检测低至 200 mV 的电压，故传输信号能在千米以外得到恢复。RS—485 采用半双工工作方式，任何时候只能有一点处于发送状态，因此，发送电路须由使能信号加以控制。RS—485 用于多点互联时非常方便，可以省掉许多信号线。应用 RS—485 可以联网构成分布式系统，其允许最多并联 32 台驱动器和 32 台接收器。

8.3 通用接口总线 GPIB

国际上公认并广泛使用的 IEEE—488 接口通常被称为通用接口总线（GPIB，General Purpose Interface Bus）。从 1965 年 9 月起美国 HP 公司就开始研究对今后一切电子测量仪器的接口实行标准化。到了 1973 年，HP—3570A 型网络分析仪采用了该公司的新型标准化接口母线系统（称为 HP－IB）来组建自动测试系统，颇为成功。当时，欧洲也在谋求自动测试的接口标准化。美国在 1972 年 3 月刚成立的国际电工委员会（IEC）的美国咨询委员会就把 HP－IB 接口标准推荐给 IEC 主管电子测量设备的第 66 技术委员会（IEC/TC66）。该委员会的第 3 工作组在 1972 年 10 月慕尼黑会议上决定以美国推荐的这一接口标准，作为国际标准化的基础。1974 年 9 月 IEC 认可了接口标准的草案。在国际合作的基础上，对最初的 HP－IB 接口标准作了一些修改，于 1978 年 11 月颁布了修订本 IEEE—488—1978。

GPIB 接口总线是目前仪器界普遍使用的一种可程控测量仪器的标准接口总线。GPIB 接口总线的作用是实现仪器仪表、计算机、各种专用的仪器控制器和自动测控系统之间的快速双向通信。它的应用不仅简化了自动测量过程，而且为设计和制造自动测试系统和自动测试装置（ATE）提供了有力的工具。

研制 GPIB 接口总线的出发点是把电子测量仪器组成自动测试系统，而在 GPIB 接口总线出现以后，其应用范围不断扩大，在通信、雷达、导航、电视、宇航、核物理、自动控制、医疗保健、生物工程、环境保护等很多领域都得到应用。关于 GPIB 接口总线的工作原理和使用方法不仅是测控技术的基本知识，也是电子科学技术领域的必备知识。

8.3.1　GPIB 接口总线的基本组成

GPIB 接口总线是一种数字系统的接口总线，在它的支持下每个主单元或控制器可控制 10 台以上的仪器或装置，使其相互之间能通过总线以并行方式进行通信联系。这种组合测试结构通常由计算机或专用总线控制器来监控。监控软件可用 C 或 C＋＋语言来编程。利用计算机平台界面及软件包等，可以很容易地按照给定的应用要求构建一个测试系统。

采用 GPIB 的自动测试系统由装置（器件）、接口和总线组成，其基本结构如图 8－2 所示。

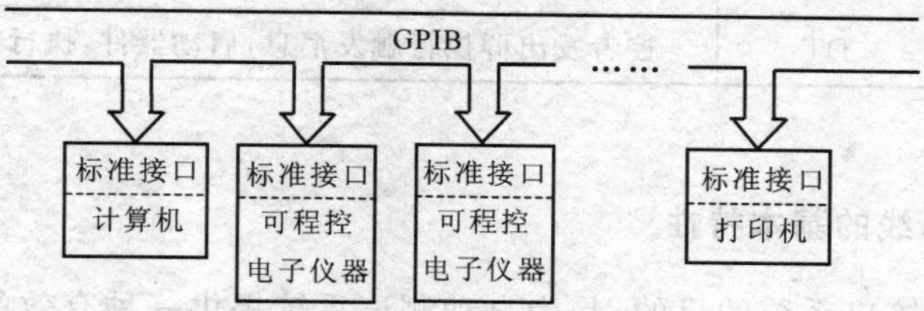

图 8－2　GPIB 总线的组成

8.3.2　GPIB 装置（器件）

系统中各器件都有自己的功能，如示波器可以对信号波形进行显示和测量。各器件可单独使用，只有在器件配置了接口功能后，才能进入自动测试系统。

GPIB 器件按其功能可分为四类：控者、讲者、听者、讲者兼听者。控者必然能听也能讲，可由计算机、定时器或其他逻辑控制装置担任；电压表、信号源属于既能听又能讲者，它们有时作为听者，接受控方发来的指令，有时作为讲者，发送数据给计算机、打印机等；打印机和电源属于听者，接收控者或讲者发来的测量数据；ROM 则属于讲者，它只能发出数据。

8.3.3　GPIB 接口功能

接口功能是 GPIB 接口总线标准的核心部分，也是自动测试系统运行的关键。GPIB 标准共配置了 10 种接口功能，合称为接口功能集。系统中的每个装置可配置其中部分或全部功能。表 8－1 为 GPIB 的接口功能集。10 种功能的前 5 种是基本功能，后 5 种是辅助或专用功能。

表 8-1 GPIB 接口功能集

接口功能	代号	说 明
控者	C	控者向其他器件发送各种接口消息,或对各器件并行查询,以确定哪台器件提出了服务请求
讲者或扩展讲者	T,TE	作为讲者的器件必备的能力,讲者将器件的控制程序、测试数据或状态字节,通过接口总线发送给其他装置
听者或扩展听者	L,LE	作为听者的器件必备的能力,听者在接口总线上接收来自控者或讲者的多线消息
源方挂钩(握手源)	SH	赋予器件正确发送多线消息的能力,与其他器件的受方功能一起,共同进行三线连锁挂钩,保证消息的异步传输
受方挂钩(握手受者)	AH	赋予器件正确接收多线消息的能力,它向控者或讲者表明该器件准备接收多线消息的情况和接收多线消息的情况
远地/本地	RL	允许器件在 2 个输入信息之间进行选择。"本地"对应于面板控制,"远地"对应于来自总线的输入信息
服务请求	SR	允许一个器件异步申请来自控制器的服务
并行查询	PP	控者向各器件发出并行查询消息以获得各装置的工作状态
装置清除	DC	控者发出清除消息,使器件恢复到初始状态
装置触发	DT	控者发出群执行触发消息,启动器件,执行规定的操作

8.3.4 GPIB 总线的基本特性

采用 GPIB 标准接口系统的目的,是为自动测试系统提供一种有效的通信联络,以便在各器件之间传输信息。GPIB 采用无源总线,各器件接口部分都装有总线电缆插座,系统内所有器件的同一种信号线全部并联。

GPIB 有 25 线和 24 线之分,两者之间可用专用连接件转换。GPIB 有 16 条信号线,其余为地线或屏蔽线。16 条信号线分为三组:数据输入输出总线 8 条,接口管理线 5 条,挂钩总线(又称数据字节传输控制总线)3 条。无论 25 线或 24 线,传递消息的 16 条线是完全相同的。

GPIB 总线具有下面一些基本特性。

(1)采用母线方式连接

母线上最多可控 15 个器件(包括系统的中央控制器在内),这主要是受到目前 TTL 接口收发器(驱动器)最大驱动电流 48 mA 的限制。

一般而言,15 个器件约可组成三个机架,已能组成相当规模的系统。当有必要使用多于 15 个器件时,只需在控制器(计算机)上再添置一个 GPIB 接口,即可再拉一条母线多挂 14 个器件。目前不少台式计算机都能插入三四个 GPIB 接口。

(2)最大传输电缆总长度为 20 m 或 2m ×(所挂器件数目),这两项中取其小者

传输距离的限制主要是基于信噪比的考虑。当传输距离较远时,由于长线效应而形成驻波,若所挂器件恰好处于驻波波节附近,信噪比就会相当差,可能会造成通信失误。通常采取的连接方式是控制器输出母线电缆长度为 4 m,于此处接插上系统中的第一个器件,再由这个器件用 2 m 长电缆连接下一个器件,以此类推,每增加一个器件即增加 2 m 电缆长度。这样,

随着母线连线的加长，母线上所挂器件也增多，接口发送器（母线驱动器）的负载就加重，输出电流（驱动电流）相应增加，从而有利于提高信噪比。

（3）母线中共包含 16 条信号线

数据采用多线、字节串行/位并行、双向、异步传输方式，采用三线挂钩技术来传递多线消息。“位并行”是指 8 个位被一次同时发送通过接口，“字节串行”是指字节按顺序依次通过接口和总线。GPIB 器件通过连接总线实现通信。

（4）最大传输速率为 1 Mb/s

通过对 150 套以上的测试系统的研究发现，1 Mb/s 的速率对目前的半导体元件已经足够了。事实上许多测试系统的测量速度是受到器件本身速度的限制，而不是受到母线上数据率的限制。例如，有些数字电压表每秒只能取得几次读数，精密信号发生器改变频率需要几十至几百毫秒的稳定时间。作为控制器用的计算机，其 GPIB 接口的数传速率也大都达不到1 Mb/S。

此外，数传速率还受到电路电容的影响，受到传输线上因反射和振铃现象而需要的瞬变过程稳定时间的限制，也受到挂钩信号往返的电缆延时的影响。

（5）地址容量

当使用 1 B 地址时，可有 31 个讲者地址和 31 个听者地址；当使用 2 B 地址时（一个主地址和一个副地址），则可以扩大到 961 个讲者地址和 961 个听者地址。具体地址一般可用器件后背板上的拨动开关来自由设置。

一般而言，对一个器件指派一个讲地址和一个听地址。但也可以对一个器件指派多个讲或听地址以便工作。例如，用一个地址输出原始测量数据，另一地址输出经过处理的数据，或备用一个地址输出幅度值，另一地址输出相位值，等等。因此，虽然一条母线上最多只能挂 15 个器件，但地址容量却远远超过 15 个。

（6）在同一时刻，母线上只允许有一个讲者，听者数目则不限

为了确保通信，必然只能允许在同一时刻只能有唯一的讲者在讲话，否则将引起混乱。为了保证这一点，接口的讲者功能应具备如下能力：一个已受命的讲者一旦收到其他讲地址时，就立即自动取消自己的讲者作用。

（7）具有控者转移能力

系统内可以允许有多个控者，但在同一时刻只能有一个控者起实际作用，作为当时的负责控者。负责控者的作用可以由一个控者转移到另一个控者。

（8）母线上采用与 TTL 相容的正电压，负逻辑

负逻辑的规定是为了避免母线接插头接触不良或断开等原因而引起混乱。假如某一信号线接触不良或断讯，那么由于接收器输入端拉高电压的作用，将不会误认为有真消息到来。当母线不被使用或被断开时，接口驱动器处于不作用状态（假态，即高电平态），则耗电也就相当小。此外，低电平真态（近于接地）也不易受噪声影响。

（9）远地/本地转换

接入系统的装置可以处于远控，即通过总线接受控制；也可以处于本地控制，即接受本装置的面板控制。远地和本地控制转换十分方便。

（10）GPIB 内规定了十种接口功能（见表 8－1）

每个器件的接口，视需要而定，可选用其中的若干种功能，不必十种全备，但也不能配备这

十种功能以外的其他接口功能。

8.3.5 GPIB 系统的设计和组建

采用 GPIB 总线接口的自动测试系统的设计、安装和调试的基本内容包括：总体方案设计，控制器选择，仪器选择，接口设计，系统安装，公用软件设计，应用软件设计，测试系统文件编制。

在总体方案设计中要明确测试任务，提出可以完成该任务的各种方案，从测试精度、测量速度、可靠性、经济性和使用维护等方面综合考虑，选择最佳测试方案，这对系统的设计和组建极为重要。

目前 GPIB 系统普遍采用配有 GPIB 接口的微机作为控制器，此外，对于简单的重复性的测试任务也可使用具有逻辑控制功能或操作程序的仪器或设备。仪器的选择则根据测试内容而定。

GPIB 系统的安装比较简单，只要用 GPIB 总线将所有装置的接口可靠地连接即可。值得注意的是系统与测试点的连接问题，特别是对微弱模拟信号的测量，这个问题往往是系统组建的关键问题。

公用软件是用于计算机维护、操作和对各装置 I/O 的管理程序，如执行程序、汇编程序、诊断程序、检测程序等；应用软件是用于具体测试任务的程序，主要是数据处理软件。

系统设计、安装、调试工作完成后，还应编制一套完整的技术文件，主要包括系统设计的技术报告和使用说明，它是以后使用、维护或改进的重要技术资料。

8.4 计算机自动测量和控制系统

计算机自动测量和控制（CAMAC，Compute Automated Measurement And Control）系统，简称测控系统，是自动控制技术、计算机科学、微电子学和通信技术有机结合、综合发展的产物。测控系统包含的内容十分广泛。它包括各种数据采集和处理系统、自动测量系统，生产过程控制系统，导弹、卫星的检测及发射控制系统等，广泛用于航空、航天、核科学研究，工厂自动化，实验室自动测量和控制，以及办公自动化、商业自动化、家庭自动化等人类活动的各个领域。

1969 年，欧洲各国从事核科学研究的一些组织在核电子学标准委员会（ESONE）领导下，制定并公布了计算机自动测量和控制仪器及接口系统规范，即 CAMAC 总线（IEEE—538）。它首先被用于高能物理实验室等核科学研究领域，后来逐渐推广到电力、冶金、航空、航天等部门。1975 年以后，美国电气和电子工程师学会（IEEE）、国际电工委员合（IEC）等组织相继把 CAMAC 定为国际标准，并公布了相应的标准文件。

在 CAMAC 标准文本中规定了保证信息兼容、供电兼容和结构兼容的条件。CAMAC 系统由三部分组成：机箱、并行（或串行）分支通道以及并行（或串行）分支驱动器。CAMAC 系统的组成如图 8-3 所示。

CAMAC 系统以机箱为基本单元，机箱内插入机箱控制器和各个插件板（或称模块、组件），模块与测控对象相连。机箱控制器控制各模块执行指令。控制器可以受计算机控制，也可独立工作。控制器与各模块之间的信号通道称为数据通道，机箱和驱动器之间的信号通道称为分支通道。驱动器是计算机输入/输出总线和分支通道之间的接口。

在一个 48 cm 宽的机箱中设有 25 个站位，其中 2 个站用于放置机箱控制器，其余 23 个站用于放置功能模块，具体 1～23 号站位为普通站，24，25 号站位为机箱控制器占有。每个标准模块宽 17.2 mm，高 222 mm，纵深长度为 306 mm。它通过 86 接点插头与机箱内的总线（称为数据路）相连。数据路包含站号线，每站 1 根，子地址线 4 根，功能码 5 根，读线 24 根，写线 24 根，选通信号线 2 根，服务请求线 1 根，公控信号线 6 根。机箱内各功能模块之间的信息交换通过专门的控制模块——机箱控制器——完成。

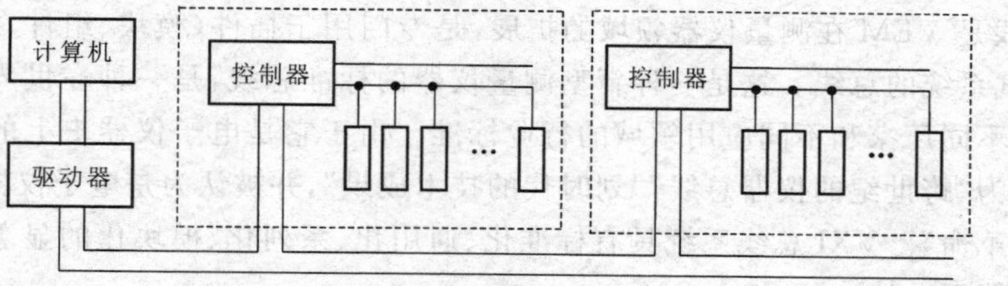

图 8-3　CAMAC 系统的组成

一台计算机（主机）可以与多个机箱连接，机箱之间的信息传送方式可以是并行传送（16 位或 24 位）、字节串行或位串行传送。对于并行传送的系统，1 台主机最多可连接 7 个机箱，对于串行传送的系统，最多可连接 62 个机箱。因此，采用 CAMAC 标准体制可以构成一个规模宏大的测控系统。

CAMAC 系统能够迅速可靠地传输大量数据，传输速率可达 24 Mb/s。

与 GPIB 系统相比较，CAMAC 的特点是功能很强，容量可以很大，因而适合于大型测控系统，而 GPIB 主要是为台式测量仪器（或装置）组成自动测量系统而设计的，是一种小巧价廉的接口系统。GPIB 可以作为 CAMAC 系统的一个子系统。

8.5　VXI 总线系统

随着大规模集成电路技术、计算机科学与技术、信号分析与处理理论和方法、软件技术的迅速发展，一方面对测试技术和设备的性能，如测试速度、效率、精度、可靠性、鲁棒性、测试参数的多样性、灵活性、智能化、高密度、小体积与轻量化等提出了越来越高的要求，另一方面也提供了越来越强有力的方法与手段。

与其他新技术的发展情况一样，自动测试系统及其技术也经历着不断完善的发展过程。GPIB 成功地解决了自动测试系统中极端重要的接口标准问题，从而使得组建积木式自动测试系统成为可能，因而是使用最为广泛的由分立台式和装架式仪器组建自动测试系统的接口的工业标准。然而，随着测试系统规模的扩大，以及数据量的急剧增大，对传输速率和处理速度的要求越来越高，GPIB 的局限性也就日益突出。

随着计算机技术的发展，相应的总线技术也在不断发展。20 世纪 80 年代初，Motorola 等公司提出的 VME 总线（VEARSA Module Eurocards Bus）实现了宽数据位、高速、高密度、标准化的要求，被接受为国际上开放式微机的工业标准总线，并于 1987 年批准为 IEE—1014 标准。但 VME 毕竟只是计算机总线标准，不具备测试仪器所要求的电源、电磁兼容（EMC）、模拟信号通道等，因而不能直接用于模块化仪器组成的自动测试系统。

为了响应美国空军提出的模块化自动测试系统计划的要求，美国五家主要的仪器公司于1987年提出了新一代自动测试系统的总线标准VXI总线(VME eXtension for Instrumentation)，并成立了VXI总线联合体。从1987年到1993年，几经完善，先后宣布了VXI总线版本1.1～1.4。IEEE在版本1.4的基础上，于1992年将其批准为IEEE—1155标准，1993年制定了VXI即插即用标准，并成立了VXI即插即用系统联盟。1996年，VXI总线实现了全球标准化。与此同时，VXI市场已初具规模。到1994年全世界已有331家工厂生产1 000多种产品，目前正以每年递增30% ～ 40%的高速度发展。

VXI总线是VEM在测量仪器领域的扩展，是专门用于插件(模块、组件、插卡)式仪器组成的自动测试系统的总线。这是一种新型测量仪器的标准总线，是一种在世界范围内完全开放的、适用于不同厂家和不同应用领域的行业标准。由于它是电子仪器史上的一个重要里程碑，因此被誉为“跨世纪的仪器总线”“划时代的技术成果”，并被认为是电子仪器和自动测试领域的“第三次革命”。VXI总线系统具有标准化、通用化、系列化、模块化的显著优点，集测量、计算、通信功能于一体。

VXI总线标准的建立，使高密度、高效率、高性能、高可靠、高度规范化的模块化测试仪器走上了标准化的道路，为自动测试技术的发展提供了新的技术支持，从而得到了积极的响应、迅速的发展和推广应用。

8.5.1 VXI总线系统的特点

VXI总线是融合了VME总线和GPIB总线而产生的，它是一种“即插即用”式的总线系统，可以用来灵活地组建自动测试系统，使得在测试任务改变的情况下，测试结构不变，并具有优良的交互操作性、可靠性及可移动性；其传输速率高，功耗低，体积小，质量轻，便于维修，组建方便；并且它紧紧依靠先进的计算机技术，其更新换代只需对其相应的部分进行改造即可达到整个系统升级的目的。VXI总线系统的结构有以下特点。

1. 标准模块

标准模块分A,B,C,D四种尺寸。机箱分13槽、5槽等规格。VXI的结构特点是在0槽控制器的作用下，各仪器模块可通过高速通信通道进行联络，同步工作，仪器之间经局部总线进行数据交换。

2. 系统的结构

VXI总线系统可简化为资源管理器和组态寄存器两种。前者用于完成下述软件功能：识别所有的仪器，对管理器进行自检，分配存储器，分配中断线及通信等级；资源管理器可管理256个VXI总线仪器。后者用于存储仪器模块的各种信息，包括仪器型号、装置类型、通信能力、状态、存储器的需求等信息。通信又分两种类型：消息基和寄存器基。前者是高级的标准VXI总线通信协议，例如字串行协议；后者不支持高级通信协议，仅支持VXI总线的配置寄存器，不能通用。

3. 控制器结构

常用的控制器有以下三种：①IEEE—488控制器，其特点是具有最普通的仪器界面，容易将VXI总线仪器与IEEE—488仪器混合使用，最高传输速率为1 Mb/s，速度慢，最多可控制168个标准模块，价格最低。②嵌入式(亦称内置式)VXI总线控制器，它直接放入主机箱中，并具有一台486或586微机的全部功能。其特点是外形尺寸小，能直接控制VXI总线及机箱内的标准模块，传输速率可达 40 Mb/s，速度最快。③ MXI 控制器，传输速率可达 20～33 Mb/s。

4. VXI 即插即用系统的结构

采用 VXI 即插即用标准能降低成本并完全支持对 VXI 仪器、控制器和软件的操作，便于实现系统集成和软件编程。该系统是通过一个被称作“框架”的特殊部分，作为连接 VXI 总线仪器与系统软件的桥梁，目前通用的框架就是由 Windows 支持的 WIN 框架，它是基于 Windows软件，采用 Intel PC 技术支持最广泛的编程语言，并可移植到视窗环境中。

基于这些特点，VXI 总线系统可以广泛应用于各种自动测试领域。

8.5.2　VXI 总线系统的组成

一个典型的 VXI 总线系统主要由两部分组成：一部分是一个或多个 VXI 子系统，另一部分是 PC 系统。每个 VXI 子系统由机箱、0 槽控制器和各种仪器模块组成。VXI 总线规范规定了 4 种模块尺寸与 VME 总线标准相同的 A 和 B 尺寸模块，以及扩展的两种 C 和 D 尺寸模块。

通常情况下，一个 VXI 子系统只包括了一个具有 13 个插槽的 C 尺寸的机箱，机箱最左边的槽位称为 0 槽，插在该槽位的模块称为 0 槽控制器，即 VXI 总线控制器，其他槽位可以插入最多 12 个各种仪器模块。

组成 VXI 总线的基本逻辑单元称为“器件”，通常一个器件占据一个模块，但有时也可以占据多个模块。同样，每个模块可以是一个器件或包含多个器件。计算机、数字多用表、多路开关、信号发生器、数据采集器、计数器等都可以作为器件存在于 VXI 总线系统中。每个 VXI 总线系统最多可以容纳 256 个器件，每个器件都有自己的地址，该地址可以是模块固有的，也可以是 0 槽控制器分配的。如图 8-4 所示为一个典型的单 CPU VXI 总线系统的组成形式。

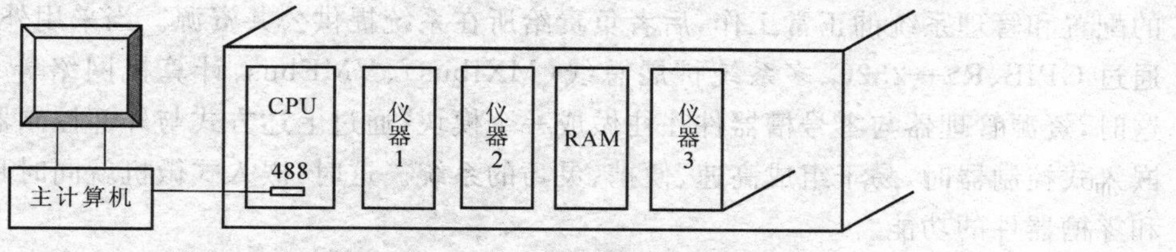

图 8-4　典型的单 CPU VXI 总线系统的组成

8.5.3　VXI 总线仪器

VXI 总线仪器是严格按照 VXI 规范设计与制作的插卡式(模块)仪器。其机械尺寸分为 A,B,C,D 四种，其中 A 尺寸模块带有 P_1 连接器，B 和 C 尺寸模块带有 P_1 和 P_2 连接器，D 尺寸模块带有 P_1,P_2 和 P_3 连接器，如图 8-5 所示。

每个模块通过 P_1,P_2,P_3 连接器与 VXI 总线连接。其中，P_1 是必需的，P_2 与 P_3 是可选择的。每个连接器都有三排，共 96 个引脚，其功能如下所述。

1)P_1：VME 计算机总线；16 位数据传输总线；16MB 寻址能力；模块使用仲裁线；具有判优功能的中断总线。

2)P_2(选用)：32 位数据传输总线；4 GB 寻址能力；12 条本地总线；TTL 和 ECL 触发总

线;10 MHz时钟总线;模拟相加线、模块识别线;配电总线。

3)P_3(选用):增大本地总线宽度;增大 ECL 触发总线宽度;100 MHz 时钟总线;ECL 星形触发总线;扩展配电总线。

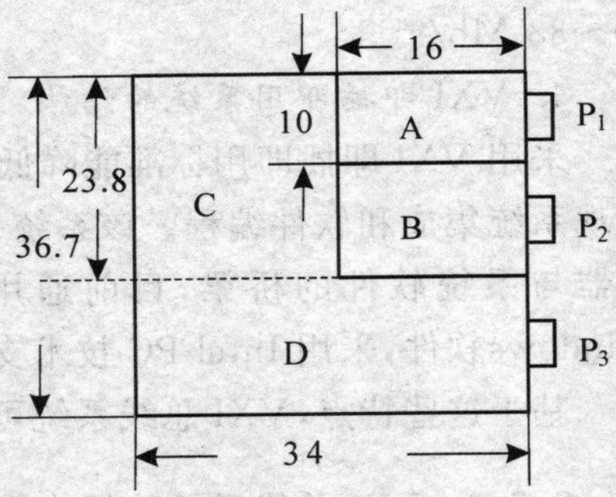

图 8-5　VXI 插件尺寸

VXI 总线的插卡仪器通常称为器件。根据器件本身的性质、特点和所支持的通信协议,可分为寄存器基器件、信息基器件、存储器器件和扩展器件。

寄存器基器件上有一组配置寄存器,其中存有器件类型、逻辑地址、生产厂家及其识别码、生产厂家为该器件指定的模块识别码、地址空间等信息。这种器件一般作为从者器件使用。与这类器件的通信通常是读写器件的寄存器,但也可以使用中断。

信息基器件不但具有上述配置寄存器,还设有通信寄存器来支持复杂的通信规程。它们一般都是具有本地智能的较复杂的器件,如计算机、资源管理器和各类有本地智能的测试仪器。

存储器器件就是各类存储器,它们与寄存器基器件有很多相似之处。

扩展器件是由 VXI 联合体或生产厂家定义的一些有特定目的的器件,可对器件的定义进行扩展。

8.5.4　VXI 系统的控制

VXI 总线系统的控制,可以由主机箱以外的控制器来实现,也可以由嵌入机箱的内部控制器来实现。无论是嵌入的还是外部的控制器,都具有资源管理和零槽功能。前者负责系统的配置和管理系统的正常工作,后者负责给所在系统提供公共资源。当采用外部控制器时,可通过 GPIB、RS—232C、多系统扩展总线(MXIbus)、VMEbus、计算机网络等多种方式连接。这时,资源管理器与零号槽器件往往做成一个模块,通过上述方式与外部控制器联系。当采用嵌入式控制器时,易于组成高速、便携、灵巧的系统。这时,嵌入式微机就同时具有资源管理者和零槽器件的功能。

VXI 总线的地址线和数据线均可高至 32 B。数据线上的传输率的上限为 40 Mb/s,当在机箱内的本地总线(Local Bus)上传输数据时,速率更可高达 100 Mb/s。

此外,VXI 总线中还定义了多种控制线、中断线、时钟线、触发线、识别线、模拟线等各种总线。

8.5.5　VXI 的优越性

1)VXI 是国际上最新推出的开放式仪器系统,各生产厂商遵循同样的标准,从而保证最大的灵活性和最小的淘汰率。

2)VXI 采用了当代多项高新技术,包括微电子技术,计算机技术,自动测试技术,图形处理技术(虚拟仪器、软面板),智能化仪器仪表等光、电、机技术。因此,测试性能优良,技术指标先进,是对传统测试系统更新换代的理想产品。

3)VXI 的核心思想是使 VXI 产品成为开放式结构的总线系统,标准统一,使用灵活,在系统集成时能真正做到“即插即用”，由于人—机界面良好，使之接近于“傻瓜”仪器。

4)采用背板结构，数据传输速度快(40 Mb/s)，吞吐量大，系统组建灵活方便，易于同其他总线兼容；系统高度透明，从而减少测试时间，增强了系统的性能；有更高的定时和同步精度，改善了测试性能。

5)使仪器系统从传统的“多机箱堆放式”发展成“单机箱多模块式”，具有安装密度高、体积小、质量轻、易于携带等优点。因其外形尺寸小，使测试系统能充分接近被测或被控器件，故可提高被测信号的保真度，减小仪器与被测装置的引线长度，降低系统噪声和改善屏蔽效果。

6)采用模块化的严密设计与工艺保证，使之具有很高的可靠性，良好的电磁兼容性和很强的抗干扰能力，具有自检与自诊断功能。其平均故障间隔时间(MTBF)一般能达到 10^5 h，最高可达 7×10^5 h，折合 80 a 使用期。

7)资源利用率高，不易被淘汰，“即插即用”使软件也进一步标准化，简化了系统的组建和编程，很容易实现系统集成，大大缩短研制周期。能实现系统资源共享，系统易于升级和扩展，能快速更换模块，重新组合系统。即使若干年后更换新机型，资源的重复利用率仍高达 75%～80%。

8)具有丰富的软件开发工具。测试人员只需调出代表仪器的国标，输入相关的条件与参数，利用鼠标器按测试流程将有关仪器连接起来，即可完成编程，自动生成测试程序，并以用户指定方式显示测量结果。VXI 总线系统还便于用户自行开发“虚拟仪器”。

9)VXI 系统中可以加入服务器模块，使其成为计算机网络的节点。这种基于网络结构的测量、通信和计算机的结合，实际上是信息社会三大支柱，即信息采集、传递和处理的结合，从而导致测试技术和测试系统的一次革命。

世界上主要的仪器厂商大都加入了 VXI 联合体和 VXI 即插即用联盟，由此保证了 VXI 成为一种开放式的工业标准。

8.6　测试系统中的其他总线

8.6.1　PXI 总线

1997 年 9 月 1 日，美国 NI 公司发布了一种全新的开放性、模块化仪器总线规范——PXI。PXI 是 PCI 在仪器领域的扩展，它将 Compact PCI 规范定义的 PCI 总线技术发展成适合于实验、测量与数据采集场合应用的机械、电气和软件规范，从而形成了新的虚拟仪器体系结构。PXI 的规格于 2000 年时推出 2.0 版，并于 2003 年 2 月将规格更新至 2.1 版。制定 PXI 规范的目的是为了将台式 PC 的性能价格比优势与 PCI 总线面向仪器领域的必要扩展完美地结合起来，形成一种主流的虚拟仪器测试平台。如图 8－6 所示为 PXI 规范体系结构图。

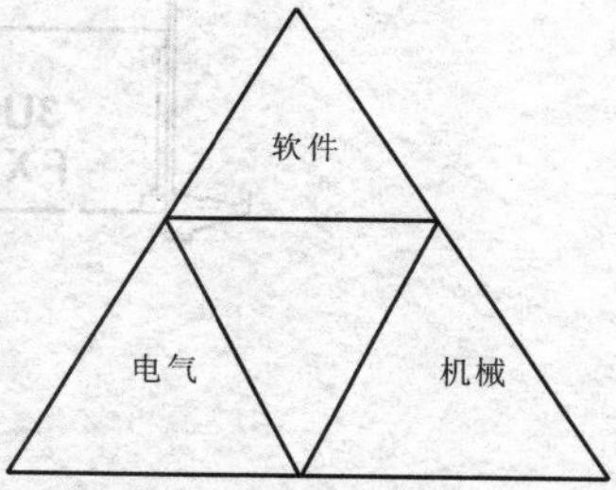

图 8－6　PXI 规范体系结构图

目前 PXI 接口上可以取得的模块包括：

· Pentium Ⅲ GHz 等级 PXI 控制器；

· 取样频率达 GS/s 之高速波形取样模块(high speed digitizer);
· 任意波形产生器(arbitrary waveform generator);
· 射频信号分析模块(RF analyzer);
· 各式信号交换模块(switching modules, from DC to GHz);
· 光交换模块(optical switching modules);
· 各式数据采集模块(DAQ modules);
· 数字传输模块(DIO modules);
· 计数器/定时器(counter/timer modules);
· 等等,不胜枚举。

1. PXI 机械规范及其特性

PXI 提供了两条与 Compact PCI 标准兼容的电气链路。

(1)高性能 IEC 连接器

PXI 应用了与 Compact PCI 相同的、高性能的高级针-座连接器系统。这种由 IEC-1076 标准定义的高密度(2 mm 间距)阻抗匹配连接器可以在各种条件下提供尽可能好的电气性能。

(2)Eurocard 机械封装与模块尺寸

PXI 和 Compact PCI 的结构形状完全采用了 Eurocard 规范。这些规范支持小尺寸(3U=100 mm×160 mm)和大尺寸(6U=233.35 mm×160 mm)两种结构尺寸。最新的 Eurocard规范中所增加的电磁兼容性(EMC)、用户可定义的关键机械要素,以及其他有关封装的条款均被移植到 PXI 规范中。这些电子封装标准所定义的坚固而紧凑的系统特性使 PXI 产品可以安装在堆叠式标准机柜上,并保证在恶劣工业环境中应用时的可靠性。

如图 8-7 所示的是 PXI 仪器模块的两种主要结构尺寸及其接口连接器,其中,J1 连接器上定义了标准的 32 位 PCI 总线,所有的 PXI 总线性能定义在 J2 连接器上。PXI 机箱背板上包括可连接 J1 和 J2 连接器的所有 PXI 性能总线,对仪器模块来讲,这些总线可以有选择地使用。

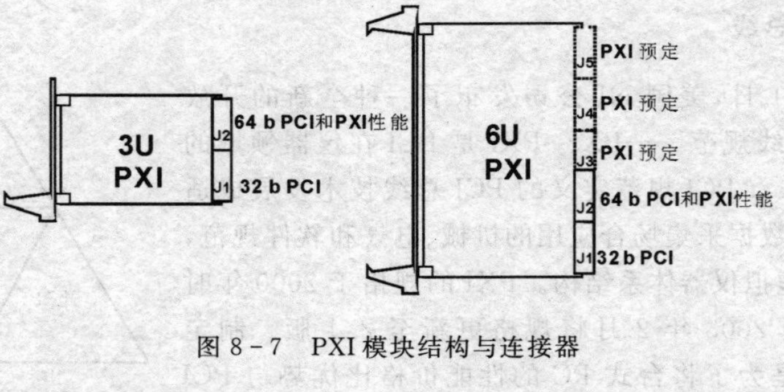

图 8-7 PXI 模块结构与连接器

如图 8-8 所示为一个完整 PXI 系统的基本组成部分。PXI 规定系统槽位于总线的最左端,PXI 规范定义唯一确定的系统槽位置是为了简化系统集成,并增加来自不同厂商的机箱与主控机之间的互操作性。PXI 还规定主控机只能向左扩展其自身的扩展槽,不能向右扩展而占用仪器模块插槽。

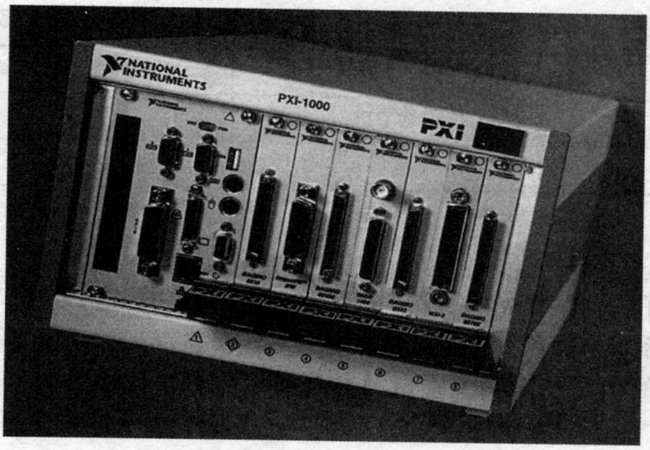

图 8-8　PXI 系统实物照片

2. 电气封装规范

为了简化系统集成，PXI 还增加了一些 Compact PCI 所没有的要求。PXI 规定模块所要求的强制冷却气流流向必须由模块底部向顶部流动；PXI 规范建议的环境测试包括对所有模块进行温度、湿度、振动和冲击试验，并以书面形式提供试验结果。同时，PXI 规范还规定了所有模块的工作和存储温度范围。

3. 与 Compact PCI 的互操作性

如图 8-9 所示，PXI 的重要特性之一是维护了与标准 Compact PCI 产品的互操作性。但许多 PXI 兼容系统所需要的组件也许并不需要完整的 PXI 总线特征。例如，用户或许要在 PXI 机箱中使用一个标准 Compact PCI 网络接口模块，或者要在标准 Compact PCI 机箱中使用 PXI 兼容模块。在这些情况下，用户所需要的是模块的基本功能而不是完整的 PXI 特性。

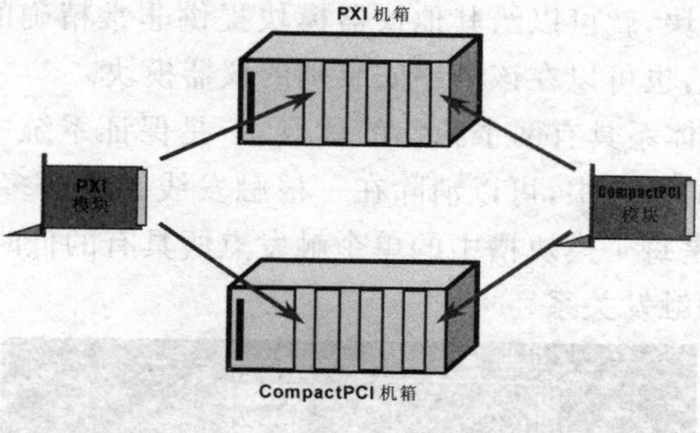

图 8-9　PXI 与 Compact PCI 的互操作性

4. PXI 规范的电气性能

PXI 总线通过增加专门的系统参考时钟、触发总线、星形触发线和模块间的局部总线来满足高精度定时、同步与数据通信要求。PXI 不仅在保持 PCI 总线所有优点的前提下增加了这些仪器特性，而且可以比台式 PCI 计算机多提供 3 个仪器插槽，使单个 PXI 总线机箱的仪器模块插槽总数达到 7 个。

PCI 总线与 VXI 总线面向仪器领域的扩展性能比较参见表 8-3。

表 8-2　PXI 与 VXI 总线面向仪器领域的扩展性能比较

	参考时钟	触发总线	星形总线	局部总线
VXI	10 MHz ECL	8 TTL & 2 ECL	仅 D 尺寸系统	12 线
PXI	10 MHz TTL	8 TTL	每槽 1 根	13 线

(1)参考时钟

PXI 规范定义了将 10 MHz 参考时钟分布到系统中所有模块的方法。该参考时钟可被用作同一测量或控制系统中的多卡同步信号。由于 PXI 严格定义了背板总线上的参考时钟，而且参考时钟所具有的低时延性能使各个触发总线信号的时钟边缘更适于满足复杂的触发协议。

(2)触发总线

如表 8-3 所示，PXI 不仅将 ECL 参考时钟改为 TTL 参考时钟，而且只定义了 8 根 TTL 触发线，不再定义 ECL 逻辑信号。这是因为保留 ECL 逻辑电平需要机箱提供额外的电源种类，从而显著增加了 PXI 的整体成本，有悖于 PXI 作为 21 世纪主流测试平台的初衷。

使用触发总线的方式可以是多种多样的。例如，通过触发线可以同步几个不同 PXI 模块上的同一种操作，或者通过一个 PXI 模块可以控制同一系统中其他模块上一系列动作的时间顺序。为了准确地响应正在被监控的外部异步事件，可以将触发从一个模块传给另一个模块。一个特定应用所需要传递的触发数量是随事件的数量与复杂程度而变化的。

(3)星形触发

PXI 星形触发总线为 PXI 用户提供了只有 VXI D 尺寸系统才具有的超高性能(ultra-high performance)同步能力。如图 8-10 所示，星形触发总线是在紧邻系统槽的第一个仪器模块槽与其他 6 个仪器槽之间各配置了 1 根唯一确定的触发线形成的。在星形触发专用槽中插入一块星形触发控制模块，就可以给其他仪器模块提供非常精确的触发信号。如果系统不需要这种超高精度的触发，也可以在该槽中安装别的仪器模块。

PXI 系统的星形触发体系具有两个独特的优点：一是保证系统中的每个模块有一根唯一确定的触发线，这在较大的系统中，可以消除在一根触发线上组合多个模块功能的要求，或者人为地限制触发时间；二是每个模块槽中的单个触发点所具有的低时延连接性能，保证了系统中每个模块间非常精确的触发关系。

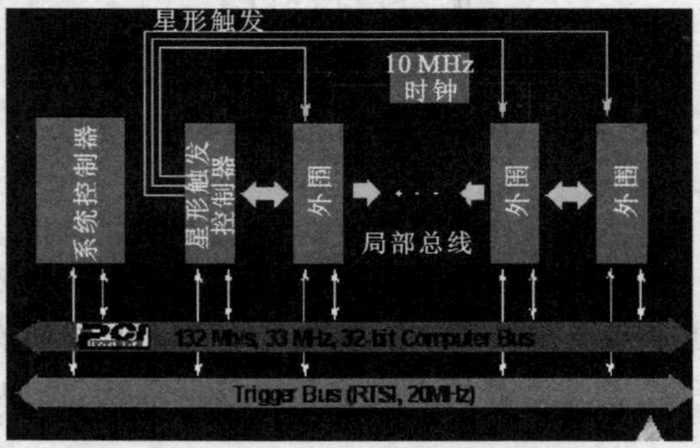

图 8-10　PXI 总线电气性能

(4)局部总线

如图 8-10 所示,PXI 局部总线是每个仪器模块插槽与左右邻槽相连的链状总线。该局部总线具有 13 线的数据宽度,可用于在模块之间传递模拟信号,也可以进行高速边带通信而不影响 PCI 总线的带宽。局部总线信号的分布范围包括从高速 TTL 信号到高达 42 V 的模拟信号。

(5)PCI 性能

除了 PXI 系统具有多达 8 个扩展槽(1 个系统槽和 7 个仪器模块槽)而绝大多数台式 PCI 系统仅有 3 个或 4 个 PCI 扩展槽这点差别之外,PXI 总线与台式 PCI 规范具有完全相同的 PCI 性能。而且,利用 PCI-PCI 桥技术扩展多台 PXI 系统,可以使扩展槽的数量理论上最多能扩展到 256 个。其他的 PCI 性能还包括:33 MHz 性能,32 位和 64 位数据宽度,132 Mb/s(32 位)和 264 Mb/s(64 位)的峰值数据吞吐率,通过 PCI-PCI 桥技术进行系统扩展;即插即用功能。

5. 软件性能

PXI 在电气要求的基础上还增加了相应的软件要求,以进一步简化系统集成。这些软件要求就形成了 PXI 的系统级(即软件)接口标准。

PXI 的软件要求包括支持 Microsoft Windows NT 和 95 (WIN 32)这样的标准操作系统框架,要求所有仪器模块带有配置信息(configuration information)和支持标准的工业开发环境(如 NI 的 Lab VIEW,Lab Windows/CVI 和 Microsoft 的 VC/C++,VB 和 Borland 的 C++等),而且符合 VISA 规范的设备驱动程序(WIN 32 device drivers)。

PXI 规范要求厂商而非用户来开发标准的设备驱动程序,使 PXI 系统更容易集成和使用。

PXI 规范还规定了仪器模块和机箱制造商必须提供用于定义系统能力和配置情况的初始化文件等其他一些软件要求。初始化文件所提供的这些信息是操作软件用来正确配置系统必不可少的。

基于 Compact PCI 工业总线规范发展起来的 PXI 系统可以从众多可利用的软、硬件资源中获益,如运行在 PXI 系统上的应用软件和操作系统就是最终用户在通常的台式 PCI 计算机上所使用过的软件。PXI 通过增加坚固的工业封装、更多的仪器模块扩展槽以及高级触发、定时和边带通信能力更好地满足了仪器用户的需要。

8.6.2　通用串行总线 USB

科学技术研究和企业生产力的发展,对自动测试技术的要求愈来愈高。自动测试系统从 20 世纪 60 年代在测试系统中采用了计算机算起,已经历了三代发展的历程。各代的差异主要体现在计算机与仪器及仪器与仪器之间的连接总线和接口问题。其目的主要是让用户使用方便并充分发挥计算机的作用。

当前自动测试技术大多是建立在通用的 PC 机的硬软件环境下,与 PC 机的连接都是要打开机箱,在 PC 机的插槽内插上一块接口板,将 PC 机总线(如 ISA,PCI)转换为测试仪器总线(如 GPIB,MXI,VXI),其系统结构如图 8-11 所示。这种方式连接很不方便,不能做到“即插即用”,更不能在带电情况下实现热插拔。这已成为制约自动测试技术发展的瓶颈问题,不具备互换性。

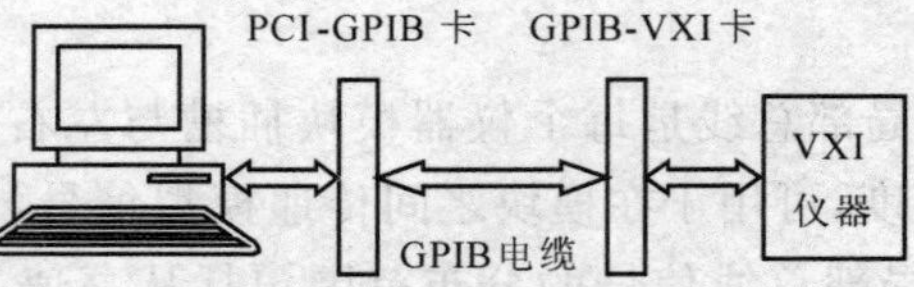

图 8-11 GPIB-VXI 工作方式自动测试系统

虽然目前第二代自动测试系统采用的接口母线 GPIB 总线还在应用,但 GPIB 总线技术发展缓慢,应用面不广,工作速度也不高,其主要原因是没有与通用的计算机紧密联系,仅是仪器行业中少数研究自动测试的人员熟悉 GPIB 总线技术,虽然 GPIB 也算是开放式工业标准,但无通用性,故难以普及。

第三代自动测试系统的接口总线 VXI 与 PXI 虽然技术指标得到了大幅度的提升,但是仍然专业性较强,与普通计算机连接并由一般未培训人员操作还存在较大难度。

为此简要介绍一种目前常用的计算机外设总线传输接口——通用串行总线(USB)及其在测试系统中的应用。

1. USB 的基本特性

随着技术的不断发展,大量新的外设不断出现,这些外设对计算机接口提出了更高的要求,如高速度、双向传输数据等。传统的计算机接口,如并行打印机接口、串行 RS—232 接口已经不能满足用户的需要。

还有,计算机越来越向简单、实用、方便、廉价方向发展。在传统计算机的外设安装过程中,在“即插即用”上存在一些问题。由于传统计算机接口有以上一些缺点,不能满足当前计算机的发展,于是 Compaq,Intel,Microsoft,NEC 等公司联合制订了一种新的计算机串行通信协议 USB(Universal Serial Bus)。USB 协议出台后得到各计算机生产商、芯片制造商和计算机外设厂商的广泛支持,现在流行的版本为 USB 2.0,其传输速率为 480 Mb/s,供电 500 mA。而最新的 USB 标准 USB 3.0,其传输速率为 5 Gb/s,可提供的接口电流为 900 mA。如今,计算机主板都带有 USB 接口,Windows XP,Windows Server 2003,Windows 7 也全面支持 USB 标准,很多计算机外设都采用 USB 接口,各种带 USB 接口的芯片也在市场上不断涌现。

USB 的基本结构是 USB 主机控制置于 PC 主板上的芯片组,负责启动 USB 处理动作,USB 根集线器是 PC 机上对外的 USB 接口,所有的动作起源于根集线器,USB 集线器位于根集线器与外设之间,完成数据的接收与转发。低速模式为 1.5 Mb/s,无屏蔽非绞线长度小于 3 m;高速模式为 12 Mb/s,屏蔽双绞线长度小于 5 m。USB 采用分块带宽分配方案。外设不超过 127 个,超过带宽分配,则拒绝进入该设备。

USB 与传统的外围接口相比,主要有以下一些优点。

(1)速度快

USB 1.1 有高速和低速两种模式。主模式为高速模式,速率为 12 Mb/s,从而使一些要求高速数据的外设,如高速硬盘、摄像头等,都能统一到同一个总线框架下。另外为了适应一些不需要很大吞吐量,但有很高实时性要求的设备,如鼠标、键盘、游戏杆等,USB 还提供低速方式,速率为 1.5 Mb/s。而 USB 2.0 有高速、全速和低速三种工作速度,高速是 480 Mb/s,全速是 12 Mb/s,低速是 1.5 Mb/s,不管是高速还是低速模式,速度都比 RS—232 接口快得多。

(2)易扩展

USB采用的是一种易于扩展的树状结构，通过使用USB Hub扩展，可连接多达127个外设。标准USB的电缆长度为3 m(低速)。通过Hub或中继器可以使外设距离达到30 m。

(3)支持热插拔和即插即用

在USB系统中，所有的USB设备可以随时接入和拨离系统，USB主机能够动态地识别设备的状态，并自动给接入的设备分配地址和配置参数。这样一来，安装USB设备不必再打开机箱，加、减已安装过的设备完全不用关闭计算机，也不必像过去那样，需要手动跳线或拨码开关来设置新的外设。

(4)USB提供总线供电和自供电两种供电形式

当采用总线供电时，不需要额外的电源。USB主机和USB Hub有电源管理系统，对系统的电源进行管理。

(5)使用灵活

USB共有4种传输模式：控制传输、同步传输、中断传输、批量传输，以适应不同设备的需要。

(6)支持多个外设同时工作

在主机和外设之间可以同时传输多个数据和信息流。

总之，USB是一种方便、灵活、简单、高速的总线结构。

2. USB的拓扑结构

USB系统由主控制器、USB Hub和USB器件组成。

主控制器由硬件、系统软件、应用软件构成。主控制器提供一个根节点，它可以直接与USB设备相连，也可以连接USB Hub，通过USB Hub来扩展接口。主控制器的功能主要有：动态检测外设的接入和拔除，给新接入的设备分配地址和配置参数，管理系统中的数据通信，对系统的电源进行管理等。

USB Hub用来扩展接口，以使系统连接更多的外设(不超过127个)；也能动态识别USB外设的接入，处理属于自已的信号，并将其他的信号放大传输给外设或主机；还能进行电源的管理和分配。每一个USB Hub接入时，主机分配其一个独立的地址。USB Hub下端可以接USB设备，也可以继续接USB Hub。

USB设备是指带有USB接口的外部设备，如鼠标、扫描仪、MIC、Speaker等。它们使用标准的USB数据结构与主机进行通信，能识别主机发出的各种命令，并对其做出响应。

3. USB的逻辑结构

虽然USB系统的拓扑结构是树状结构，一个主机可能要通过几个USB Hub才和一个USB设备相连接，但对主机来说，它对每个外设的管理和通信都是一样的，好像主机同外设直接连接起来一样。主机将USB Hub也当做一个USB设备来进行管理。

一个完整的USB系统，在逻辑上由USB主机和USB设备两部分组成。客户软件通过调用USB系统软件中的相应功能与USB设备完成功能级数据交换；USB系统软件通过与USB主机控制器硬件之间的寄存器接口和共用存储器接口，与USB设备完成逻辑级数据交换；USB控制器通过物理连线与USB设备完成物理级的信号交换。各层次之间遵守相应的总线规范。

USB设备是通过USB地址与主机来进行通信的。系统支持在USB设备和主机之间有一个或多个通道来传输数据和信息，而且它们之间存在一个缺省的通道，通过它，USB设备和主机就可以建立起通信联系，进行命令和应答的传送。

4. USB的物理连接

USB设备通过4根电缆与主机或USB Hub连接。这4根线分别是Vbus，GND，D＋，D－，其中Vbus为总线的电源线，GND为地线，D＋和D－为数据线。USB利用D＋和D－，采用差分信号的传输方式传输串行数据。

USB设备与主机的连接有两种方式：高速设备连接和低速设备连接。

USB主机和USB Hub同时支持高速和低速两种传输模式，但USB设备只支持其中的一种传输模式。因此在总线的连接上，USB高速和低速设备是有区别的，以让其系统能够识别其设备的类型。若系统接入的是USB高速设备，则在设备的上行端口处，总线的D＋接上拉电阻(R_{pu})；若是USB低速设备，上拉电阻接在D－上。在USB主机或USB Hub的下行端口，D＋和D－接有下拉电阻(R_{pd})，而且R_{pd}是R_{pu}的10倍。

当USB设备没有接入时，总线上D＋和D－都为低电平(此时主机或Hub的输出为高阻)，称之为SEO状态；当USB设备接入时，由于$R_{pdl}>R_{pu}$，所以D＋(高速)或D－(低速)被拉成高电平，这时总线的状态为J状态。主机若检测到总线状态从SEO到J的变化，并且J状态持续一定的时间，就认为有USB设备接入系统。当USB设备与主机不通信时，总线处于J状态，因此J状态也叫空闲态。当USB设备和主机要进行通信时，D＋和D－的电平反向，总线的状态变为K状态，然后系统以J，K态分别代表0和1，传输数据。系统将总线从J到K的改变定义为一包(Package)数据的开始(SOP，Start Of Package)，将持续两个周期的SEO，和一个周期的J看做是一包数据的结束(EOP，End Of Package)。需要注意的是，高速设备和低速设备的J，K状态刚好是相反的。

5. USB的数据结构

USB系统中，串行数据的传输采用NRZI编码，即当数据是1时，电平不变；当数据是0时，电平反向。而且在传输过程中，若遇到6个连续的1，则在这6个连续的1后插入一个0。数据的传送是先传低位，再传高位。每包数据的开始是一个同步场，同步场固定为数据80H。

由于USB是通过两根差分信号线来传输数据的，因此所有的数据必须按一定的格式来组织。具体来讲，在USB系统中，是通过以下3个层次来组织数据的。

1)帧(Frame)。USB标准规定每1 ms信号为一帧，每一帧数据可以包括不同传输模式的数据包，而每种数据包所占的比例以及每帧的附加信息，则由USB主机中的帧管理器完成。

2)包(Package)。包是构成帧的单位，每一包数据由包开始信息(SOP)起始，直至出现包结束信息(EOP)。包可以分为帧开始包，用于标志一帧数据的开始；信令包，完成主-从机之间的信令反应答信号的传输；数据包，用于传输数据。

3)场(Field)。场是构成包的单位。每个包都由若干个数据构成，其主要数据场有同步场(SYNC)，固定为数据80H，编码为0101010100，提供同步；标识场(PID)，用来识别包的类型；地址场(ADDR)，用于传送数据的目的地址；端点场(ENDP)，用来标明传送数据的目的端点；帧序号场，表明当前帧的序号；CRC(循环冗余校验)，传送CRC校验码；数据场，完成数据的传输。

6. USB在测试技术中的应用

正如一种新技术的出现就很快就被用到测试中来一样，USB这种理想的通用接口的出现，立即引起测量与测试界的关注。由于USB能即插即用安装于测试设备中，这给测试连接带来方便，故促使 USB 的 A/D 转换模块、数据采集、数字 I/O 系统应运而生，广泛应用在电压、温度等检测仪器中。

当前测量与测试产品制造商已开发出多种基于 USB 的检测设备，在数据采集应用中，性价比上有明显的优势。与原来的 PC 数据采集卡或插件板相比，基于 USB 总线的仪器不用打开 PC 机箱，不受 PC 环境噪声的影响，易于兼容个人计算机的各种应用软件平台，是低电平信号测量的理想工具。

若将 USB 用于测试系统的开发，需要进行下列的工作：深入研究 USB 的技术规范，选购或收集 USB 的软硬件产品，用 USB 评估板进行开发实践，设计一个数据采集和信号产生系统，组建自动测试系统。

习题与思考题

8-1　组建自动测试系统，开展自动测试有何意义？

8-2　第二代自动测试系统的特点是什么？

8-3　说明 GPIB 系统的基本特性，如何设计和组建 GPIB 系统？

8-4　GPIB 系统由哪几部分组成？说明 GPIB 接口的各种功能。

8-5　说明 CAMAC 系统的特点。

8-6　VXI 系统的特点是什么？为什么 VXI 系统有良好的发展前景？

8-7　VXI 的总线和控制方式有哪些？

8-8　说明 PXI 总线的技术规范。

8-9　USB 的基本特性是什么？

8-10　说明 USB 的拓扑结构、物理结构和数据结构。

第9章 智能仪器与虚拟仪器

9.1 智能仪器

9.1.1 智能仪器的特点和定义

众所周知，第一代仪器仪表是以指针式为主的仪器，如现在还在使用的万用表、电压表、电流表、功率表以及简单的非电量检测仪器和显示仪器等。这些仪器的基本结构是电磁式和力学式，基于电磁测量原理和力学转换原理用指针来显示最终测量值。

第二代仪器仪表是数字式仪器，这类仪器以其快速响应和高精度的测量结果得到了广泛的应用，如目前工程上和实验室使用的数字频率计、数字功率计、数字万用表以及数字式测试仪器和数字式显示仪器等。此类仪器的基本原理是将模拟量转化为数字信号进行测量，并以数字形式显示或打印最终结果。

第三代仪器国际上通称微机化仪器(Microcomputer Instruments)，这类仪器中内含微处理器(大多使用单片机)，功能丰富灵巧，常简称为智能仪器(Intelligent Instruments)。仪器内含的微机是控制中枢，其功能由软、硬件相结合来完成。这类仪器一般都装有通用接口，仪器与外部微机之间通过通用接口总线联系，从而实现在线信号检测、采集与存储，以及离线处理与分析。此类仪器虽然较前两类仪器有了根本性的变化，但从实用上讲，仍局限于基地式仪器(Based Instrumentations)范畴。

随着计算机技术尤其是微型计算机技术的长足发展和高新传感器与微电子技术的出现，以及现代化生产的需要，对工业自动化仪器提出了4C化的要求，即计算机化、通信化、CRT图像视觉、识别化和过程控制化。于是第四代仪器——智能仪器——便应运而生了，概括起来说它有以下几个特点。

1. 智能仪器具有在线性和过程性

智能传感器和融合性多参数传感器的问世，使动态参数测试的单一性、低精度、低灵敏度等许多缺点得到了根本性的改善，使仪器不再停留在只是生产过程中的一个简单装置的状态，而成为从信号获取到信号处理、分析，进入控制、调节及显示的在线性、过程性的系统与装置。从广义上讲，机器就是一个广义的智能仪器，至少应该说是一个智能仪器的群体结构。

2. 智能仪器具有可编程性

计算机软件进入仪器，可以替代大量逻辑电路，通常称为硬件软化。例如，在硬件电路中要将电压除以2就要有一个精确的分压电路，而用软件电路只需将电压对应的数值放在某一寄存器中，执行一次右移指令就可以实现了。再如，在硬件电路中的长时间延时电路，通常要用单稳态触发器、微分电路、二极管及反相器等构成，而在软件中只需编一个延时子程序即可代替这些硬件电路。这样的例子很多，特别是在控制电路中应用一些接口芯片的位控、数控特性进行一些复杂功能的控制，其软件编程则很简单，即可以用存储控制程序代替以往的顺序控制。如果代之以硬件，就需要一大套控制和定时电路，因此，软件植入仪器仪表可较大程度地简化硬件结构，从而代替常规的逻辑电路。

3. 智能仪器具有可记忆特性

采用组合逻辑电路和时序电路的仪器，只能在某一时刻记忆一些简单状态，当下一状态到来时，前一状态的信息就消失了。但微机引入仪器后，由于它的随机存储器可以记忆前一状态信息，只要通电，就可以一直保持记忆，并且可以同时记忆许多状态信息，需要时可以重现或进行其他形式的处理。例如，普通示波器只能显示当前时刻信号波形，而智能存储示波器可以存储若干个波形曲线，供使用者选用和比较，并且重要的信息还可以写入仪器的 RAM 中或转录到磁盘中，以待下次实验时调用这些信息数，还可以通过遥控方式将数据存入硬盘。

4. 智能仪器具有计算功能

由于智能仪器内含微机，因此可以进行许多复杂的计算，并且精度极高。普通的仪器，虽然可以采用一些模拟算法电路进行一些简单的加、减、乘、除或对数运算，但电路的输出精度受电源、环境及器件本身的热噪声的随机干扰很大，以至于复杂的计算根本无法用硬件来模拟实现。而在智能仪器中可经常进行诸如乘除一个常数，确定两个校测量之比和偏离额定值的百分比，将结果移动一个常量，确定极大值和极小值，被测量的给定极限检测等多方面的运算比较。

5. 智能仪器具备数据处理功能

智能仪器有丰富的数据处理能力。在测量中常遇到线性化处理、工程值的转换及抗干扰问题，由于有了微处理器和软件，这些都可以很方便地用软件来处理，这样一方面大大减轻了硬件的负担，同时，又增强了处理功能。智能仪器还具有信息检索、结果优化等功能，在遥控方式下利用计算机具有大容量存储器的特点，还可以向仪器引入专家系统，对仪器的检测结果立即做出处理意见。

6. 智能仪器具有自校正、自诊断、自学习及多种控制功能

智能仪器有自动校正零点、满度和切换量程的功能，从而大大降低了因仪器零漂特性变化造成的误差，同时可提高读数的分辨率；在运行过程中智能仪器可对自身各部分进行一系列测试，一旦发现故障即能报警，并显示出故障部位，以便及时处理；由于专家系统引入仪器，使之具有自学习、自适应的功能；控制系统中一直很难解决的诸如前馈、非线性、纯滞后、模糊控制以及复杂的 PID 控制等问题都能通过智能仪器技术的引入和发展得到满意的解决。

总之，智能仪器是以计算机科学、微电子学、微机械学以及材料科学为理论基础，实现信息传感、检测、处理、通信及过程控制等任务，具有自学习、自校正、自适应等功能的装置与系统。

9.1.2　智能仪器的组成和工作原理

智能仪器的种类繁多，不同种类的智能仪器功能不同，以智能示波器为例，简单说明智能仪器的工作原理。智能示波器的硬件组成如图 9-1 所示。

模拟电压输入信号经 A/D 变换后，先在 RAM 中存储，然后经过微机进行数据处理，处理结果再送回 RAM 存储起来，处理后的曲线数据也可以存入 RAM 的另一区段。所谓数据处理是指进行加、减、乘、除、求平均值、求平方值、求有效值等。仪器的面板上装有许多专门旋钮和按键，按某一个键即可将原来采集到的曲线数据进行某种对应的运算，专用旋钮用来完成亮

度等常规调整。如果需要上面几种运算以外的处理，可以自编好一段程序放在 RAM 中，按下“用户自定义”键即转入执行这一段程序，完成程序中所要求的特殊运算并显示结果。

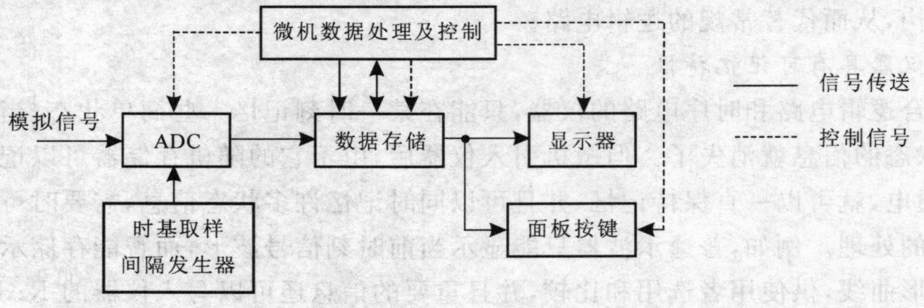

图 9-1　智能示波器的硬件组成框图

总的来说，智能仪器是以微机为核心的。与传统仪器显著不同的是，智能仪器采用微机的结构体系，按总线结构方式组建，仪器面板上的按键、开关、显示器以及内部的测试功能模块都通过接口并联于系统总线上。微机执行仪器的系统软件，实现程控测试、数据采集与运算处理，并能直接给出所需的测试结果。

整个智能仪器包括硬件和软件两大部分，硬件系统的基本组成如图 9-2 所示。

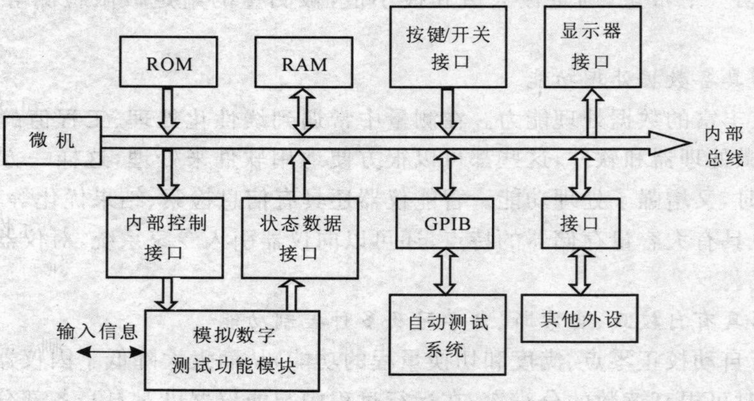

图 9-2　智能仪器硬件系统的基本组成图

存储器包含了测量结果以及测量电路状态的信息。测量结果可以用阿拉伯数字形式在显示器上显示出来，或用图形方式在示波器上显示以及由打印机打印结果。数字显示时，测量结果可以直接从输出存储器取出。这种方式通常用于简单的、不需要处理测量结果的设备中，设备的工作流程控制依靠存储在 ROM 中的程序来实现。典型的解决方法是用一个功能数字键盘，它可以胜任许多功能，简化了测量设备与执行器的连接。例如，最简单的功能是重复显示数字键按下的数字，使人看到稳定的数字显示，并可以直观地判断输入参数是否有差错；其他的按键则一般对应一些仪器的特定功能，每一键对应 ROM 中的一段相应功能程序。

智能仪器通常可看成是一个大系统，由计算机或可编程计算器进行控制，备有 GPIB 标准总线插座和电路，以便相互连接。其作用是用每个仪器作为一个单元完成自己固定的一些程序，这些程序自动地执行仪器所需的算法或者借助按键转入执行有关的程序段。这些程序是存储在 ROM 中的，不会丢失。

智能仪器有两种工作方式：本地工作方式和遥控工作方式。

当在本地工作方式时,用户按面板上的键盘向仪器发布各种命令,指示仪器完成各种功能。仪器的控制作用由内含的微处理器统一指挥和操纵。

当在遥控工作方式时,用户通过外部的微机来指挥控制仪器,外部微机通过接口总线GPIB向仪表发送命令和数据。仪器根据这些送来的命令完成各种功能。这时,面板的键盘将不起作用。在有多台仪器的大型测试系统中,这种方式十分有用,便于构成自动检测系统。系统连接的仪器可多达十几台,整个传输范围可达30 m。

9.1.3 智能仪器的优点

为了从整体上更深入地了解、掌握智能仪器,现将智能仪器的优点分述如下。

1. 测量精度高

由于智能仪器的中心控制系统是微机,而微机(或微处理器)的主频率目前都在10 MHz以上,即主时钟周期在0.1 μs以下。因此,一条指令若平均有4个字节,也只需执行不到1 μs的时间。如果A/D变换为几十微秒,这样取一个模拟量进入存储器所需时间在1 ms以下,即在1 s内至少可对一个模拟量进行1 000次测量(采用更高速的芯片,其采样、存储的时间还可以大量减少)。利用这一点,可以进行快速、多次重复测量,然后求其平均值,这就可以排除一些偶然的误差与干扰。除此以外,还可通过数字滤波和统计平均的方法,剔除粗大误差和随机误差。

2. 能够进行间接测量

一台智能仪器可以利用内部的微处理器通过测几种容易测量的参数,间接地求出某种难以测量的参数。

3. 能够自动校准

一般仪器仪表在使用前都要进行刻度校准,以保证测量显示数字的正确性。但是在使用中,随着仪器温度的升高,元件参数往往会发生变化,还有诸如电网干扰、噪声等因素的影响,原来校正好的测量状态受到破坏,导致前后测量的数据不一致。

智能仪器不仅可以自动校准,而且还可在测量过程中定期进行校准,测量的一致性条件较好,减少了测量误差。

4. 具有自动修正误差的能力

实时地修正测量值误差是较为复杂的功能。要清除影响仪器精度的"零漂"、传感器的非线性特性、环境因素的变化等,是常规仪器设计中非常棘手的问题。智能仪器能利用微机的运算和逻辑判断能力,按照一定的算法,清除诸因素对仪器精度的影响,减小仪器的误差。

5. 具有自诊断能力

智能仪器若发生了故障,其故障可以自检出来,仪器本身还能协助诊断发生故障的根源。在自诊断过程前,将决定测试操作顺序的程序先固化在微机的ROM中。程序的核心是把各功能部件上的输出信号与正确的额定信号进行比较,发现不正确的信号就以明显的警报形式提供给使用者。例如,智能集成电路测试仪就能够处理集成电路测试中存在的三个出错变量(来自测试仪)。在测试集成电路组件之前,测试仪器先执行一段自检程序,对其本身及程序数据进行测试,然后再测试组件。这样就能分清楚是仪器本身的毛病还是组件的问题。仪器的自检不单是在一开始启动时进行,在运行过程中自检例行程序也会执行,若发现仪器出故障,面板指示灯就会闪光,通知使用者。

6. 能够实现复杂的控制功能

仪器实现智能化以后，一些常规仪器不易实现的功能在智能仪器中就很容易实现。

以前，打印机的速度很慢，打印一行回车后占用了许多时间，若采用查询方式传送打印，则CPU要等待很长一段时间；而智能化打印机由于有内部存储器，可以将要打入的数据快速存储和排序变换，使打印机先从左向右打一行，然后从右向左打一行，这样就提高了打印速度。

有的智能仪器采用了现代化的数据压缩技术，可以向用户提供所需要的数据，而不是直接产生的数据。由于智能显示设备有较大的存储容量，它可以对波形曲线、瞬变状态等进行记录和再现。

7. 允许灵活地改变仪器的功能

智能仪器是由硬件模块和软件模块组成的，硬件模块可做成插板式的，当更换一块模块时，仪器的功能就可以改变，或者完全变成了另外一台仪器。同样，通过改变软件模块也会达到上述效果，比如更换软件的监控程序，而硬件不变，则所按的各种键都可以改变功能，或达到一键两用、三用。只要ROM有足够大的容量，配上解释程序或专家系统就可以实现仪器的自学习和实现自己的语言功能，而设计好的硬件保持不变，此时计算的终端就可以实现智能化了。

8. 便于通过标准总线组成一个多仪器的复杂控制系统

现在智能仪器大都装有GPIB接口，可以通过GPIB将多个智能仪器或其他带有GPIB的仪器连接在一起，组成一个多仪器的复杂测试或控制系统。

9.1.4 智能仪器的发展概况及设计思想

智能仪器是以计算机理论技术为核心，以多种理论技术为依托的产物。值得一提的是，多维传感器与多参数传感器及智能传感器的相继出现，使计算机的各种功能得到了强化和外延，这一观点已逐渐被国内外学术界所接受，被有关行业与部门认可。我国电磁测量信息处理仪器学会于1984年正式成立“自动测试与智能仪器专业组”，1986年国际测量联合会（IMC，International Measurement Confederation）以智能仪器为主题召开了专门讨论会，国际自动控制联合会（IFAC，International Federation of Automatic Control）1988年的理事会正式确定“智能元件及仪器”（International Components and Instruments）（TC25）（C&I）为其系列学术委员会之一，1989年5月在我国武汉召开了第一届测试技术与智能仪器国际学术讨论会，1993年在北京召开的仪器仪表与计算机应用学术会议上，智能仪器被作为重点议题之一。

目前，智能仪器在测量过程自动化、过程控制自动化、数据处理、一机多用等方面已取得巨大进展，还开辟了许多新的应用领域，出现了许多新型的仪器。

由于智能仪器的自身发展，随之而来的是其硬件和软件越来越复杂，对其工作状态检测和故障诊断就显得非常重要，而且十分困难。如果都依靠专业人员去解决这些问题，不仅费时不经济，而且对大量、多品种、更新很快的产品这样做也是不大可能的。为解决此类问题，出现了一种新型仪器——故障诊断仪（Troubleshooter）。面向计算机为主体的数字系统（或智能仪器）的故障诊断仪本身就是一台微型计算机。它一般是通过特定的（如与被检系统CPU相一致的）适配器与被检系统相连，在专用软件包的支持下进行故障诊断。它不仅可以发现故障的性质及范围，有时还可以精确地定位到故障元件。

由于微机的存储量不断增加，工作速度不断提高，因而其数据处理的能力有了极大改善，这样就可以将动态信号的分析与控制技术引入智能仪器之中。这些信号的处理,往往以数字滤波、FFT和最大熵谱法(MEM)为主体,配以各种不同的分析软件加智能化的医学诊断仪及机械故障诊断仪,其社会效益及经济效益将是十分巨大的。

研制与开发一台智能仪器是一个复杂的过程,这一过程包括:分析仪器的功能要求,拟制总体设计方案,确定硬件结构和软件算法,研制逻辑电路和编制程序,以及仪器的调试和性能测试等。为保证仪器质量和提高研制效率,设计人员应在正确的设计思想指导下进行仪器研制的各项工作。

为此,有必要简述一下智能仪器设计中的两个设计要点。

1.模块化设计

依据仪器的功能、精度要求和经济技术指标,自上而下(或由大到小)按仪器功能层次把硬件和软件分成若干个模块,分别进行设计与调试,然后把它们连接起来,进行总调,这就是设计仪器的最基本的思想。

通常把硬件分为主机、过程通道、人—机联系部件、通信接口、传感器及工作电源等几个模块;而把软件分成监控程序(包括初始化、键盘与显示管理、中断管理、时钟管理、自诊断等)、中断处理程序及各种测量和控制算法等功能模块。这些硬件和软件模块还可以根据所设计的仪器的特殊性与特殊功能继续细分,由下一层次的更为具体的模块来支持和实现。

模块化的设计优点:无论是硬件还是软件,每个模块都相对独立,可以独立地进行研制和修改,由专门的研究机构进行尽可能完善的设计,并制订其规格系列。用这些现成的功能模块可以迅速配套成各种用途的应用系统,从而使复杂的研制工作得到简化并缩短设计周期;同时模块化设计方式有助于研制工作的分解和设计研制人员之间的分工合作,从而提高了工作效率和研制速度。

2.模块的连接

上述各种软、硬件研制,调试之后还需要将它们按一定的方式连接起来,这样才能构成完整的仪器,以实现既定的各种功能。软件模块的连接一般是通过监控主程序调用各种功能模块,或采用中断的方法实时地执行相应的服务模块来实现的。

硬件模块(或模板)连接方式有两种,一种是以主机模块为核心,通过设计者自行定义的内部总线(数据总线、地址总线和控制总线)连接其他模块;另一种是以标准总线连接其他模块(例如STD总线、S100总线等)。第一种方法由设计人员自行研制模板,电路结构简单,硬件成本低;第二种方法,设计人员可选用商品化模块,配接灵活、方便,研制周期短,但硬件成本高。

9.2　虚拟仪器

计算机的迅速发展和普及有力地促进了多年来发展相对缓慢的仪器技术的飞跃,给仪器仪表领域带来了深刻的变化。20世纪70年代初期将微处理器引入仪器设计中,出现了智能仪器;20世纪80年代初在PC机的基础上发展了个人仪器;20世纪80年代后期将虚拟现实技术引入到个人仪器中,最终发展为虚拟仪器。

自1986年美国国家仪器公司(NI)提出虚拟仪器(VI)的概念以来,虚拟仪器这种计算机控制的模块化仪器系统在世界范围内得到了广泛的认同与应用。在虚拟仪器系统中,用灵活、强大的计算机软件代替传统仪器的某些硬件，用人的智力资源代替许多物质资源，特别是系统中应用计算机直接参与测试信号的产生和测量特征的解析，使仪器中的一些硬件甚至整件仪器从系统中“消失”，而由计算机的软硬件资源来完成它们的功能。

虚拟仪器(VI，Virtual Instruments)是电子测量技术与计算机技术深层次结合的、具有很好发展前景的新一类电子仪器。虚拟仪器要比传统的电子仪器更为通用，在组建和改变仪器的功能和技术性能方面更为灵活、经济，更能适应迅猛发展的当代科学技术对测量技术和测量仪器不断提出的更新要求。因此，虚拟仪器的发展非常迅速。

9.2.1 虚拟仪器的定义

虚拟仪器突破了传统电子仪器以硬件为主体的模式。目前存在着几种比较流行的虚拟仪器的定义。一种是美国NI公司利用虚拟现实给出的：虚拟仪器是在通用计算机上加上一组软件和硬件，使得使用者在操作这台计算机时，犹如操作一台自己的专用传统电子仪器。按照当前自动测试领域的定义，虚拟仪器是所有那些具有仪器功能特征的基本组成单元，包括由它们组合而成的典型仪器，以及一些发挥计算机功能并实现自动测试要求的自动测试专用软件模块。有人甚至将虚拟仪器简单地定义为一种具有虚拟仪器面板的个人计算机仪器。

虚拟仪器是可使用相同的硬件系统，通过不同的软件就可以实现功能完全不同的各种测量测试仪器，即软件系统是虚拟仪器的核心，软件可以定义为各种仪器，因此可以说“软件即仪器”。

虚拟仪器利用加在计算机上的一组软件与仪器模块相连接，以计算机为核心，充分利用计算机强大的图形界面和数据处理能力提供对测量数据的分析和显示。因此，虚拟仪器的一般特征可以归纳为：以计算机为核心，包括软件(如Lab VIEW)、GPIB、数据采集、信号处理、图像采集、DSP和VXI控制等，通过测量软件支持的、具有虚拟仪器面板功能的、足够的仪器硬件以及通信功能的测量信息处理系统。

9.2.2 虚拟仪器的结构

与传统仪器一样，虚拟仪器由三大功能模块组成：信号数据采集、数据测试和分析、结果输出和显示，其中数据分析和结果输出完全可由基于计算机的软件系统来完成，因此只要另外提供一定的数据采集硬件，就可构成基于计算机组成的测量测试仪器。

虚拟仪器的系统结构如图9-3所示。它包括计算机，虚拟仪器软件、硬件接口、测控仪器。硬件接口种类包括数据采集卡(含信号调理)、IEEE—488接口卡、串/并口、插卡仪器以及其他接口卡。

从构成要素讲，虚拟仪器系统是由计算机应用软件和仪器硬件组成的；从构成方式讲，则有以数据采集器(DAQ)板和信号调理为仪器硬件而组成的PC-DAQ测试系统；以GPIB，VXI，Serial和Field bus等标准总线仪器为硬件组成的GPIB系统、VXI系统、PXI系统、串口系统和现场总线系统等多种形式。由图9-3可知，无论哪种虚拟仪器系统，都是将仪器硬件搭载到笔记本电脑、台式PC或工作站等各种计算机平台加上应用软件而构成的。

虚拟仪器的硬件是计算机和为其配置的电子仪器硬件模块。计算机与仪器测试模块通过测试软件结合起来，组成通用的测量硬件平台。使用者是通过友好的图形界面(通常是设在计算机终端显示屏上图形化的、虚拟的菜单式控制机构，这些菜单式的控制机构的图形，只占显示屏的一部分，形成了虚拟仪器的前面板），以点击菜单来调控虚拟仪器的性能，就像在操作自己定义、自己设计的一台仪器。信号的测量是借助于测试软件的调控，经由测量硬件平台的采集，再经计算机的处理，得到最终的测试结果，并以数据、曲线、图形甚至是多维测试结果模型，显示在计算机的显示屏上。当然，测试结果也可以直接通过计算机网络传送或记录保存。

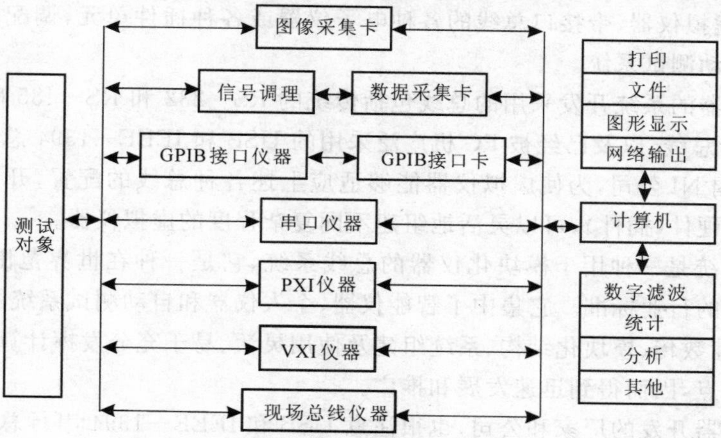

图9-3　虚拟仪器系统结构图

为计算机配置的测量仪器硬件模块包括各种传感器、信号调理器、模/数转换器、数/模转换器、数据采集器(DAQ)等。计算机及其配置的测量仪器硬件模块组成了虚拟仪器测试硬件平台的基础。虚拟仪器还可以选配开发厂家提供的系统硬件模块，组成更为完善的硬件平台。

测试软件是虚拟仪器的“主心骨”。虚拟仪器的概念是1986年由美国国家仪器公司首先提出的。NI公司在提出虚拟仪器概念并推出第一批实用成果时，就用“软件就是仪器”来表达虚拟仪器的特征，强调软件在虚拟仪器中的极为重要的位置。NI公司还推出了丰富而又简洁的虚拟仪器开发软件，如面向科学家和工程技术人员的Lab VIEW和Lab Windows/CVI虚拟仪器开发平台软件。这些软件以简单直观的图形化编程方式、众多源码级的设备驱动程序、丰富实用的分析表达功能和支持功能，让使用者可以根据不同的测试任务，在虚拟仪器开发软件的提示下编制不同的测试软件，构建自己的测量仪器或测量仪器系统，来实现复杂的测试任务。

测试软件的主要任务：①规范组成虚拟仪器的硬件平台的哪些部分被调用，并且规范这些部分的技术特性；②规范虚拟仪器的调控机构，设置调控范围，其中不少功能和性能直接由软件实现；③规范测试程序；④调用数据处理和高级分析库，处理和变换测试结果；⑤在计算机的显示屏上显示测试结果的数据、曲线族、模型甚至多维模型；⑥规范测试结果的信息存储、传送或记录。

总而言之，虚拟仪器从概念的提出到目前技术的日趋成熟，体现了计算机技术对传统工业的革命。在虚拟仪器技术发展中有两个突出的标志，一是VXI，PXI，USB总线标准的建立和推广；二是图形化编程语言的出现和发展。前者从仪器的硬件框架上实现了设计先进的分析与测量仪器所必需的总线结构，后者从软件编程上实现了面向工程师的图形化而非程序代码的编程方式，两者统一形成了虚拟仪器的基础规范。

9.2.3 虚拟仪器中的总线

虚拟仪器的突出成就不仅可以利用PC机组建成为灵活的虚拟仪器，更重要的是它可以通过各种不同的接口总线，组建不同规模的自动测试系统。它可以借助于不同的接口总线进行互联互通，将虚拟仪器、带接口总线的各种电子仪器或各种插件单元，调配并组建成为中小型甚至大型的自动测试系统。

当今虚拟仪器的系统开发采用的总线包括传统的RS—232和RS—485串行总线，GPIB，VXI，PXI等并行总线，以及已经被PC机广泛采用的USB和IEEE—1394总线。世界各国的公司，特别是美国NI公司，为使虚拟仪器能够适应上述各种总线的配置，开发了大量的软件以及适应要求的硬件(插件)，可以灵活地组建不同复杂程度的虚拟仪器。

VXI总线系统是一种用于模块化仪器的总线系统，它是一种在世界范围内完全开放的、适用于多供货商的行业标准。它集中了智能仪器、个人仪器和自动测试系统的很多特长，并具有小型便携、高速数传、模块化结构、系统组建及使用灵活、易于充分发挥计算机效能和标准化程度高等诸多优点，因而得到迅速发展和推广。

从事虚拟仪器开发的厂家和公司，也很注意USB和IEEE—1394串行总线虚拟仪器的开发，一是因为虚拟仪器系统主控常采用PC机，而当今PC机已经更多地采用USB和IEEE—1394总线；二是因为USB总线已经得到微软Windows、Sun公司、Digital公司等广泛的支持。但是，USB总线只限于用在较简单的测试系统中，当今用虚拟仪器组建自动测试系统，更多的是采用IEEE—1394串行总线，因为这是一种高速串行总线，能够以100 Mb/s，200 Mb/s或400 Mb/s的速率传送数据，将成为虚拟仪器发展最有前途的总线。目前国际上虚拟仪器所用IEEE—1394总线的传送速度已经达到100 Mb/s。

9.2.4 虚拟仪器的构成方式

虚拟仪器的构成方式随着微机和总线方式的不同可分为五种类型。

1. PC总线——插卡型虚拟仪器

数据采集卡是虚拟仪器最常用的接口形式，具有灵活、成本低的特点。它将现场数据采集到计算机，或将计算机数据输出给受控对象。用数据采集卡/板配以计算机平台和虚拟仪器软件如Lab VIEW，便可构造出各种测量和控制仪器，如数字万用表、信号发生器、示波器、逻辑分析仪等。

目前，由于多层电路、可编程仪表放大、即插即用、系统定时控制器、多路采集实时系统集成总线、高速数据采集的双缓冲区以及实现数据高速传送的中断、DMA等技术的应用，使得最新的数据采集板/卡能保证仪器级的性能、精度与可靠性。由此为用户建立功能灵活、性能价格比高的数据采集控制系统提供了良好的解决方案。而且大多数功能数据采集卡采用了“虚拟硬件”(VH，Virtual Hardware)的技术，它的思想源于可编程逻辑器件的应用，使用户通过程序能够方便地改变硬件的功能或性能参数，从而依靠硬件设备的柔性来增强其适用性和灵活性，使得其采样率和精度都是可变的。

2. 并行口式虚拟仪器

最新发展的一系列可连接到计算机并行口的测试装置，它们把仪器硬件集成在一个采集盒内。仪器软件装在计算机上，通常可以完成各种测量测试仪器的功能，可以组成数字存储示波器、频谱分析仪、逻辑分析仪、任意波形发生器、频率计、数字万用表、功率计、程控稳压电源、数据记录仪、数据采集器。美国LINK公司的DSO—2XXX系列虚拟仪器，其最大好处是既可以与笔记本电脑相连，方便野外作业，又可与台式PC相连，实现台式和便携式两用，非常方便。由于其价格低廉、用途广泛，特别适合于研发部门和教学实验室应用。

3. *GPIB总线方式的虚拟仪器*

利用GPIB技术，可以实现计算机对仪器的操作和控制，按照预先编制好的测试程序，实现自动测试，提高测试可靠性和效率。

GPIB测量系统的结构和命令简单，主要应用于台式仪器，适合于精确度要求高，但对计算机传输速度要求不高的场合。该总线最多可以连接15个设备(包括作为主控器的主机)。如果采用高速HS488交互握手协议，传输速率可高达8 Mb/s。

4. *VXI总线方式虚拟仪器*

VXI总线(即IEEE—1155总线)是一种高速计算机总线——VME总线在仪器领域的扩展。VXI总线仪器系统将若干仪器模块插入VXI总线的机箱内，由计算机来控制和显示。VXI将仪器和仪器、仪器和计算机紧密联系在一起，综合了数据采集板/卡和台式仪器的优点，VXI总线具有标准开放、结构紧凑、数据吞吐能力强，最高可达40 Mb/s，定时和同步精确、模块可重复利用、众多仪器厂家支持的特点，因此得到了广泛的应用。

经过十多年的发展，VXI系统的组建和使用越来越方便，尤其是组建大、中规模自动测量系统以及对速度、精度要求高的场合，有其他仪器无法比拟的优势。然而，组建VXI总线要求有机箱、零槽管理器及嵌入式控制器，造价比较高。

5. *PXI总线方式虚拟仪器*

PXI总线是以Compact PCI为基础的，由具有开放性的PCI总线扩展而来，PXI总线符合工业标准，在机械、电气和软件特性方面充分发挥了PCI总线的全部优点。而台式PCI系统只有3～4个扩展槽，PXI系统具有8个扩展槽，具有高度可扩展性，通过使用PCI-PCI桥接器，可扩展到256个扩展槽，台式PC的性能价格比和PCI总线面向仪器领域的扩展优势结合起来，形成未来的虚拟仪器平台。

虚拟仪器的发展过程有两条线：一是GPIB→VXI→PXI总线方式，适合大型高精度集成系统；二是PC插卡→并口式→串口USB方式，适合于普及型的廉价系统，有广阔的应用发展前景。使用者可以根据不同需要组建不同规模的自动测试系统，也可以将上述几种方案结合起来组成混合测试系统。

综上所述，虚拟仪器的发展取决于三个重要因素——计算机是载体，软件是核心，高质量的A/D采集卡及调理放大器是关键。

9.2.5　虚拟仪器的开发环境与Lab VIEW

虚拟仪器包括硬件和软件两个基本要素。硬件的主要功能是获取真实世界中的被测信号，它可分为两类：一类是满足一般科学研究与工程领域测试任务要求的虚拟仪器，最简单的是基于PC总线的插卡式仪器，也包括带GPIB接口和串行接口的仪器；另一类是用于高可靠性的关键任务，如航空、航天、国防等应用的高端VXI仪器。虚拟仪器系统将不同功能、不同特点的硬件组合构成一个新的仪器系统，由计算机统一管理、统一操作。软件的功能定义了仪器的功能。因此，虚拟仪器中最重要、最核心的技术是虚拟仪器软件开发环境。

作为面向仪器的软件环境应具备以下特点：一是软件环境是针对测试工程师而非专业程序员，因此，编程必须简单，易于理解和修改；二是具有强大的人—机交互界面设计功能，容易实现模拟仪器面板；三是具有强大的数据分析能力和数据可视化分析功能，提供丰富的仪器总线接口硬件驱动程序。

虚拟仪器应用程序的开发环境主要有两种：一种是基于传统的文本语言的软件开发环境，常用的有 Lab Windows/CVI，Visual BASIC，VC＋＋等。Lab Windows/CVI 是在 C 语言的基础上综合了标准化软件开发平台和图形化软件开发平台的优点，为熟悉 C 语言的开发人员提供了一个功能强大的软件开发环境，多用于组建大型测试系统或复杂的虚拟仪器；另一种是基于图形化语言的软件开发环境，常用的有 Lab VIEW 和 HP VEE。其中图形化软件开发系统是用工程人员所熟悉的术语和图形化符号代替常规的文本语言编程，界面友好，操作简便，可大大缩短系统开发周期。目前国际上应用最广的虚拟仪器开发环境首推美国 NI 公司的 Lab VIEW 和 HP 公司的 VEE 这两种软件，其中 VEE 主要面向仪器控制，而 Lab VIEW 相对功能更强、更全面，既可面向仪器控制，也可结合处理算法实现高性能信号处理与分析。

虚拟仪器的开发厂家为扩大虚拟仪器的功能，在测量结果的数据处理、表达模式及其变换方面也做了许多工作，建立了数据处理的高级分析库和开发工具库，如测量结果的谱分析、快速傅里叶变换、各种数字滤波器、卷积处理和相关函数处理、微积分、峰值和阈值检测、波形发生、噪声发生、回归分析、数值运算、时域和频域分析等，使虚拟仪器发展成为可以组建极为复杂自动测试系统的仪器系统。

1. Lab VIEW 概述

图形化编程语言 Lab VIEW（Laboratory of Virtual Instruments Engineering Workbench）是一种基于图形开发、调试和运行程序的集成化环境，是目前国际上唯一的编译型的图形化编程语言。Lab VIEW 开发环境具有一系列优点，从其流程图式的编程、不需预先编译就存在的语法检查、调试过程使用的数据探针，到其丰富的函数功能、数值分析、信号处理和设备驱动等功能，都使得人们使用起来方便快捷。

Lab VIEW 使用了一种称为 G 的数据流编程模式，它有别于基于文本语言的线性结构。在 Lab VIEW 中执行程序的顺序是由块与块之间的数据流决定的，而不是传统文本语言中按命令行次序连续执行的方式，程序框图中节点之间的数据流向决定了 VI 及函数的执行顺序，其中 VI 指虚拟仪器，是 Lab VIEW 的程序模块。

Lab VIEW 是一种图形化的编程语言，包括 3 个部分：前面板、框图程序和图标/连接口。前面板用于模拟真实仪器的前面板；框图程序则是利用图形语言对前面板上的控件对象（分为控制量和指示量）进行控制；图标/连接口用于把 Lab VIEW 定义成一个子程序，从而实现模块化编程。

在 Lab VIEW 中，图元和框图构成源代码，虚拟仪器则是子程序，前面板为人—机界面，用于输入数值和观察输出量。输入量被称为 Controls，输出量被称为 Indicators。前面板中各功能模块称为控制/显示，框图中的各功能模块称为函数。为了更逼真地模拟传统仪器的工作方式，Lab VIEW 提供了各种各样的图标和控件，如旋钮、开关、文本框、波形图和刻度盘等来使前面板易看、易懂，并可根据需要定制控件。如图 9-4(a)所示是一个函数信号发生器程序的前面板，给出生成波形的各个参数，如图 9-4(b)所示是采用 Lab VIEW 完成波形生成的程序框图设计。如图 9-5(a)所示是进行直流-均方根测量任务的前面板，如图 9-5(b)所示则是采用 Lab VIEW 完成该任务的框图程序。

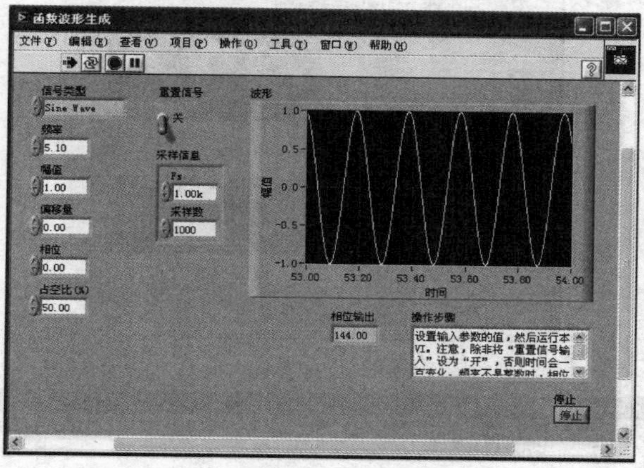

(a)

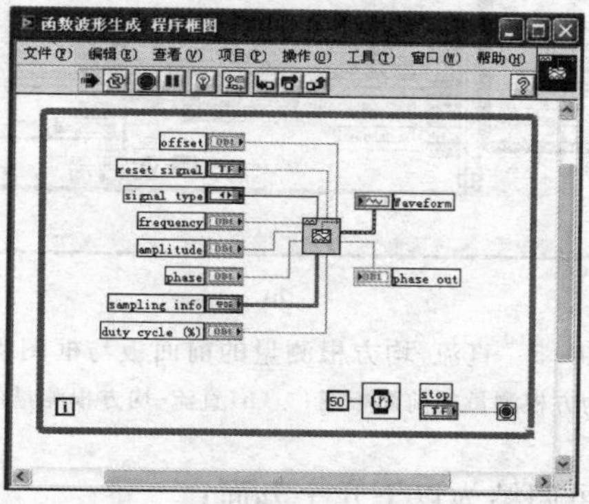

(b)

图 9-4　函数发生器的前面板与框图程序

(a) 函数信号发生器的前面板图；(b) 函数发生器的框图程序

每一个前面板都伴有一个对应的框图程序。框图程序使用图形编程语言编写，可以把它理解成传统程序的源代码。框图中的程序可以看成程序节点，如循环控制、事件控制和算术功能等。这些部件用连线连接，以定义框图内的数据流动方向。上述函数发生器程序的框图程序如图 9-4(b)所示，框图程序的编写过程与人的思维过程非常接近。Lab VIEW 还提供了丰富的函数库和子程序库，并适用于 Windows NT，Macintosh，Unix 等多种不同的系统平台。由于 Lab VIEW 是针对仪表测控行业设计的，许多本行业的特点得到了充分的体现。例如，当设计前面板时，Lab VIEW 提供的许多元件外观与实际仪器外观几乎一样，整个计算机屏幕看上去好像一个装了许多仪表的仪表柜，各项显示十分直观，人—机界面非常友好。因此，Lab VIEW 程序又称为虚拟仪表程序。

Lab VIEW 提供的 3 类可移动的图形化工具模板用于创建和运行程序，它们是工具(Tools Palette)、控制(Controls Palette)和功能(Functions Palette)。工具模板用于创建、修改和调试程序(如连线、着色等)；控制模板用来设计仪器的前面板(如增加输入控制量和输出指示量等)；功能模板用来创建相当于源代码的 Lab VIEW 框图程序(如循环、数值运算、文件 I/O 等)。

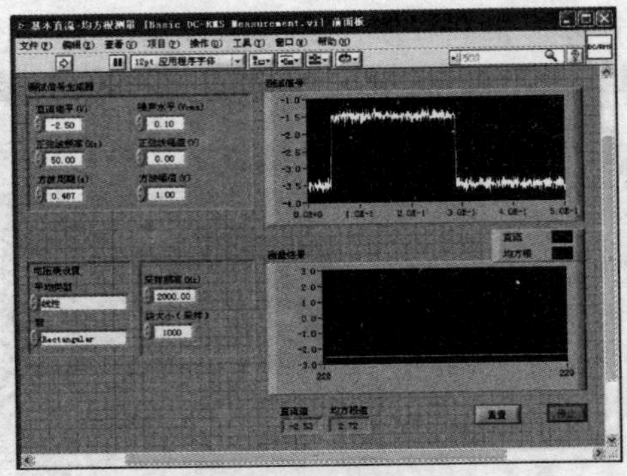

(a)

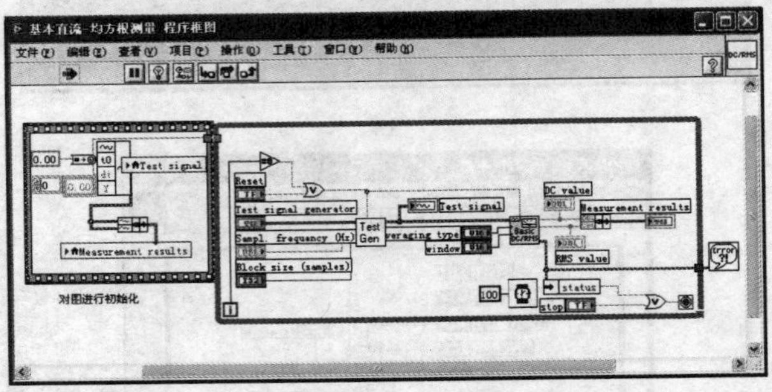

(b)

图 9-5　直流-均方根测量的前面板与框图程序

(a)直流-均方根测量的前面板图；（b)直流-均方根测量的框图程序

Lab VIEW 平台的特点可归结为以下几个方面：

1)图形编程方式，使用直观形象的数据流程图式的语言书写程序源代码；

2)提供程序调试功能，如设置断点或探针，单步执行，语法检查等；

3)具有数据采集、仪器控制、分析、网络、ActiveX 等集成库；

4)继承传统编程语言结构化和模块化的优点，这对于建立复杂应用和代码的可重用性来说是至关重要的；

5)提供 DLL 库接口、CIN 节点以及大量的仪器驱动器、网络通信 VIS 与其他应用程序或外部设备进行连接；

6)采用编译方式运行 32 位应用程序；

7)支持多种系统平台，如 Macintosh，HP - UX，SUN SPARC 和 Windows NT/2000/XP 以及 Linux 系统等，Lab VIEW 应用程序能在上述各平台之间跨平台进行移植；

8)提供大量的函数库及附加工具，如数学函数、字串处理函数、数组运算函数、文件 I/O、高级数字信号处理函数、数据分析函数、仪器驱动和通信函数等。

2. Lab VIEW 的开放性

Lab VIEW 是开放型的开发环境，它拥有大量的与其他应用程序进行通信的虚拟仪器库。因此，Lab VIEW 可从众多的外部设备获取或传送数据，这些设备包括 GPIB、VXI、PXI、串行设备、PLCS 和插件式 DAQ 板等；Lab VIEW 甚至可以通过 Internet 取得外部数据源。

(1)DLLs

在 Windows 或其他平台下调用内部或外部的 DLL 形式的代码或分享其他平台(包括 Windows)中的库资源；使用 CodeLink，同样可自动分享在 Lab Windows/CVI 中开发的 C 程序库。

(2)ActiveX，DDE，SQL

使用 ActiveX，DDE 和 SQL，与其他 Windows 应用程序一起集成用户的应用程序。

(3)远程通信

使用 TCP/IP 和 UDP 网络 VIS，与远程应用程序进行通信；在用户的应用程序中融入 E-mail，FTP 和浏览器等；通过远程自动控制 VIS，可远程操作其他机器上分散 VIS 的执行。

Lab VIEW 是开放型模块化程序设计语言，使用它可快速建立自己的仪器仪表系统，而又不用担心程序的质量和运行速度。因为 Lab VIEW 既适合编程经验丰富的用户使用，也适合编程经验不足的工程技术人员使用，所以被誉为工程师和科学家的语言。

9.2.6　虚拟仪器和传统仪器的比较与展望

传统仪器与虚拟仪器的比较见表 9-1。

无论哪种虚拟仪器系统，都是将硬件仪器(调理放大器、A/D 卡)搭载到笔记本电脑、台式 PC 或工作站等各种计算机平台上，加上应用软件而构成的，实现了用计算机的全数字化的采集测试分析。因此虚拟仪器发展跟计算机的发展完全同步，显示出虚拟仪器的灵活性和强大的生命力。虚拟仪器的崛起是测试仪器技术的一次“革命”，是仪器领域的一个新的里程碑。未来的虚拟仪器完全可以覆盖计算机辅助测试(CAT)的全部领域，几乎能替代所有的模拟测试设备。虚拟仪器的前景十分光明，基于计算机的全数字测量分析是采集测试分析的未来。

虚拟仪器的发展是信息技术的一个主要领域，它对科学技术的发展和国防、工业、农业的生产有不可估量的影响。虚拟仪器可广泛应用于电子测量、振动分析、声学分析、故障诊断、航天、航空、军事工程、电力工程、机械工程、建筑工程、铁路交通、地质勘探、生物医疗、教学及科研等诸多方面。

表 9-1　传统仪器与 VI 比较表

传统仪器	虚拟仪器
开发与维护开销高	软件使得开发与维护费用降至最低
技术更新周期长(5～10 年)	技术更新周期短(1～2 年)
关键是硬件	关键是软件
价格昂贵	价格低、可复用与可重配置性强
厂商定义仪器功能	用户定义仪器功能
封闭、固定	开放、灵活，可与计算机技术保持同步发展
功能单一、互联有限的独立设备	与网络及其他周边设备方便互联的面向应用的仪器系统

虚拟仪器在组成和改变仪器的功能和技术性能方面具有灵活性与经济性，因而特别适应于当代科学技术迅速发展和科学研究不断深化所提出的更高更新的测量课题和测量需求。虚拟仪器将会在科学技术的各个领域得到广泛应用。

习题与思考题

9-1　说明智能仪器的基本组成和工作原理。

9-2　智能仪器的主要特点和优点有哪些?

9-3　智能仪器的设计思想是什么?

9-4　什么是虚拟仪器?在虚拟仪器技术发展中的突出特征是什么?

9-5　说明虚拟仪器的结构组成。

第 10 章　自动控制原理

自动控制是一门理论性和工程实践性都较强的技术学科，常称为“控制工程”，实现这种技术的基础理论称为“自动控制理论”。自动控制理论发展的初期，是以反馈控制理论为基础的自动调节原理。由于其在军事和航空领域的成功应用，第二次世界大战后形成了完整的经典控制理论体系。20 世纪 60 年代，在现代应用数学和计算机技术的推动下，形成了现代控制理论。目前，自动控制理论已进入大系统理论和智能控制理论的新阶段。

在工程和科学的发展过程中，控制系统起着越来越重要的作用，它已成为现代工业生产过程中十分重要且不可缺少的组成部分。如产品质量控制、自动装配线、机床控制、空间技术与武器系统、计算机控制、运输系统、动力系统、机器人、微机电系统等。控制理论还被用于社会与经济系统的控制之中。

本章将主要介绍自动控制的基本概念和特性，经典控制理论和现代控制理论的基本概念和方法。

10.1　自动控制的基本概念

10.1.1　自动控制理论的发展

控制是指为了实现一定的目标所采用的一般方法和手段。在控制论科学中，控制是指对系统的一种作用，它使系统保持稳定，朝某一确定的方向、状态发展。自动控制就是在不需要人工直接参与的情况下，通过控制器自动地使控制对象按照预期的规律运行，自动完成一定的任务，并满足一定的性能指标。

在第二次世界大战前后，由于军事和生产发展的需要，自动控制理论和技术迅速发展，在雷达、船舶自动驾驶、工业生产等方面都得到了广泛的应用。20 世纪 50 年代末期，自动控制理论已经形成比较完善的体系，并在实践中得到广泛的应用。这个时期的自动控制理论称为经典控制理论，它的主要数学方法是傅里叶变换和拉普拉斯变换，将系统从时域变换到频域，便于进行系统的稳定性等性能的分析。频域法把描述系统动态行为的微分方程变换为简单的代数方程，即描述系统输入和输出关系的传递函数。

20 世纪 50 年代末期，航天技术、微电子技术和计算机等科学技术得到了高速发展，从而对控制技术提出了更高的要求，而经典控制理论已经不能满足这个要求。计算机的发展，在客观上又提供了技术手段，使自动控制理论出现了新的飞跃。20 世纪 60 年代初期，出现了现代控制理论，简称现代控制论。现代控制论主要研究多输入、多输出系统的状态控制，它的数学工具是向量微分方程、矩阵理论和近代代数理论；主要研究方法是状态空间法，主要是在时域内研究最优控制、随机控制、系统辨识及自适应控制等。

现代控制理论的发展,解决了经典控制理论所不能解决的许多理论问题和工程问题,但这并不意味着经典控制理论已经过时。相反,由于经典控制理论便于工程应用,今后还将继续发挥理论指导作用,而现代控制理论可以弥补其不足,两者相辅相成,共同推动控制理论及其应用向前发展。

近年来,由于科学技术的进一步发展,现代控制理论又在大系统理论和智能控制理论方面继续向前深入,显示出自动控制理论和自动控制技术无可估量的发展前景和巨大潜力。

10.1.2 控制系统的组成及工作原理

控制系统的基本组成部分包括:①控制目标;②控制系统元件;③结果或输出。如图10-1所示显示出这三部分之间的关系。控制目标可由输入(或称激励信号)和输出(或称被控变量)确定。一般而言,控制系统的目标在于通过输入,经由控制元件,以某种预先设定的方式来控制输出。下面以一台发电机为例,来说明控制系统的基本组成和工作过程。

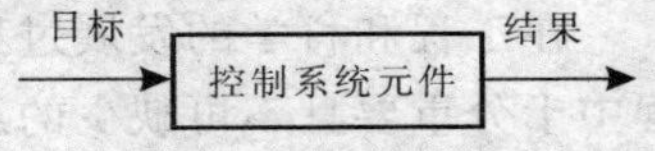

图 10-1 控制系统的基本组成

【例 10-1】 发电机的激磁电压由直流电源供电,通过电位器进行调节,在原动机的带动下,它就可以输出电压,供负载使用。为了使用设备的安全和正常工作,希望在任何条件下,发电机的输出电压保持恒定不变。但在实践工作中,发电机要受到很多因素的影响,如激磁电压的变化,原动机转速的变化,负载的变化等,其电压保持恒定几乎不可能。因此,需要人为的或自动的控制。

从这个系统中,可以得到控制系统的基本组成部分:

1)发电机被称为被控对象;

2)发电机输出的电压被称为被控量;

3)发电机的额定电压被称为期望值。

在人工控制过程中,人首先应对发电机的实际输出电压 u 进行测量,然后与期望输出电压值 u_r 进行比较,看它们是否相等,若不等,则将实际电压值与期望值的偏差值记为 u_e.然后,根据偏差值的大小和正负来设法改变发电机的输出电压,使实际电压接近或等于期望值。改变发电机电压的操作过程称为执行。

由此可见,人在控制过程中主要完成测量、比较和执行这三种作用。

自动控制系统(ACS,Automated Control System)定义为由自动控制装置控制被控对象的行为,能够完成一定的自动控制任务的整体。显然,这些装置至少应完成三种作用:测量、比较和执行。

按照其功能,自动控制系统包含 4 个基本环节:

1)检测(测量)元件:用来测量被测量的实际值,必要时进行相应的物理量的变换,以便与给定输入值进行比较。

2)比较元件:将给定值与测量结果进行比较,得到偏差值。

3)控制器(调节器):按照偏差值产生相应的控制信号。控制器的输入信号与输出信号之间的关系 $u=f(e)$称为控制规律。由于偏差信号一般比较弱,控制器中应包含有放大环节,对于基本的自动控制系统,控制器就是放大电路。

4)执行元件:执行控制任务,驱动被控对象,从而使被控量与期望值一致。

按照上述控制过程,可以给出电压自动控制系统的方框图,如图 10-2 所示。

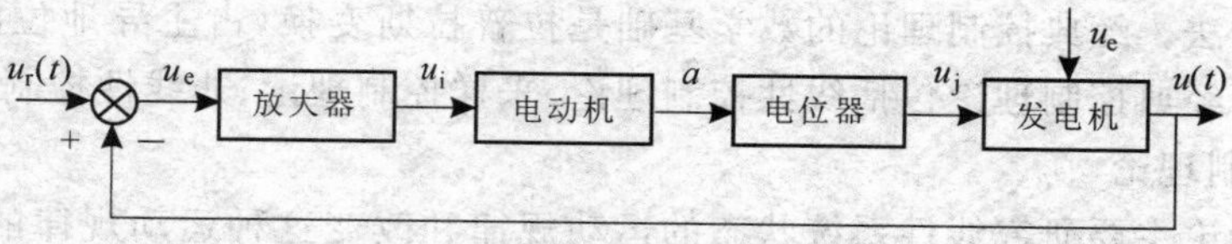

图 10－2　电压自动控制系统框图

由图 10－2 可见，控制系统中信号的传递形成一个封闭回环，为了保证系统的稳定性，自动控制系统必须按照闭环负反馈的原则组成。因此可以给出自动控制系统的一般原理框图，如图10－3所示。

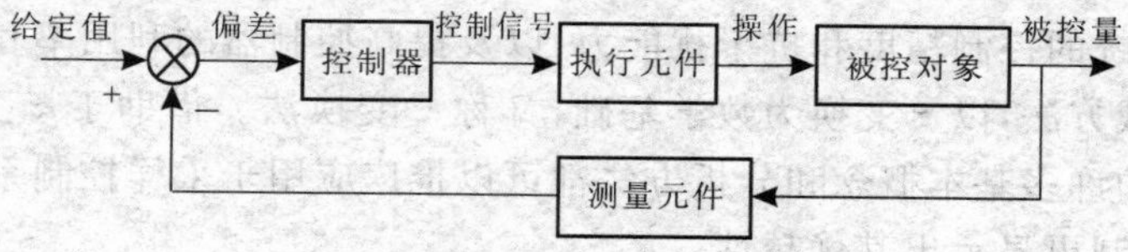

图 10－3　自动控制系统的原理框图

在自动控制系统中，被控量的值由测量环节来检测，这个值与给定值进行比较，得到偏差值，控制器依照一定的控制规律使操作变量变化，以使偏差值趋于零，其输出通过执行器作用于被控对象，从而使被控量接近或等于期望值，以减少或消除偏差，使系统的输出保持某个恒定值。利用偏差值进行控制是自动控制系统工作的基础。

实际电路中仅有这些环节是不够的，因为系统内部既有控制作用的因素，也存在反控制作用的因素。例如，系统中可能存在死区和惯性因素，在反映控制信号的过程中还可能产生振荡(由于惯性)等。因此，还需要在系统中加入能消除或减弱振荡的环节，提高系统的性能，这些环节称为校正环节。另外，在被测对象上除控制信号外，还可能出现扰动信号，形成干扰。因此，在主反馈环节外，可能还需要局部反馈环节。

通常把完成控制作用的测量元件、比较元件、放大元件、校正元件及执行元件的组合称为控制器。

总之，自动控制系统的工作原理可归结为：测量偏差，利用偏差，最后达到减少或消除偏差。

10.1.3　基本的控制理论

从 20 世纪 40 年代自动控制理论形成以来，随着人们对自动控制方式的不断研究、试验，自动控制理论逐渐成熟、丰富，形成了不同特色的理论体系。目前，公认的控制理论体系分为经典控制理论、现代控制理论、大系统理论和智能控制理论。

1. 经典控制理论

经典控制理论以拉普拉斯变换和 z 变换为数学工具，以单输入、单输出的线性定常系统为主要的研究对象。通过拉普拉斯变换或 z 变换将描述系统的微分方程或差分方程变换到复数域中，得到系统的传递函数，并以传递函数为基础，以根轨迹法和频率法为研究手段，重点分析反馈控制系统的稳定性和稳态精度。

经典控制理论主要研究系统运动的稳定性、时域和频域中系统的运动特性、控制系统的设计原理和校正方法。经典控制理论的数学基础是拉普拉斯变换，占主导地位的分析和综合方法是频域方法。经典控制理论包括线性控制理论、采样控制理论、非线性控制理论等。

(1)线性控制理论

线性控制理论主要研究线性系统状态的运动规律和改变这种运动规律的可能方法，建立和揭示系统结构、参数、行为和性能之间的定量关系。线性控制理论以拉普拉斯变换为工具，建立控制系统的数学模型。常用的模型有时域和频域模型，时域模型比较直观，而频域模型是研究系统性能的重要工具。在分析系统数学模型的基础上，加入控制部分来达到预期的性能。

(2)采样控制理论

采样控制系统的特点是系统中有部分信号具有脉冲序列或数字序列的形式。采用采样控制，有利于提高系统的控制精度和抗干扰能力，以及提高控制器的利用率和通用性。采样控制理论主要采用频域方法，以 z 变换为数学基础，又称 z 变换法。借助于 z 变换，在连续控制系统研究中所采用的许多基本概念和分析方法都可以推广应用于采样控制系统。随着计算机控制的普及，采样控制更显示出其优越性。

(3)非线性控制理论

实际的物理系统都是非线性的，线性只是对非线性的一种简化或近似。非线性系统的分析方法有两类：一类是运用相平面法通过计算机仿真求得非线性系统的数值解，进而分析非线性系统的性能，但该方法只适用于一阶、二阶系统；另一类是运用谐波平衡法对非线性系统进行函数描述，是分析非线性系统的简便而实用的方法，但只能做出定性分析，不能求得数值解。目前，非线性控制理论仍处于发展阶段，很多问题还有待解决。

经典控制理论的特点是以输入、输出为系统数学模型，采用频率响应法和根轨迹法分析系统性能和设计控制装置。经典控制理论的控制技术通常采用负反馈控制，构成闭环控制系统。经典控制技术需要以下两个重要前提：

1)被控变量具有独立性，即各个变量之间没有耦合，每个变量均可以用一个独立调节回路来控制，其余变量对它的耦合效应相对较弱。

2)被控变量和控制作用之间存在线性关系，至少可以在一定范围内做线性化近似。

工业控制中应用的各种设备、器件、仪表等大部分可以满足以上两点要求，这也是经典控制理论在工业生产中广泛应用的原因。20 世纪 50 年代以来，为满足生产过程大型化、工艺要求复杂、控制精度要求高的实际工程需求，反馈控制技术发展了串级控制、比值控制、前馈控制、均匀控制等控制策略与算法，统称为多回路控制。这些控制策略与算法不仅满足了复杂生产过程控制的需要，而且仍在不断地改进、完善与发展中，不但在工程领域有广泛的应用，在国家经济管理和人们的日常生活中都有重要的应用价值。

经典控制理论虽然技术简单、适用面广，但也存在如下的局限性：

1)只适用于分析和设计单输入、单输出的单变量系统，对于多输入、多输出系统，经典控制理论分析很粗糙，不精确，采用经典控制理论设计此类控制系统经常得不到令人满意的结果。

2)只适用于分析和设计定常系统，难以分析复杂的非线性或时变系统。

3)只能采用外部描述的方法讨论系统的输入与输出关系，忽略了系统的内在特性，不能描述系统内部的状态信息等对实际控制的影响。

4)设计方法不严密，工程分析基本依靠经验方法。即通常根据工程经验选用合适的、工程上易于实现的控制器，然后对系统进行调试，直到得到满意的结果。虽然这种方法实用性强，但是在理论分析上却不能令人满意。

5)控制过程中的动态偏差不可避免,控制效果也不是最佳的。

2. 现代控制理论

20世纪50年代,随着航空、航天技术和计算机技术的蓬勃发展,控制理论有了重大的突破和创新,其研究对象从单输入、单输出的线性定常系统,发展到多输入、多输出线性系统,其中特别重要的是对描述控制系统本质的理论的建立,如能控性、能观性、实现理论、典范型、分解理论等,一套以状态空间法、极大值原理、动态规划、卡尔曼-布什滤波为基础的分析和设计控制系统的原理与方法已经确立,从而标志着现代控制理论的形成。

现代控制理论以线性代数和微分方程为主要数学工具,以状态空间法为基础,主要研究多输入、多输出系统的建模方法,分析控制系统的能控性、能观性、稳定性等品质,寻找综合最优控制方法。状态空间法本质上是一种时域的分析方法,它不仅描述了系统的外部特性,也揭示了系统的内部状态和性能,对认识控制系统的许多重要特性具有关键的作用。现代控制理论主要包含线性系统理论、最优控制理论和自适应控制理论。

(1)线性系统理论

线性系统理论以状态空间法为主要工具,是研究多变量线性系统的理论。美国学者R. E. 卡尔曼首先把状态空间法应用于多变量线性系统的研究,提出了能控性和能观性两个基本概念。现代线性系统理论随后的发展,出现了线性系统几何理论、线性系统代数理论和多变量频域方法等研究多变量系统的新理论和新方法。

现代线性控制理论的主要特点:研究对象是多变量线性系统,数学模型中除输入和输出变量外,还存在描述系统内部状态的变量,在分析和综合方面以时域为主。

(2)最优控制理论

最优控制理论是设计最优控制系统的理论基础,属于现代控制理论的一个重要理论分支。该理论着重研究优化控制系统的性能指标使其实现最优化控制的基本条件和综合方法,主要通过采用极大值原理和动态规划的方法来综合设计、实现最优控制系统,是研究和解决从所有控制方案中寻找最优解的一门科学。

(3)自适应控制理论

自适应控制理论是在模仿生物适应外部环境能力的基础上,研究当受控对象的动态特性变化时,控制系统如何自动调整自身特性的控制方法。与常规的反馈控制和最优控制一样,也属于一种基于数学模型的控制方法,不同的是自适应控制所依据的关于模型和扰动的先验知识较少,需要在系统运行过程中不断提取有关模型信息,使模型逐步完善。自适应控制系统具有一定的自适应能力,系统运行的初始阶段控制效果可能不理想,但在一段时间的运行后,通过系统的在线辨识和误差控制后,最终,控制系统会将自身调整到一个满意的工作状态。

自适应控制方法包括自校正控制、模型参考自适应控制、非线性自适应控制、神经网络自适应控制和模糊自适应控制。

现代控制理论的研究对象非常广泛,既可以是单变量、线性的、定常的,也可以是多变量、非线性的、时变的,与经典控制理论相比,现代控制理论有以下特点:

1)控制对象结构由简单的单回路模式向多回路模式转变。

2)研究工具从积分变换法变为矩阵理论、几何方法,研究方法也从频域法变为状态空间的时域法。

3)建模手段由机理建模向统计建模转变。

目前,现代控制理论的研究已经在两个方面取得了一定的进展:非线性系统理论的研究和随机控制理论的研究。

(1)非线性系统理论的研究

非线性系统理论是研究非线性系统的运动规律和分析方法的一个分支学科。它主要针对非线性现象产生的频率对振幅的依赖性、多值响应和跳跃谐振、分谐波振荡、自激振荡、频率插入、异步控制、分岔和混沌等,其最主要的问题是确定模型的结构,解决这类问题所采用的主要方法和工具是微分几何及微分代数理论,但限于理论的不完善。目前,研究的主要领域是系统的运动稳定性、双线性系统的控制和观测问题、非线性反馈问题。

(2)随机控制理论的研究

随机控制理论是把随机过程与控制理论结合起来,研究随机系统的控制方法。它主要针对控制系统含有随机参数、外部随机干扰和观测噪声带来的系统随机噪声等问题,如飞机或导弹在飞行过程中遇到的阵风、生产过程中工艺条件的变化、测量电路中出现的噪声等。当这些随机误差不可忽略时,将对控制系统带来较大偏差。解决这类问题的主要研究范围包括随机系统的结构特性和运动特性分析,随机系统状态估计,以及随机控制系统的综合设计。采用的方法与工具有维纳滤波理论和卡尔曼-布什滤波理论,研究的主要领域是随机最优控制的存在条件和闭环最优控制的研究。

3.智能控制理论

智能控制是应用人工智能和运筹学的优化方法,研究人类智能活动及其控制和信息传递的规律,并将其同控制理论相结合,仿效人的智能(感知、观测、学习、逻辑判断等能力),设计具有某种仿人工智能的工程控制和信息处理系统,实现对复杂、多变、未知对象的控制。

智能控制理论结构具有多学科交叉的特点,是人工智能、自动控制和运筹学三个学科相结合的产物,称之为三元结构。人工智能是研究模仿人的知识处理系统,具有记忆、学习、信息处理、形式语言、启发式推理等功能。自动控制指研究控制对象的各种方法,如负反馈控制、自适应控制等。运筹学指研究定量优化的方法,如线性规划、网络规划、调度、管理、优化决策等。

智能控制的研究方向是对任务和现实模型的描述,符号和环境的识别,知识库的开发、建立以及推理机的开发研究等。也就是说,智能控制的关键问题不是设计何种控制器,而是研究建立智能机器的模型。因此,智能控制的核心在高层控制,即组织控制。对实际环境或过程进行组织、决策和规划,以实现问题求解。而完成这些任务,需要采用符号信息处理器、启发式程序设计、知识表示、自动推理和决策技术。近年来,以专家系统、模糊逻辑、神经网络、遗传算法等为主要途径的基于智能控制理论的方法已经用于解决那些采用传统控制效果差,甚至无法控制的复杂过程的控制问题。

4.大系统理论

随着社会生产的发展和科学技术的进步,人类社会出现了许多大系统,如电力系统、城市交通网、数字通信网、智能工厂加工制造系统、环境生态系统、水资源系统、社会经济系统等。这类系统的特点是规模庞大,结构复杂,且地理位置分散,因此,造成系统内部各部分之间通信、决策困难,提高了系统运行成本,降低了系统的可靠性。

大系统理论是关于大系统分析和设计的理论,包括大系统的建模、模型降阶、递阶控制、分散控制和稳定性等内容,以大系统理论为指导的递阶控制和分散控制已经用于解决那些规模庞大、结构复杂且地理位置分散的控制系统。

(1)递阶控制理论

递阶控制理论是研究具有递阶结构大系统的控制问题的理论，它包括大系统的分解和协调、最优控制和稳定性等。递阶控制系统中的一个关键问题是如何设置协调变量，大系统的分解与协调是递阶系统赖以建立的基础。分解就是把大系统分成若干子系统，这组子系统可以在放宽关联约束之下各自求解。为从整体上把握各个子系统间的关联，就需要设置一个上层协调机构，通过协调某些变量，不断调整各子系统间的关系，一旦关联约束条件成立，则在一组凸性条件下，各子系统局部最优解的组合即成为大系统的整体最优解。最常见的算法有目标协调法、模型协调法和混合法。

(2)分散控制理论

分散控制理论是将一个复杂的大系统按其分布特征划分为若干个较简单的子系统，并分别设置分散控制器对各子系统施加控制的一种控制理论。分散可以是系统各部分在空间位置的不同，也可以是系统各部分动态特性响应时间的差异。在给定时刻各控制器的动作基于自身所得的不同的信息结构，称为非经典信息结构。在分散控制系统中各分数控制器之间完全没有或只有部分在线信息可以进行交换。当完全没有在线信息交换时，称之为完全分散控制；当有部分在线信息交换时，称之为部分分散控制。在这两种情况下，系统的某些传感器的输出和某些执行器的输入之间的信息传输都受到一定结构上的限制，即不能达到完整的状态反馈。因此，分散控制是一般最优控制在反馈结构约束下的特定情况。

分散控制的主要特征：在每个时刻，各分数控制器只能获得整体大系统的某一局部信息，并利用这些信息做出自己的控制决策，因而只能产生整体控制作用中某一局部的控制作用。

10.2　自动控制系统的基本特性

10.2.1　自动控制系统的特点

自动控制系统是有负反馈的闭环控制系统，由于能及时根据测量到的实际情况纠正系统的行为，所以控制精度较高，被广泛应用于工程实际中。虽然用于不同场合的自动控制系统的组成和控制目的千差万别，但就其工作过程和原理而言都是相同的。自动控制系统有如下特点：

1)具有负反馈的闭环结构。测量元件检测被控量，并将测量结果取反后送到输入端，这种形式称为负反馈。由于采用这种具有负反馈的闭环结构，因此，自动控制系统也称为闭环控制系统、反馈控制系统，自动控制理论也称为反馈控制理论。

2)信号传递有两条通道。包括由输入端至输出端的前向通道和由输出端反送到输入端的反馈通道。由于有这两条通道，因此，系统中既存在给定输入对被控量的控制作用，又存在被控量对控制作用的影响。

3)按照偏差的大小和方向产生控制作用。

10.2.2　自动控制系统的性能指标

当自动控制系统受到控制量或扰动量作用时，由原来的平衡状态(稳态)变化到新的平衡状态的过程称为过渡过程或瞬态过程，或称系统响应。

瞬态过程有两种结果：一种是收敛的，对应的系统是稳定的；另一种是发散的，对应的系统是不稳定的。任何一个闭环控制系统要能正常工作，首先的要求是系统必须是稳定的，即其瞬态响应必须是收敛的。其次，系统的输出应能尽快地跟踪输入的变化或克服干扰的影响，即瞬态响应越快越好。系统达到稳态后，系统的输出与期望值之间的差别应尽量小。这就要求系统在阻尼速度、反应输入信号的速度及控制精度等方面满足一定的要求。

衡量一个系统是否满足这些要求的测试方法是用系统响应特定输入信号（试验信号）的过渡过程及稳态的一些特征来表征的。试验信号通常为单位阶跃信号，一般认为，阶跃函数输入对系统来说是最严峻的工作状态，如果系统在阶跃函数作用下的动态性能满足要求，那么在其他形式的函数作用下，其动态性能也能令人满意。

控制系统在阶跃函数作用下的时间响应曲线称为阶跃响应 $h(t)$。为了便于分析和比较，假定系统在阶跃输入前处于平衡状态。给闭环控制系统加上单位阶跃信号，其过渡过程的一般形式如图 10－4 所示。图中，$y(t)$ 为系统的被控输出信号，$y(\infty)$ 为系统输出达到新的平衡状态时的稳态值。

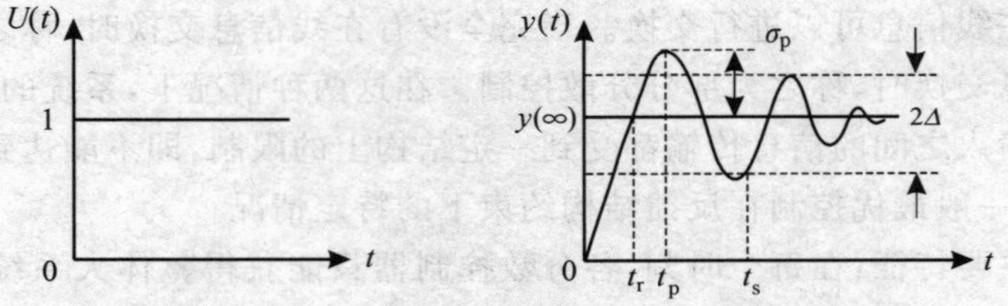

图 10－4　阶跃信号及过渡响应

描述系统动态和稳态性能的定量指标如下：

1）峰值时间（超调时间）t_p：阶跃响应曲线第一次穿过稳态值而达到峰值 y_{max} 所需要的时间。

2）超调量 σ_p：阶跃响应超出稳态值的最大偏差量与稳态值之比的百分数，即

$$\sigma_p = \frac{y(t_p) - y(\infty)}{y(\infty)} \times 100\% \qquad (10-1)$$

式中，$y(t_p)$ 为 $y(t)$ 的最大峰值 $y_{max}(t)$，它通常处于第一个峰值。

3）调节时间（过渡过程时间）t_s：响应到达并停留在 $|y(t) - y(\infty)| \leqslant \Delta y(\infty)$ 之内所需的最小时间。

4）上升时间（启动时间）t_r：响应曲线第一次上升到稳态值所需要的时间。

5）稳态误差 e_s：当时间 t 趋于无穷时，系统稳态响应的期望值与实际值之差 $|y(t) - y(\infty)|$ 称为稳态误差，它表征系统的控制精度。

6）振荡次数 N：$y(t)$ 穿越 $y(\infty)$ 水平线且幅度大于 $2\Delta y(\infty)$ 的次数的一半。

系统在经过上升 t_r 时间后，一般不会直接稳定在稳态值上，而是数次上下穿越稳态值，直到变化幅度降到一个允许的范围内，则认为系统过渡到了稳态。在稳态时，有 $|y(t) - y(\infty)| \leqslant \Delta y(\infty)$，$\Delta$ 为给定小量，一般取 $\Delta = 0.02$ 或 0.05。当 $y(t)$ 穿越 $y(\infty)$ 时，出现 $|y(t) - y(\infty)| > 0$，表示系统出现了超调现象。在 $0 \sim t_r$ 之间不算超调。用超调量 σ_p 表示超调的严重程度，σ_p 越小，过渡过程越平稳。超调现象严重的系统，可能会使系统的正常工

作遭到破坏。

峰值时间 t_p 表征系统反应输入信号的快速性能或控制灵敏度，t_p 越小，灵敏度越高。

调节时间 t_s 表示系统反应输入信号的速度，t_s 越小，说明系统从一个稳态过渡到另一个稳态所需的时间越短。

评价闭环系统过渡过程的另一个指标是振荡次数 N，N 越小，说明闭环系统的阻尼性能越好，过渡过程越短。

上述六项性能指标中，上升时间和峰值时间均表征系统响应初始阶段的快慢；调节时间表征系统过渡过程持续的时间，从总体上反映了系统的快速性；超调量和振荡参数反映了系统响应过程的平稳性；稳态误差则反映了系统复现输入信号的稳态精度。

通常主要用超调量、调节时间和稳态误差分别评价系统单位阶跃响应的平稳性、快速性和稳态精度。

10.3　自动控制系统的数学模型

为了从理论上对自动控制系统进行定性分析和定量计算，首先要建立系统的数学模型。系统的数学模型是描述系统输入、输出变量以及内部各变量之间关系的数学表达式。一个控制系统，不管它是机械的、电气的，还是热力的、液压的，都可以用微分方程加以描述。对这些方程进行求解，就可以获得系统对输入信号作用下的响应(输出)。

建立合理的数学模型，对系统的分析研究十分重要。一般应根据系统的实际结构参数及系统所要求的计算精度，略去一些次要因素，使数学模型既能准确地反映系统的动态本质，又能简化分析计算的工作。

控制系统数学模型有许多不同的形式。例如，在现代控制理论中，采用一组一阶微分方程，通常比较方便。在单输入单输出(SISO)系统中，通常采用传递函数或频率特性的形式。

如果已知系统的数学模型，就可以采用各种分析方法，对系统进行分析、校正或设计。

10.3.1　系统数学模型建立的步骤

系统数学模型的建立，一般采用解析法或实验法。解析法是根据系统及元件各变量之间遵循的物理、化学定律，列出变量间的数学表达式，从而建立数学模型。

用解析法写出元件或系统微分方程的一般步骤：

1) 根据具体工作情况，确定各元件或系统的输入、输出变量；

2) 从输入端开始，按照信号的传递顺序，依据各变量遵循的物理或化学定律，列出各元件的动态方程；

3) 消去中间变量，写出元件或系统输入、输出变量之间的微分方程；

4) 标准化，并按降幂排列，最后将系数归一化为具有一定物理意义的形式。

10.3.2　典型环节的微分方程

1. RLC 无源网络输出电压与输入电压之间的运动方程

RLC 无源网络如图 10－5 所示。根据电路理论中的克希荷夫定律可得

$$LC\frac{d^2u_C}{dt^2}+RC\frac{du_C}{dt}+u_C=u_r \tag{10-2}$$

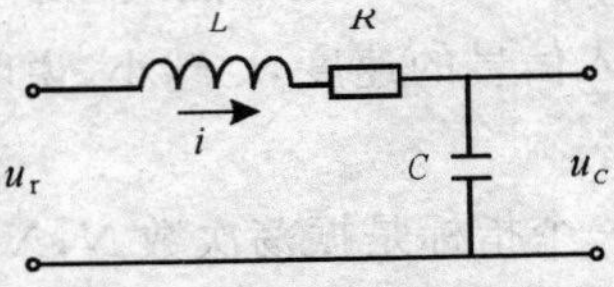

图 10-5　RLC 无源网络

假定 R,L,C 都是常数，则式(10-2)即为二阶常系数线性微分方程。令 $T^2=LC$，$2\xi T=RC$，代入式(10-2)，可得如下标准形式：

$$T^2\frac{d^2u_C}{dt^2}+2\xi T\frac{du_C}{dt}+u_C=u_r \tag{10-3}$$

若令 $T=1/\omega_n$，式(10-3)可表示成另一种标准形式：

$$\frac{d^2u_C}{dt^2}+2\xi\omega_n\frac{du_C}{dt}+\omega_n^2u_C=\omega_n^2u_r \tag{10-4}$$

2. 扭转弹簧系统的运动方程

一个惯性矩为 J 的圆盘，在一个扭转弹簧(弹簧常数为 k)的约束下自由运动。当转角 θ_c 朝正向增大时，弹簧缠紧，产生一个与输入力矩 m_r 相反的力矩。同样，负方向的转动使弹簧放松也会产生一个相反的力矩——恢复力矩。此恢复力矩与角位移成正比。转动系统会出现由黏阻系数引起一个与角速度成比例的阻尼力矩。

根据机械系统中的牛顿定律，有

$$J\frac{d^2\theta_c}{dt^2}+f\frac{d\theta_c}{dt}+k\theta_c=m_r \tag{10-5}$$

式中，J,f,k 均为常数，则式(10-5)为二阶常系数微分方程。将式(10-5)写成标准形式，并令 $T^2=J/k$，$2\xi T=f/k$，代入式(10-5)可得

$$T^2\frac{d^2\theta_c}{dt^2}+2\xi T\frac{d\theta_c}{dt}+\theta_c=\frac{1}{k}m_r \tag{10-6}$$

或

$$\frac{d^2\theta_c}{dt^2}+2\xi\omega_n\frac{d\theta_c}{dt}+\omega_n^2\theta_c=\frac{\omega_n^2}{k}m_r \tag{10-7}$$

3. 随动系统的运动方程

以图 10-6 所示的随动系统为例。首先依次列写各元、部件的方程。

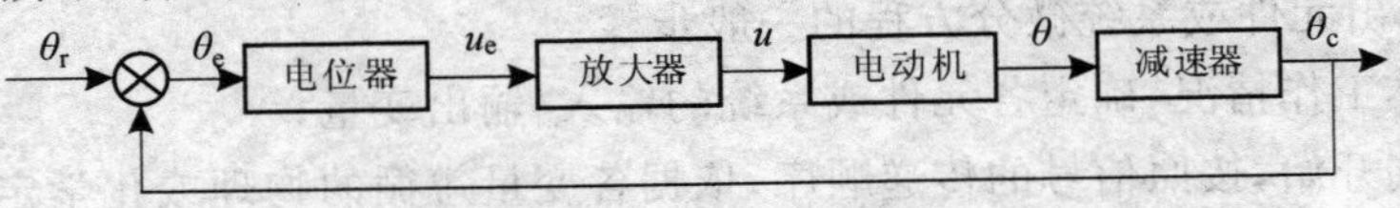

图 10-6　随动系统方程

比较元件　$\theta_e=\theta_r-\theta_c$

电位器　$u_e=K_1\theta_e$

放大器　$u=K_2u_e$

电动机　$T_m\dfrac{d^2\theta}{dt^2}+\dfrac{d\theta}{dt}=K_mu$

减速器
$$\theta_c = \frac{1}{i}\theta$$

在电动机的方程中，T_m 具有时间量纲，称为电动机的机电时间常数，K_m 的量纲为 $r \cdot min^{-1} \cdot V^{-1}$，表示每单位输入电压产生的稳态转速。

在上述方程组中，消去中间变量，写出系统输入、输出变量之间的微分方程，并整理可得
$$T_m \frac{d^2\theta_c}{dt^2} + \frac{d\theta_c}{dt} + K\theta_c = K\theta_r$$
式中，$K = K_1K_2K_m/i$，量纲为 1/s。若其中 T_m 和 K 均为常数，则随动系统的运动方程也是一个二阶常系数线性微分方程。同样令 $T^2 = T_m/K, 2\xi T = 1/K$，将上式写成标准形式有
$$T^2 \frac{d^2\theta_c}{dt^2} + 2\xi T \frac{d\theta_c}{dt} + \theta_c = \theta_r \tag{10-8}$$
或
$$\frac{d^2\theta_c}{dt^2} + 2\xi\omega_n \frac{d\theta_c}{dt} + \omega_n^2\theta_c = \omega_n m_r \tag{10-9}$$

对比式(10－3)、式(10－6) 和式(10－8) 可知，虽然系统的物理性质不同，但描述其运动的微分方程却有相同的形式，都是二阶常系数线性微分方程。因此，它们具有相同的运动性质。可见，用微分方程来研究系统的运动具有普遍意义。通常把用二阶微分方程描述的系统简称二阶系统。

微分方程描述的是输入、输出在运动状态下的关系。如果系统已进入稳态，即输入、输出都不再变化，则它们的各阶导数都为零，则式(10－3)、式(10－6) 和式(10－8) 分别为
$$u_c = u_r$$
$$\theta_c = m_r/k$$
$$\theta_c = \theta_r$$
这时的方程称为稳态方程，它是动态方程的特殊形式。通常把稳态下输出与输入之比称为放大系数或增益。

10.3.3　用拉普拉斯变换方法解微分方程

拉普拉斯变换是解线性微分方程的一种简便方法，利用拉普拉斯变换可以把微分方程变换成代数方程，使方程求解问题大为简化，而且可以同时获得解的瞬态分量和稳态分量。用拉普拉斯变换求解线性微分方程的步骤如下：

1) 对方程两边作拉普拉斯变换，将时域的微分方程转化为复数域中的代数方程。

2) 对代数方程的输出量进行部分分式展开。

3) 求解输出量的拉普拉斯反变换。

【例 10－2】　已知微分方程
$$\frac{d^2}{dt^2}y(t) + 3\frac{dy(t)}{dt} + 2y(t) = 5u_s(t)$$
其中，$u_s(t)$ 是单位阶跃函数，初始条件为 $y(0) = -1, y^{(1)}(0) = dy(t)/dt\,|_{t=0} = 2$。求解微分方程。

解　首先对方程两端取拉普拉斯变换，得到
$$s^2Y(s) - sy(0) - y^{(1)}(0) + 3sY(s) - 3y(0) + 2Y(s) = 5/s$$
将初始条件代入，求得输出为

$$Y(s)=\frac{-s^2-s+5}{s(s^2+3s+2)}=\frac{-s^2-s+5}{s(s+1)(s+2)}$$

对上式作部分分式展开，可得

$$Y(s)=\frac{5}{2s}-\frac{5}{s+1}+\frac{3}{2(s+2)}$$

然后对上式进行拉普拉斯反变换，可得微分方程的全解：

$$y(t)=\frac{5}{2}-5\mathrm{e}^{-t}+\frac{3}{2}\mathrm{e}^{-2t}\quad(t\geqslant 0)$$

上式中，第一项为稳态解，或称特解；后两项为暂态解或称齐次解。

10.4 传递函数与方框图

10.4.1 传递函数的定义与方框图

求解控制系统的微分方程，可以得到在确定的初始条件及外作用下系统输出响应的表达式，进而得到时间响应曲线，直观地反映出系统的动态过程。如果系统的参数发生变化，则微分方程及其解均会随之改变。为了分析参数变化对系统响应的影响，就需要进行多次重复的计算，微分方程的阶数越高，这种计算越复杂。因此，从系统分析的角度看，采用微分方程这种数学模型，当系统阶数较高时，相当不方便。

目前，在经典控制理论中广泛使用的数学模型是传递函数，它间接地分析系统结构参数对系统响应的影响。

传递函数是基于拉普拉斯变换的、描述线性定常系统或线性元件的输入、输出关系的一种最常用的函数，它定义为线性定常系统或线性元件在零初始条件下，输出信号 $y(t)$ 的拉普拉斯变换 $Y(s)$ 与输入信号 $x(t)$ 的拉普拉斯变换 $X(s)$ 之比，用 $G(s)$ 表示，即

$$G(s)=\frac{Y(s)}{X(s)}\tag{10-10}$$

只要输入、输出呈线性关系，传递函数的概念就可以适用于元件、电路和系统。输入、输出与传递函数之间的关系还可以用如图 10-7 所示的方框图表示输入经 $G(s)$ 传递到输出。对具体的系统或元、部件，只要将其传递函数的表达式写入方框中，即为该系统或该元、部件的传递函数方框图，又称结构图。

采用方框图，可以形象地表明输入信号在系统或元件中的传递过程；利用方框图，也便于求解传递函数。因此，传递函数在控制理论中应用十分广泛。

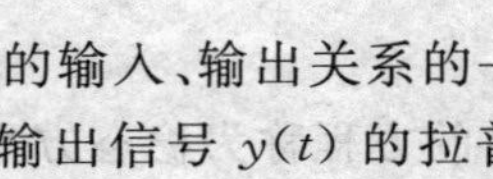

图 10-7　传递函数方框图

设线性定常系统的微分方程的一般形式为

$$a_n\frac{\mathrm{d}^n}{\mathrm{d}t^n}y(t)+a_{n-1}\frac{\mathrm{d}^{n-1}}{\mathrm{d}t^{n-1}}y(t)+\cdots+a_1\frac{\mathrm{d}}{\mathrm{d}t}y(t)+a_0y(t)=$$

$$b_m\frac{\mathrm{d}^m}{\mathrm{d}t^m}x(t)+b_{m-1}\frac{\mathrm{d}^{m-1}}{\mathrm{d}t^{m-1}}x(t)+\cdots+b_1\frac{\mathrm{d}}{\mathrm{d}t}y(t)+b_0x(t)\tag{10-11}$$

式中，$a_0,\cdots,a_n$ 及 $b_0,\cdots,b_m$ 均为系统结构参数决定的实常数。设初始条件为零，对式(10-11)两边进行拉普拉斯变换，得

$$(a_n s^n + a_{n-1} s^{n-1} + \cdots + a_1 s + a_0)Y(s) = (b_m s^m + b_{m-1} s^{m-1} + \cdots + b_1 s + b_0)X(s)$$

则系统的传递函数为

$$G(s) = \frac{Y(s)}{X(s)} = \frac{b_m s^m + b_{m-1} s^{m-1} + \cdots + b_1 s + b_0}{a_n s^n + a_{n-1} s^{n-1} + \cdots + a_1 s + a_0} \tag{10-12}$$

令

$$M(s) = b_m s^m + b_{m-1} s^{m-1} + \cdots + b_1 s + b_0$$

$$N(s) = a_n s^n + a_{n-1} s^{n-1} + \cdots + a_1 s + a_0$$

则式(10-12)可以表示为

$$G(s) = \frac{Y(s)}{X(s)} = \frac{M(s)}{N(s)} \tag{10-13}$$

传递函数是在初始条件为零时定义的。控制系统的零初始条件有两方面的含义：一是指输入作用在 $t=0$ 以后才作用于系统，因此，系统输入量及其各阶导数在 $t=0_-$ 时的值均为零；二是指输入作用加于系统之前，系统是相对静止的，因此，系统输出量及其各阶导数在 $t=0_-$ 时的值也为零。实际的工程控制多属此类情况，这时，传递函数一般都可以完全表征线性定常系统的动态性能。

必须指出，用传递函数来描述系统的动态特性，也有一定的局限性。首先，对于非零初始条件，传递函数不能完全描述系统的动态特性，因为传递函数只反映零初始条件下，输入作用对系统输出的影响，对于非零初始条件的系统，只有同时考虑由非零初始条件对系统输出的影响，才能对系统的动态特性有完全的了解。其次，传递函数只是通过系统的输入、输出之间的关系来描述系统的，也就是系统动态特性的外部描述，而对系统内部的结构及其他变量的情况未知。尽管如此，传递函数作为经典控制理论的基础，仍是十分重要的数学模型。

10.4.2　传递函数的基本性质

传递函数具有以下性质：

1) 传递函数是复变量 s 的有理真分式，而且所有系数均为实数，通常分子多项式的次数 m 低于(或等于)分母多项式的次数 n，这是因为系统必然有惯性，且能量是有限的。

2) 传递函数只在线性定常系统下定义，而不适合于描述非线性系统。

3) 传递函数只取决于系统和元件的结构参数，与外作用形式无关，即与系统的输入无关。

4) 将式(10-12)改写成“典型环节”的形式，即

$$G(s) = \frac{M(s)}{N(s)} = \frac{K\prod_{k=1}^{m_1}(\tau_k s + 1)\prod_{l=1}^{m_2}(\tau_l^2 s^2 + 2\xi_l \tau_l s + 1)}{s^\nu \prod_{i=1}^{n_1}(T_i s + 1)\prod_{j=1}^{n_2}(T_j^2 s^2 + 2\xi_j T_j s + 1)} \tag{10-14}$$

数学上的每一个因子都对应物理上的一个环节，称之为典型环节。

其中，K—— 放大(比例)环节；

$1/s$—— 积分环节；

$\frac{1}{Ts+1}$—— 惯性环节或非周期环节；

$\frac{1}{T^2 s^2 + 2\xi Ts + 1}$—— 振荡环节；

$\tau s+1$—— 一阶微分环节；

$\tau^2 s^2+2\xi\tau s+1$—— 二阶微分环节。

人们所研究的自动控制系统，都可以看成是由这些典型环节组合而成的。

5）一定的传递函数有一定的零、极点分布图与之对应。将式(10-12) 写成零、极点形式，即

$$G(s)=\frac{M(s)}{N(s)}=\frac{K^*(s-z_1)(s-z_2)\cdots(s-z_m)}{(s-p_1)(s-p_2)\cdots(s-p_n)} \tag{10-15}$$

式中，$z_1,z_2,\cdots,z_m$ 为传递函数分子多项式 $M(s)=0$ 的根，称为传递函数的零点；$p_1,p_2,\cdots,p_n$ 为传递函数分母多项式 $N(s)=0$ 的根，称为传递函数的极点。令传递函数的分母多项式等于零即可得到线性系统的特征方程。它通常表示为

$$s^n+a_{n-1}s^{n-1}+\cdots+a_1 s+a_0=0 \tag{10-16}$$

将传递函数的零、极点同时表示在复平面上的图形，称为传递函数的零、极点分布图。式(10-15) 中的常数 K^* 称为传递函数的根轨迹增益，它与 K 之间的关系为

$$K^*=K\frac{\tau_1\tau_2^2\cdots}{T_1 T_2^2\cdots} \tag{10-17}$$

6）传递函数的拉普拉斯反变换为系统的脉冲响应 $h(t)$，即系统在单位脉冲函数 $\delta(t)$ 输入下的响应，也称脉冲过渡函数。系统的脉冲响应可以用来描述系统的动态特性。

7）若令 $s=j\omega$，得到的 $G(j\omega)$ 称为频率特性，是用频率法研究系统动态特性的基础。

10.4.3 典型环节和系统的传递函数与方框图

方框图是系统中每个元件的功能和信号流向的图解表示，它表明系统中各元件或各环节间的相互关系、信号流动情况。利用方框图，能形象地表明输入信号在系统或元件中的传递过程，还便于求取传递函数。

不过，方框图只包含与系统动态性能有关的信息，不能反映系统的物理结构。

1. 典型环节的传递函数与方框图

自动控制系统是由许多元件组成的，这些元件的物理结构和作用原理是多种多样的，但从传递函数来看，物理结构和作用原理不同的元件可以有完全相同的传递函数，即有相同的动态性能。为了方便研究自动控制系统，可以按动态性能来划分环节，把组成系统的各种各样的元件，分成为数不多的典型环节。典型环节主要包括比例环节、积分环节、惯性环节、振荡环节、微分环节和延迟环节等。

(1) 比例环节

比例环节又称放大环节或无惯性环节，其输出和输入成一定的比例关系。比例环节的方框图如图 10-8 所示。

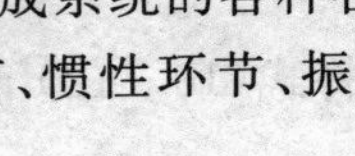

图 10-8　比例环节方框图

时域表达式：

$$y(t)=Kx(t)\quad (t\geqslant 0) \tag{10-18}$$

传递函数：

$$G(s)=Y(s)/X(s)=K \tag{10-19}$$

式中，K 称为比例系数或传递函数。

分压器、测速发电机、信号放大器都可以近似认为是比例环节。

(2) 积分环节

其输出量与输入量成积分关系。

时域表达式：

$$y(t)=K\int x(t)\mathrm{d}t \quad t\geqslant 0 \tag{10-20}$$

传递函数：

$$G(s)=\frac{Y(s)}{X(s)}=\frac{K}{s}=\frac{1}{Ts} \tag{10-21}$$

式中，K 为比例系数；T 为积分时间常数。

积分环节的方框图如图 10-9 所示。

在直流电动机中，输出的角速度与电枢电压成正比，从而使得输出转角和电枢电压之间呈现积分关系。

(3) 微分环节

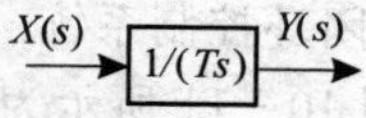

图 10-9　积分环节方框图

输出量与输入量的导数成比例关系。按照表达式的不同，有三种微分环节，即纯微分环节、一阶微分环节(比例微分环节)和二阶微分环节。

纯微分环节：

$$y(t)=K\frac{\mathrm{d}x(t)}{\mathrm{d}t} \quad (t\geqslant 0) \tag{10-22}$$

一阶微分环节：

$$y(t)=K\left[\tau\frac{\mathrm{d}x(t)}{\mathrm{d}t}+x(t)\right] \quad (t\geqslant 0) \tag{10-23}$$

二阶微分环节：

$$y(t)=K\left[\tau^2\frac{\mathrm{d}^2x(t)}{\mathrm{d}t^2}+2\xi\tau\frac{\mathrm{d}x(t)}{\mathrm{d}t}+x(t)\right] \quad (0<\xi<1) \tag{10-24}$$

相应的传递函数分别为

纯微分环节：

$$G(s)=Ks \tag{10-25}$$

一阶微分环节：

$$G(s)=K(\tau s+1) \tag{10-26}$$

二阶微分环节：

$$G(s)=K(\tau^2s^2+2\xi\tau s+1) \tag{10-27}$$

由于微分环节的输出量与输入量对时间的导数有关，能预示输入信号的变化趋势，所以常用来改善自动控制系统的动态性能。

实际上，纯微分环节是得不到的，实际系统或元件中的惯性是普遍存在的。因此实际的微分环节常带有惯性，其传递函数为

$$G(s)=\frac{K\tau s}{Ts+1} \tag{10-28}$$

式中，$1/(Ts+1)$ 表示惯性环节；T 为时间常数，它和环节的储能参数有关。

(4) 振荡环节

振荡环节的传递函数为

$$G(s)=\frac{1}{T^2s^2+2\xi Ts+1} \tag{10-29}$$

2. 典型系统的方框图

(1) 开环控制系统

如图 10-10 所示为开环系统的方框图，每个环节对应一个传递函数，系统的传递函数为

$$G(s)=\frac{Y(s)}{X(s)}=G_1(s)G_2(s)G_3(s) \tag{10-30}$$

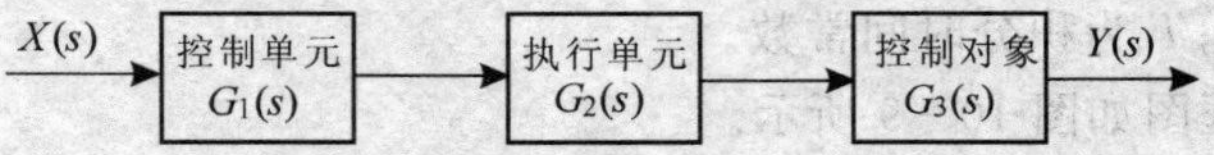

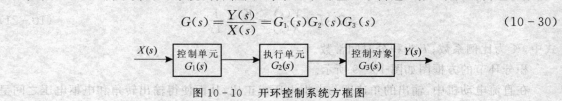

图 10-10　开环控制系统方框图

(2) 闭环控制系统

如图 10-11 所示为闭环控制系统的方框图，各个输入、输出端的传递函数分别为

$$B(s)=H(s)C(s)$$

$$C(s)=E(s)G_2(s)=G_2(s)[R(s)-B(s)]=G_2(s)[R(s)-H(s)C(s)]=$$
$$G_2(s)R(s)-G_2(s)H(s)C(s)$$

系统的传递函数为

$$G(s)=\frac{C(s)}{R(s)}=\frac{G_2(s)}{1+H(s)G_2(s)} \tag{10-31}$$

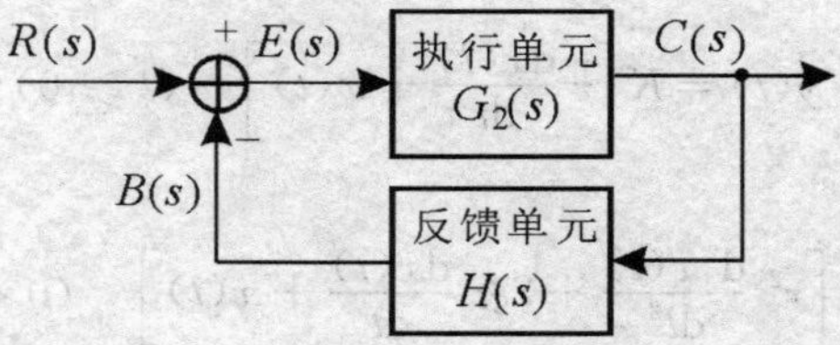

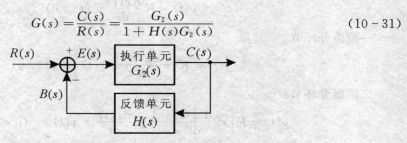

图 10-11　闭环控制系统方框图

(3) 反馈控制系统的方框图

反馈控制系统在工作过程中，通常会受到两类输入信号的作用：一类是给定信号，或称指令信号、给定输入；另一类是扰动信号，或称干扰。给定信号通常加在系统的输入端，扰动信号一般作用在被控对象上，也可能出现在其他环节上。

反馈控制系统的典型结构如图 10-12 所示。图中，$R(s)$ 是系统的给定输入，$N(s)$ 是扰动输入，$C(s)$ 是系统的输出。

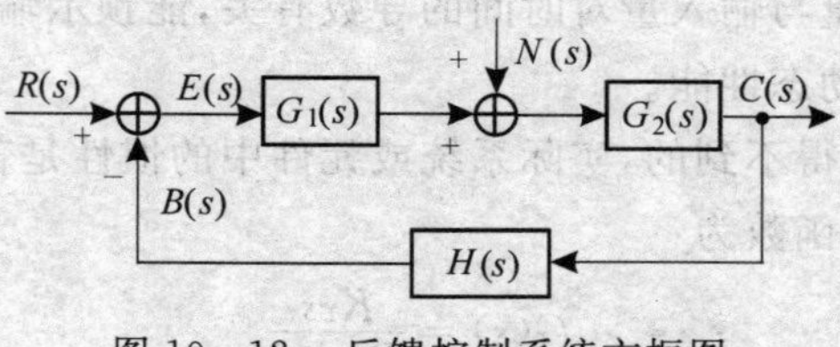

图 10-12　反馈控制系统方框图

下面按几种不同的输入情况来推导系统的传递函数。

1）给定输入作用下的闭环传递函数。令 $N(s)=0$，这时，系统结构与图 10-11 所示的闭环控制系统的结构相似，系统的传递函数为

$$G(s)=\frac{C(s)}{R(s)}=\frac{G_1(s)G_2(s)}{1+G_1(s)G_2(s)H(s)} \tag{10-32}$$

式中，$G_1(s)G_2(s)$ 称为前向通道传递函数；$G_k(s)=G_1(s)G_2(s)H(s)$ 称为开环传递函数。

2）扰动作用下的闭环传递函数。令 $R(s)=0$，系统的传递函数为

$$G_N(s)=\frac{C(s)}{N(s)}=\frac{G_2(s)}{1+G_1(s)G_2(s)H(s)} \tag{10-33}$$

与给定输入时的传递函数相比，前向通道的传递函数发生了变化。

3）给定输入和扰动同时作用时系统的输出。

$$C(s)=\frac{G_1(s)G_2(s)R(s)+G_2(s)N(s)}{1+G_1(s)G_2(s)H(s)} \tag{10-34}$$

【例 10-3】　设某系统执行机构的控制量由 $u(t)=K_Pe(t)+\frac{K_P}{T_I}\int e(t)\mathrm{d}t+K_PT_D\frac{\mathrm{d}e(t)}{\mathrm{d}t}$ 决定，试求该控制量的传递函数，并画出方框图。

解　对 $u(t)$ 进行拉普拉斯变换，可得

$$U(s)=K_PE(s)+\frac{K_P}{T_Is}E(s)+K_PT_DsE(s)$$

于是，系统的传递函数为

$$G(s)=\frac{U(s)}{E(s)}=K_P+\frac{K_P}{T_Is}+K_PT_Ds$$

系统方框图如图 10-13 所示。

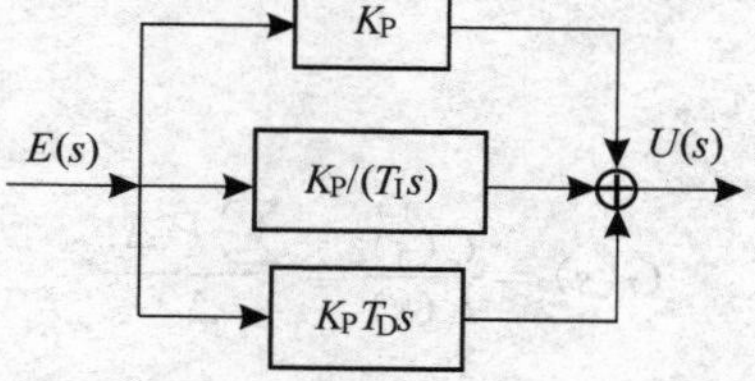

图 10-13　例 10-3 的系统方框图

10.4.4　方框图等效变换及梅逊公式

1. 建立系统传递函数方框图的步骤

建立系统传递函数方框图的步骤如下：

1）建立控制系统各元、部件的微分方程。

2）对各元、部件的微分方程进行拉普拉斯变换，并作出各元、部件的方框图。

3）按系统中各信号的传递顺序，依次将各元件结构图连接起来，便得到系统的方框图。

下面以图 10-6 所示随动系统为例。

把组成该系统的各元、部件的微分方程进行拉普拉斯变换，可得方程组：

比较元件　　$\theta_e(s)=\theta_r(s)-\theta_c(s)$

电位器　　$U_e(s)=K_1\theta_e(s)$

放大器 $U(s)=K_2U_e(s)$

电动机 $s(T_m s+1)\theta(s)=K_m U(s)$

减速器 $\theta_c(s)=(1/i)\theta(s)$

各元、部件的方框图如图10-14所示。然后将各方框图按信号传递顺序连接起来，可得到随动系统的系统方框图，如图10-14所示。

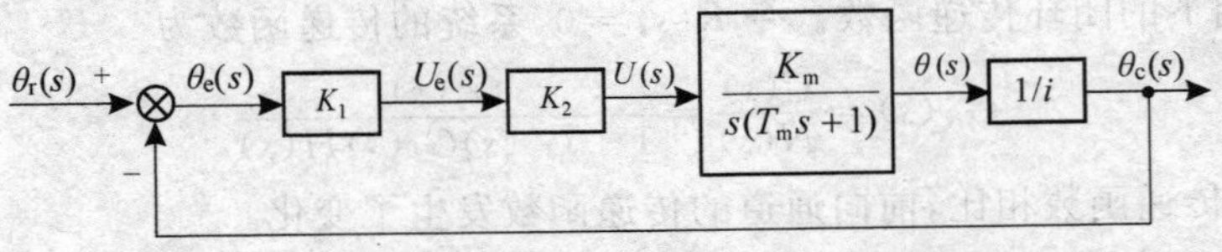

图10-14　随动系统传递函数方框图

由以上讨论可知，系统传递函数方框图实质上是系统原理图和数学方程两者的结合。传递函数方框图用记有传递函数的方框，也就是用传递函数取代了各元、部件的具体物理结构。可见，传递函数方框图对系统特性进行了全面描述。传递函数方框图也是一种数学模型，它表示了系统输入与输出变量之间的关系，同时也表示了系统各变量之间的运算关系。

2. 梅逊公式

应用梅逊(S. J. Mason)公式，可以不用简化方框图而直接写出系统传递函数。在介绍梅逊公式之前，首先定义两个术语。

前向通路及前向通路传递函数　当信号从输入端到输出端传递时，通过每个方框只有一次的通路，称为前向通路。前向通路上所有传递函数的乘积，称为前向通路传递函数。

回路及回路传递函数　信号传递的起点就是其终点，而且每个方框只通过一次的闭合通路，称为回路。回路上所有传递函数的乘积(包含代表回路反馈极性的正负号)，称为回路传递函数。

梅逊公式的表达形式为

$$G(s)=\frac{C(s)}{R(s)}=\frac{\sum P_i\Delta_i}{\Delta} \tag{10-35}$$

式中，Δ 称为特征式，且有

$$\Delta=1-\sum L_i+\sum L_iL_j-\sum L_iL_jL_k+\cdots \tag{10-36}$$

式中，$\sum L_i$ 为所有不同回路的回路传递函数之和；$\sum L_iL_j$ 为所有两两互不接触回路的回路传递函数乘积之和；$\sum L_iL_jL_k$ 为所有三个互不接触回路的回路传递函数乘积之和；P_i 为第 i 条前向通路传递函数；Δ_i 为在 Δ 中，将与第 i 条前向通路相接触的回路有关项去掉后所剩余的部分，称为 Δ 的余子式。

【例10-4】　用梅逊公式求如图10-15所示系统的闭环传递函数。

解　由图可见，系统共有4个回路 L_1，L_2，L_3 和 L_4，故有

$$\sum L_i=L_1+L_2+L_3+L_4=-G_1(s)G_2(s)G_3(s)G_4(s)G_5(s)G_6(s)H_1(s)-G_2(s)G_3(s)H_2(s)+G_4(s)G_5(s)H_3(s)-G_3(s)G_4(s)H_4(s)$$

在以上4个回路中，只有 L_2 和 L_3 为互不接触的回路。因此

$$\sum L_iL_j=-G_2(s)G_3(s)G_4(s)G_5(s)H_2(s)H_3(s)$$

没有 3 个及以上互不接触的回路，即　$\sum L_i L_j L_k = 0$

故可得特征方程式：

$$\Delta = 1 - \sum L_i + \sum L_i L_j = 1 - (L_1 + L_2 + L_3 + L_4) + L_2 L_3 =$$

$$1 + G_1(s)G_2(s)G_3(s)G_4(s)G_5(s)G_6(s)H_1(s) + G_2(s)G_3(s)H_2(s) -$$

$$G_4(s)G_5(s)H_3(s) + G_3(s)G_4(s)H_4(s) - G_2(s)G_3(s)G_4(s)G_5(s)H_2(s)H_3(s)$$

前向通路只有一条，即

$$P_1 = G_1(s)G_2(s)G_3(s)G_4(s)G_5(s)G_6(s)$$

因为所有回路均与前向通路相接触，所以其余子式为

$$\Delta_1 = 1$$

利用梅逊公式可得

$$G(s) = \frac{C(s)}{R(s)} =$$

$$\frac{P_1 \Delta_1}{\Delta} = \frac{G_1(s)G_2(s)G_3(s)G_4(s)G_5(s)G_6(s)}{1 + G_1G_2G_3G_4G_5G_6H_1 + G_2G_3H_2 - G_4G_5H_3 + G_3G_4H_4 - G_2G_3G_4G_5H_2H_3}$$

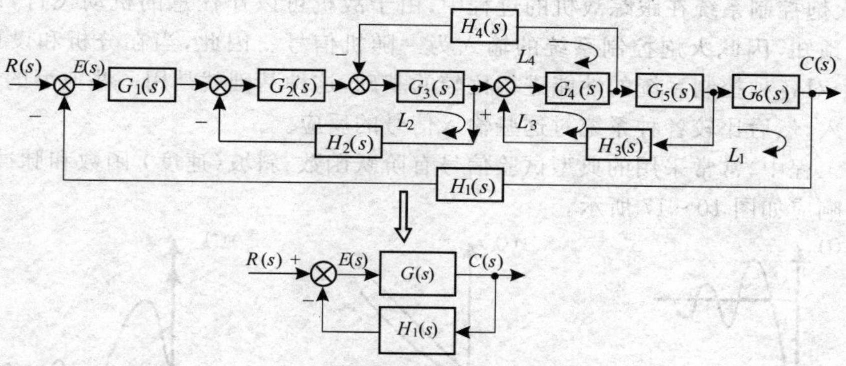

图 10－15　多回路系统方框图

【例 10－5】　用梅逊公式求如图 10－16 所示系统的闭环传递函数。

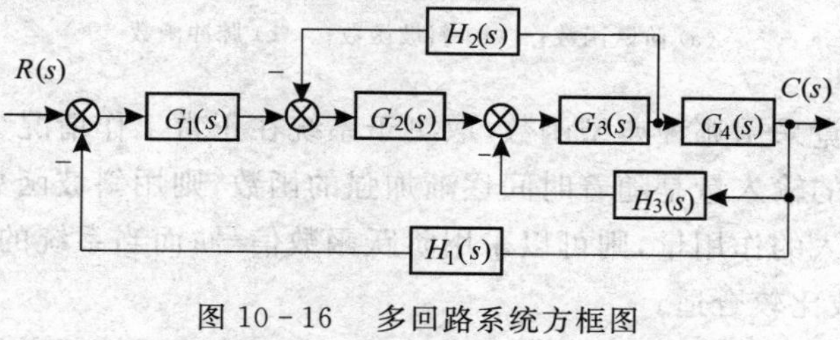

图 10－16　多回路系统方框图

解　由图可见，系统有 3 个回路和一条前向通道，故由梅逊公式可得

$$\Delta = 1 + G_2G_3H_2 + G_3G_4H_3 + G_1G_2G_3G_4H_1$$

$$P_1 = G_1G_2G_3G_4$$

$$\Delta_1 = 1$$

故闭环传递函数

$$G(s)=\frac{C(s)}{R(s)}=\frac{G_1(s)G_2(s)G_3(s)G_4(s)}{1+G_2(s)G_3(s)H_2(s)+G_3(s)G_4(s)H_3(s)+G_1(s)G_2(s)G_3(s)G_4(s)H_1(s)}$$

综上所述，反馈控制系统的传递函数可以在零初始条件下对描述系统运动方程进行拉普拉斯变换后求得。在工程应用中，一般是利用系统的原理方框图，以元件的传递函数，经过方框图的等效变换或直接应用梅逊公式求得系统的传递函数。

10.5 时域分析法

分析控制系统的第一步是建立物理系统的数学模型。一旦系统的数学模型建立起来后，就可以采用各种不同的分析方法去分析系统的特性。对于线性定常系统，常用的工程方法是时域法、根轨迹法和频率法。本节讨论时域分析法。

控制系统的动态性能，可以通过在输入信号作用下系统的过渡过程来评价。系统的过渡过程不仅取决于系统本身的特性，还与外加输入信号的形式有关。一般情况下，由于控制系统的外加输入信号具有随机的性质而无法预知，而且其瞬时函数关系往往不能用解析形式来表达。例如，火炮控制系统在跟踪敌机的过程中，由于敌机可以作任意的机动飞行，以至于其飞行规律无法预知，因此火炮控制系统的输入为一随机信号。因此，当在分析和设计控制系统时，需要一个对各种控制系统的性能进行比较的基础，这种基础就是用一些典型的试验信号作为系统的输入，然后比较各种系统对这些输入信号的反应。

在控制工程中，常常采用的典型试验信号有阶跃函数、斜坡（速度）函数和脉冲函数等，其时域波形与响应如图 10－17 所示。

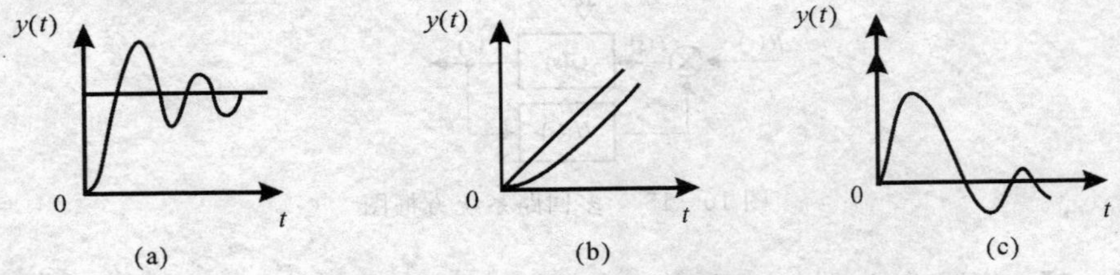

图 10－17　典型试验信号及其时间响应

(a) 阶跃函数；(b) 斜坡函数；(c) 脉冲函数

分析系统特性究竟采用哪种典型函数，取决于系统在正常工作情况下，最常见的输入信号形式。如果控制系统的输入量是随着时间逐渐加强的函数，则用斜坡函数比较合适；如果系统的输入信号是突然加入的作用量，则可以采用阶跃函数信号；而当系统的输入信号是冲激输入量时，则采用脉冲函数比较合适。

脉冲响应函数 $h(t)$ 是在初始条件等于零的情况下，线性系统对单位脉冲输入信号的响应。对系统动态特性来说，线性定常系统的传递函数与脉冲响应函数所包含的信息是相同的。因此，以脉冲函数为系统的输入，测出系统的输出，就得到有关系统动态特性的全部信息。在实际中，与系统的时间常数 T 相比持续时间小很多的脉冲输入信号都可以看成是脉冲函数信号。

设脉冲输入信号的幅度为 1，宽度为 t_1，先研究一阶系统对这种脉冲信号的响应。如果输入脉冲信号的持续时间 t_1 与系统的时间常数 T 相比足够小，如 $t_1<0.1T$，则在实际中，系统的

响应将非常接近于系统对单位脉冲信号的响应。

这样，当系统输入为一个任意函数 $x(t)$ 时，则输入量 $x(t)$ 可以用 n 个连续脉冲函数来近似。只要把每一个脉冲函数的响应求出来，利用叠加原理，把每个脉冲函数的响应叠加起来，就可以得到系统在任意输入函数 $x(t)$ 作用下的响应。

10.5.1　一阶系统的时间响应

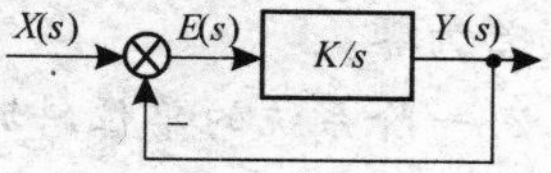

图 10－18　一阶控制系统

如图 10－18 所示为一阶系统，其输入输出关系为

$$G(s)=\frac{Y(s)}{X(s)}=\frac{1}{\frac{1}{K}s+1}=\frac{1}{Ts+1} \tag{10-37}$$

式中，$T=1/K$ 为系统的时间常数。因为式(10－37) 对应的微分方程的最高阶数为 1，所以称一阶系统。

1. 一阶系统的单位阶跃响应

单位阶跃函数的拉普拉斯变换为 $1/s$，将 $X(s)=1/s$ 代入式(10－37) 并展开为部分分式，可得

$$Y(s)=G(s)X(s)=\frac{1}{Ts+1}\frac{1}{s}=\frac{1}{s}-\frac{1}{s+1/T}$$

对上式进行拉普拉斯反变换，可得阶跃响应 $y(t)$ 为

$$y(t)=1-e^{-t/T}\quad(t\geqslant 0) \tag{10-38}$$

由式(10－38) 可以看出，输出 $y(t)$ 的初始值等于零，最终将趋于1。常数项"1"是由 $1/s$ 反变换得到的，由于它在稳态过程中仍起作用，故称为稳态分量(稳态响应)。指数项由 $\dfrac{1}{s+\frac{1}{T}}$ 反变换得到，它随时间变化的规律取决于传递函数 $1/(Ts+1)$ 的极点。若极点位于复平面的左半平面，如图 10－19 所示，则随着时间的增加，该项将逐渐衰减，最后趋于零，称为瞬态响应。可见，阶跃响应具有非振荡特性，故也称为非周期响应。

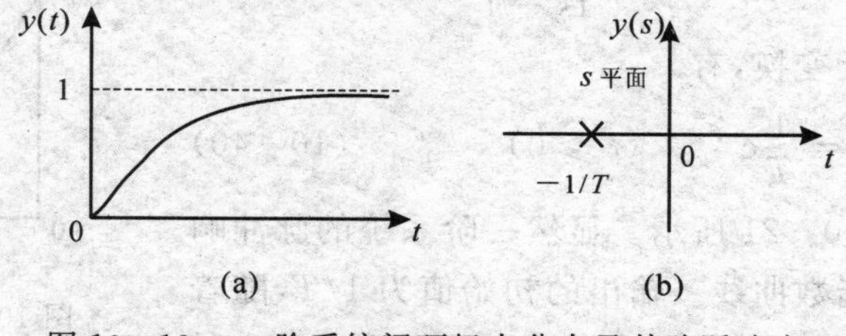

图 10－19　一阶系统闭环极点分布及其阶跃响应

(a) 单位阶跃响应；(b) 闭环极点分布

一阶系统的阶跃响应曲线是一条指数响应曲线，当 $t=T$ 时，指数响应曲线由零上升到稳态值的 63.2%；当 $t=2T$ 时，响应曲线上升到稳态值的 86.5%；当 $t=3T,4T,5T$ 时，响应曲线分别上升到稳态值的 95%，98.2% 和 99.3%。

由于一阶系统没有超调量，所以其性能指标主要是调节时间 t_s，它表征系统过渡过程进行的快慢。一般取

$$t_s=3T(\mathrm{s})\quad(\text{对应 }\Delta=5\%\text{ 的误差带})$$

或 $$t_s = 4T(\text{s}) \quad (\text{对应}\ \Delta = 2\%\ \text{的误差带})$$

时间常数 T 是保证系统响应特性的唯一参数。系统的时间常数 T 越小，输出响应上升得越快，调节时间越短，响应过程的快速性越好。

由图 10-19 可见，图 10-18 所示系统的单位阶跃响应在稳态时与输入之间没有误差，即稳态误差为零。

2. 一阶系统的单位斜坡响应

单位斜坡输入的拉普拉斯变换为

$$X(s) = 1/s^2$$

因此，系统的输出为

$$Y(s) = G(s)X(s) = \frac{1}{Ts+1}\frac{1}{s^2} = \frac{1}{s^2} - \frac{T}{s} + \frac{T^2}{Ts+1}$$

进行拉普拉斯反变换，可得单位斜坡响应为

$$y(t) = t - T + Te^{-t/T} \quad t \geqslant 0 \tag{10-39}$$

式中，$(t-T)$ 为响应的稳态分量；$Te^{-t/T}$ 为响应的瞬态分量，当时间 t 趋于无穷时，衰减到零。斜坡响应曲线如图 10-20 所示。

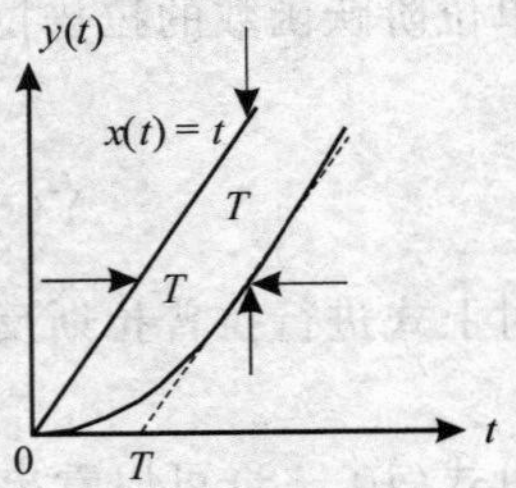

图 10-20　一阶系统的单位斜坡响应

由斜坡响应曲线可见，一阶系统的单位斜坡响应在稳态时与输入信号之间有差值，其差值为 T。显然这个差值并不是系统稳态时输出、输入在速度上的差值，而是由于输出滞后一个时间 T，使系统存在一个位置上的跟踪误差，其数值与时间常数相等。因此，时间常数 T 越小，响应越快，跟踪误差越小，输出量相对输入信号的滞后时间也越短。

3. 一阶系统的单位脉冲响应

当输入为单位脉冲函数时，其拉普拉斯变换为 $X(s)=1$，系统输出为

$$Y(s) = G(s)X(s) = \frac{1}{Ts+1}$$

对上式进行拉普拉斯反变换，有

$$y(t) = \frac{1}{T}e^{-t/T} \quad (t \geqslant 0) \tag{10-40}$$

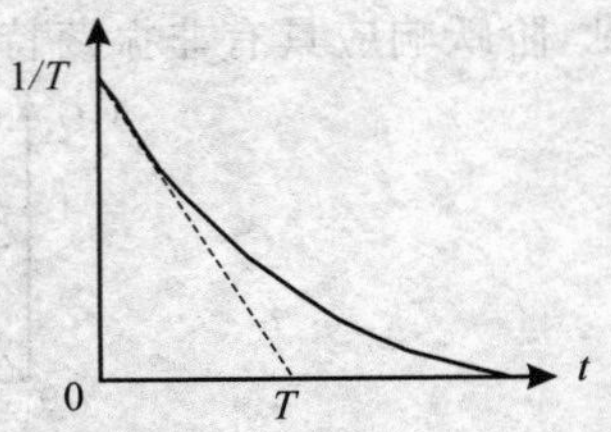

图 10-21　一阶系统的脉冲响应

其响应曲线如图 10-21 所示。显然一阶系统的脉冲响应是一条单调下降的指数曲线。输出的初始值为 $1/T$，随着时间趋于零，输出也趋于零，因此系统的稳态分量为零。时间常数 T 同样反映了响应过程的快速性，T 越小，响应的持续时间越短，快速性也越好。

4. 线性定常系统的重要特性

由于单位阶跃函数是单位斜坡函数的导数，单位脉冲函数是单位阶跃函数的导数，比较系统对三种输入信号的响应式(10-38)、式(10-39)和式(10-40)，可以明显地看出，系统对输入信号导数的响应，等于系统对该输入信号响应的导数。或者说，系统对输入信号积分的响应等于系统对该输入信号响应的积分，其积分时常数由零输出初始条件确定。这是线性定常系统的一个重要特性，适合于任意阶数的线性定常系统。

10.5.2　二阶系统的时间响应

用二阶微分方程描述的系统称为二阶系统，它在控制系统中的应用极为广泛。许多高阶系统在一定条件下，往往可以简化为二阶系统。因此，研究和分析二阶系统的特性，具有重要的实际意义。

以图 10-22(a) 所示的随动系统为例。系统的闭环传递函数为

$$G(s)=\frac{Y(s)}{X(s)}=\frac{K}{T_{\mathrm{m}}s^2+s+K} \tag{10-41}$$

为了使研究的结论具有普遍性，将式(10-41) 写成典型形式或标准形式，即

$$G(s)=\frac{Y(s)}{X(s)}=\frac{\omega_{\mathrm{n}}^2}{s^2+2\xi\omega_{\mathrm{n}}s+\omega_{\mathrm{n}}^2} \tag{10-42}$$

式中

$$T=\frac{1}{\omega_{\mathrm{n}}}=\sqrt{\frac{T_{\mathrm{m}}}{K}},\quad 2\xi T=\frac{1}{K},\quad \xi=\frac{1}{2\sqrt{KT_{\mathrm{m}}}}$$

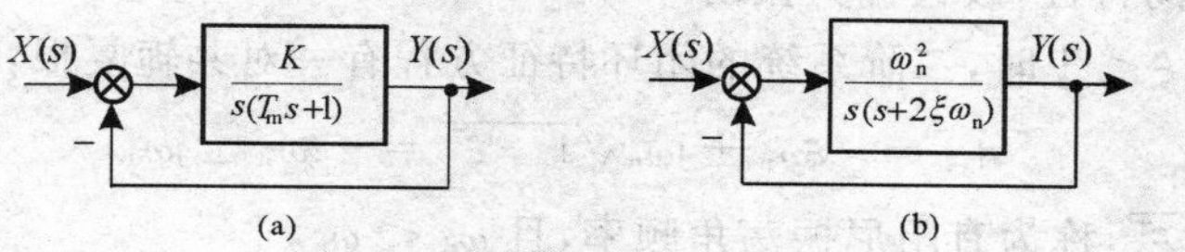

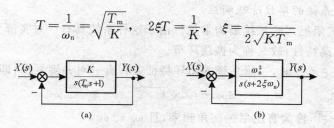

图 10-22　一般形式的二阶系统方框图

如图 10-22(b) 所示为二阶系统的一般方框图形式。可见，二阶系统的响应特性完全可以由阻尼比 ξ 和自然频率 ω_{n}（或时间常数 T）两个参数确定。一般形式的闭环特征方程为

$$s^2+2\xi\omega_{\mathrm{n}}s+\omega_{\mathrm{n}}^2=0$$

方程的特征根（系统闭环极点）为

$$s_{1,2}=-\xi\omega_{\mathrm{n}}\pm\omega_{\mathrm{n}}\sqrt{\xi^2-1}$$

当阻尼比较小，即 $0<\xi<1$ 时，方程有一对实部为负的共轭复根：

$$s_{1,2}=-\xi\omega_{\mathrm{n}}\pm \mathrm{j}\omega_{\mathrm{n}}\sqrt{1-\xi^2}$$

系统响应具有振荡特性，称为欠阻尼状态。

当 $\xi=1$ 时，系统有一对相等的负实根：

$$s_{1,2}=-\xi\omega_{\mathrm{n}}$$

这时系统的响应开始失去振荡特性，或者说处于振荡与不振荡的临界状态。

当阻尼比较大，即 $\xi>1$ 时，系统有两个不相等的负实根：

$$s_{1,2}=-\xi\omega_{\mathrm{n}}\pm\omega_{\mathrm{n}}\sqrt{\xi^2-1}$$

这时系统的响应具有单调特性，称为过阻尼状态。

当 $\xi=0$ 时，系统有一对纯虚根 $s_{1,2}=\pm \mathrm{j}\omega_{\mathrm{n}}$，称为无阻尼状态。系统的时间响应为等幅振荡，其幅值取决于初始条件，而频率取决于系统本身的参数。

上述各种情况对应的闭环极点分布及对应的脉冲响应如图 10-23 所示。

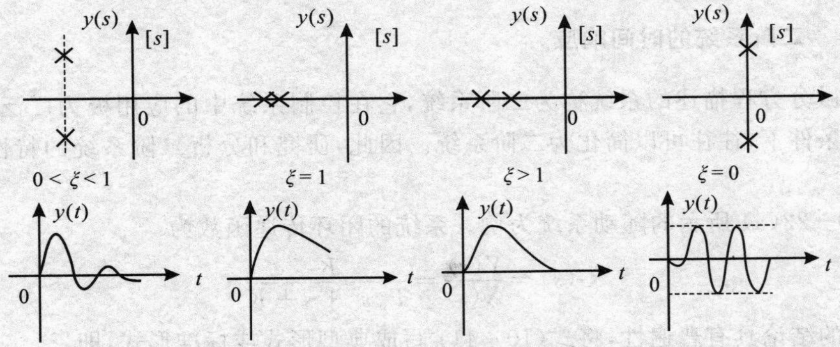

图 10-23　二阶闭环极点分布及其脉冲响应

下面分别研究欠阻尼和过阻尼两种情况的响应及其性能指标。

1. 欠阻尼二阶系统的单位阶跃响应

二阶系统中，欠阻尼二阶系统最为常见。由于这种系统具有一对实部为负的共轭负根，时间响应呈现衰减振荡特性，故又称为振荡环节。

当阻尼比 $0<\xi<1$ 时，二阶系统的闭环特征方程有一对共轭复根，即

$$s_{1,2}=-\xi\omega_n\pm j\omega_n\sqrt{1-\xi^2}=-\xi\omega_n\pm j\omega_d$$

式中，$\omega_d=\omega_n\sqrt{1-\xi^2}$，称为有阻尼振荡角频率，且 $\omega_d<\omega_n$。

当输入信号为单位阶跃函数时，输出的拉普拉斯变换为

$$Y(s)=\frac{\omega_n^2}{s^2+2\xi\omega_n s+\omega_n^2}\frac{1}{s}=\frac{1}{s}-\frac{s+\xi\omega_n}{(s+\xi\omega_n)^2+\omega_d^2}-\frac{\xi\omega_n}{(s+\xi\omega_n)^2+\omega_d^2}$$

对上式进行拉普拉斯反变换，得到欠阻尼二阶系统的单位阶跃响应为

$$y(t)=1-e^{-\xi\omega_n t}\left(\cos\omega_d t+\frac{\xi}{\sqrt{1-\xi^2}}\sin\omega_d t\right)=1-\frac{e^{-\xi\omega_n t}}{\sqrt{1-\xi^2}}\sin(\omega_d t+\beta)\quad(t\geqslant 0)$$

(10-43)

式中

$$\beta=\arctan\sqrt{1-\xi^2}/\xi$$

由式(10-43)可见，系统的响应由稳态分量和瞬态分量两部分组成。瞬态分量是一个随着时间 t 的增长而衰减的振荡过程，振荡的角频率为 ω_d，其值取决于阻尼比 ξ 及无阻尼自然频率 ω_n。以 $\omega_n t$ 为横坐标，时间响应曲线如图 10-24 所示，它仅为阻尼比 ξ 的函数。

由图 10-24 可见，阻尼比 ξ 越大，超调量越小，响应的振荡越弱，系统的平稳性越好；反之，阻尼比 ξ 越小，振荡越强烈，平稳性越差。

当 $\xi>0.707$ 时，系统阶跃响应不出现峰值($\sigma_p=0$)，单调地趋于稳态值。

当 $\xi=0.707$ 时，$y(t_p)=1.04\approx y(\infty)$，调节时间最小，$\sigma_p=4\%$。

当 $\xi<0.707$ 时，σ_p 随 ξ 减小而增大，过渡过程峰值和调节时间也随 ξ 减小而增大。

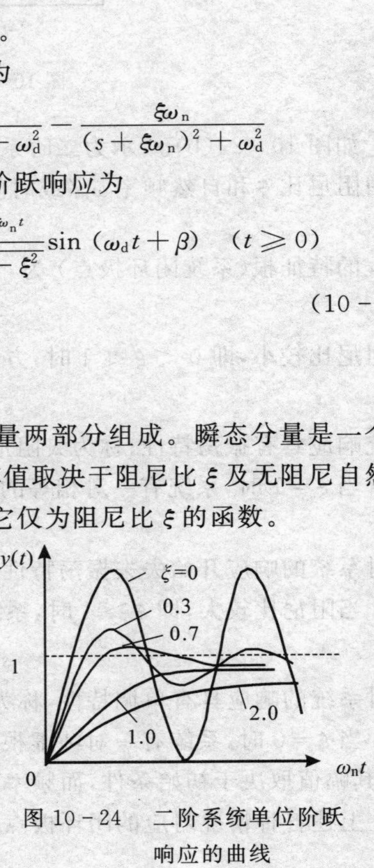

图 10-24　二阶系统单位阶跃响应的曲线

当 $\xi=0$ 时，式(10－43) 变成

$$y(t)=1-\cos\omega_n t \quad (t\geqslant 0) \tag{10-44}$$

这时，响应是频率为 ω_n 的等幅振荡，即无阻尼振荡。

当 ξ 过大时，系统的响应滞缓，调节时间 t_s 长，快速性差；反之，ξ 过小，虽然响应的起始速度较快，但因为振荡强烈，衰减缓慢，所以调节时间 t_s 也长，快速性也差。对于 5% 的误差带，当 $\xi=0.707$ 时，调节时间最短，快速性最好，这时超调量 $\sigma_p<5\%$，故平稳性也很好，因此把 $\xi=0.707$ 称为最佳阻尼比。

此外，由于随时间 t 的增长，瞬态分量趋于零，而稳态分量恰好与输入量相等，因此，稳态系统是无差的。

2. 欠阻尼二阶系统的性能指标计算

(1) 上升时间 t_r

上升时间是指第一次进入稳态区域的时间，根据定义，令式(10－43) 等于1，即 $y(t)=1$，可得

$$1-e^{-\xi\omega_n t_r}\left(\cos\omega_d t_r+\frac{\xi}{\sqrt{1-\xi^2}}\sin\omega_d t_r\right)=1$$

因为 $e^{-\xi\omega_n t}\neq 0$，所以

$$\cos\omega_d t_r+\frac{\xi}{\sqrt{1-\xi^2}}\sin\omega_d t_r=0$$

可得

$$t_r=\frac{1}{\omega_d}\arctan\frac{-\sqrt{1-\xi^2}}{\xi}=\frac{\pi-\beta}{\omega_d} \tag{10-45}$$

当阻尼比 ξ 不变时，β 角也不变。如果无阻尼振荡频率 ω_n 增大，即增大闭环极点到坐标原点的距离，那么上升时间 t_r 就会缩短，从而加快系统的响应速度；阻尼比越小(β 越大)，上升时间就越短。

(2) 峰值时间 t_p

峰值时间是指阶跃响应越过稳态值，到达第一个峰值所需要的时间。将式(10－43) 对时间求导并令其等于零，可得峰值时间为

$$\left.\frac{dy(t)}{dt}\right|_{t=t_p}=0$$

整理可得

$$t_p=\frac{\pi}{\omega_d}=\frac{\pi}{\omega_n\sqrt{1-\xi^2}} \tag{10-46}$$

式(10－46) 表明峰值时间等于阻尼振荡周期的一半。当阻尼比不变时，极点离实轴的距离越远，或者说，极点离坐标原点的距离越远，系统的峰值时间越短。

(3) 超调量 σ_p

将峰值时间式(10－46) 代入式(10－43)，可得输出量的最大值为

$$y(t_p)=1-\frac{e^{-\pi\xi/\sqrt{1-\xi^2}}}{\sqrt{1-\xi^2}}\sin(\pi+\beta)=1+e^{-\pi\xi/\sqrt{1-\xi^2}}$$

按照超调量的定义，并在 $y(\infty)=1$ 的条件下，可得

$$\sigma_p = e^{-\pi\xi/\sqrt{1-\xi^2}} \times 100\% \tag{10-47}$$

由此可见，超调量仅与阻尼比 ξ 有关，与自然频率 ω_n 无关。阻尼比越大，超调量越小；若 $\sigma_p \leqslant 30\%$，则 $\xi > 0.36$。

(4) 调节时间 t_s

写出调节时间 t_s 的精确表达式非常困难，经常采用近似方法计算。

从欠阻尼二阶系统的单位阶跃响应来看，指数曲线 $1 \pm e^{-\xi\omega_n t/\sqrt{1-\xi^2}}$ 是阶跃响应衰减振荡的上下两条包络线，整个响应曲线包含在这两条包络线之间，阶跃响应的收敛速度要比包络线的收敛速度快。因此，可以利用包络线来估计调节时间。

当 $\xi < 0.8$ 时，经常采用以下经验公式：

取 5% 的误差带，即

$$t_s = \frac{3.5}{\xi\omega_n} \tag{10-48}$$

取 2% 的误差带，即

$$t_s = \frac{4.5}{\xi\omega_n} \tag{10-49}$$

式(10-48)和式(10-49)表明，调节时间与阻尼比 ξ 和自然频率 ω_n 成反比，ξ 越小，系统的调节时间越短。

综上所述，二阶控制系统的稳定性和瞬态特性主要取决于系统的阻尼比 ξ 的数值，ξ 越小，系统的上升时间和调节时间越短，但超调量越大。当 $\xi < 0$ 时，系统将不稳定。要使系统具有一定的稳定性和良好的瞬态特性，ξ 值不能太小。

此外，系统的各性能指标与对系统参数的要求是相互矛盾的。因此，在实际系统设计时，需要综合全面考虑各方面的因素，做最佳选择。

3. 过阻尼二阶系统的单位阶跃响应

当 $\xi > 1$ 时，二阶系统的闭环特征方程有两个不相等的负实根，可写成

$$s^2 + 2\xi\omega_n s + \omega_n^2 = \left(s + \frac{1}{T_1}\right)\left(s + \frac{1}{T_2}\right) = 0$$

式中，$T_1 = \dfrac{1}{\omega_n(\xi - \sqrt{\xi^2 - 1})}$，$T_2 = \dfrac{1}{\omega_n(\xi + \sqrt{\xi^2 - 1})}$，且 $T_1 > T_2$，$\omega_n^2 = 1/(T_1 T_2)$，于是闭环传递函数为

$$G(s) = \frac{Y(s)}{X(s)} = \frac{1/(T_1 T_2)}{\left(s + \frac{1}{T_1}\right)\left(s + \frac{1}{T_2}\right)} = \frac{1}{(T_1 s + 1)(T_2 s + 1)}$$

因此，过阻尼二阶系统可以看成是两个时间常数不同的惯性环节的串联。

当输入信号为单位阶跃函数时，系统的输出为

$$y(t) = 1 - \frac{1/T_2}{1/T_2 - 1/T_1} e^{-\frac{1}{T_1}t} + \frac{1/T_1}{1/T_2 - 1/T_1} e^{-\frac{1}{T_{21}}t} =$$

$$1 - \frac{1/T_2}{1/T_2 - 1/T_1} e^{-(\xi - \sqrt{\xi^2-1})\omega_n t} + \frac{1/T_1}{1/T_2 - 1/T_1} e^{-(\xi + \sqrt{\xi^2-1})\omega_n t} \quad (t \geqslant 0) \tag{10-50}$$

式中，稳态分量为 1，瞬态分量为后两项指数项，它们将随着时间 t 的增长而衰减到零，故当系统在稳态时是无差的。其响应曲线如图 10-25 所示。

由图 10-25 可见，响应是非振荡的，但又不同于一阶系统的单位阶跃响应，由于它是由两个惯性环节串联而成的，其起始阶段速度很小，然后逐渐加大到某一值后又减小，直到趋于零，因此，整个响应曲线有一个拐点。

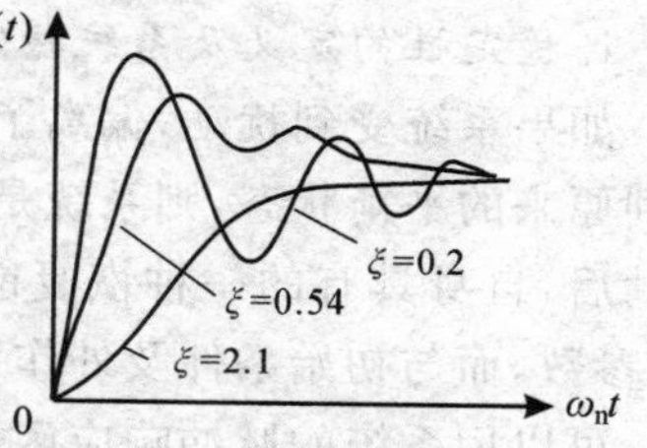

图 10-25　过阻尼二阶系统的单位阶跃响应曲线

4. 欠阻尼二阶系统的单位斜坡响应

当输入信号为单位斜坡响应时，系统输出的变换式为

$$Y(s)=\frac{\omega_n^2}{s^2+2\xi\omega_n s+\omega_n^2}\frac{1}{s^2}$$

对上式进行拉普拉斯反变换，得到欠阻尼二阶系统的单位斜坡响应为

$$y(t)=t-\frac{2\xi}{\omega_n}+\frac{e^{-\xi\omega_n t}}{\omega_n\sqrt{1-\xi^2}}\sin(\omega_d t+\psi)\quad (t\geqslant 0) \tag{10-51}$$

式中

$$\psi=2\arctan\sqrt{1-\xi^2}/\xi=2\beta$$

显然，系统的单位斜坡响应由两部分组成，一部分是稳态分量：

$$y_{ss}=t-\frac{2\xi}{\omega_n}$$

另一部分是瞬态分量：

$$y_{tt}=\frac{e^{-\xi\omega_n t}}{\omega_n\sqrt{1-\xi^2}}\sin(\omega_d t+\psi)$$

其中，瞬态分量随着时间增长而振荡衰减，最终趋于零，因此，系统的稳态误差为 $e_{ss}=2\xi/\omega_n$。如图 10-26 所示为二阶系统单位斜坡响应曲线。

由图10-26 可见，系统的稳态输出是一个与输入量具有相同斜率的斜坡函数。但是，在输出位置上有一个常值误差值 $2\xi/\omega_n$，即系统在斜坡输入时的稳态误差。这个误差并不是稳态时输入、输出上的速度之差，而是指位置上的差别，此误差只能通过改变系统参数，如加大自然频率 ω_n 或减小阻尼比 ξ 来减小稳态误差，但不能消除。并且这样改变系统参数，将会使系统响应的平稳性变差。因此，仅靠改变系统参数是无法解决上述矛盾的。在系统设计中，一般可先根据稳态误差要求确定系统参数，然后再引入控制装置(校正装置)来改善系统的性能，即通过改变系统结构来改变系统的性能。

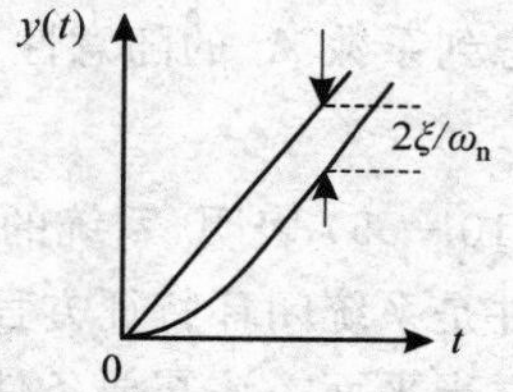

图 10-26　二阶系统的单位斜坡响应曲线

10.5.3　系统稳定性分析

控制系统在实际工作中，总会受到外界和内部一些因素的扰动，例如负载或能源的波动、系统参数的变化等，使系统偏离原来的平衡工作状态。如果在扰动消失后，系统不能恢复到原来的平衡工作状态(即系统不稳定)，则系统是无法工作的。

稳定是控制系统正常工作的首要条件，也是控制系统的重要性能指标。因此，分析系统的稳定性，并提出确保系统稳定的条件是自动控制理论的基本任务之一。

1. 稳定性的定义及系统稳定性的充要条件

如果系统受到扰动，偏离了原来的平衡状态，在扰动消失后，系统能够以足够的准确度恢复到原来的平衡状态，则系统是稳定的。否则，系统是不稳定的。可见，稳定性是系统在去掉扰动后，自身具有的一种恢复能力，是系统的一种固有的特性。这种特性只取决于系统的结构、参数，而与初始条件及外作用无关。

可以用系统的脉冲响应函数来描述系统的稳定性问题。如果脉冲响应函数是收敛的，即

$$\lim_{t\to\infty}h(t)=0$$

则系统就是稳定的。由于脉冲响应函数是系统闭环拉普拉斯反变换，因此，可以从系统闭环传递函数入手来研究系统的稳定性问题。

设控制系统的闭环传递函数，即系统脉冲响应的拉普拉斯反变换为

$$G(s)=\frac{M(s)}{N(s)}=\frac{b_m(s-z_1)(s-z_2)\cdots(s-z_m)}{a_n(s-p_1)(s-p_2)\cdots(s-p_n)} \tag{10-52}$$

式中，$z_1,z_2,\cdots,z_m$ 为闭环零点；$p_1,p_2,\cdots,p_n$ 为闭环极点。

如果闭环极点为互不相同的实数根，则把式(10-52)展开为部分分式：

$$G(s)=\frac{A_1}{(s-p_1)}+\frac{A_2}{(s-p_2)}+\cdots+\frac{A_n}{(s-p_n)}=\sum_{i=1}^{n}\frac{A_i}{(s-p_i)} \tag{10-53}$$

式中，A_i 为待定常数。对式(10-53)进行拉普拉斯反变换，可得单位脉冲响应为

$$h(t)=\sum_{i=1}^{n}A_i e^{p_i t} \tag{10-54}$$

根据稳定性定义

$$\lim_{t\to\infty}h(t)=\lim_{t\to\infty}\sum_{i=1}^{n}A_i e^{p_i t}=0$$

考虑到系数 A_i 的随意性，必须使上式中的每一项都趋于零，所以应有

$$\lim_{t\to\infty}A_i e^{p_i t}=0 \tag{10-55}$$

式(10-55)表明，系统的稳定性仅取决于特征根 p_i 的性质。于是可得，系统稳定的充分必要条件是系统闭环特征方程的所有根都具有负的实部，或者说所有的闭环极点都位于复平面[s]的左半平面。该充要条件同样适合于特征方程有重根或者有共轭复根的情况。

总之，只有当系统的所有特征根都具有负的实部，或所有的闭环极点都位于复平面[s]的左半平面时，系统才稳定。只要有一个特征根为正实部，脉冲响应就发散，系统就不稳定。当系统有纯虚根时，系统处于临界稳定状态，脉冲响应将呈现等幅振荡。当系统参数变化或有扰动时，系统很可能由于某种因素导致不稳定。因此，临界稳定系统属于不稳定系统之列。

判别系统稳定与否，可归结为判别系统闭环特征根实部的符号：

$\mathrm{Re}\ p_i<0$ 稳定

$\mathrm{Re}\ p_i>0$ 不稳定

$\mathrm{Re}\ p_i=0$ 临界稳定，也属不稳定

因此，若能解出全部的特征根，则可立即判断系统是否稳定。

通常对于高阶系统，解出特征根不是一件容易的事。实际上，系统的稳定与否，取决于其特征根实部的符号，而不必知道每个根的具体数值。可以用代数判据中最常用的劳斯判据来直接判断系统的特征根是否具有负实部。

2. 劳斯(Routh)判据

设特征方程的一般形式为

$$N(s)=a_n s^n+a_{n-1}s^{n-1}+\cdots+a_1 s+a_0=0 \tag{10-56}$$

系统稳定的必要条件是 $a_i>0$,否则系统不稳定。系统稳定的充要条件是 $a_i>0$ 及劳斯表中第一列的系数都大于零。劳斯表中各项系数见表 10-1。

表 10-1　劳斯表

s^n	a_n	a_{n-2}	a_{n-4}	a_{n-6}	…
s^{n-1}	a_{n-1}	a_{n-3}	a_{n-5}	a_{n-7}	…
s^{n-2}	$b_1=\dfrac{a_{n-1}a_{n-2}-a_n a_{n-3}}{a_{n-1}}$	$b_2=\dfrac{a_{n-1}a_{n-4}-a_n a_{n-5}}{a_{n-1}}$	b_3	b_4	…
s^{n-3}	$c_1=\dfrac{b_1 a_{n-3}-a_{n-1}b_2}{b_1}$	$c_2=\dfrac{b_1 a_{n-5}-a_{n-1}b_3}{b_1}$	c_3	c_4	…
…	…	…	…	…	…
s^0	a_0				

【例 10-6】　设有一个三阶系统,其特征方程为

$$N(s)=a_3 s^3+a_2 s^2+a_1 s+a_0=0$$

式中,所有系数都大于零,试用劳斯判据判别系统的稳定性。

解　因为 $a>0$,所以满足稳定的必要条件。列劳斯表(见表 10-2)。

显然,当 $(a_1 a_2-a_0 a_3)>0$ 时,系统是稳定的。

表 10-2　例 10-6 劳斯表

s^3	a_3	a_1
s^2	a_2	a_0
s^1	$(a_1 a_2-a_0 a_3)/a_2$	0
s^0	a_0	

【例 10-7】　系统的特征方程为

$$N(s)=s^4+2s^3+3s^2+4s+5=0$$

试用劳斯判据判别系统的稳定性。

解　由已知条件可知,$a_i>0$,满足必要条件。列劳斯表(见表 10-3)。

表 10-3　例 10-7 劳斯表

s^4	1	3	5
s^3	2	4	0
s^2	$(2\times3-1\times4)/2=1$	$(2\times5-1\times0)/2=5$	
s^1	$(1\times4-2\times5)/1=-6$	0	
s^0	5		

由表 10-3 可见,劳斯表第一列系数不全大于零,因此系统不稳定。劳斯表第一列系数符号改变的次数等于系统特征方程正实部根的数目。因此,该系统有两个正实部的根。

劳斯判据虽然避免了解根的困难,但有一定的局限性。例如,当系统结构 / 参数发生变化

时，将会使特征方程的阶次、方程的系数发生变化，而且这种变化很复杂，从而相应的劳斯表也将重新列写，重新判别系统的稳定性。

如果系统不稳定，该如何改变系统结构、参数使其变为稳定的系统，代数判据难以直接给出启示。

10.6 状态空间分析法

科学技术的发展，特别是空间技术的发展，对控制系统提出了更高的要求。控制方式越来越复杂，控制精度越来越高，因此系统构成越来越复杂。而且复杂系统可能具有多输入量和多输出量，并且可能是时变的。经典控制理论的分析方法已不能适应系统的要求。传递函数属于系统的外部描述，不能充分反映系统内部的状态。借助于传递函数的方法原则上只适宜于用来解决单输入、单输出、线性定常系统的问题，对于多输入、多输出，尤其是时变、非线性系统是无能为力的。另外，该方法本身带有较强的试探及经验成分，其质量指标一般为系统阶跃响应曲线的超调量、调节时间和稳态误差等，不宜用来解决最优控制系统的分析与设计问题。随着计算机技术的发展和应用，采用新的方法、发展新的控制理论来研究更复杂的控制系统成为可能。

现代控制理论正是为了克服经典控制理论的局限性而逐步发展起来的。现代控制理论是以线性代数和微分方程为主要的数学工具，以状态空间模型为基础。状态空间模型能够完全表达系统的全部状态和性能。它不但能描述线性系统，而且也能描述非线性系统与时变系统；既能描述单输入单输出系统，也能描述多输入多输出系统。现代控制理论本身内容广泛，目前仍在迅速发展之中。一般认为，它主要包括三个基本内容：多变量线性系统理论、最优控制理论以及最优估计与系统辨识理论。

现代控制理论本质上是一种时域法。由于它引入了“状态”的概念，用“状态变量”及“状态方程”来描述动态系统，因而更能充分反映系统的内在本质与特性。

10.6.1 状态空间分析法的基本概念

状态 状态是系统中一些信息的集合，是描述系统的最小一组变量。或者说，是确定系统状态的个数最少的一组变量。只要知道了 $t=t_0$ 时的一组变量和 $t \geqslant t_0$ 时的输入量，就能够完全确定系统在任何 $t \geqslant t_0$ 时的行为。

状态变量 状态变量是确定系统状态的最少的一组变量。如果能以最少的 n 个变量 $x_1(t),\cdots,x_2(t),x_n(t)$ 就能完全描述系统的行为(即在 $t=t_0$ 时的初始状态和 $t \geqslant t_0$ 时的输入量给定后，系统的状态将可以完全被确定)，那么这样的 n 个变量 $x_1(t),x_2(t),\cdots,x_n(t)$ 就是系统的一组状态变量。状态变量不一定是物理上可测或可观察的量。这种在选择状态变量方面的自由性，是状态空间法的一个优点。

状态向量 如果完全描述一个给定系统的动态行为需要 n 个状态变量，那么可将这些状态变量看成是向量 $\boldsymbol{x}(t)$ 的各个分量，该向量就称为状态向量。

状态空间 以各状态向量作为坐标轴所组成的 n 维空间称为状态空间。任何状态都可以用状态空间中的一个点来表示。

状态方程 描述系统状态变量和输入变量之间关系的一阶微分方程组称为状态方程。

状态方程表征了系统由输入所引起的内部状态的变化，即系统的内部描述。

输出方程　描述系统输出变量与输入变量及状态变量之间函数关系的代数方程，称为输出方程。输出方程表征了输入和系统内部状态的变化所引起的系统输出的变化，它是一个变换过程，即系统的外部描述。

状态空间表达式　系统的状态方程和输出方程合称为系统的状态空间表达式，又称为动态方程。状态空间表达式反映了控制系统的全部信息，是对系统描述的完全模式。

10.6.2　线性系统的状态空间表达式

设系统的 r 个输入变量为 $u_1(t), u_2(t), \cdots, u_r(t)$；$m$ 个输出变量为 $y_1(t), y_2(t), \cdots, y_m(t)$；系统的状态变量为 $x_1(t), x_2(t), \cdots, x_n(t)$。则该多输入多输出(MIMO)线性系统的状态方程为

$$\left.\begin{aligned}\dot{x}_1 &= a_{11}x_1 + a_{12}x_2 + \cdots + a_{1n}x_n + b_{11}u_1 + b_{12}u_2 + \cdots + b_{1r}u_r \\ \dot{x}_2 &= a_{21}x_1 + a_{22}x_2 + \cdots + a_{2n}x_n + b_{21}u_1 + b_{22}u_2 + \cdots + b_{2r}u_r \\ &\cdots\cdots \\ \dot{x}_n &= a_{n1}x_1 + a_{n2}x_2 + \cdots + a_{nn}x_n + b_{n1}u_1 + b_{n2}u_2 + \cdots + b_{nr}u_r\end{aligned}\right\} \tag{10-57}$$

输出方程为

$$\left.\begin{aligned}\dot{y}_1 &= c_{11}x_1 + c_{12}x_2 + \cdots + c_{1n}x_n + d_{11}u_1 + d_{12}u_2 + \cdots + d_{1r}u_r \\ \dot{y}_2 &= c_{21}x_1 + c_{22}x_2 + \cdots + c_{2n}x_n + d_{21}u_1 + d_{22}u_2 + \cdots + d_{2r}u_r \\ &\cdots\cdots \\ \dot{y}_n &= c_{m1}x_1 + c_{m2}x_2 + \cdots + c_{mn}x_n + d_{m1}u_1 + d_{m2}u_2 + \cdots + d_{mr}u_r\end{aligned}\right\} \tag{10-58}$$

写成矩阵形式为

$$\dot{\boldsymbol{x}} = \begin{bmatrix} a_{11} & a_{12} & \cdots & a_{1n} \\ a_{21} & a_{22} & \cdots & a_{2n} \\ \vdots & \vdots & & \vdots \\ a_{n1} & a_{n2} & \cdots & a_{nn} \end{bmatrix} \boldsymbol{x} + \begin{bmatrix} b_{11} & b_{12} & \cdots & b_{1r} \\ b_{21} & b_{22} & \cdots & b_{2r} \\ \vdots & \vdots & & \vdots \\ b_{n1} & b_{n2} & \cdots & b_{nr} \end{bmatrix} \boldsymbol{u} \tag{10-59}$$

$$\dot{\boldsymbol{y}} = \begin{bmatrix} c_{11} & c_{12} & \cdots & c_{1n} \\ c_{21} & c_{22} & \cdots & c_{2n} \\ \vdots & \vdots & & \vdots \\ c_{m1} & c_{m2} & \cdots & c_{mn} \end{bmatrix} \boldsymbol{x} + \begin{bmatrix} d_{11} & d_{12} & \cdots & d_{1r} \\ d_{21} & d_{22} & \cdots & d_{2r} \\ \vdots & \vdots & & \vdots \\ d_{m1} & d_{m2} & \cdots & d_{mr} \end{bmatrix} \boldsymbol{u} \tag{10-60}$$

或

$$\left.\begin{aligned}\dot{\boldsymbol{x}} &= \boldsymbol{A}\boldsymbol{x} + \boldsymbol{B}\boldsymbol{u} \\ \boldsymbol{y} &= \boldsymbol{C}\boldsymbol{x} + \boldsymbol{D}\boldsymbol{u}\end{aligned}\right\} \tag{10-61}$$

其中，$\boldsymbol{x} = [x_1 \quad x_2 \cdots \quad x_n]^{\mathrm{T}}$ 为 n 维状态变量；$\boldsymbol{u} = [u_1 \quad u_2 \cdots \quad u_r]^{\mathrm{T}}$ 为 r 维输入变量；$\boldsymbol{y} = [y_1 \quad y_2 \cdots \quad y_m]^{\mathrm{T}}$ 为 m 维输出变量；$\boldsymbol{A}$ 为 $n \times n$ 阶状态矩阵，表示系统内部各状态变量之间的关系；$\boldsymbol{B}$ 为 $n \times r$ 阶输入矩阵，表示输入对每个状态变量的作用情况；$\boldsymbol{C}$ 为 $m \times n$ 阶输出矩阵，表示输出与状态变量的组成关系；$\boldsymbol{D}$ 为 $m \times r$ 阶传输矩阵，表示输入对输出的直接传输关系。

若不考虑直接传输，则一般表达式为

$$\left.\begin{aligned}\dot{\boldsymbol{x}}&=\boldsymbol{A}\boldsymbol{x}+\boldsymbol{B}\boldsymbol{u}\\\boldsymbol{y}&=\boldsymbol{C}\boldsymbol{x}\end{aligned}\right\}\tag{10-62}$$

若系统是线性定常系统，则 $\boldsymbol{A},\boldsymbol{B},\boldsymbol{C},\boldsymbol{D}$ 均为常数矩阵；若系统是时变系统，则 $\boldsymbol{A},\boldsymbol{B},\boldsymbol{C},\boldsymbol{D}$ 的元素部分或全部是时间的函数。

10.6.3 状态空间表达式的建立

对于不同的控制系统，根据其机理和相应的物理或化学定理，就可建立系统的状态空间表达式。其一般步骤如下：

1）选择状态变量。选取的状态变量一定要满足状态的定义，首先检查是否相互独立，即不能由其他变量导出某一变量；其次检查是否充分，即是否完全决定了系统的状态。状态变量的个数应等于系统中独立储能元件的个数，因此，当系统有 n 个独立储能元件时，则可以选择 n 个独立的系统变量作为状态变量。选择状态变量一般有 3 条途径：选择系统中储能元件的输出物理量为状态变量；选择系统的输出变量及其各阶导数作为状态变量；选择能使状态方程成为某种标准形式的变量作为状态变量。

2）列出描述系统动态特性或运动规律的微分方程。

3）消去中间变量，得出状态变量的一阶导数与各状态变量、输入变量之间的关系式及输出变量与各状态变量、输入变量之间的关系式。

4）将方程整理成状态方程、输出方程的标准形式。

【例 10-8】 建立如图 10-27 所示系统的状态空间表达式。

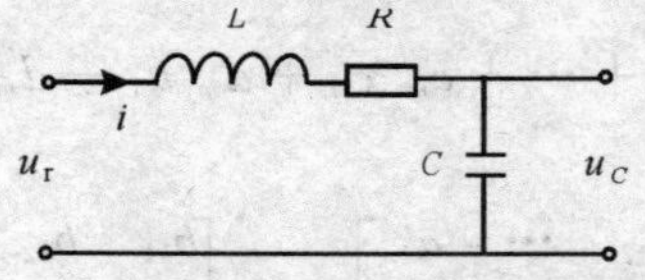

图 10-27 RLC 无源网络

解 系统有两个独立的储能元件，即电感 L 和电容 C，选取电容电压 $u_C(t)$ 和电感电流 $i(t)$ 作为状态变量，即 $x_1=i(t)$，$x_2=u_0(t)=\dfrac{1}{C}\int i(t)\mathrm{d}t$，则

$$\begin{cases}\dot{x}_2=\dfrac{1}{C}x_1\\ L\dot{x}_1+Rx_1+x_2=u_r\end{cases}$$

或

$$\begin{cases}\dot{x}_2=\dfrac{1}{C}x_1\\ \dot{x}_1=-\dfrac{R}{L}x_1-\dfrac{1}{L}x_2+\dfrac{1}{L}u_r\end{cases}$$

则状态方程为

$$\begin{bmatrix}\dot{x}_1\\\dot{x}_2\end{bmatrix}=\begin{bmatrix}-\dfrac{R}{L} & -\dfrac{1}{L}\\ \dfrac{1}{C} & 0\end{bmatrix}\begin{bmatrix}x_1\\x_2\end{bmatrix}+\begin{bmatrix}\dfrac{1}{L}\\0\end{bmatrix}u_r$$

系统的输出方程为

$$y = x_2 = [0 \quad 1]\begin{bmatrix} x_1 \\ x_2 \end{bmatrix}$$

系统的状态空间表达式为

$$\begin{cases} \dot{x} = Ax + Bu_r \\ y = Cx \end{cases}$$

式中，

$$x = \begin{bmatrix} x_1 \\ x_2 \end{bmatrix}, \quad A = \begin{bmatrix} -\dfrac{R}{L} & -\dfrac{1}{L} \\ \dfrac{1}{C} & 0 \end{bmatrix}, \quad B = \begin{bmatrix} \dfrac{1}{L} \\ 0 \end{bmatrix}, \quad C = [0 \quad 1]$$

也可以选电感电流 $i(t)$ 和电容电荷 $q_C(t)$ 为状态变量。系统状态变量的选取不是唯一的。对同一个系统可选取不同组的状态变量，但不管如何选取，状态变量的个数是唯一的，必须等于系统的阶数，即系统中独立储能元件的个数。

10.6.4　状态空间表达式与传递函数之间的关系

状态空间表达式与微分方程、方框图和传递函数之间可以相互转换。因此，控制系统状态空间表达式的建立主要有 3 种方法：一是直接根据控制系统的工作原理建立相应的微分方程（连续系统）或差分方程（离散系统），再将其整理、规划而得；二是由控制系统的方框图建立系统状态空间表达式；三是由已知系统的某种数学模型转化而来。

在某些情况下，控制系统的特性往往以传递函数的形式给出，这时可根据传递函数直接写出对应的状态空间表达式。

下面通过两个例子来说明状态空间表达式与传递函数之间的转换。

【例 10－9】　假定单输入单输出系统的传递函数为

$$G(s) = \frac{Y(s)}{U(s)} = \frac{b_0}{s^4 + a_3 s^3 + a_2 s^2 + a_1 s + a_0}$$

试写出对应的状态空间表达式。

解　引入中间变量 $Y_1(s)$，让

$$Y(s) = b_0 Y_1(s), \quad (s^4 + a_3 s^3 + a_2 s^2 + a_1 s + a_0) Y_1(s) = U(s)$$

按照上式可以画出相应的方框图，如图 10－28 所示。

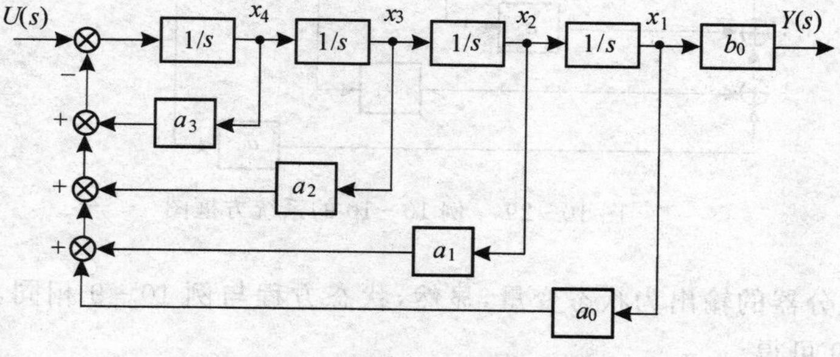

图 10－28　例 10－9 的系统方框图

作图的过程十分简单。具体做法:首先按照传递函数的最高阶次画出相同数目的串联积分环节,然后依次画出反馈回路并填上相应的系数即可。

将每个积分器的输出取为状态变量,即可写出状态空间表达式:

$$\begin{cases}\dot{x}_1(t)=x_2(t)\\ \dot{x}_2(t)=x_3(t)\\ \dot{x}_3(t)=x_4(t)\\ \dot{x}_4(t)=-a_0x_1(t)-a_1x_2(t)-a_2x_3(t)-a_3x_4(t)+u(t)\end{cases}$$

$$y(t)=b_0x_1(t)$$

写成矩阵形式有

$$\begin{cases}\dot{\boldsymbol{x}}(t)=\boldsymbol{Ax}(t)+\boldsymbol{Bu}(t)\\ \boldsymbol{y}(t)=\boldsymbol{Cx}(t)\end{cases}$$

式中

$$\boldsymbol{x}(t)=\begin{bmatrix}x_1(t)\\x_2(t)\\x_3(t)\\x_4(t)\end{bmatrix},\quad \boldsymbol{A}=\begin{bmatrix}0&1&0&0\\0&0&1&0\\0&0&0&1\\-a_0&-a_1&-a_2&-a_3\end{bmatrix},\quad \boldsymbol{B}=\begin{bmatrix}0\\0\\0\\1\end{bmatrix},\quad \boldsymbol{C}=[b_0\quad 0\quad 0\quad 0]$$

【例 10-10】 设系统的传递函数为

$$G(s)=\frac{Y(s)}{U(s)}=\frac{b_3s^3+b_2s^2+b_1s+b_0}{s^4+a_3s^3+a_2s^2+a_1s+a_0}$$

试列出其状态空间表达式。

解 首先画出相应的方框图。所用的方法与例 10-9 相同,再画上前向通道,并填上相应的系数即可,所得到的方框图如图 10-29 所示。

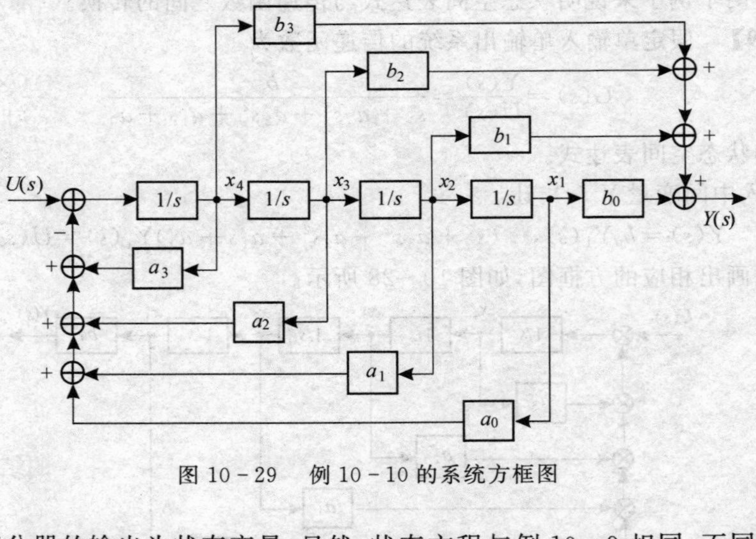

图 10-29 例 10-10 的系统方框图

仍取每个积分器的输出为状态变量,显然,状态方程与例 10-9 相同,不同的只是输出方程。由图 10-29 可得

$$y(t)=b_0x_1(t)+b_1x_2(t)+b_2x_3(t)+b_3x_4(t)$$

写成矩阵形式有

$$\begin{cases}\dot{\boldsymbol{x}}(t)=\boldsymbol{A}\boldsymbol{x}(t)+\boldsymbol{B}\boldsymbol{u}(t)\\ \boldsymbol{y}(t)=\boldsymbol{C}\boldsymbol{x}(t)\end{cases}$$

式中,$\boldsymbol{A}$,$\boldsymbol{B}$ 阵同上例,$\boldsymbol{C}$ 阵为

$$\boldsymbol{C}=[b_0 \quad b_1 \quad b_2 \quad b_3]$$

注意到传递函数分子、分母的系数,方框图中前向回路、反馈回路的系数,以及状态空间表达式中 $\boldsymbol{A}$ 阵、$\boldsymbol{C}$ 阵的元素三者之间的简单对应关系,就可根据传递函数直接写出状态空间表达式,或者直接画出方框图。反过来,也可由状态空间表达式直接画出相应的方框图,或写出传递函数。

10.6.5　线性定常系统状态方程的解

1. 齐次方程的解与状态转移矩阵

写出状态方程以后,为了分析系统的运动方程,就需要求解状态方程。

状态方程的齐次方程及初始条件分别为

$$\dot{\boldsymbol{x}}(t)=\boldsymbol{A}\boldsymbol{x}(t),\quad \boldsymbol{x}(t)\mid_{t=0}=\boldsymbol{x}_0$$

两边进行拉普拉斯变换并整理可得

$$\boldsymbol{X}(s)=(s\boldsymbol{I}-\boldsymbol{A})^{-1}\boldsymbol{x}_0$$

对向量或矩阵进行拉氏反变换可得

$$\boldsymbol{x}(t)=\mathscr{L}^{-1}[(s\boldsymbol{I}-\boldsymbol{A})^{-1}]\boldsymbol{x}_0$$

用矩阵 $\boldsymbol{\Phi}(t)$ 来表示 $(s\boldsymbol{I}-\boldsymbol{A})^{-1}$ 的反变换,即设

$$\boldsymbol{\Phi}(t)=\mathscr{L}^{-1}[(s\boldsymbol{I}-\boldsymbol{A})^{-1}]$$

则解可写成

$$\boldsymbol{x}(t)=\boldsymbol{\Phi}(t)\boldsymbol{x}_0 \tag{10-63}$$

由式(10-63)可以看到,若系统在 $t=0$ 时的初始状态为 $\boldsymbol{x}(0)=\boldsymbol{x}_0$,则随着时间从 $t=0$ 逐渐推移到 $t=\tau$,其状态也随着转移到新的状态。

如果初始条件 $\boldsymbol{x}_0$ 已知,且 $\boldsymbol{\Phi}(t)$ 已经求得,则按式(10-63)求得 $\boldsymbol{x}(t)$;反过来,如果证明 $\boldsymbol{\Phi}(t)$ 的逆是存在的,则还可以从 $\boldsymbol{x}(t)$ 求得 $\boldsymbol{x}_0$。这在物理上相当于让状态逆时间方向转移,或者说,状态转移是可逆的。正因为 $\boldsymbol{\Phi}(t)$ 具有这些功能,将 $\boldsymbol{\Phi}(t)$ 称为状态转移矩阵,它是一个与状态矩阵同阶的方阵。

求解 $\boldsymbol{\Phi}(t)$ 的方法很多,首先介绍级数法。可以证明,对于线性定常系统,其状态转移矩阵为矩阵指数函数形式:

$$\boldsymbol{\Phi}(t)=\mathrm{e}^{\boldsymbol{A}t}=\mathscr{L}^{-1}[(s\boldsymbol{I}-\boldsymbol{A})^{-1}] \tag{10-64}$$

因此,当 $\boldsymbol{A}$ 阵比较简单时,可以用直接法求解转移矩阵的解:

$$\mathrm{e}^{\boldsymbol{A}t}\equiv 1+\boldsymbol{A}t+\frac{1}{2!}(\boldsymbol{A}t)^2+\cdots+\frac{1}{k!}(\boldsymbol{A}t)^k+\cdots \tag{10-65}$$

采用直接求取 $(s\boldsymbol{I}-\boldsymbol{A})^{-1}$,然后进行拉普拉斯反变换也可以得到同样的结果。

若初始时刻不为零,经过同样的推导可得

$$\boldsymbol{x}(t)=\mathrm{e}^{\boldsymbol{A}(t-t_0)}\boldsymbol{x}_0=\boldsymbol{\Phi}(t-t_0)\boldsymbol{x}_0 \tag{10-66}$$

【例 10-11】　已知系统的状态方程为

$$\begin{bmatrix}\dot{x}_1(t)\\ \dot{x}_2(t)\end{bmatrix}=\begin{bmatrix}0 & 1\\ -2 & -3\end{bmatrix}\begin{bmatrix}x_1(t)\\ x_2(t)\end{bmatrix}+\begin{bmatrix}0\\ 1\end{bmatrix}u(t)$$

求解 $x_1(t)$ 和 $x_2(t)$。

解 状态转移矩阵为 $\boldsymbol{\Phi}(t)=\mathrm{e}^{\boldsymbol{A}t}=\mathscr{L}^{-1}[(s\boldsymbol{I}-\boldsymbol{A})^{-1}]$

其中
$$[s\boldsymbol{I}-\boldsymbol{A}]=\begin{bmatrix}s & 0\\0 & s\end{bmatrix}-\begin{bmatrix}0 & 1\\-2 & -3\end{bmatrix}=\begin{bmatrix}s & -1\\2 & s+3\end{bmatrix}$$

为了计算 $(s\boldsymbol{I}-\boldsymbol{A})^{-1}$，首先计算矩阵 $(s\boldsymbol{I}-\boldsymbol{A})$ 的行列式：

$$\det(s\boldsymbol{I}-\boldsymbol{A})=\begin{vmatrix}s & -1\\2 & s+3\end{vmatrix}=s^2+3s+2=(s+1)(s+2)$$

2. 非齐次方程的解

状态方程的非齐次方程及初始条件分别为

$$\dot{\boldsymbol{x}}(t)=\boldsymbol{Ax}(t)+\boldsymbol{Bu}(t),\quad \boldsymbol{x}(t)\mid_{t=0}=0$$

两边进行拉普拉斯变换并整理可得

$$\boldsymbol{X}(s)=(s\boldsymbol{I}-\boldsymbol{A})^{-1}\boldsymbol{BU}(s)$$

利用卷积定理，可求得非齐次方程的解为

$$\boldsymbol{x}(t)=\int_0^t\boldsymbol{\Phi}(t-\tau)\boldsymbol{Bu}(\tau)\mathrm{d}\tau$$

在一般情况下，初始条件不为零，这时状态方程的全解为

$$\boldsymbol{x}(t)=\boldsymbol{\Phi}(t)x_0+\int_0^t\boldsymbol{\Phi}(t-\tau)\boldsymbol{Bu}(\tau)\mathrm{d}\tau \tag{10-67}$$

10.6.6 可控性与可观测性

在现代控制理论中，可控性和可观测性是两个十分重要的概念。这两个概念是卡尔曼于20世纪60年代提出来的。

当用状态空间法来描述系统时，状态方程描述了系统输入与状态之间的关系，而输出方程描述了系统状态与输出之间的关系。可控性与可观测性正是针对这两种关系提出的。一般来说，可控性是指系统输入对状态的控制能力，即输入 $u(t)$ 是否使状态 $x(t)$ 转移到任意指定的状态。可观测性是指系统输出 $y(t)$ 中是否包含着关于 $x(t)$ 的足够信息。

1. 线性定常系统的可控性

可控性定义 如果存在一个控制信号 $\boldsymbol{u}(t)$，能在有限时间 (t_f-t_0) 内，使任一初始状态 $\boldsymbol{x}(t_0)$ 能够转移到任意指定的终止状态 $\boldsymbol{x}(t_f)$，则称该系统是状态完全可控的，简称系统可控。

可控性判据 设 n 维线性定常系统的状态方程为

$$\dot{\boldsymbol{x}}(t)=\boldsymbol{Ax}(t)+\boldsymbol{Bu}(t) \tag{10-68}$$

则系统可控的充要条件是矩阵

$$\boldsymbol{M}=[\boldsymbol{B}\quad \boldsymbol{AB}\quad \boldsymbol{A}^2\boldsymbol{B}\quad\cdots\quad \boldsymbol{A}^{n-1}\boldsymbol{B}] \tag{10-69}$$

满秩，即 $\mathrm{rank}\boldsymbol{M}=n$。

【例 10-12】 已知某系统的系统阵及输入阵分别为

$$\boldsymbol{A}=\begin{bmatrix}1 & 0\\0 & -1\end{bmatrix},\quad \boldsymbol{B}=\begin{bmatrix}1\\0\end{bmatrix}$$

试判别其可控性。

解 系统为二维的，即 $n=2$，系统可控性矩阵为

$$\boldsymbol{M}=[\boldsymbol{B}\quad \boldsymbol{AB}]=\begin{bmatrix}1 & 1\\0 & 0\end{bmatrix}$$

$$\det\boldsymbol{M}=0\text{，不满秩，}\quad \mathrm{rank}\boldsymbol{M}=1<2$$

可见，系统不是状态完全可控的，或者说系统不可控。

【例 10-13】　已知系统的 $\boldsymbol{A},\boldsymbol{B}$ 阵分别为

$$\boldsymbol{A}=\begin{bmatrix}1 & 3 & 2\\0 & 2 & 0\\0 & 1 & 3\end{bmatrix},\quad \boldsymbol{B}=\begin{bmatrix}2 & 1\\1 & 1\\-1 & -1\end{bmatrix}$$

试判别其可控性。

解　系统为三维的，系统可控性矩阵为

$$\boldsymbol{M}=[\boldsymbol{B}\quad \boldsymbol{AB}\quad \boldsymbol{A}^2\boldsymbol{B}]=\begin{bmatrix}2 & 1 & 3 & 2 & 5 & 4\\1 & 1 & 2 & 2 & 4 & 4\\-1 & -1 & -2 & -2 & -4 & -4\end{bmatrix}$$

因为矩阵的第二行和第三行不是相互独立的，所以，$\boldsymbol{M}$ 不是满秩的，$\mathrm{rank}\,\boldsymbol{M}=2<3$，因此，系统是不可控的。

以上为系统状态可控性的概念以及相应的可控性判据。但在实际的控制系统中，最需要严格控制的往往是系统的输出而不是状态，因而有输出可控性问题。

设系统状态空间表达式为

$$\begin{cases}\dot{\boldsymbol{x}}(t)=\boldsymbol{Ax}(t)+\boldsymbol{Bu}(t)\\ \boldsymbol{y}(t)=\boldsymbol{Cx}(t)+\boldsymbol{Du}(t)\end{cases}$$

如果存在一个控制信号 $\boldsymbol{u}(t)$，能在有限时间 (t_f-t_0) 内，使任一初始输出 $\boldsymbol{y}(t_0)$ 能够转移到任意指定的终止状态 $\boldsymbol{y}(t_f)$，则称该系统是输出完全可控的，简称系统输出可控。

系统输出完全可控的充要条件是矩阵

$$\boldsymbol{M}_c=[\boldsymbol{CB}\quad \boldsymbol{CAB}\quad \boldsymbol{CA}^2\boldsymbol{B}\quad \cdots\quad \boldsymbol{CA}^{n-1}\boldsymbol{B}\quad \boldsymbol{D}] \tag{10-70}$$

满秩，即 $\mathrm{rank}\boldsymbol{M}_c=m$。

【例 10-14】　已知某系统的 $\boldsymbol{A},\boldsymbol{B},\boldsymbol{C}$ 阵分别为

$$\boldsymbol{A}=\begin{bmatrix}-4 & 1\\2 & -3\end{bmatrix},\quad \boldsymbol{B}=\begin{bmatrix}1\\2\end{bmatrix},\quad \boldsymbol{C}=[1\quad 0]$$

试判别其输出可控性及状态可控性。

解　系统 $n=2,m=1$。

输出可控性矩阵为

$$\boldsymbol{M}_c=[\boldsymbol{CB}\quad \boldsymbol{CAB}]=[1\quad -2]$$

可见，$\boldsymbol{M}_c$ 满秩，即 $\mathrm{rank}\boldsymbol{M}_c=1=m$。因此，系统输出可控。

状态可控性矩阵为

$$\boldsymbol{M}=[\boldsymbol{B}\quad \boldsymbol{AB}]=\begin{bmatrix}1 & -2\\2 & -4\end{bmatrix},\quad \det\boldsymbol{M}=0$$

可见，$\mathrm{rank}\boldsymbol{M}=1<2$。$\boldsymbol{M}$ 不满秩，系统状态不可控。

由上述讨论可知，系统的输出可控性与状态可控性并没有必然的联系。输出可控性并不要求状态可控性。反过来，状态可控性也不能保证输出可控性，还要看 $\boldsymbol{C}$ 阵的具体情况而定。

2. 线性定常系统的可观测性

在实际中常会遇到这样的问题，为了实现某种最优控制，需要进行状态反馈，但系统的状态变量却无法全部测量得到。为了解决这个问题，需要设法从输出量中求出系统的状态来。这就是可观测性要解决的问题。

可观测性定义 如果对给定的输入 $\boldsymbol{u}(t)$，能根据有限时间 $(t_f - t_0)$ 内的输出 $\boldsymbol{y}(t)$，唯一地确定系统的初始状态 $\boldsymbol{x}(t_0)$，则称 $\boldsymbol{x}(t_0)$ 是可观测的。若对任意初始状态都可观测，则称系统是状态完全可观测的，简称系统可观测。

可观测性所表示的是输出 $\boldsymbol{y}(t)$ 反映状态 $\boldsymbol{x}(t)$ 的能力，或者说输出 $\boldsymbol{y}(t)$ 中是否包含着关于状态 $\boldsymbol{x}(t)$ 的足够信息。当输入 $\boldsymbol{u}(t)$ 给定时，它所产生的输出也是确定的，因此这一部分输出并没有增加关于 $\boldsymbol{x}(t)$ 的任何新信息。因此，分析可观测性时，一般假设 $\boldsymbol{u}(t) = \boldsymbol{O}$。

可观测性判据 设线性定常系统为

$$\begin{cases} \dot{\boldsymbol{x}}(t) = \boldsymbol{A}\boldsymbol{x}(t) \\ \boldsymbol{y}(t) = \boldsymbol{C}\boldsymbol{x}(t) \end{cases}$$

系统可观测性的充要条件是可观测性矩阵

$$\boldsymbol{N} = \begin{bmatrix} \boldsymbol{C} \\ \boldsymbol{CA} \\ \boldsymbol{CA}^2 \\ \cdots \\ \boldsymbol{CA}^{n-1} \end{bmatrix} \tag{10-71}$$

满秩，即 $\mathrm{rank}\boldsymbol{N} = n$。

若矩阵 $\boldsymbol{C}$ 的维数 $m = n$，并且非奇异，则不论 $\boldsymbol{A}$ 阵如何，总有 $\mathrm{rank}\boldsymbol{N} = n$，即系统必定是可观测的。但一般来说，实际的输出维数 m 总是小于状态维数 n。

【例 10-15】 已知系统状态方程及输出方程为

$$\begin{bmatrix} \dot{x}_1 \\ \dot{x}_2 \end{bmatrix} = \begin{bmatrix} -4 & 5 \\ 1 & 0 \end{bmatrix} \begin{bmatrix} x_1 \\ x_2 \end{bmatrix}, \quad y = \begin{bmatrix} 1 & -1 \end{bmatrix} \begin{bmatrix} x_1 \\ x_2 \end{bmatrix}$$

试判别系统的可观测性。

解 系统为二维，即 $n = 2$。系统的可观测性矩阵为

$$\boldsymbol{N} = \begin{bmatrix} \boldsymbol{C} \\ \boldsymbol{CA} \end{bmatrix} = \begin{bmatrix} 1 & -1 \\ -5 & 5 \end{bmatrix}$$

可见，$\mathrm{rank}\boldsymbol{N} = 1 < 2$，即不满秩，因而系统不可观测。

【例 10-16】 试判别下列系统的可观测性，$\boldsymbol{u}(t)$ 假定已知。

$$\begin{bmatrix} \dot{x}_1 \\ \dot{x}_2 \\ \dot{x}_3 \end{bmatrix} = \begin{bmatrix} 1 & 0 & -1 \\ 0 & -2 & 1 \\ 3 & 0 & 2 \end{bmatrix} \begin{bmatrix} x_1 \\ x_2 \\ x_3 \end{bmatrix} + \begin{bmatrix} 2 \\ -1 \\ 1 \end{bmatrix} \boldsymbol{u}(t), \quad y = \begin{bmatrix} 0 & 1 & 0 \end{bmatrix} \begin{bmatrix} x_1 \\ x_2 \\ x_3 \end{bmatrix}$$

解 系统为三维，$n = 3$，其可观测性矩阵为

$$\boldsymbol{N} = \begin{bmatrix} \boldsymbol{C} \\ \boldsymbol{CA} \\ \boldsymbol{CA}^2 \end{bmatrix} = \begin{bmatrix} 0 & 1 & 0 \\ 0 & -2 & 1 \\ 3 & -4 & 4 \end{bmatrix}$$

可见，$\mathrm{rank}\boldsymbol{N} = 3$，满秩，因而系统可观测。

习题与思考题

10-1　自动控制系统的基本环节有哪些？其工作原理是什么？

10-2　什么是自动控制系统的响应？系统正常工作的条件是什么？

10-3　试用梅逊公式求解图 10-30 所示系统的传递函数。

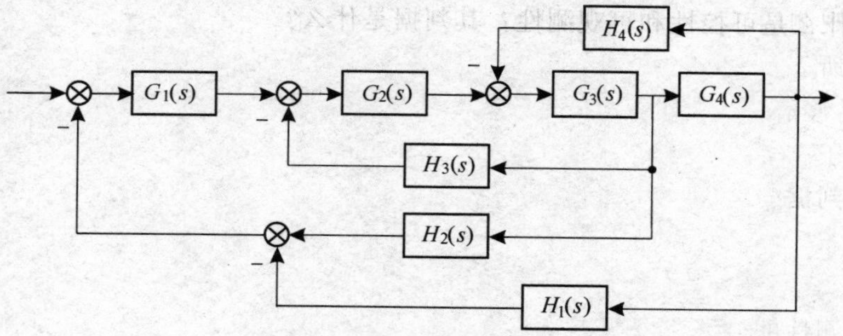

图 10-30　题 10-3 图

10-4　描述控制系统动态和稳态性能的指标有哪些？

10-5　试分析一阶系统的单位阶跃响应、斜坡响应和脉冲响应。

10-6　试分析二阶系统的单位阶跃响应，并计算其性能指标。

10-7　自动控制系统稳定的充要条件是什么？

10-8　试用劳斯判据确定具有下列特征方程的系统的稳定性。

(1)$s^3+20s^2+9s+100=0$；

(2)$s^4+2s^3+6s^2+2s+5=0$。

10-9　如图 10-31 所示的系统，确定使系统稳定的 K 值的取值范围。

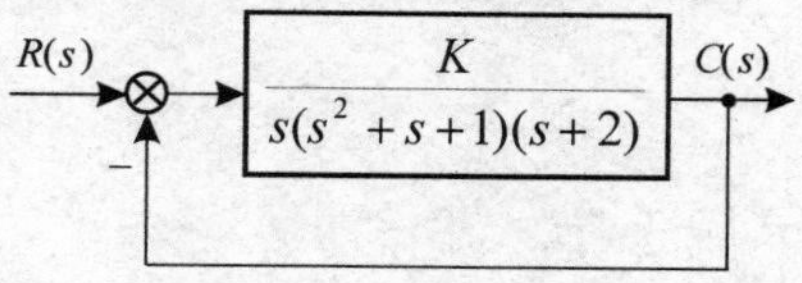

图 10-31　题 10-9 的系统方框图

10-10　设控制系统运动方程为

$$\ddot{y}+5\dot{y}+6y=3u$$

写出系统的状态方程并画出相应的结构图。

10-11　设系统的运动方程为

$$\dddot{y}+10\ddot{y}+12\dot{y}+6y=3\dot{u}+24u$$

写出系统的状态方程并画出相应的结构图。

10-12　如图 10-32 所示是线性时不变系统的方框图，试建立其对应的状态空间描述。

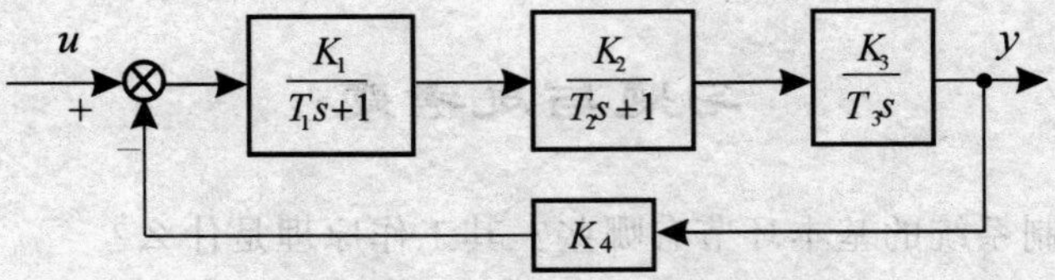

图 10－32　题 10－12 的线性时不变系统方框图

10－13　什么是可控性和可观测性？其判据是什么？

第 11 章　计算机控制系统

自动控制系统是指在没有人直接参与的情况下，通过控制器使生产或实验过程自动按照预定的规律运行的系统。计算机控制系统则是以计算机作为控制器的过程自动控制系统。它不仅实现了被控参数的数字采集、数字显示和数字记录等功能，而且信息的分析、控制量的计算及系统的管理等均实现了软件化。计算机控制技术是一门集控制理论与技术、计算机科学与技术、电子科学与技术，以及网络通信技术等于一体的综合性应用学科，已普及于工业生产过程、智能仪器仪表、机器人、航空、航天等领域。

11.1　计算机控制系统的基本概念

11.1.1　计算机控制系统的基本概念

控制系统是用来管理、控制和监测其他设备或装置运行的系统。人类的生产活动和科学实验活动，无不表现为过程。控制系统的最基本功能之一就是过程控制。采用模拟或数字控制方式对过程的某一或某些物理量参数进行的自动控制，称为过程控制，包括对离散系统的过程控制（逻辑控制）和对连续过程的控制。现代控制系统还具有状态监控和数据采集、设定值控制以及闭环控制等功能。

在模拟过程控制系统中，基本控制回路是简单的反馈回路，如图 11－1 所示。被控量的值由测量环节来检测，将这个值与给定值进行比较，得到偏差，模拟控制器依照一定的控制规律使操作变量变化，以使偏差趋于零值，其输出修正值通过执行器作用于过程。

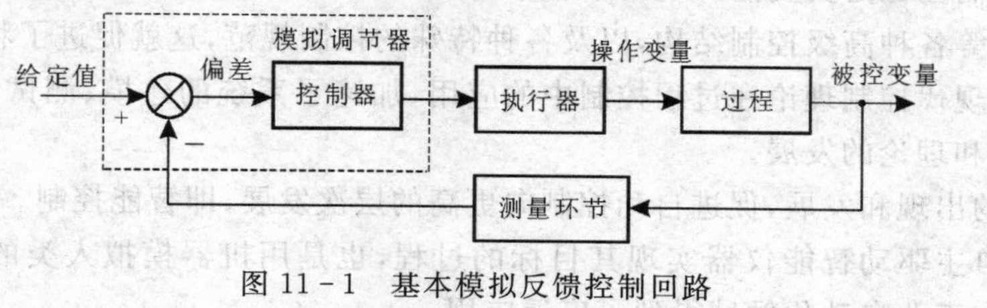

图 11－1　基本模拟反馈控制回路

控制规律一般采用比例（P）、积分（I）、微分（D）关系或其简化形式，采用相应的硬件来完成，控制回路的功能和实现这些功能的硬件几乎是一一对应的关系。设计方案必须能用现有的模拟硬件来实现，控制规律的修改需要更换模拟硬件。这些局限性使模拟控制系统缺乏灵活性。对于较复杂的工业控制过程，这类系统在控制规律的实现、系统最优化、可靠性等方面难以满足更高的要求。

随着微处理器的出现和微电子学、计算机及网络技术的发展，现代控制系统已发展成为完全数字化的、以计算机为核心的系统，统称为计算机控制系统。计算机控制系统是将计算机引入控制系统，自动完成控制参量的检测和显示，并调节过程按控制规律运行。计算机控制系统的典型结构如图 11－2 所示，其自动控制可以分解为 4 个过程：

1)被控参量(过程信号)通过测量环节转化为相应的电量或电参数，再由信号调理电路转化成标准的电压或电流信号；

2)电信号经数据采集后变成数字信号，并转化为测量值；

3)计算机根据测量值和给定值的偏差，按一定的控制算法输出控制信号；

4)控制信号作用于执行机构，实现对过程的调节。

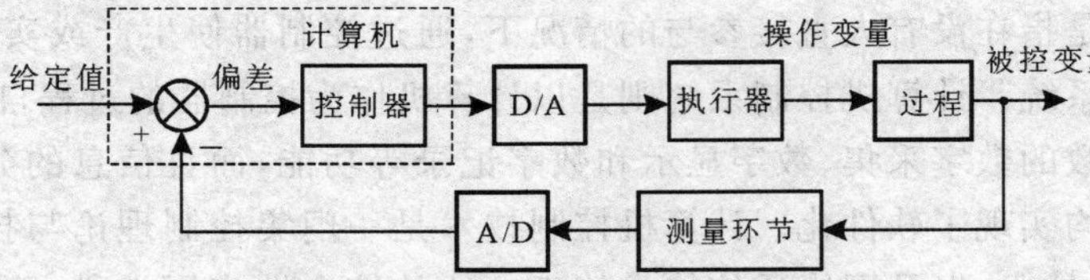

图 11－2　计算机控制系统基本框图

以上这 4 个过程是周期性的。输出控制信号的时间间隔称为控制周期，采样过程信号的时间间隔称为采样周期。采样周期和控制周期可以相同，也可以不同，但两者必须满足过程的要求。

计算机引入到控制系统中，可以充分利用计算机的逻辑判断能力，编制出符合系统要求的控制程序、管理程序，实现对被控参数的控制和管理。在计算机控制系统中，控制规律的实现是通过软件来完成的。改变控制规律，只要改变相应的程序设计即可，这是模拟控制系统所无法比拟的。

20 世纪 50 年代初期，化工领域采用了计算机自动测量与数据处理方法；50 年代中期出现了计算机开环控制系统；50 年代后期，美国一家炼油厂建立起了第一台生产过程闭环计算机控制装置。20 世纪 60 年代初期，美国的一家氨厂用计算机实现了计算机监控功能，英国的一家碱厂建立了直接数字控制(DDC)系统；60 年代后期，计算机控制系统进入了普及阶段。

在现代生产过程不断发展、控制要求不断提高的新情况下，只用简单控制系统已不能完全解决实际问题，而往往需要更高一级的系统结构和控制规律，如多变量控制、数字控制、最优控制、自适应控制等各种高级控制结构，以及各种特殊的控制规范，这就促进了状态反馈、最优控制、解偶控制等现代控制理论在过程控制中的应用，加速了系统的建模、测试以及控制系统设计、分析等技术和理论的发展。

人工智能的出现和发展，促进自动控制向更高的层次发展，即智能控制。这是一类不需要人的干预就能自主驱动智能仪器实现其目标的过程，也是用机器模拟人类的又一重要领域。今天智能技术在工业自动化领域得到了广泛应用。

11.1.2　计算机控制系统的特点和基本要求

计算机控制系统首先是一个实时系统，它需要在规定的时间内能够对外来事件做出反应，或者从外部环境输入、输出数据，或者进行一些必要的处理。实时性是计算机控制系统的显著特点。

高可靠性是计算机控制系统的另一个主要特点。许多过程是连续运行的，控制系统的故障将导致过程的中断。一个系统的可靠性可用平均无故障时间(MTBF，Mean Time Between

Failure)来衡量。如果系统的故障是可修复的，则修复系统所需的时间称为平均修复时间(MTTR,Mean Time To Repair)。计算机控制应具有较高的 MTBF 和较小的 MTTR。

此外，计算机控制系统还具有可维护性、环境适应性强等诸多特点。

计算机控制系统的控制对象是过程，其最终目标是实现过程的自动化。计算机控制系统还应综合考虑自动化、计算机、检测及网络通信等技术领域的发展趋势和系统之间的互联技术的需求。一般来说，计算机控制系统的基本要求如下：

1)具有良好的实时性、高可靠性和较强的环境适应性；

2)采用标准化部件，便于扩充、升级和维护；

3)具有良好的人—机界面和丰富的监视画面；

4)具有良好的系统组态和可选的各种控制策略与灵活的软件配置；

5)具有网络通信功能，便于实现整体自动化和信息化。

11.1.3　计算机控制系统的体系结构

计算机控制系统可以进行各种规模的应用。根据规模的不同，控制系统大致可以归纳为三种结构：嵌入式系统、机箱式系统、分布式系统。

1. 嵌入式系统

所谓嵌入式系统是一种嵌在被控设备中的控制系统，这种系统的结构具有以下特点：

1)从硬件结构来看，嵌入式系统主体通常包括在一个电路模块中，甚至包含在一个芯片中(SoC,System-on-Chip)，无需背板总线的支持；

2)从软件结构来看，低端的嵌入式系统通常采用"超循环"方法处理多任务，较复杂的系统则在实时操作系统管理下运行；

3)嵌入式系统的人—机界面多数是比较简单的小型显示屏/指示灯或按键/旋钮。

嵌入式系统的硬件结构是根据具体应用而设计的，不便于改动，适用于批量生产的产品。嵌入式系统的应用无所不在，移动电话、个人数字助理(PDA)、打印机、复印机、洗衣机、微波炉等各种智能化电器中都包含有嵌入式系统。广义地说，某些较复杂的控制系统，如机器人控制系统以及各种机电设备的智能化控制器(设备控制器)等，也都可以归类为嵌入式系统。

2. 机箱式系统

在许多控制应用场合，控制系统是一台专门的控制计算机，系统中包括若干模块，通过机箱背板总线构成紧耦合的系统，实行并行的、所有模块共享数据通道的数据传输方式。这种系统在实时操作系统管理下运行，实时性和可靠性都很高。

机箱式系统可以选择各种现有的商业化模块灵活地配置，以满足各种专门需要的应用系统，称为专用系统。这些专用系统被用于工业控制、发电厂/高压电网、雷达/声呐、图像处理、飞行模拟器、航空、航天、电信和医疗设备等领域。在分布式系统中，机箱式系统通常被用作输入、输出控制机。

3. 分布式系统

分布式控制系统是基于网络的中、大规模控制系统，广泛应用于电力、石油、化工、冶金、运输和制造业等工业领域，飞机、舰船和航天领域以及各种大型科学实验装置的控制。

在分布式控制系统中，系统分为管理层、前端控制层以及设备控制层三个层次，不同的层次使用不同类型的计算机。各个层次的计算机通过网络通信交换数据和控制信息。嵌入式系统和机箱式系统都可以接入该网络，成为分布式控制系统的子系统。

11.2 计算机控制系统的分类

计算机控制的对象是多种多样的，可以是机床、发电机、锅炉，也可以是车辆、火炮、飞行器等。控制系统的结构功能和完成的任务也是多种多样的，因此，控制系统有很多不同的形式。可以按控制系统的结构、特性、原理、功能等将控制系统进行分类。按照应用领域可分为专用计算机控制系统和通用计算机控制系统；按照功能可分为数据采集系统、直接数字控制系统(DDC)、计算机监督控制系统(SCC)、分级控制系统、集散控制系统(DCS)和现场总线控制系统(FCS)；按照控制规律可分为程序和顺序控制系统、常规控制系统(PID)、有限拍控制系统、复杂规律控制系统和智能控制系统；按照控制方式可分为开环控制系统和闭环控制系统；按照结构形式或设备类型可分为仪表调节系统、可编程逻辑控制系统(PLC)、工业控制微机系统、集散控制系统(DCS)和现场总线控制系统(FCS)。各分类控制系统中存在一定的交叉和关联。

下面按计算机控制系统的结构和功能对计算机控制系统进行分类讨论。

11.2.1 按系统的结构分类

1. 开环控制与闭环控制

按照结构及信号传递的特点来分，控制系统有开环控制系统和闭环控制系统两种，如图11-3所示。

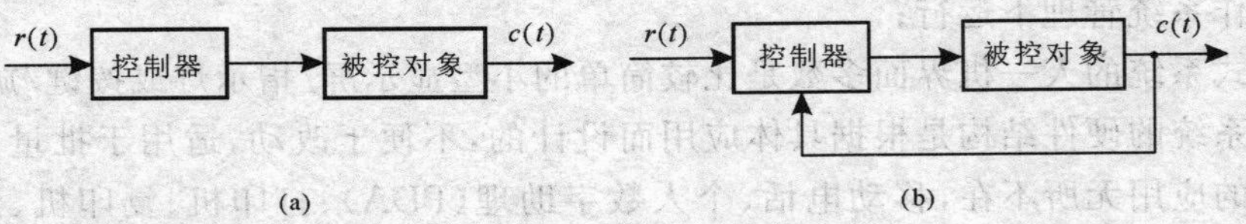

图11-3 开环与闭环控制系统

开环控制系统的组成通常包括控制器与被控对象或过程。开环控制是一种简单、直接的控制方法，即将命令或设定值输入到控制器，直接在被控对象上产生所希望的输出响应。在开环控制系统中，既不需要测量被控量，也不需要将被控量反馈到控制器，被控量对控制作用没有影响。系统中只有前向通道，信号单向传递。

开环控制系统的功能之一是逻辑控制，使系统中各个设备或元件按照设计者预先设定的逻辑运行。开环控制大致有以下几种情况：

1)顺序控制，使各个被控对象按照预定的顺序运行。例如，系统中各个设备按顺序的启动或关机过程等。

2)条件控制，使各个被控对象在设定的条件下运行。

3)定时控制，使各个被控对象在设定的定时关系下运行。例如，在某个设备或元件动作之后，经过一定时间，再使下一个设备动作。

开环控制系统的第二个功能是设定值控制，对指定的被控对象输入设定值，得到所需要的输出响应。这个输出响应可以被回读，用来监控。

在闭环控制系统中，负反馈环路将被控对象的输出送到控制器的输入端与设定值比较，得到偏差信号。控制器根据偏差信号，通过某种算法来调节系统的输出响应。闭环控制系统又称为反馈控制系统或自动控制系统。与开环控制系统相比，闭环控制系统虽然结构相对复杂，但其抗干扰能力强，在输入标定精度一定的情况下，可用精度不高的元件和装置组成精度较高的控制系统，合理设计控制器，可使系统满足各种不同性能指标的要求。闭环系统不能忽视的是控制算法稳定性的问题。

研究闭环控制的算法，形成了现代科学的一个分支，称为自动控制理论，它用数学方法来研究动态的控制过程，预测在各种不同条件下被控对象的行为。

2. 线性系统与非线性系统

严格地说，线性系统实际上并不存在，因为实际的物理系统总是具有某种程度的非线性。线性反馈控制系统纯粹是为了简化分析和设计而提出的理想化模型。当控制系统内信号的幅值被限制在系统各部件要求线性特征的范围内时，就可以认为系统是线性的。但当信号幅值超过部件线性运行区域之外时，系统就有可能是非线性的。

对于线性系统，有许多解析的和图形的方法可以用来分析和设计。而非线性系统则往往难以用数学方法处理，也没有适用于各种非线性系统的通用方法。在设计控制器的开始阶段，可以不考虑系统的非线性，基于线性模型设计，然后采用计算机仿真，把设计好的控制器用于非线性模型加以评估或重新设计。

3. 定常系统与时变系统

如果系统参数在系统运行过程中相对时间是不变的，那么称此系统为定常系统。实际上，多数物理系统中都包含一些参数随时间波动或变化的部件。如当电动机刚启动以及温度升高时，电动机的绕组电阻会发生变化。再例如制导导弹控制系统，飞行中导弹的质量会随着其携带燃料的不断消耗而减少。时变系统的分析和设计往往比定常系统困难得多。

在时变系统中，有连续数据控制系统和离散数据控制系统之分。在连续数据控制系统中，其各部分信号是连续时间变量 t 的函数。连续控制系统可进一步分为交流控制和直流控制。与电子工程中的交、直流定义不同，交流和直流控制系统在控制系统中有特殊的意义。交流控制系统通常是指系统信号为根据某种调制模式产生的调制信号；直流控制系统只是意味着系统信号没有经过调制，但仍为传统意义上的交流信号。直流控制系统的典型元件是稳压器、直流放大器、直流电动机和直流转速表等。

在离散数据控制系统中，一点或多点信号是以脉冲序列或数字编码形式出现的。通常离散数据控制系统又分为采样数据控制系统和数字控制系统。一般情况下，采样数据系统每隔一定的时间间隔获取一次数据或信息。例如，控制系统的误差信号只能由脉冲提供，在两个相邻的脉冲之间的时间间隔里，系统是收不到误差信号的。因此，采样数据控制系统就是使用脉冲信号的系统。严格地说，采样数据系统属于交流系统，因为信号是脉冲调制的。

数字控制系统中使用数字计算机或控制器，因此信号是数字编码的。由于计算机在尺寸、灵活性方面有很多优势，应用计算机技术的数字控制系统得到了越来越广泛的应用。

4. 单输入单输出系统和多输入多输出系统

单输入单输出系统也称单变量系统，是只有一个输入和一个被控量的系统。若系统的输入或被控量多于一个，则称之为多输入多输出系统或多变量系统。

11.2.2 按系统的功能分

1. 数据采集系统

数据采集系统如图 11-4 所示，系统对生产过程或控制对象的大量参数作巡回检测/处理、分析、记录、参数的超限报警以及对大量数据进行积累和实时分析。从而对生产过程进行各种趋势分析。

在这种应用方式中，计算机仅对生产过程进行监视，不直接对生产过程进行自动控制，但其作用还是很明显的。计算机可以在过程参数的测量和记录中，对整个生产过程进行集中监视；对大量的数据进行必要的集中、加工和处理并能以有利于指导生产过程控制的方式表示出来。

2. 直接数字控制系统

直接数字控制(DDC，Direct Digital Control)系统是计算机在工业应用中最普遍和最基本的一种方式，其原理框图如图 11-5 所示。

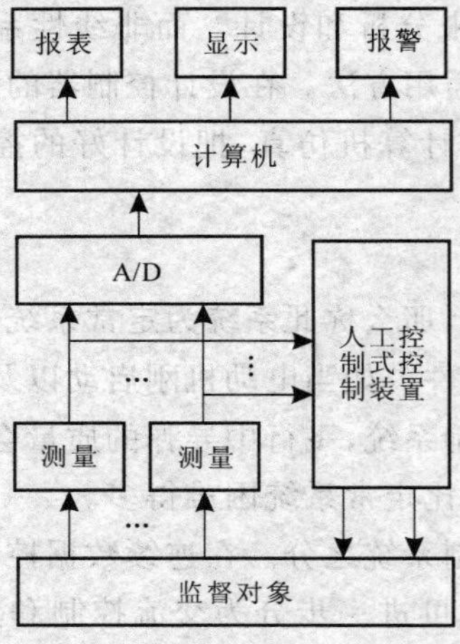

图 11-4 数据采集系统

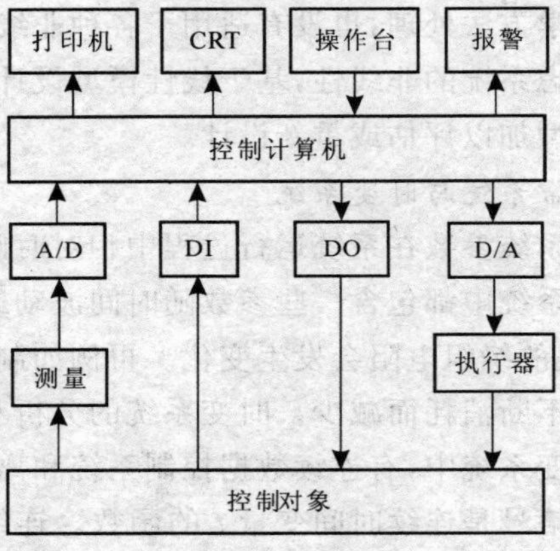

图 11-5 直接数字控制系统

计算机通过过程输入通道或过程通道子系统对控制对象的参数作巡回检测，根据测得的参数按照一定的控制算法获得控制信号量，经过过程输出通道或过程通道子系统作用到执行机构，从而实现对被控参数的自动调节。直接数字控制系统与模拟调节系统有很大的相似性，直接数字控制系统以计算机取代多台模拟调节器的功能。由于计算机具有很强的计算功能和逻辑执行功能，因此可以实现各种复杂规律控制工作。

3. 计算机监督控制系统

计算机监督控制(SCC，Supervisory Computer Control)系统如图 11-6 所示，是计算机和调节器的混合系统，纯粹的监督控制系统在目前的生产过程中已很少采用。在计算机监督控制系统中，计算机只是根据过程的参数需求和数学模型计算出最佳参数，作为模拟调节器或数字调节器的给定值，计算机并不直接参与过程控制，而是处于离线工作方式。在有的系统中，SCC 和 DDC 往往协同工作。

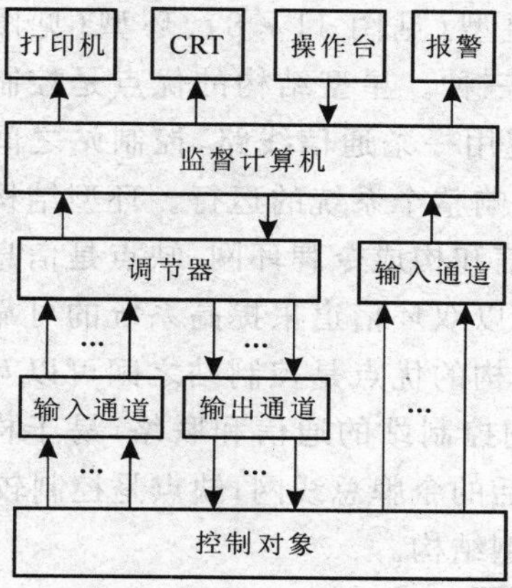

图 11-6　计算机监督控制系统

4. 分级控制系统

随着计算机技术和信息技术的发展，实现企业的综合自动化和信息化是大势所趋。分级控制系统的实现目标是企业的综合自动化、信息化和整体的最优化。分级计算机控制系统由多级(多层)计算机系统组成，最上层为信息处理计算机系统，最底层为生产过程控制系统，中间有若干层计算机监控系统，实现局部优化控制、信息处理和通信功能。

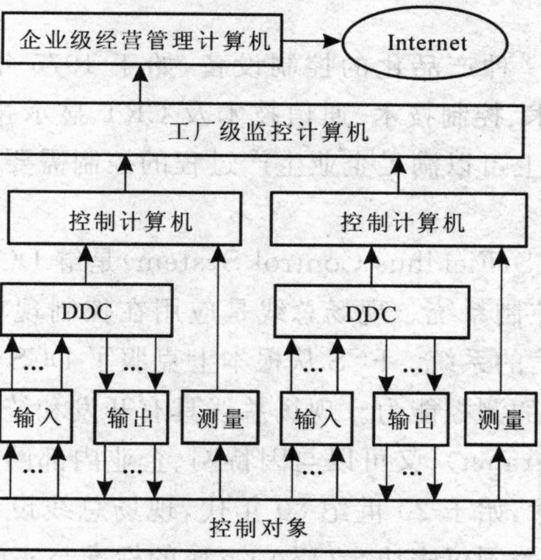

图 11-7　计算机分级控制系统

5. 集散型计算机控制系统

集散型计算机控制系统又称分布式计算机控制系统，简称集散型控制系统(DCS, Distributed Control System)，采用的是分散控制和集中管理的控制理念与网络化的控制结构，其实质是利用计算机、控制、通信和显示等有关技术实现对过程的集中监视、操作、管理和分散控制的。也就是说，DCS 实现了管理的集中性和控制的分散性。DCS 的功能体系可以分解为过程控制级、控制管理级和生产管理级。控制级由各控制站组成，控制站可以是数据采集系统或 DDC 控制系统等。过程控制管理级由工程师操作站、操作员操作站、数据记录检索站等组成。生产管理级由生产管理信息系统组成。DCS 的特点是以分散的控制适应分散的控制对象，以集中的监视和操作达到掌握全局的目的。

DCS的拓扑结构主要有星型(见图11-8)、环型(见图11-9)和总线型(见图11-10)三种。星型结构的优点是控制简单,缺点是每个控制站都要使用一条通信线路,控制站之间不能直接通信,操作站故障将影响整个系统的运行。环型结构的优点是易于实现高速光纤通信和构成令牌环网;缺点是信息只能往环的一个方向传输,必须以双环信道来提高系统的可靠性,控制也非常复杂。总线型结构的优点是控制站之间可以互相通信,操作站的故障不会影响控制站的通信和联络,易于构成实时性强、可靠性高、扩充灵活的令牌总线网;缺点是控制较为复杂。专业DCS厂家的DCS系统大多采用总线型结构或环型结构。

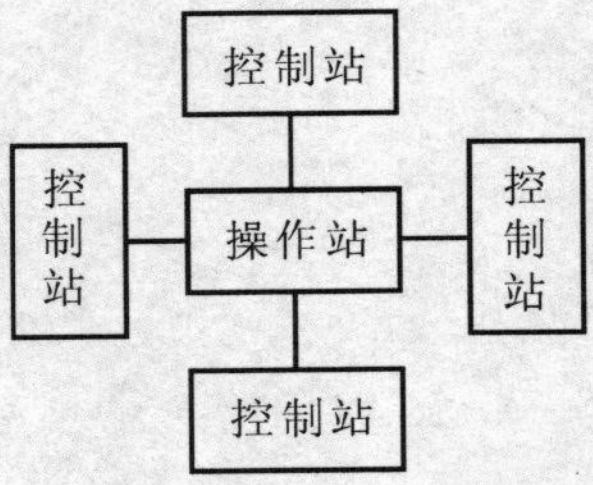

图11-8　DCS的星型结构

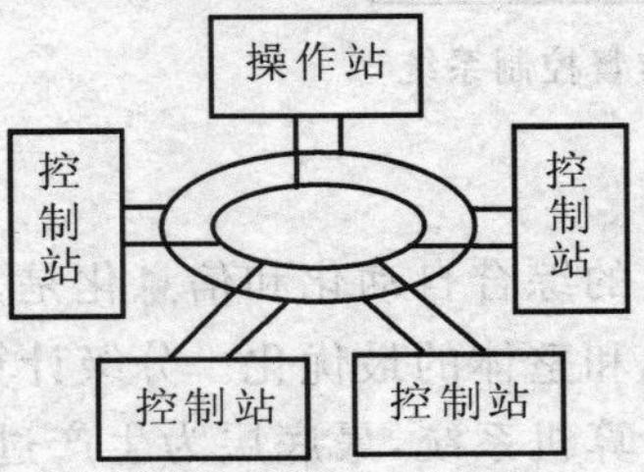

图11-9　DCS的环型结构

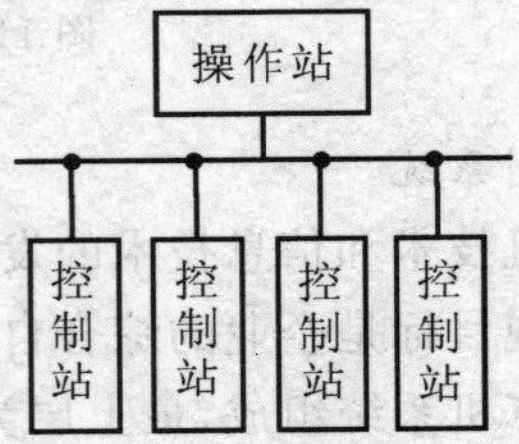

图11-10　DCS的总线结构

集散型控制系统作为一种产品化的控制设备,始于1975年,如今已历经三代。目前的DCS系统吸取了计算机技术、控制技术、通信技术及CRT显示技术(合称4C技术)的最新成果,使系统的总体性能基本上可以满足企业生产过程的控制需要。

6. 现场总线控制系统

现场总线控制系统(FCS,Fieldbus Control System)是继DCS之后的新一代控制系统,是一种新型的集成式全分布控制系统。现场总线是应用在控制现场、在微机化测量设备之间实现双向串行多节点数字通信的系统。FCS从根本上克服了DCS互不兼容的缺点,减少了现场接线,提高了现场控制设备的测控能力。现场总线具有开发和统一的通信协议,既可以构成控制和网络结构的底层网(Infranet),又可以与因特网、企业内部网互联。

现场总线作为一种技术,始于20世纪80年代,现场总线设备和由此构成的FCS则始于20世纪90年代。1984年,美国仪表协会(ISA)下属的标准与实施工作组中的ISA/SP50开始制定现场总线标准;1985年,国际电工委员会决定由Proway Working Group负责现场总线体系结构与标准的研究制定工作;1986年,德国开始制定过程现场总线(Process Fieldbus)标准,简称为PROFIBUS,由此拉开现场总线标准制定及其产品开发的序幕。1987年,由Siemens等80家公司联合,成立了ISP(Interoperable System Protocol)组织,着手在PROFIBUS的基础上制定现场总线标准。1993年,以Honeywell,Bailey等公司为首,以法国标准FIP为基础制定现场总线标准。1994年,以Siemens,Rosemount,横河为首的ISP集团和由Honeywell,Bailey等公司牵头的WorldFIP集团宣布标准合并,融合成现场总线基金会(FF,Fieldbus Foundation)。对于现场总线的技术发展和制定标准,基金委员会取得以下共识:共同制定遵循IEC/ISA SP50协议标准,商定现场总线技术发展阶段时间表。目前,国际上的现场总线标准尚未真正统一,国内的现场总线控制系统还处于研究和试验阶段。因此,DCS和FCS还将互相并存、互相融合、交叉发展。

11.3　控制算法

算法是测控系统软件中的重要组成部分，整个测控系统的测控功能主要由算法来实现。所谓算法是指为了获得某种特定的计算结果而规定的一套详细的计算方法和步骤，可以表示为数学公式或操作流程。测控系统常用的算法包括测量算法和控制算法两大类。测量算法包括数字滤波算法、校正算法和标度变换等。

11.3.1　PID 控制算法

测控系统的控制能力实际上是由测控软件中的控制算法程序实现的。控制算法一般可分为 PID 控制算法及各种先进控制算法。根据偏差的比例(Proportional)、积分(Intergal)、微分(Differential)进行的控制称为 PID 控制。PID 控制算法又称为 PID 控制规律、PID 调节器或 PID 控制器，它是计算机测控系统中使用得十分广泛、技术上又非常成熟的一种控制算法。先进控制算法包括模糊控制、人工智能控制、专家系统、神经网络控制、遗传算法等。其中有的先进控制算法已经投入使用，如模糊控制，有的还停留在研究阶段。

1. 模拟 PID 调节器

常规 PID 控制系统原理框图如图 11－11 所示，系统由模拟 PID 调节器、执行器(包括调节和执行机构)及控制对象组成。PID 调节器的输入信号是控制回路的偏差信号，其输出信号称为控制量，作用于执行器，通过调节流量或能量而使被控量趋近于给定值。

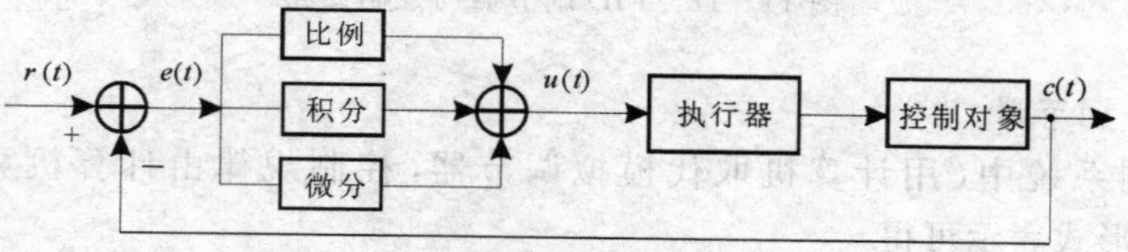

图 11－11　模拟 PID 控制系统原理框图

PID 调节器是一种线性调节器，它根据给定值 $r(t)$ 与实际输出值 $c(t)$ 构成的控制偏差为

$$e(t)=r(t)-c(t) \tag{11-1}$$

将偏差的比例(P)、积分(I)、微分(D) 通过线性组合构成控制量，对控制对象进行控制，故称其为 PID 调节器。在实际应用中，常根据对象的特征和控制要求，将 P,I,D 基本控制规律进行适当组合，如 P 调节器、PI 调节器、PD 调节器等，以达到有效控制的目的。

PID 调节器的控制规律为

$$u(t)=K_{\mathrm{P}}\left[e(t)+\frac{1}{T_{\mathrm{I}}}\int_{0}^{T}e(t)\mathrm{d}t+T_{\mathrm{D}}\frac{\mathrm{d}e(t)}{\mathrm{d}t}\right] \tag{11-2}$$

式中，$u(t)$ 为 PID 控制器的输出(控制量)；$e(t)$ 为 PID 控制器的输入信号，即控制回路的偏差信号；K_{P} 为比例增益；T_{I} 为积分时间；T_{D} 为微分时间；T 为采样周期，控制周期等于采样周期。

下面简单介绍 PID 调节器各校正环节的作用。

(1) 比例环节

实时成比例地反应控制系统的偏差信号 $e(t)$，偏差一旦产生，调节器立即产生控制作用以减小偏差。但比例控制不能消除稳态误差，K_P 的增大会引起系统的不稳定性。

(2) 积分环节

只要系统存在偏差，积分控制作用就不断地累积，输出控制量以消除偏差。因此，只要有足够的时间，积分作用将能完全消除误差。积分作用的强弱取决于积分时间常数 T_I，T_I 越大，积分作用越弱，反之则越强。积分作用太强会使系统超调加大，甚至使系统出现振荡。

(3) 微分环节

能反应偏差信号的变化趋势(变化速率)，并能在偏差变得太大之前，在系统中引入一个有效的早期修正信号。因此，微分作用可以减少超调量，克服振荡，使系统的稳定性提高；同时加快系统的动态响应速度，减少调节时间，改善系统的动态性能。

由式(11-2) 可得模拟 PID 调节器的传递函数为

$$G_c(s)=K_P\left(1+\frac{1}{T_I s}+T_D s\right) \tag{11-3}$$

上述 PID 算法又被称为纯微分 PID 控制算法、完全微分 PID 控制算法。它的微分作用在一个周期内完全释放，即没有过渡过程。其原理框图还可以用图 11-12 所示的形式表示，图中 $G(s)$ 包括执行器和控制对象。

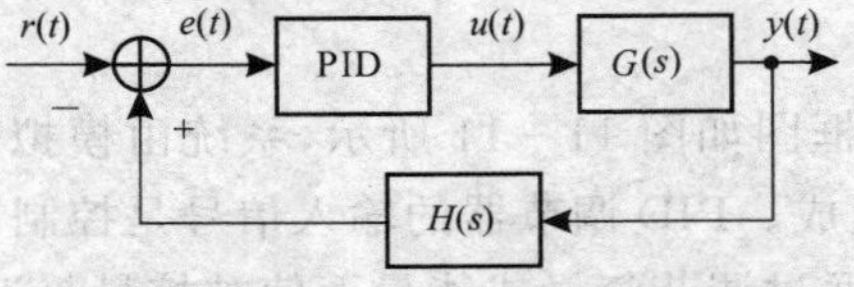

图 11-12　PID 调节器与控制回路

2. 数字 PID 调节器

在数字控制系统中，用计算机取代模拟调节器，控制规律由计算机算法实现。将式(11-1) 用离散形式表示可得

$$e(n)=r(n)-c(n) \tag{11-4}$$

于是，式(11-2) 可以离散化为以下差分方程：

$$u(n)=K_P\left\{e(n)+\frac{T}{T_I}\sum_{i=0}^{n}e(i)+\frac{T_D}{T}[e(n)-e(n-1)]\right\} \tag{11-5}$$

式中，$u(n)$ 为本周期 PID 控制器的输出(控制量)；$e(n)$ 为本周期的 PID 输入偏差信号；$e(n-1)$ 为上一个周期的偏差信号；$e(n-2)$ 为上上个周期的偏差信号。式(11-5) 中的第一项起比例控制作用，称为比例项；第二项起积分控制作用，称为积分项；第三项起微分控制作用，称为微分项。这三种作用可以单独使用(微分作用一般不单独使用)，也可以合并使用。

PID 基本算式有位置型、增量型和速度型三种形式。

(1) 位置型 PID 算式

式(11-5) 中的输出量 $u(n)$ 提供执行机构的位置信息，因此，式(11-5) 又称为位置型 PID 算式。在控制系统中，如果执行机构采用调节阀，则控制量对应阀门的开度，表征了执行机构每次采样时刻应达到的位置，此时控制器应采用数字 PID 位置型控制算法，如图 11-13 所示。由于这种 PID 算法中的积分项是对以前偏差 $e(i)$ 的累加，在计算时占用较多的存储单元，而且不利于编程，为此可以对其进行改进。

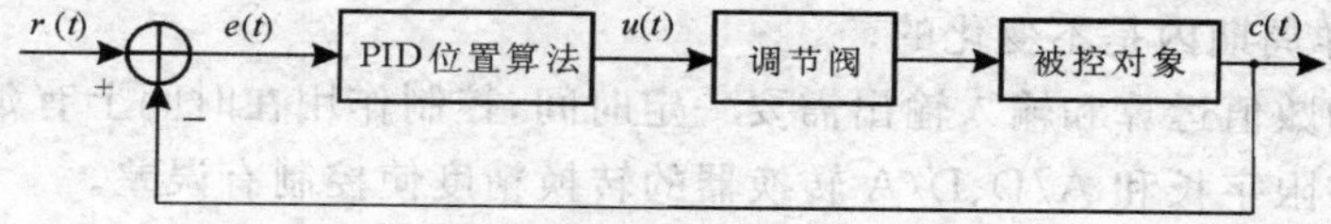

图 11－13　数字 PID 位置型控制示意图

(2) 增量型 PID 算式

增量型 PID 是对位置型 PID 取增量，这时数字控制器输出的是相邻两次采样时刻所计算位置之差，即

$$\Delta u(n)=u(n)-u(n-1)=K_P\left\{[e(n)-e(n-1)]+\frac{T}{T_I}\left(\sum_{i=0}^{n}e(i)-\sum_{i=0}^{n-1}e(i-1)\right)+\frac{T_D}{T}[e(n)-2e(n-1)+e(n-2)]\right\}=$$

$$K_P\left\{\Delta e(n)+\frac{T}{T_I}e(n)+\frac{T_D}{T}[\Delta e(n)-\Delta e(n-1)]\right\} \tag{11-6}$$

增量型算式是最基本、最常用的一种 PID 算式，为计算方便，该算式可以改写为

$$\Delta u(n)=a_0e(n)+a_1e(n-1)+a_2e(n-2) \tag{11-7}$$

式中，$a_0=K_P(1+T/T_I+T_D/T)$；$a_1=-K_P(1+2T_D/T)$；$a_2=K_PT_D/T$。a_0，a_1 和 a_2 只在 PID 参数被修改过程中计算一次，而回路在进行 PID 控制时，式(11－7) 比式(11－6) 节省计算时间。在控制系统中，如果执行机构采用步进电机，每个采样周期控制器输出的控制量是相对于上次控制量的增加，此时控制器应采用数字 PID 增量型控制算法，如图 11－14 所示。

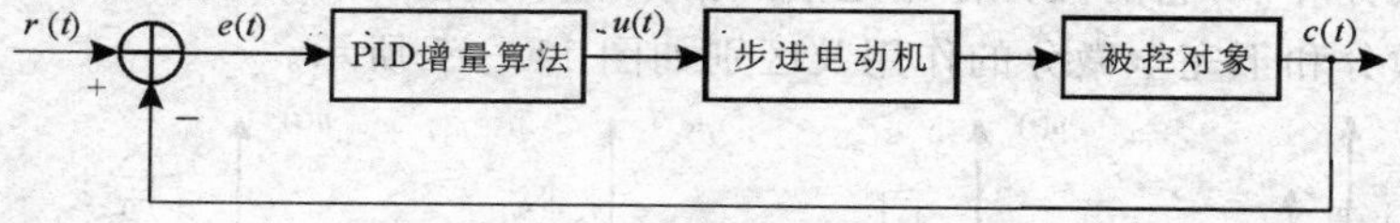

图 11－14　数字 PID 增量型控制示意图

由增量型 PID 算式也可以得到 PID 控制器的位置输出：

$$u(n)=u(n-1)+\Delta u(n) \tag{11-8}$$

增量型算法与位置型算法相比，具有以下优点：

· 增量型算法不需要做累加，控制量增量的确定仅与最近几次误差采样值有关，计算误差或计算精度问题对控制量的计算影响较小。而位置型算法要用到过去的误差累加值，容易产生大的累加误差。

· 增量型算法得出的是控制量的增量，误动作影响小，必要时通过逻辑判断限制或禁止本次输出，不会严重影响系统的工作。

· 采用增量型算法，易实现从手动到自动的无冲击切换。

(3) 速度型 PID 算式

速度型 PID 算式的输出值和执行器的位置变化率相对应，它是由增量型 PID 算式除以 T 得到的，即

$$\frac{\Delta u(n)}{T}=\frac{K_P}{T}\left\{\Delta e(n)+\frac{T}{T_I}e(n)+\frac{T_D}{T}[\Delta e(n)-\Delta e(n-1)]\right\} \tag{11-9}$$

用数字控制器对系统进行控制，一般来说，控制质量不如采用模拟调节器，这是因为：

· 模拟调节器进行的控制是连续的，而数字控制器采用的是采样控制，在保持器作用下，

控制量在一个采样周期内是不变化的；

· 由于计算的数值运算和输入输出需要一定时间，控制作用在时间上有延迟；

· 计算机的有限字长和 A/D、D/A 转换器的转换精度使控制有误差。

因此，若单纯用数字控制器去模仿模拟调节器，并不能获得理想的控制效果，必须发挥计算机运算速度快、逻辑判断功能强、编程灵活等优势，建立很多模拟调节器难以实现的特殊控制算法，才能在控制性能上超过模拟调节器。

11.3.2 数字 PID 控制器的改进

1. 微分项的改进

微分作用是按照偏差的变化趋势进行控制的，因此，微分作用的引入有利于改善高阶系统的调节品质；同时，微分作用会带来相位超前，每引入一个微分环节，相位就超前 90°，从而有利于改善系统的稳定性。但微分作用对输入信号的高频扰动比较敏感，而且理想的微分作用会由于偏差的阶跃变化而引起输出的大幅度变化（超调量），从而引起执行机构在全范围内剧烈动作，影响控制品质。

完全微分 PID 算法的微分作用在一个周期内完全释放，因此，计算机对每个控制回路输出时间是短暂的，而驱动执行机构动作又需要一定时间，如果输出较大，在短暂时间内执行机构达不到应有的开度，会使输出失真。为了克服这一缺点，同时又要微分作用有效，可以在 PID 控制输出串接一阶惯性环节，组成不完全微分 PID 控制器。不完全微分 PID 则使用实际微分环节代替完全微分环节，它的微分作用是按照指数衰减慢慢释放的，这样有利于提高系统的控制精度。完全微分和不完全微分的作用及区别如图 11－15 所示。

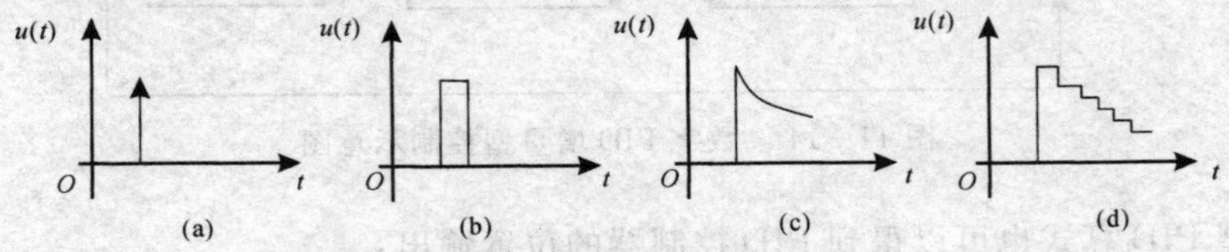

图 11－15　完全和不完全微分作用

(a) 理想微分；(b) 数字完全微分；(c) 模拟不完全微分；(d) 数字不完全微分

(1) 算法结构与微分方程

不完全微分 PID 的结构如图 11－16 所示，它实际上是由一个不完全微分环节和一个 PI 环节组成的。

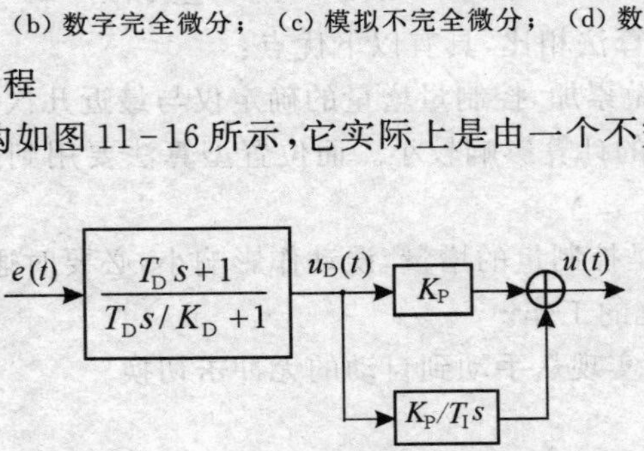

图 11－16　不完全微分 PID 算法的原理框图

不完全微分 PID 算法的传递函数为

$$G(S)=\frac{U(s)}{E(s)}=\left(\frac{T_D s+1}{T_D s/K_D+1}\right)\left(1+\frac{1}{T_I s}\right)K_P \tag{11-10}$$

微分环节和 PI 环节的微分方程分别为

$$\frac{T_D}{K_D}\frac{du_D(t)}{dt}+u_D(t)=T_D\frac{de(t)}{dt}+e(t) \tag{11-11}$$

$$T_1\frac{du(t)}{dt}=K_PT_1\frac{du_D(t)}{dt}+K_Pu_D(t) \tag{11-12}$$

(2) 不完全微分 PID 的算式

在表达式(11-11)中用$\frac{u_D(n)-u_D(n-1)}{T}$取代$\frac{du_D(t)}{dt}$,用$\frac{e(n)-e(n-1)}{T}$取代$\frac{de(t)}{dt}$,则微分环节的位置型算式如下:

$$u_D(n)=u_D(n-1)+K_{d1}[e(n)-e(n-1)]+K_{d2}[e(n)-u_D(n-1)] \tag{11-13}$$

式中,$K_{d1}=\frac{T_D}{(T_D/K_D)+T}$,$K_{d2}=\frac{T}{(T_D/K_D)+T}$。

微分环节的增量型算式如下:

$$\Delta u_D(n)=K_{d1}[e(n)-e(n-1)]+K_{d2}[e(n)-u_D(n-1)] \tag{11-14}$$

同理,在表达式(11-12)中用$\frac{u_D(n)-u_D(n-1)}{T}$取代$\frac{du_D(t)}{dt}$,用$\frac{u(n)-u(n-1)}{T}$取代$\frac{du(t)}{dt}$,则整个不完全微分 PID 的增量型算式如下:

$$\Delta u(n)=K_P\frac{T}{T_1}u_D(n)+K_P[u_D(n)-u_D(n-1)] \tag{11-15}$$

2. 积分项的改进

PID 算法中含有积分环节,其作用是消除残差。但在一般的 PID 控制中,当有较大的扰动或大幅度改变给定值时,由于此时有较大的偏差,以及系统固有的惯性和滞后,容易导致积分饱和,产生较大的超调和长时间的波动,影响系统控制品质。

当偏差始终存在时,PID 控制器的输出 $u(n)$ 将达到上、下极限值,此时,虽然对 $u(n)$ 进行了限幅,但积分项的输出仍在累加,从而造成积分过量。在偏差反向后,因积分项的累计值很大,故需要经过一段时间后,输出 $u(n)$ 才能脱离饱和区,这样就造成调节滞后,使系统出现明显的超调。为了改善控制品质,必须设法克服积分饱和现象,其主要方法有积分限幅法、积分分离法和变速积分法。

积分限幅法的基本思想是当积分项输出达到输出限幅时,即停止积分项的计算,这时的积分项的输出取上一时刻的积分值。

积分分离法的基本思想是在大偏差时取消积分作用,仅当偏差的绝对值小于预定的门限值时才进行积分运算。即当 $|e(k)|>\beta$ 时,采用 PD 控制;当 $|e(k)|\leqslant\beta$ 时,采用 PID 控制。

采用积分分离法,既可以避免大偏差导致过大的控制量,也可以防止过积分现象。当偏差的绝对值大于门限值时,该算法相当于 PD 控制器,只有在积分门限之内,积分环节才有输出,此时的积分作用起到消除系统静态误差的作用。

3. PID 的死区及其作用

当偏差在小范围内变化时,PID 控制器的输出量也会产生小范围的变化,容易导致调节器频繁动作,影响其寿命。为了避免调节器频繁动作,往往给 PID 控制算法设立一个死区 δ,当偏差的绝对值小于 δ 时,不进行 PID 运算,保持 PID 控制算法上一次的输出值。也可以这样处理,只有当 PID 控制输出的增量大于门限 δ 时,本次输出才更新,否则保持原值。相应的算

式为

$$p(k)=\begin{cases}e(k), & |r(k)-c(k)|=e(k)>\delta\\ 0, & |r(k)-c(k)|=e(k)\leqslant\delta\end{cases}\tag{11-16}$$

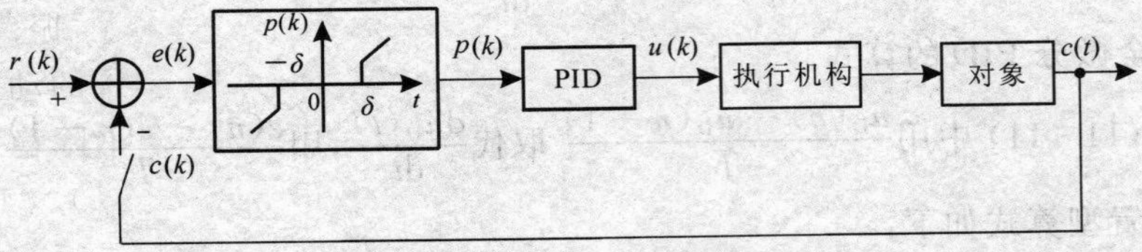

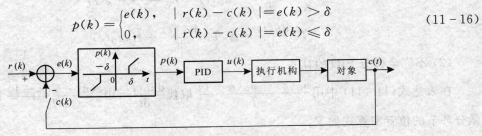

图 11－17　带死区的 PID 控制系统框图

在图 11－17 中，死区 δ 是一个可调参数，其具体数值可根据实际控制对象由实验确定。δ 值太小，使调节过于频繁，达不到稳定被调节对象的目的；如果 δ 值取得太大，则系统将产生很大的滞后；当 $\delta=0$ 时，就是常规 PID 控制。

该系统实际上是一个非线性控制系统，即当偏差绝对值 $|e(k)|\leqslant\delta$ 时，$p(k)=0$；当 $|e(k)|>\delta$ 时，$p(k)=e(k)$，输出值 $u(k)$ 以 PID 运算结果输出。

11.3.3　数字 PID 控制器的参数整定

如何准确地选择 PID 调节器的结构和它的参数，使系统在受到扰动后仍保持稳定，并将静态误差和动态误差保持在最小值，是 PID 调节器乃至控制软件设计中的一个重要问题。在整定调节器参数之前，应首先确定调节器的结构，对于具有平衡性质的控制对象或生产过程，应选择有积分环节的调节器；而对于纯滞后性质的控制对象，在调节器中往往应加入微分环节。调节器参数的选择，必须考虑具体工程的工艺控制要求，并结合实验、经验和凑试等方法进行确定。

1. 控制度

数字 PID 具有参数作用独立、可调范围大等优点。但理论分析和实际运行表明，如果采用等值的 PID 参数，数字 PID 的控制品质则弱于模拟 PID 控制。两类调节器动态过程中误差平方的积分最小值之比称为系统的控制度，即

$$\text{控制度}=\frac{\left[\min\int_0^{\infty}e^2\,\mathrm{d}t\right]_{\text{Digital}}}{\left[\min\int_0^{\infty}e^2\,\mathrm{d}t\right]_{\text{Analog}}}\tag{11-17}$$

对于同一生产过程，采样周期 T 取得越大，则控制度的值越大，即数字 PID 控制的品质越差。

2. PID 参数对系统性能的影响

PID 控制算法包括采样周期、比例系数、积分时间和微分时间等参数，它们对系统性能有着不同的影响。

(1) 采样周期对系统性能的影响

当系统的采样周期等于控制周期时，选择采样周期就是选择控制周期。如两者不等，则是指控制周期的选择。数字 PID 控制器要求采样周期远小于系统的时间常数，采样周期 T 越小，数字 PID 的控制效果越接近模拟 PID 的控制效果。从控制系统的性能要求来看，一般要求 T 的值取得小一些；从计算机的工作量以及每个控制回路的成本来看，则希望 T 取得大一些；从

计算机的处理精度来看，过小的采样周期会导致积分项的系数 T/T_I 过小而使其作用不明显。因此，当在实际系统设计和参数整定时，应折中考虑。

（2）比例系数 K_P 对系统性能的影响

在系统的动态过程中，K_P 增加，系统的动作灵敏，速度加快。K_P 偏大，振荡次数增多，调节时间延长；当 K_P 太大时，系统会趋于不稳定；当 K_P 太小时，又会使系统的动作迟缓。当系统达到稳态时，加大 K_P 可以减少稳态误差，提高控制精度，但不能完全消除稳态误差。在计算机控制系统中，往往用比例带 P 来表示比例控制作用的强弱，$P=(1/K_P)\times 100\%$。

（3）积分时间 T_I 对系统性能的影响

在系统的动态过程中，积分控制通常是使系统的稳定性下降。T_I 太小将使系统趋于不稳定。T_I 偏小，振荡次数增多；T_I 太大，积分作用太弱，以至于不能消除稳态误差。只有当 T_I 合适时，系统的动态过程才比较理想。

（4）微分时间 T_D 对系统性能的影响

微分控制可以改善系统的动态性能，如减小超调量、缩短调节时间等。但当 T_D 偏大或偏小时，超调量会较大，调节时间也较长。只有当 T_D 合适时，才可以得到满意的系统过渡过程。

3. PID 参数的选择

模拟 PID 控制积累了许多有效的 PID 参数整定方法，如衰减曲线法、临界比例度法、反应曲线法等。当采样周期较小时，这些方法和经验可以应用于离散 PID 控制的参数整定。扩充临界比例度整定法是以模拟调节器中使用的临界比例度法为基础的一种数字 PID 调节器的参数整定方法。表 11－1 给出了这种整定方法的经验值，其整定步骤如下：

1）确定采样周期 T。对具有纯滞后的控制对象，T 应小于滞后时间 τ；当有多个回路控制时，应确保在 T 时间内所有的回路的控制算法都能实现。

2）确定临界比例增益和振荡周期。在单纯比例作用下且比例系数 K_P 由小到大，使系统产生等幅振荡，此时的比例系数称为临界比例增益 K_u，其振荡周期称为临界周期 T_u。

3）根据式(11－17)确定控制度。

4）根据控制度按表 11－1 选择 PID 算法的控制参数 T, K_P, T_I 和 T_D。

5）对于所给定的参数进行适当的调整，通常是先加入比例和积分作用，然后再切入微分作用。

表 11－1　PID 参数经验值

控制度	控制算法	T	K_P	T_I	T_D
1.05	PI	$0.03T_u$	$0.53K_u$	$0.88T_u$	$0.14T_u$
	PID	$0.14\ T_u$	$0.63K_u$	$0.49T_u$	
1.2	PI	$0.05T_u$	$0.49K_u$	$0.91T_u$	$0.16T_u$
	PID	$0.043T_u$	$0.47K_u$	$0.47T_u$	
1.5	PI	$0.14T_u$	$0.42K_u$	$0.99T_u$	$0.20T_u$
	PID	$0.09T_u$	$0.34K_u$	$0.43T_u$	
2.0	PI	$0.22T_u$	$0.36K_u$	$1.05T_u$	$0.22T_u$
	PID	$0.16T_u$	$0.27K_u$	$0.40T_u$	

11.4 控制规律

控制规律反映的是多个控制回路之间的控制关系，在自动控制系统中，除了单回路PID控制系统外，还存在一些复杂规律的控制系统，如串级控制、前馈控制、比值控制、分程控制、均匀控制、选择控制、纯滞后补偿控制、解耦控制等。

11.4.1 串级控制

1. 串级控制的结构及其特点

串级控制是在单回路PID控制的基础上发展起来的。当PID控制应用于单回路控制一个被控量时，其控制结构简单，控制参数容易整定。但当系统中同时有几个因素影响同一个被控量时，如果只控制其中一个因素，将难以满足系统的控制性能。针对上述情况，串级控制在原控制回路中增加一个或几个控制内回路，用来控制可能引起被控量变化的其他因素，从而有效地抑制被控对象的时滞特性，提高系统响应的快速性。

串级控制指一个调节器的输出作为另一个调节器的给定值而构成的两个回路以上的控制系统，其一般结构如图11-18所示。图中$R(s)$，$Y(s)$分别为系统的输入和输出，$D_1(s)$，$D_2(s)$分别为主调节器和副调节器，$G_V(s)$为执行器，$G_1(s)$，$G_2(s)$为控制对象的两个组成部分，分别称为主控对象和副控对象，$H_1(s)$，$H_2(s)$为测量环节，$N_1(s)$，$N_2(s)$为作用在不同位置的扰动信号。在串级控制系统中有两个控制回路，分别称为主控回路和副控回路。

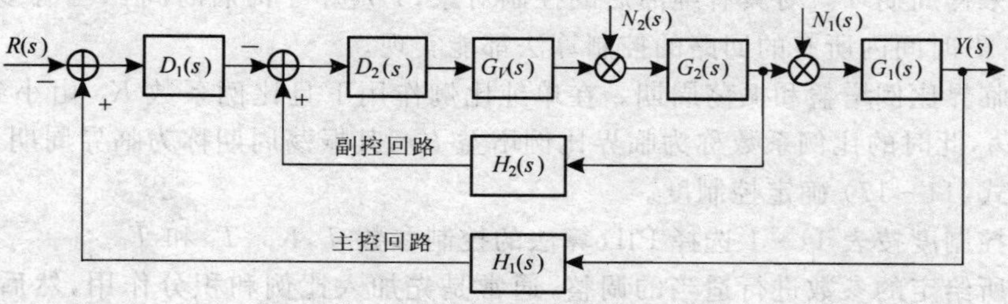

图11-18　串级控制系统原理框图

由于串级控制系统存在副控回路，可以减小副控回路的时间常数，加快反应速度，提高系统的工作频率，改善系统的动态性能；利用副控回路预先克服扰动对输出的影响，把其影响消灭在萌芽状态，从而增强对副控回路扰动的抑制能力，增大副控对象的等效放大系数，从而提高系统对负荷变化的适应能力。串级控制系统可以用来克服回路中的扰动，也可用来克服对象的纯滞后，还可以减小对象的非线性影响。

2. 串级控制系统的设计原则

串级控制系统的主回路与单回路反馈系统具有完全相似的属性和功能。可以说，串级控制系统之所以具有一些良好的特性和功能，完全是由于该控制系统在主回路中又引进了一个具有辅助功能的副回路。因此，串级控制系统的设计主要包括副回路的建立，即副被控变量的选择和两个控制器的控制规律和开关形式的选择问题。串级控制系统的设计一般应遵循以下原则：

1）系统的主要扰动应包括在副控回路中。这样可以在扰动影响到主控被调参数之前，由于副控回路的预先调节，使扰动的影响大大削弱。

2）副控回路应尽量包括积分环节。当副控回路包括积分环节时，其相角滞后可以减小，从而改善系统的品质。

3）必须用一个可以测量的中间变量作为副控被调参数。

4）当主控采样周期 T_{M} 和副控回路的采样周期 T_{S} 不相等时，应选择 $T_{\mathrm{M}} \geqslant T_{\mathrm{S}}$，以避免主控回路和副控回路之间发生相对干扰和共振。

5）串级控制系统应用的场合，一般具有被控变量控制精度要求较高，对象特性存在较大的容量滞后的情况。因此，主控调节器应选择用 PI 或 PID 控制。副回路允许存在余差，因此，副控调节器可以选择 P 控制或 PI 控制。但当其开环增益较小时，应加入积分作用，以加强控制作用。

3. 串级控制系统的应用

串级控制系统对进入副回路的干扰有极强的克服能力。副回路的存在能够提高系统的响应速度，具有较好的控制效果，并且对非线性、大滞后以及纯滞后具有较好的处理能力，对副回路中元件特性的变化具有一定的适应能力。同时，串级控制系统可以根据需要在串级控制方式和主控工作方式之间进行切换，具有较灵活的操作特性，因此其适应范围较宽，主要应用于存在激烈变化和幅值较大的干扰、有较大滞后环节、非线性环节，又对控制精度有较高要求的系统的控制。

11.4.2　前馈-反馈控制

反馈控制系统的控制依据是被控变量与给定值的偏差，因此，它一方面具有对所有进入系统的干扰进行调节或克服的能力，另一方面也存在对干扰控制的滞后问题。

对于存在扰动的系统，还可以直接按照扰动进行控制，称为前馈控制。与反馈控制不同，前馈控制是根据进入系统的干扰量进行控制的。前馈控制系统根据干扰产生合适的控制作用，能够在干扰信号出现的同时便发出相应的控制信号，将干扰克服在其对被控变量产生影响之前，保持被控变量维持在设定值上。理论上，前馈控制具有被控变量不变性。前馈控制可以单独使用，也可以和反馈控制结合使用，组成前馈-反馈控制系统。

1. 前馈控制的原理

图 11－19 是前馈-反馈控制系统的结构图。$G_n(s)$，$D_f(s)$ 和 $G(s)$ 构成前馈控制系统，$D(s)$，$G(s)$ 和 $H(s)$ 则构成反馈控制系统。$G_n(s)$ 和 $G(s)$ 分别为对象扰动通道和控制通道的传递函数，$D_f(s)$ 和 $D(s)$ 分别为前馈和反馈调节器的传递函数，$H(s)$ 为测量环节的传递函数。为了使前馈控制完全补偿扰动 $N(s)$ 对输出 $Y(s)$ 的影响，有

$$N(s)G_n(s) + N(s)D_f(s)G(s) = 0 \tag{11-18}$$

$$D_f(s) = -G_n(s)/G(s) \tag{11-19}$$

这就是前馈控制器的控制规律，它实际上是通过前馈调节器的作用来补偿或抵消扰动信号对输出的影响的。

由图 11－19 可以看出，前馈控制策略中，干扰和针对干扰的控制作用几乎同时发生。相对于被控变量，理论上可以做到干扰的影响和控制补偿作用同时影响被控变量，从而保证被控变量稳定在给定值上。与反馈控制相比，前馈控制的抗干扰具有及时性。

另外，前馈控制是一种无须检测偏差而根据干扰信号进行的控制，属于开环控制系统。因此，一种前馈控制系统只能针对一种干扰实施控制操作，并且不具备检验控制结果，实行控制

修正的能力。

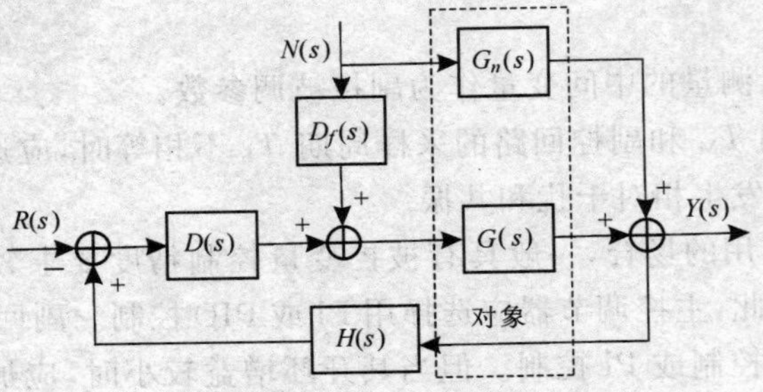

图 11－19　前馈-反馈控制系统原理框图

2. 前馈控制的类型

根据前馈控制的特点，前馈控制在应用时存在一些不可忽视的问题：不能检测控制效果，没有对控制偏差做进一步调整的功能；当系统存在多个干扰时，无法针对每个干扰都配置一个前馈控制；由于描述模型的准确性问题，前馈控制无法做到全补偿；等等。这些问题限制了前馈控制在工程控制中的独立应用，需要与其他控制系统相结合，在组合控制系统中发挥前馈补偿的作用。一般来说，前馈控制系统主要分为静态前馈控制系统、动态前馈控制系统、前馈-反馈控制系统和前馈串级控制系统。

(1)静态前馈控制系统

如果前馈调节器是一个比例环节，则称为静态前馈控制系统。当扰动通道的时间常数 T_f 远大于控制通道的时间常数 T_o 时可以选用静态前馈控制系统。

(2)动态前馈控制系统

如果前馈调节器是一个超前/滞后补偿器，则称为动态前馈控制系统。当扰动通道的时间常数 T_f 和控制通道的时间常数 T_o 相近时可以选用动态前馈控制系统。

(3)前馈-反馈控制系统

前馈控制和反馈控制结合的系统称为前馈-反馈控制系统。实际系统中，由于 $G_n(S)$ 和 $G(S)$ 不容易精确获得，也就无法实现完全补偿，这时就需要反馈控制来克服非完全补偿部分对输出的影响，从而提高控制系统的精度。当扰动通道的时间常数 T_f 远小于控制通道的时间常数 T_o 时可以选用前馈-反馈控制系统。

(4)前馈串级控制系统

前馈控制和串级控制系统结合而构成的系统称为前馈串级控制系统，它可以及时克服进入前馈回路和副控回路的扰动量对被控量的影响。

3. 前馈控制的应用

一般来说，前馈控制主要应用于系统的滞后较大，反馈控制系统难以满足工艺控制要求的场合；或系统中存在可测不可控的影响；或干扰对被控变量影响显著，反馈难以克服的场合。

11.4.3　比值控制

比值控制是前馈控制的一种特殊形式，其主要功能是实现两个或两个以上的变量符合一定的比例关系，可以是给定值之间保持一定的比例关系，也可以是被控量之间保持一定的关系。一般的比值控制系统至少有两种输入量，起主导作用又不可控制的输入量称为主动量，另一种输入是随动的，称为从动量。它跟随主动量变化，在数值上保持一定的比值。比值控制系统分为开环比值控制系统、单闭环比值控制系统、双闭环比值控制系统和变比值控制系统。

1. 开环比值控制系统

如图 11－20 所示为开环比值控制系统的原理框图。在该系统中，主动量通过比值控制器控制从动量，使之保持设定的比例关系。

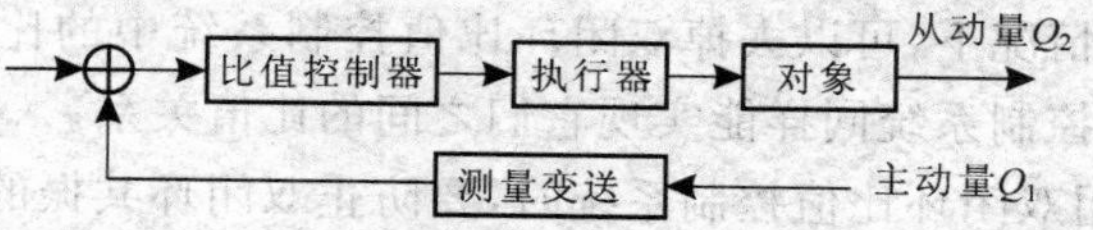

图 11－20　开环比值控制系统原理框图

开环比值控制系统结构简单，但对从动量引入的干扰无克服能力，设定的比值关系不能保证，而且无法防止总动量的波动，不能保证总控制量的稳定性，因此，该方案很少被采用。

2. 单闭环比值控制系统

单闭环比值控制系统有两种实现形式：其一是将主动量的测量值乘以一个比例系数作为从动量调节器的设定值，使从动量能按一定的比例关系随主动量变化；其二是将从动量和主动量的比值（从动量∶主动量）作为被控变量，设定量是一个比值系数，实际上是一个以比值系数为给定值的定值控制系统。如图 11－21 所示为单闭环比值控制系统的原理框图。

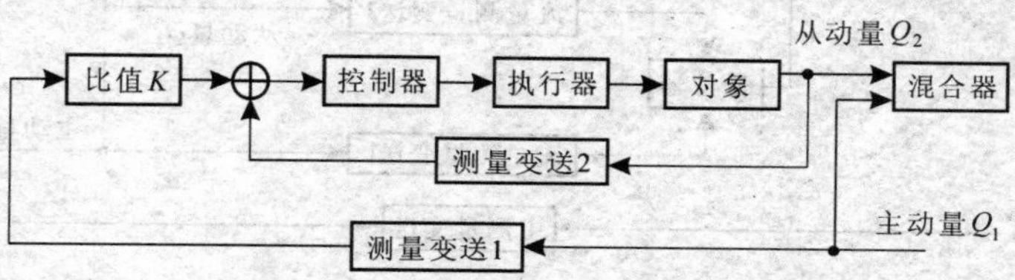

图 11－21　单闭环比值控制系统原理框图

由于单闭环比值控制系统具有良好的比值控制效果，以及方案简单、易于实现的特点而成为应用最为广泛的比值控制系统。但单闭环比值控制系统不能克服由主动量引入的干扰的影响，这使得该系统在有稳定性要求的系统控制应用中受到一定的限制。

3. 双闭环比值控制系统

双闭环比值控制系统是由一个定值控制系统和一个随动控制系统组成的，不仅能够保持两个变量的比值关系，而且可以保证总的输入量不变。如图 11－22 所示为双闭环比值控制系统的原理框图。

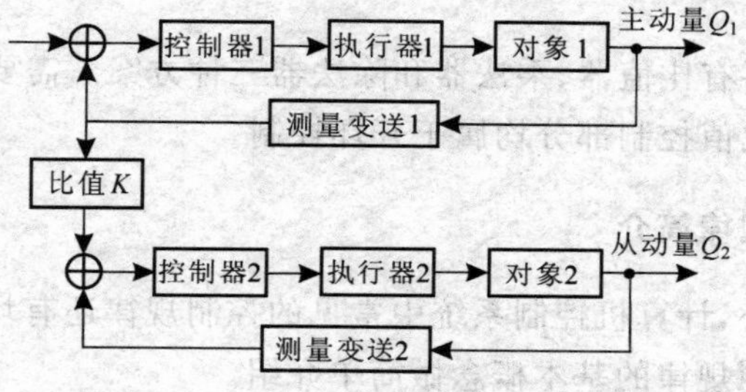

图 11－22　双闭环比值控制系统原理框图

由图11-22可见，双闭环比值控制系统对主、从动量均进行了闭环控制回路设计，分别保证了主、从动量的稳定，克服了单闭环比值控制系统的不足，保证了总控制量的稳定性。双闭环比值控制的另一个优点是，可以通过缓慢改变主动量控制器的给定值实现对控制量的平稳操作。

不过，双闭环比值控制系统的设备较多，成本高，运行较麻烦。一般而言，在主动量和从动量动态关系要求不高的情况下，可以去掉双闭环比值控制系统中的比值器，利用分别控制主、从动量的两个独立闭环控制系统同样能实现它们之间的比值关系。

值得注意的是，应用双闭环比值控制系统时，要防止双闭环共振的产生。这可以通过主动量控制器的参数设定，使该控制器的输出为非周期性变化来实现。

4. 变比值控制系统

上述三个比值控制方案的共同特点是主动量和从动量的比值信号是固定的，因此，被称为定比值控制系统。但在某些生产过程中，要求主动量和从动量的比值随第三个参数的需要而变化，由此产生了变比值控制。变比值是指两种输入量的比值关系随第三个参数的需要自动修正。此时两种输入量的比值由另一个调节器来设定，比值控制作为副回路，从而构成串级控制系统。变比值控制系统的原理框图如图11-23所示。

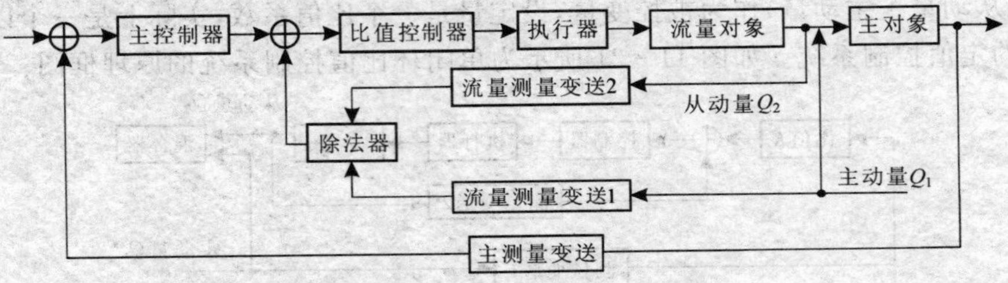

图11-23　变比值控制系统原理框图

当系统在稳态时，主控制器输出信号恒定，此时控制系统相当于定比值控制系统。主、从动量分别经测量变送后送至除法器，除法器输出两动量的实际比值信号作为测量值送到比例控制器，实现主、从动量的定比值控制，保持主参数的恒定。

当系统基于某种原因发生波动时，为了保证主控对象参数的恒定，按照主回路反馈信号的变化，主控制器输出比例修正控制信号，副回路的比例控制器根据主控制器的信号修改两主、从动量的比例关系，以保持主参数的稳定。此时，比例控制部分具有随动控制属性。

变比值控制系统具有随系统工艺条件的变化修正比值参数的功能，具有一定的自适应能力。

比值控制的实现主要有比值器、乘法器和除法器三种方案。需要强调的是，无论何种比值控制系统，主、从动量的比值控制部分均属于开环控制。

11.4.4　其他控制规律简介

除了上述控制规律外，计算机控制系统中常见的控制规律还有均匀控制、选择控制和分程控制等。下面对这些控制规律的基本概念做简单介绍。

1. 分程控制

简单控制系统是一个调节器的输出控制一个调节器，而分程控制系统的一个调节器输出控制几个工作范围不同的调节器，使之在其控制信号段内能够完成各自的控制动作。

分程控制系统构成如图 11－24 所示。

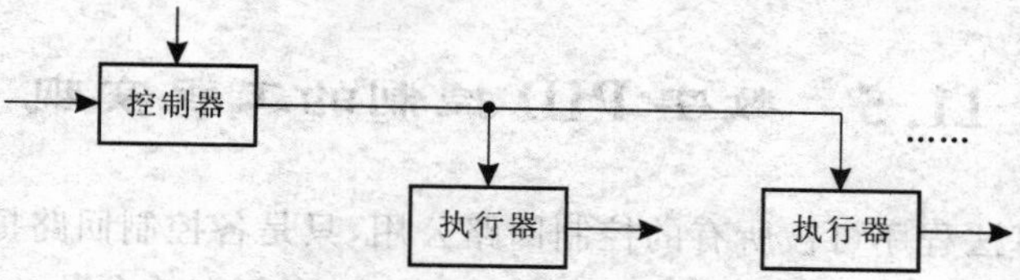

图 11－24　分程控制原理框图

在工业控制中，分程控制系统主要应用于两个方面的控制需求：一是扩大控制信号的可控比，二是满足某些控制过程的特殊要求。并且，其不同控制方法和手段组合可以对应着不同的应用场合与目的。

2. 选择控制

选择控制系统也称为取代控制系统或超驰控制系统。一般来说，在控制回路中引入选择器的系统都称为选择控制系统。选择控制系统能够根据不同的生产状态，按照一定的逻辑关系，自动选择不同的被控变量、操作变量或被控方案，实现控制过程的实时切换，提高过程控制的灵活性及控制水平。操作过程的极限控制是选择控制系统应用的一个重要方面。

极限控制的特点是，在正常情况下，控制参数不会超限，一般不考虑其控制问题；但在非正常情况下，控制参数达到极限，就必须采用强有力的控制作用，以避免其超限带来的危险。

通常可以采用硬保护和软保护两个方法处理极限控制问题。硬保护主要是指，在出现极限情况时通过设定的硬件连锁装置的动作，对运行装置实施硬性停车处理，保护生产装置、过程、人员等安全。而软保护则是在维持正常生产继续的情况下，通过选择性控制，按照程序设定的一套异常情况处理控制方案，自动改变操作方式，使操作参数迅速返回正常状态后，再自动切换回正常操作方式。软保护的应用避免了生产过程的停顿事件，但软保护是以牺牲部分产品的质量为代价保证生产过程的安全运行的。

操作时，选择其中一路调节器作用于被控对象。一般正常工作时用到的调节器称为正常调节器，非正常工作时，就必须用另一路调节器取代，该调节器称为超驰调节器。选择控制分为高选和低选两种选择器。高选器的输出等于其中较大的一个输入变量，低选器的输出等于其中较小的一个输入变量。选择器可以处于不同的位置，如果位于调节器之后则选择几个调节器共用一个调节阀；如果选择器位于测量值之后则选择不同的测量信号，实现多个测量值选择性地送给调节器进行运算。

正常工作时，控制器的参数整定与常规定值控制器相同；在极限情况下，要求极限参数能尽快返回正常状态，因此，选择控制器的参数整定一般为窄比例带控制器。

3. 均匀控制

生产过程中，在许多情况下前后两个设备紧密连接，为了保证两个设备均能平稳操作，工艺要求前后两个设备的参数都要保持相对稳定。均匀控制就是为了实现均衡前后两参数的变化而开发的一种控制方法。

与其他控制系统不同，均匀控制没有表现其特点的特殊结构，而仅是一个思想的体现与应用。其基本思想是将两被控参数置于一个控制系统中，通过调整控制器参数，使两个被控量在允许的范围内波动，且其变化是缓慢的，从而使两参数均匀、协调、统筹兼顾，进而使得前后两个设备稳定工作。

均匀控制主要应用于干扰不大、要求不高的控制场合。

11.5 数字 PID 控制的工程实现

数字控制器的算法程序可被所有的控制回路公用，只是各控制回路提供的原始数据不同。因此，必须为每个回路提供一段内存数据区(即线性表)，以便存放参数。既然数字控制器是公共子程序，那就应该在设计时考虑各种工程实际问题，并含有多种功能，以便用户选择。数字控制器算法工程实现可分为 6 个部分，如图 11-25 所示。此外，为了便于数字控制器的操作显示，通常给每个数字控制器配置一个回路操作显示器，它与模拟调节器的面板操作显示相类似。下面以数字 PID 控制器为例来说明数字控制的工程实现。

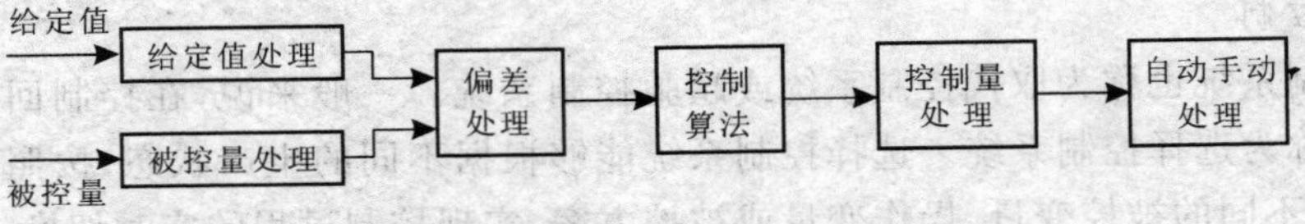

图 11-25 数字控制的工程实现

(1)给定值和被控量处理

给定值处理包括选择给定值和给定值变化率的限制两部分，通过软开关选择可以构成内给定状态或外给定状态，也可选择构成串级控制或分程控制。

为了安全运行，需要对被控量进行上下限报警。当被控量大于上限值时，进入上限报警状态；当被控量小于下限值时，则进入下限报警状态。进入报警状态时，通过驱动电路发出声或光，以便提醒操作者注意。

(2)偏差处理

偏差处理分为计算偏差、偏差报警、非线性特性和输入补偿等四部分。对于控制要求较高的对象，不仅要设置被控量的上下限报警，而且要设置偏差报警，当偏差绝对值超过门限时，进入偏差报警状态。PID 根据输入补偿方式的设置，决定偏差与输入补偿量之间的关系，不进行补偿或完成加补偿、减补偿及置换补偿。利用加、减输入补偿，可以分别实现前馈控制和纯滞后补偿控制。为了实现非线性 PID 控制或带死区的 PID 控制，设置了非线性区和非线性增益 K。当 $K=0$ 时，为带死区的 PID 控制；当 $0<K<1$ 时，为非线性 PID 控制；当 $K=1$ 时，为正常的 PID 控制。

(3)控制算法的实现

在自动状态下，需要进行控制计算，即按照各种控制算法的差分方程，计算控制量 U_n，并进行上、下限限幅处理。在 PID 计算数据区，不仅要存放 PID 参数和采样控制周期 T，还要存放微分方式、积分分离值、控制量上限值和下限值，以及控制量 U_n。为了进行递推运算，还应保存历史数据，如 $e(n-1)$，$e(n-2)$和 $u(n-1)$。

(4)控制量处理

一般情况下，在输出控制量 U_n 以前，还应经过各项处理和判断，以便扩展控制功能，实现安全平稳操作。

根据输出补偿方式的状态，决定控制量与输出补偿量之间的关系，不进行补偿或完成加补偿、减补偿及置换补偿。利用输出和输入补偿，可以扩大实际应用范围，灵活组成复杂的数字控制器，以便组成复杂的自动控制系统。

为了实现平稳操作，需要对控制量的变化率加以限制。变化率的选取要适中，过小会使操作缓慢，过大则达不到限制的目的。

当软开关切向输出保持时，现时刻的控制量 $u(n)$ 等于前一时刻的控制量 $u(n-1)$，也就是说，输出的控制量保持不变。反之，恢复正常输出方式。

(5)自动手动切换

在正常运行时，系统处于自动状态，称为软自动(SA)；而在调试阶段或出现故障时，控制量来自操作键盘或上位计算机，系统处于计算机手动状态，称为软手动。一般在调试阶段，采用软手动(SM)方式。

为了保证执行机构工作在有效范围内，需要对控制量进行上、下限限幅处理，使得控制量在上、下限之间，经 D/A 输出 0～10 mA(DC)或 4～20 mA(DC)。

对于一般的计算机控制系统，可采用手动操作器作为计算机的后备操作。当切换开关处于自动(HA)位置时，控制量通过 D/A 输出，此时系统处于正常的计算机控制方式，称为自动状态；反之，若切向手动(HM)位置，则计算机不再承担控制任务，由运行人员通过手动操作器输出 0～10 mA(DC)直流或 4～20 mA(DC)信号，对执行机构进行远方操作，称为手动(HM)状态。

习题与思考题

11－1　按照控制系统的功能，可以将自动控制系统分成哪几类？

11－2　什么是 PID 控制器？模拟 PID 控制器的基本组成有哪些？PID 控制器的控制规律是什么？

11－3　分别写出数字 PID 控制器的位置型、增量型、速度型算式。

11－4　什么是 PID 控制器的控制度？它与哪些参数有关？

11－5　数字 PID 控制器工程实现的基本步骤是什么？

第 12 章　网络化测控系统与现场总线

在工业、农业、航空、航天、环境监测等领域，随着科学技术的发展，要求测控和处理的信息量越来越大，速度越来越快，测控对象的位置越来越分散，需要的测控单元数越来越多，系统日益复杂。为此，现今的过程控制系统一般都采用分组分散式结构，即由多台计算机组成计算机网络，共同完成上述的各种任务。在这种情况下，各级计算机之间必须能实时地交换信息。此外，有时过程控制系统还需要与其他计算机系统之间进行数据通信。大量的信息都通过电缆进行传输。然而，随着测量点的增加，电缆的长度不断加长，测控信息实时控制操作受到限制，不能完全发挥分散式控制的作用。因此，传统的测控系统已远远不能满足现代测控系统的要求。

随着网络技术的发展，出现了将测控技术、计算机技术与网络技术相结合的网络化测控系统。网络化测控系统将地域分散的基本功能单元（测控仪器、智能传感器、计算机等）通过网络互联起来，构成一个分布式测控系统，实现远程数据采集、测量、监控与故障诊断，通过网络实现数据传输与资源共享，协调工作。现场总线及现场总线控制系统就是在这种背景下产生的。

本章介绍计算机测控网络和现场总线控制系统。

12.1　测控网络概述

12.1.1　测控网络技术概述

1. 现代测控系统的发展趋势

信息技术的迅猛发展对工业生产信息化和自动化发展产生了极大的推动作用，在信息化和自动化领域，计算机技术、控制技术和网络技术的结合产生了测控网络技术。

测控网络系统使用特定的协议、操作，在远端就可以通过网络监控现场的设备运行情况，接收设备运行测量数据，进行实时控制。

一般认为，测控系统的发展可划分为以下几个阶段：模拟仪表测控系统、集中式数字测控系统、分布式测控系统、现场总线测控系统、基于交换式连接的工业以太网及分布式、测量控制管理一体化的测控系统。其中，分布式测控系统、现场总线测控系统、基于交换式连接的工业以太网及分布式、测量控制管理一体化的测控系统代表现代测控系统的三个发展趋势。

（1）分布式测控系统

分布式测控系统在 20 世纪末期占主导地位，其核心思想是集中管理、分散控制，即管理与控制相分离，上位机用于集中监视管理功能，若干台下位机分散到现场实现分布式测量与控制，上、下位机之间采用控制网络互联实现互相之间的信息传递。这种分布式测控系统结构有力地弥补了集中式数字测控系统对控制器处理能力和可靠性要求高等方面的不足。

(2) 现场总线测控系统

现场总线测控系统采用现场总线这一开放的、具有互操作性的网络将现场各控制器及仪器仪表设备互连,构成现场总线测控系统,同时将控制功能完全放到现场,从而降低了设备的安装成本和维护费用。

现场总线(fieldbus)技术是应用在生产现场的,在测量设备之间实现双向、串行、多点通信的数字通信系统,基于现场总线的测控系统被称为现场总线测控系统。

现场总线技术将专用微处理器置入传统的测量控制仪表,使它们都具有了数字计算和数字通信能力,成为能独立承担某些控制、通信任务的网络节点。它们通过普通双绞线等多种线路进行信息传输,把多个测量控制仪表、计算机等作为节点连接成测控网络系统,通过公开、规范的通信协议,在位于生产控制现场的多个微机化自控设备之间,以及现场仪表与用作监控、管理的远程计算机之间,实现数据传输与信息共享,形成各种适应实际需要的自动控制系统。

测控系统有越来越数字化、测量控制管理一体化的趋势,这就要求今后测控系统的设计、构建也必须具有全数字化、测量控制管理一体化的特点。

(3)基于交换式连接的工业以太网及分布式、测量控制管理一体化的测控系统

虽然现场总线技术发展非常迅速,并极大地促进了工业过程控制技术的发展,但也存在许多问题,制约其应用范围的进一步扩大。

· 首先是现场总线的选择性问题。目前可供使用现场总线的种类繁多,而每种现场总线都有自己最合适的应用领域。如何在实际中根据应用对象,将不同层次的现场总线组合使用,使系统的各部分都选择最合适的现场总线,这对用户来说仍然是比较棘手的问题。

· 其次是高速现场总线进展缓慢的问题。高速现场总线主要应用于控制网网内的互联,控制计算机、PLC 等智能化程度高、处理速度快的设备之间的连接,以及实现低速现场总线网桥之间的互联。例如,到目前为止,主流现场总线 FF 的 H2 高速总线间的连接原计划 1998 年出台,但迄今尚未看到其产品,2000 年 3 月宣布采用 100 Mb/s 的 Ethernet 来实现增强 H2 的方案。

· 最后是系统集成问题。由于实际应用中一个系统很可能采用多种信息交换方式的现场总线,因此如何把工业控制网络与数据网络进行无缝集成,从而使整个系统实现测量控制管理一体化就成为组成该工业测量控制网络的关键环节。现场总线系统在设计网络布局时,不但要考虑各现场节点的距离,还要考虑现场节点之间的功能关系、信息在网络上的流向与流速、各信息数据库之间的信息数据交换的便利性等问题。

出现以上问题的根本原因在于现场总线的通信协议的开放性是有条件的、不彻底的。近年来,随着网络技术的发展,以太网进入了工业控制领域,形成了新型的以太网控制网络技术。国外对现场级高速以太网的研究大约始于 1997 年,1998 年底成立的美国 IAONA(Industrial Automation Open Networking Alliance)组织主要研究以太网在工业自动化领域的应用。以太网作为工业控制总线的主要优点:足够大的带宽且可进行可交互式互联与互操作性,从而保证测控系统的实时性,采用 TCP/IP 协议进而获得通信协议的信息开放性与可控性,易与 Internet集成从而更有利建立测量控制管理一体化的测控系统,大量成熟的以太控制网络软件与程序及成本低廉的网络建设费用。

2. 测控网络与信息网络的区别

测控网络技术来源于计算机网络技术,与一般的信息网络有很多共同点,但也有不同之处

和独特的地方。

由于工业控制系统特别强调可靠性和实时性，所以应用于测量与控制的数据通信不同于一般电信网的通信，也不同于信息技术中一般计算机网络的通信，控制网络的数据通信以引发物质或能量的运动为最终目的。用于测量与控制的数据通信的主要特点：允许对实时响应的事件进行驱动通信，具有很高的数据完整性。在电磁干扰和有地电位差的情况下能够正常工作，多使用专用的通信网。具体来说，控制网络和信息网络的区别有如下4点：

1)控制网络中数据传输的及时性和系统响应的实时性是控制系统最基本的要求。一般来讲，过程控制系统的响应时间要求为0.01～0.5 s，制造自动化系统的响应时间要求为0.5～2.0 s，信息网络的响应时间为2.0～6.0 s。在信息网络的大部分使用中，实时性是可以忽略的。

2)控制网络强调在恶劣环境下数据传输的完整性、可靠性。控制网络应具有在高温、潮湿、振动、腐蚀，特别是在电磁干扰等工作环境中长时间、连续、可靠、完整地传送数据的能力，并能够抗工业电网的浪涌、跌落和尖峰干扰。在可燃和易爆的场合，控制网络还应具有本质安全性能。

3)在企业自动化系统中，分散的单一用户必须借助于控制网络进入系统，因此通信方式多使用广播和组播方式；在信息网络中某个自主系统与另外一个自主系统一般都建立一对一的通信方式。

4)控制网络必须解决多家公司产品和系统在同一网络中相互兼容，即互操作性的问题，而且目前控制网络产品还没有形成像信息网络产品那样的完善的统一规范和标准。

12.1.2 测控网络的特点及类型

测控网络一般指以实施测控为主要目标的计算机网络系统。测控网络具有以下一些技术特点：

1)要求有高实时性与良好的时间确定性；

2)传送的信息多为短帧信息，且信息交换频繁；

3)容错能力强，可靠性、安全性好；

4)测控网络协议简单实用，工作效率高；

5)测控网络结构具有高度分散性；

6)测控设备的智能化与控制功能的自治性；

7)与信息网络之间有高效的通信，易于实现与信息网络的集成。

从工业自动化与信息化层次模型来看，控制网络可以分为面向设备的现场总线控制网络与面向自动化的主干控制网络。在主干控制网络中，现场总线作为主干控制网络的一个接入节点。从发展的角度看，设备层和自动化层也可以合二为一，从而形成一个统一的控制网络层。

从网络的组网技术来分，控制网络通常有两种：共享式控制网络和交换式控制网络，控制网络的类型及其相互关系如图12-1所示。

目前，现场总线控制网络受到普遍重视，发展很快。从技术上说，现场总线较好地解决了物理层与数据链路层中媒体访问控制子层以及设备的接入问题。同时，现场总线支持的厂商众多，产品系列较为全面。较有影响的现场总线有基金会现场总线FF，LONworks，World-

FIP,PROFIBUS,CAN 和 HART 等。

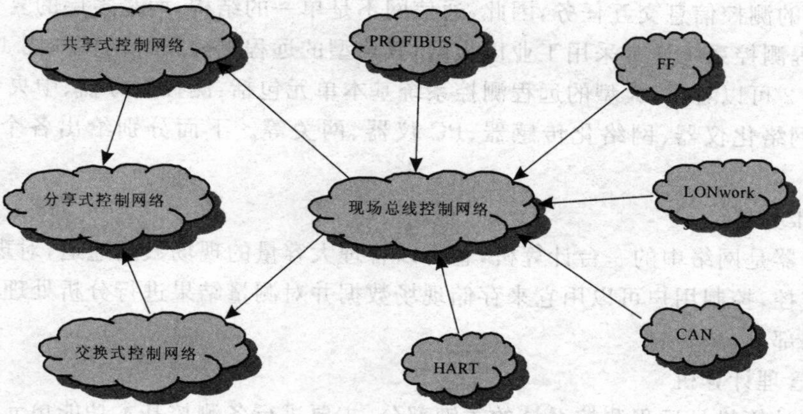

图 12－1　控制网络的类型及相互关系

共享总线网络结构既可以用于一般控制网络，也可以应用于现场总线，目前，以太控制网络在共享总线网络结构中应用最为广泛。

与共享总线控制网络相比，交换式控制网络具有组网灵活方便、性能好、便于组建虚拟控制网络等优点，已得到广泛的实际应用，并具有良好的应用前景。交换式控制网络比较适用于组建高层控制网络，交换式控制网络尽管还处于发展阶段，但它是一种具有发展潜力的控制网络技术。

而以太控制网络与分布式控制网络是控制网络发展的新技术，代表控制网络发展的方向。将以太网作为工厂底层的现场级网络，具有许多独特的优点。首先以太网技术成熟，现场实现起来比较容易；其次丰富的以太网产品如 10 MB/100 MB 集线器、交换机，接入设备的以太网卡，互联设备的网关、路由器、网桥、中继器等可以直接选用。以太网比现场总线具有更高的带宽，而且还可以较容易地升级到 100 MB 甚至 1 000 MB 高速以太网，其可靠性也较高。将现场以太网、企业内部网 Intranet 与 Internet 集成起来，可以非常方便地完成测试系统的维护，因为连接在底层以太网的智能仪表等具有即插即用功能，这样用户可以在任何时间、任何地点直接操作它，从而通过 FTP，SMTP，HTTP 等技术手段真正实现远程设置、远程测量、远程控制、远程校准、远程故障诊断和远程报警等，真正实现测控网络和信息网络的无缝接口以及测试系统的远程操作。

12.1.3　测控网络的组成

测控网络由分散挂接在网络上的各种不同测控设备组成，完成被控对象的测量、控制、数据处理等操作，通过网络进行数据传输，实现资源共享、信息共享、协调工作，共同完成大型复杂的测控任务。

1. 测控网络的硬件组成结构

测控网络主要由网络硬件和软件构成。

远程测控系统的硬件主要由基本功能单元和连接各基本功能单元的通信网组成。基本功能单元包括 PC 仪器、远程测控仪器、网络化传感器、远程测控模块等；连接各基本功能单元的通信网,有以太网、Intranet 和 Internet,由于大型复杂的测控系统不仅有测量和控制的任务,而且还有大量的测控信息交互任务,因此,通信网不是单一的结构,而是多层的复合结构。

目前,远程测控系统通常采用工业以太网,其典型的远程测控系统结构如图 12-2 所示。

从图 12-2 可以看出,典型的远程测控系统基本单元包括:测控服务器、中央管理计算机、浏览服务器、网络化仪器、网络化传感器、PC 仪器、网关等。下面分别给出各个部分的性能介绍。

(1)测控服务器

测控服务器是网络中的一台计算机,它可以管理大容量的现场数据通道,对现场实时数据进行记录与监控,控制用户可以用它来存储现场数据并对测量结果进行分析处理,属于远程测控系统的核心部分。

(2)中央管理计算机

中央管理计算机是远程测控系统的关键部分,主要进行各测控基本功能单元的任务分配,完成对基本功能单元采集的传输数据进行计算、综合与处理、数据分析、存储和报表打印、测控系统的故障诊断及故障报警等。

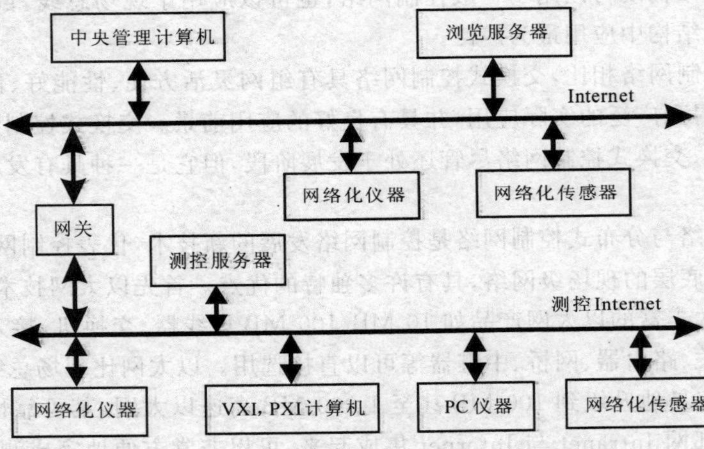

图 12-2 典型的远程测控系统结构图

(3)浏览服务器

浏览服务器是一台具备浏览功能的计算机,主要用来查看测量节点或测量服务器所发布的测量结果或经过分析的数据。它具有 Web 浏览器和其他软件的接口,可以浏览现场测控节点的信息和测控服务器收集、分析与处理的信息。

(4)PC 仪器

PC 仪器将传统仪器由单台计算机实现的三大功能(即数据采集功能、数据分析功能及图形化显示功能)分开处理,分别使用独立的硬件模块实现传统仪器上的上述三大功能,并以网络连接,使得测控网络的功能远远大于系统中各部分的独立功能。

(5)网络化传感器

网络化传感器与网络化仪器构成远程测控系统的最基本部分。它是在传统的测控仪器、传感器、测控模块的基础上,利用网络技术改造而成的带有本地微处理器和通信接口的现场数据采集设备，设备的网络接口允许通过 TCP/IP 协议进行远程控制和信息共享，网络化传感器可分为有线网络化传感器和无线网络化传感器。

(6)网络化仪器

网络化仪器包括远程测控模块、虚拟仪器、GPIB、VXI 和 PXI 系统等。

网络化仪器和网络化传感器主要完成以下工作：

· 测控数据的采集与处理；
· 测控数据交换；
· 测控过程的监控及故障诊断，当故障发生时将故障情况上报中央管理计算机；
· 存储测控信息，包括本地和远程的测控数据交换、存储。

2. 测控网络的软件结构

虽然远程测控系统的实现方式有多种，但其软件结构基本上可概括为如图 12-3 所示的结构。

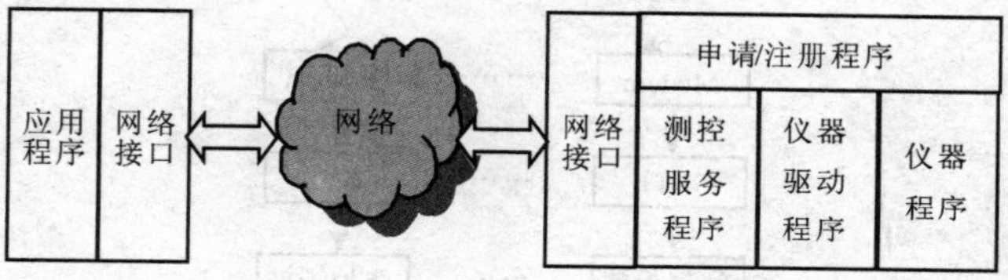

图 12-3　远程测控系统的软件结构

从图 12-3 可以看出，远程测控系统的软件结构由客户端软件和服务器端软件组成，客户端软件由应用程序和网络接口组成。

(1)应用程序

一般是虚拟仪器面板或类似 IE 浏览器的集成环境。

(2)网络接口

主要实现将客户端的请求、控制、设置参数打包为网络报文并发送出去，以及将收到的执行结果送到应用程序进行处理和显示，同时还解决一些与网络相关的事物。

在图 12-3 中，服务器端软件由监听程序、申请/注册程序、测控服务程序、仪器驱动程序和仪器程序组成。

(1)监听程序

处于循环状态，不断监听客户端的访问请求，并将请求交给相应的程序处理。

(2)申请/注册程序

提供用户管理，使得系统能适应多用户场合，并提供相应的安全措施。

(3)测控服务程序

测控服务程序是一个安全的多线程服务器程序，它调用相应的仪器驱动程序，完成测控请求并将执行结果提交监听程序，返回客户端。

(4)仪器驱动程序

仪器驱动程序包括底层的 I/O 驱动、SCPI 指令、VISI 驱动或 NI 驱动等。

(5)仪器程序

仪器程序指具体的仪器设备上自带的程序。

12.1.4 测控网络的分类

1. 专线测控网络

对测控距离较远，测控环境恶劣的场合，一般采用架设专线来作为数据传输的通道，采用专线调制解调器(Modem)的测控技术。典型的应用场合，如远程分布式野外探测，通信数据量大、通信频繁且实时性、可靠性和保密性要求都很高。采用专线测控技术的测控网络系统框图如图 12-4 所示。

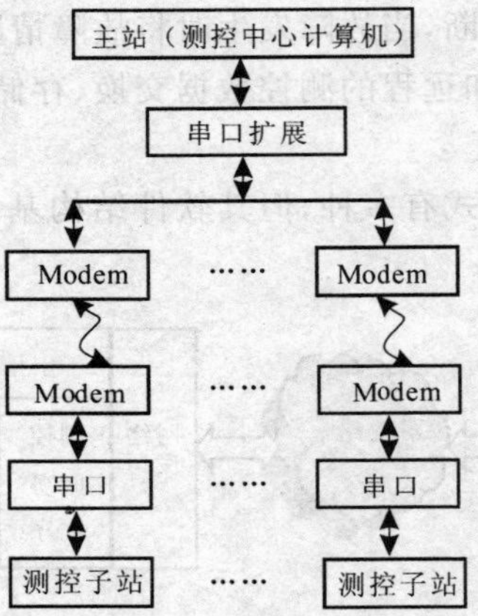

图 12-4　采用专线的测控网络系统框图

工作时，系统主站通过扩展的多个串行接口及 Modem 与分散的多个子站相连。子站(主站)发送的数据通过串口送给本地 Modem 调制后，通过专线传输到远端的 Modem，经远端 Modem 解调后通过串口送给主站(子站)的计算机，从而实现集中管理。

这种采用专线 Modem 的测控网络的关键是建立主站和各子站之间的通信协议，以避免传输数据的冲突，保证实时性。

这种测控网络技术在交通、水利、电力以及工业生产等领域有十分广泛的应用，如铁路沿线行车信号灯的监控。由于需要架设专线，其成本相对较高。

对于通信不是很频繁、通信数据量较小、对实时性和保密性要求不高的场合，可以借用公用电话网代替专线，工作时建立临时连接来进行测控。采用这种方法可以降低系统成本，缩短建网周期。

2. 以太网测控系统

采用以太网测控技术的测控系统，可以从任何地点、在任何时刻获取到测量数据，其系统组成框图如图 12-5 所示。

要真正实现基于以太网的远程测控系统，不仅要考虑原有网络技术和测控技术的特点，还要考虑现有系统的新特性，如测控数据传输的可靠性和准确性。测控数据通信的准确性是网络化测控系统的首要要求；还有测控数据的实时性要求，必须保证在线设备的实时性、精度要求最高的设备的优先级。此外，数据通信协议的简单化可以实现减少传输延迟，实现快速信息交换。同时，数据通信网络的安全性也是一个不容忽视的环节。基于以太网远程测控技术适用于异地或者远程控制和数据采集、故障检测、报警等数据监测过程，其应用范围非常广泛。

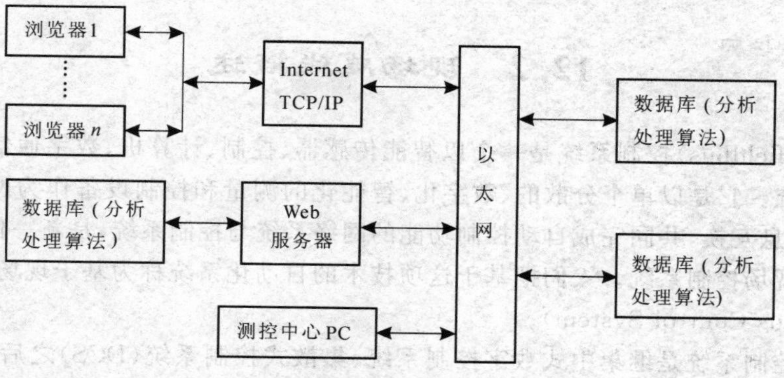

图 12－5　基于以太网远程测控技术系统框图

3. 无线通信测控网络

对于工作点多、通信距离远、环境恶劣且实时性和可靠性要求较高的场合，可以利用无线通信网络来实现主站与各子站之间的数据通信。采用这种无线通信远程测控技术有利于解决复杂连线的问题，无须铺设电缆或光缆，可以降低环境成本，其系统组成如图 12－6 所示。

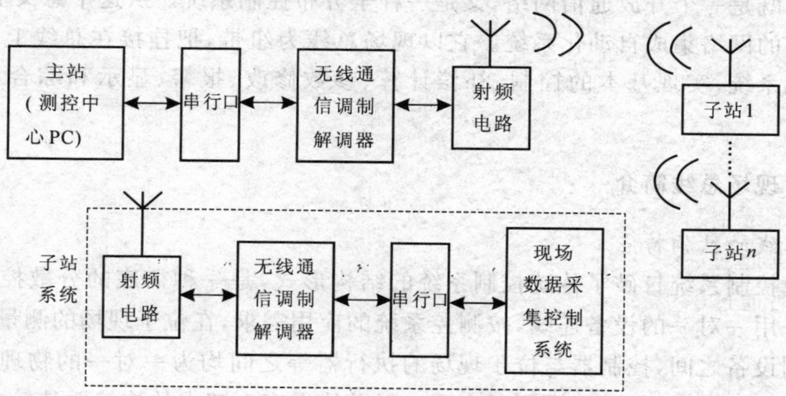

图 12－6　基于无线通信的远程测控系统框图

系统的关键是要使射频模块的接收灵敏度和发射功率足够高，可以采用专业无线电台来替代射频模块，以扩大站点间的距离，同时还需要考虑无线电波波段的选择。无线电通信调制解调器已经有许多比较成熟的产品，可以根据实际需要来选择，基于无线局域网的测控技术的应用领域十分广泛，如油井远程监测系统等均可采用这种技术来实现生产过程的监控。

12.1.5　测控网络技术的应用

测控网络的发展方向是远程化和高速大容量的数据传输，以及以管理集中化和控制分散化为特征的测控管理一体化。融合了网络技术、软件技术和测量技术的分布式测控系统可以应用于大范围区域的测量和控制，有着良好的应用前景。在电力系统监测、工厂生产自动化、实验室自动测试、教学、卫星发射、智能小区安全监测管理、海洋探测等众多领域，网络化测控系统都能发挥重要作用。

12.2 现场总线概述

现场总线(fieldbus)控制系统是一个以智能传感器、控制、计算机、数字通信、网络为主要内容的综合系统。它是以单个分散的、数字化、智能化的测量和控制设备作为网络节点,用总线连接,实现信息互换,共同完成自动控制功能的网络系统与控制系统,是新一代全数字、全分散和全开放的现场控制系统。人们把基于这项技术的自动化系统称为基于现场总线的控制系统(FCS,Fieldbus Control System)。

现场总线控制系统是继集中式数字控制系统、集散式控制系统(DCS)之后的新一代控制系统。现场总线控制系统突破了DCS通信网络的限制,采用了基于公开化、标准化的设计方案,使得各个设备之间通信连接的兼容性更好。它把DCS的集散系统结构变成了新型全分布式结构,把测控功能全部下放到了现场。

根据IEC1158的定义,现场总线是一种"安装在生产过程区域的现场设备/仪表与控制室内的自动控制装置/系统之间的一种串行、数字式、双向传输和多分支结构的通信网络"。现场总线控制系统既是一个开放通信网络,又是一种全分布控制系统。从这个意义上来说,现场总线是一种新型的网络集成自动化系统。它以现场总线为纽带,把挂接在总线上相关的网络节点组成自动化系统,实现基本的控制、补偿计算、参数修改、报警、显示和综合自动化等多项功能。

12.2.1 现场总线简介

1. 现场总线的结构特点

现场总线控制系统打破了传统控制系统的结构形式,是一种彻底的分散控制系统。传统的控制系统采用一对一的设备连线,按测控系统的应用需求,在位于现场的测量变送器与位于控制室的控制设备之间,控制器与位于现场的执行器等之间均为一对一的物理连接。而现场总线采用数字信号通信链路,因而可以实现一对总线上多个节点的连接并传输多种信号,如运行参数值、设备状态、故障信息等,同时还可利用总线为多个设备提供工作电源,因而简化了控制系统结构。

现场总线控制系统把集散式控制系统中位于控制室位置的控制模块、输入输出及其A/D,D/A模块移至位于生产现场的测控仪表中,利用现场设备具备的通信能力,使控制系统功能不依赖于控制室中的计算机或仪表,也就是说,在现场直接实现了彻底的分散控制。

2. 现场总线的技术特点

1)用数字化通信取代4～20 mA模拟仪表。传统的自动化控制技术的现场设备与控制设备是通过一对一的方式(一个I/O点对现场设备的一个测控点)连接,即所谓I/O接线方式,信号以4～20 mA(传送模拟信号)或24 V(DC)(传送开关量信号)传递。现场总线技术采用一条通信电缆连接控制设备和现场设备,使用数字化通信完成对现场设备的联络和控制。

2)控制功能下移,实现彻底的分散控制。现场总线技术是计算机网络通信向现场级的延伸,因此,它可以把DCS控制站的功能分散地分配给现场仪表,构成虚拟的控制站,这样就废弃了DCS的I/O单元和控制站。现场仪表既有检测、变换和补偿功能,又有控制或运算功能,通过微处理器能够完成诸如PID等算法和逻辑控制,实现一表多能及测量控制一体化。通过现场仪表和装置就可以构成控制回路，实现彻底的分散控制，从而提高了控制系统的可靠性、自治性和灵活性。

3)具有互操作性。由于功能分散在多台现场仪表中，并且可以统一组态，供用户灵活地选用各种功能模块，因此现场仪表或设备通过一对传输线互联就可实现不同厂家产品的交互操作和互换，实现即插即用，这样，用户也能自由地集成现场总线控制系统。

4)集现场设备的远程控制、参数调整及故障诊断为一体。现场总线技术采用计算机数字通信技术连接现场设备，控制设备可以快捷地从现场设备获得所需信息，能够实现设备状态、故障、参数信息的快速传送，完成对设备的远程控制、参数化及故障的诊断工作。

5)真正的开放式系统。现场总线为开放式互联网络，所有的技术和标准都是公开的，用户可以自由地集成不同厂商的通信网络，既可与同层网络互联，也可与不同层网络互联。它的实施有利于解决工厂各层次的信息集成及支撑技术——计算机网络问题，有利于构筑 CIMS 网络系统，并有效地发挥作用。此外，用户可以很方便地共享网络数据库。

3. 现场总线的基本设备

现场总线的节点设备称为现场设备或现场仪表，节点设备的名称及功能随应用的企业和环境的不同而定。用于过程自动化构成 FCS 的基本设备如下：

变送器：常用的变送器有温度、压力、流量、物位和分析五大类，每类又有多个品种。变送器既有检测、变换和补偿功能，又有 PID 控制和运算功能。

执行器：常用的执行器有电动、气动两大类，每类又有多个品种。执行器的基本功能是信号驱动和执行，还内含调节阀输出特性补偿、PID 控制和运算等功能，以及有阀门特性自校验和自诊断功能。

服务器和网桥：服务器下接 Hub、上接 LAN，网桥完成 Hub 之间连接。

辅助设备：总线电源、便携式编程器等。

监控设备：工程师实现现场总线组态监控设计，操作员实现工艺操作与监视，计算机站则用于优化控制与建模。

4. 现场总线的常见种类

到目前为止，世界上约有 40 多种现场总线。20 世纪 80 年代初，德国 BOSCH 公司推出了控制网络 CAN 总线协议。HONEYWELL 公司于 1983 年推出了 4～20 mA 差分信号驱动器，它在输出的 4～20 mA 直流信号上成功地叠加了数字信号，从而使现场装置与控制室控制装置之间的连接由模拟信号过渡到数字信号。在此基础上，美国的 ROSEMOUNT 公司提出了 HART 数字通信协议。到了 1987 年，美国的 FOXBORO 公司推出了 I/A 智能自动控制系统，系统中使用了全数字通信技术。之后，美国、德国、法国、日本等国家的公司分别推出了自己的总线标准。

目前较流行的现场总线主要有以下几种：CAN(Control Area Network)，LONworks (Local Operation Network)，PROFIBUS(Process Field Bus)，HART(Highway Addressable Remote Transducer)和 FF(Foundation Fieldbus)。

(1)CAN(控制局域网络)

CAN 是德国 BOSCH 公司为汽车的监测和控制而设计的，是一种对等式的现场总线网络，其结构模型取 ISO/ OSI 模型的第 1，2，7 层协议，即物理层、数据链路层和应用层。通信速率最高可达 1 Mb/s，通信距离最远可达 10 km，物理传输介质支持双绞线，最多可挂接设备

110 个,介质访问方式为非破坏性位仲裁方式,且开发工具廉价,适用于实时性要求很高的小型网络。1993 年 CAN 成为国际标准 ISO11898(高速应用)和 ISO11519(低速应用)。目前,CAN 正逐步发展成为其他工业部门的监控网络总线。CAN 总线包括一系列相关标准来规范其通信、设备、接口、应用范围,其特性有以下几点:

· 通信速率为 5 ($Kb \cdot s^{-1}$)/10 km,1 ($Mb \cdot s^{-1}$)/40 m,节点数为 110 个,传输介质为双绞线、光纤等;

· 采用点对点、一点对多点及全局广播等多种方式发送接收数据;

· 采用短帧结构,每一帧的有效字节数为 8 个(CAN 技术规范 2.0A),数据传输时间短,受干扰的概率低,重新发送的时间短;

· 可实现全分布式多机系统且无主、从机之分,每个节点均主动发送报文,可方便地构成多机备份系统;

· 采用非破坏性总线优先级仲裁技术,当两个节点同时向网络上发送信息时,优先级低的节点主动停止发送数据,而优先级高的节点可以不受影响继续发送信息;

· 采用循环冗余检验以及其他检错措施,从而保证了较低的信息出错率;

· 节点具有自动关闭功能,当节点出现严重错误时,自动切断与总线的联系,并不影响总线的正常工作。

(2)LONworks(局部操作网络)

LONworks 是一种实现测控网络系统的完整平台,由美国 Echelon 公司 1991 年推出,主要应用于楼宇自动化、工业自动化和电力行业等。LonTalk 采用 ISO/ OSI 模型的全部七层协议,介质访问方式为 P-P CSMA(预测 P-检测载波监听多路复用),采用网络逻辑地址寻址方式,优先权机制保证了通信的实时性,安全机制采用认证方式,其最大传输速率为 1.5 Mb/s,传输距离为 2 700 m,传输介质可以是双绞线、光缆、射频、红外线和电力线等。它包含了开发、规范和维护测控网络所需要的所有器件和工具,能使企业的测控管理系统逐步走向一体化,并且有全分散、连线简单、拓扑灵活的优点,是一种具有实力的现场总线,被誉为通用控制网络。它在楼宇自动化、家庭自动化、智能通信产品等方面具有独特的优势。我国在 2006 年将 LONworks 技术颁布成为国家标准 GB/Z 20177.1—2006 及智能建筑标准 GB/T 20299.4—2006。2008 年国际标准化组织(ISO)及国际电工委员会(IEC)将其通信协定、双绞线信号技术、电力线信号技术及以太网路协定(IP)标准化,编号为 ISO/IEC14908—1, ISO/IEC14908—2,ISO/IEC14908—3,及ISO/IEC14908—4。LONworks 的特性:

· 使用两种不同的物理层通信技术,分别是名为"free topology"的双绞线通信技术(其双绞线通信使用差动式曼彻斯特编码(differential Manchester encoding))和电力线通信技术;

· 允许总线型、环型及星型网络拓扑的收发器(其通信速率为 78 ($Kb \cdot s^{-1}$)/2 700 m)和只支持总线型网络拓扑的收发器(其通信速率为 1.25 ($Mb \cdot s^{-1}$)/130 m),节点数为 32 000 个,传输介质为双绞线、同轴电缆、光纤、电源线等;

· 采用 LonTalk 通信协议,遵循 ISO 定义的开放系统互联 OSI 全部七层模型;

· 核心是 Neuron(神经元)芯片,内含 3 个 8 位的 CPU,即介质访问控制处理器、网络处理器和应用处理器。

(3)PROFIBUS(过程现场总线)

PROFIBUS 是德国和欧洲的标准,是 1987 年由德国 13 家工业企业和 5 家科研机构联合制定的标准化规范。它提供一个从传感器/执行器到管理层的透明网络，供应完整的产品系列，从底层测控网络、工厂管理网络直至 Internet 网络系统集成方案，被称为风靡全球的现场总线。它有几种改进型，分别用于不同的场合，其 PROFIBUS 的几种类型分类及特点如下：

• PROFIBUS－PA(Process Automation)用于过程自动化，它通过总线供电，提供本质的安全性，可用于危险防爆区域；

• PROFIBUS－FMS(Fieldbus Message Specification)用于一般自动化；

• PROFIBUS－DP 用于加工自动化，适用于分散的外围设备。

PROFIBUS 的通信协议涵盖物理层、数据链路层、网路层、传播层、应用层等所有 OSI 七层模型。

依据 EIA—485 规范的电气传输方式，使用阻抗为 150 Ω 的双绞线，比特率范围可以从 9.6 Kb/s到 12 Mb/s。两台中继器之间的网络线长随比特率的不同，上限从 100 m 到 1 200 m。拓扑最长可以到 1 900 m，而且允许有 60 m 的网络枝连接到设备，其比特率固定为 31.25 Kb/s，此传输方式特别为用在程序控制的 PROFIBUS－PA 所设计。

(4)HART(可寻址远程传感器数据通路)

HART 现场通信协议是工业界广泛认可的标准，在 4～20 mA 智能设备的基础上增加了数字通信能力。HART 协议是唯一向后兼容的智能仪表解决方案，在一条电缆上可以同时传递 4～20 mA 模拟信号和数字信号。

多年以来，过程自动化设备使用的现场通信标准是 mA 量级模拟电流信号。HART 协议扩展了 4～20 mA 标准，在智能测量和控制仪表的基础上提高了通信能力。HART 协议智能仪表在不干扰 4～20 mA 模拟信号的同时允许双向数字通信，4～20 mA 模拟和 HART 数字通信信号能在一条线对上同时传递，主要变量和控制信号信息由 4～20 mA 传送，另外的测量、过程参数、设备组态、校准以及诊断信息在同一线对、同一时刻通过 HART 协议访问。HART 兼容现有的系统。HART 是由美国 ROSEMOUNT 公司研制的，参照 ISO/OSI 模型的物理层、数据链路层和应用层，有如下特性：

• 物理层：采用基于 Bell202 通信标准的 FSK 技术，即在 4～20 mA (DC)模拟信号上叠加 FSK 数字信号，逻辑 1 为 1 200 Hz，逻辑 0 为 2 200 Hz，波特率为 1 200 b/s，调制信号为±0.5 mA或峰-峰值为 0.25 V(2 500 Ω)。用屏蔽双绞线，单台设备距离为 3 000 m，而多台设备互联距离为 1 500 m。

• 数据链路层：数据帧长度不固定，最长 25 个字节，寻地址为 0～15，当地址为 0 时，处于 4～20 mA (DC)与数字通信兼容状态，当地址为 1～15 时，处于全数字通信状态；

• 应用层：规定了三类命令、普通命令和特殊命令的信息格式。

数字 FSK 信号相位连续，不会影响 4～20 mA 信号。HART 信号方式允许双向数字通信，使得除普通过程变量以外的更多信息的读取来自或发送到智能现场仪表。HART 协议 1 200 b/s的通信速率在不打断 4～20 mA 信号的同时，允许主站对来自现场设备的数字数据每秒更新两次以上。

(5)FF(现场总线基金会)现场总线

现场总线基金会(FF，Fieldbus Foundation)是当今世界上居领先地位的控制和设备供应商的组织，成立于 1994 年。FF 致力于开发国际上统一的现场总线协议，FF 协会的目的是加速发展和推广一个单一的、完全开放的、可互操作的现场总线规范，并推动自动化公司发展相应的软硬件产品。FF是仪表和过程控制向数字化通信方向发展而形成的技术。它不仅实现数据的数字化传输,而且完成整个过程控制系统的设计。FF目前有高速和低速两种通信速率,其中低速总线协议 H_1 已于1996年发表,现在已应用于工作现场,高速协议原定为 H_2 协议,但目前 H_2 很有可能被HSE取而代之。H_1 的传输速率为31.25 Kb/s,传输距离可达1 900 m,可采用中继器延长传输距离,并可支持总线供电,支持本质安全防爆环境;HSE目前的通信速率为10 Mb/s,更高速的以太网正在研制中。

FF体系结构参照ISO/OSI模型的物理层、数据链路层和应用层,增加了用户层,有如下特性:

· 物理层中的 H_1 用于过程控制自动化的低速总线(比特率为31.25 Kb/s),传输距离200～1 900 m,总线供电),H_2 用于制造自动化的高速总线(比特率为1 (Mb · s^{-1})/750 m或2.5 Mb · s^{-1}/500 m),物理传输介质可支持双绞线、同轴电缆和光纤,协议符合IEC1158—2标准;

· 数据链路层分为低层功能(介质访问)和高层功能(数据传输);

· 现场总线访问子层提供三类服务:发布/索取、客户机/服务器和报告分发;

· 用户层规定了29个标准的功能模块。

FF总线使用单芯屏蔽双绞线电缆,一条 H_1 总线长度可达1 900 m。为增加长度,可使用重复器。一条 H_1 总线最多可使用4个重复器,总长9 500 m。一条 H_1 总线所挂接设备的数目取决于每个设备所需电压和电缆压降。在SYSTEM302系统中,采用总线供电,单台设备耗电12 mA,所需最小电压为9 V,在使用24 V电源情况下,可挂接12～16个设备。

5. 现场总线的发展趋势

(1)进一步改善网络性能

在保证数据传输高可靠性的基础上尽量简化网络协议,在保证较高性能价格比的基础上不断增加网络的传输带宽,加大传输距离,网络的结构由单一主从式向多主从式方向发展,并采用同一根传输电缆实现数据传送和向现场仪表/装置的供电。

(2)相容共存、拓宽应用范围

现今许多厂商都致力于使自己的产品可以接纳不同种类的总线信号。多家公司都具有能采集多种信号(不同种类总线的数字信号、模拟信号、开关信号等)、可满足过渡时期不同类型需求、具有各家特色而又具备开放性的小系统。

(3)为成为国际标准而努力

目前,CAN已成为ISO的现场总线国际标准ISO11898,另有几种现场总线正在为成为国际现场总线标准而努力。工业自动化通信标准的统一可能还需要一个过程,在今后相当长的一段时间内将是多种总线并存的局面。

现场总线这一工业数字通信技术,已经成为跨世纪的自动控制新技术,对没有数字通信能力的模拟仪表提出了更新换代的挑战,对DCS系统形成了强烈的冲击。现场总线技术使单个分散的现场设备通过现场总线连接成可以相互沟通信息、共同完成控制任务的网络系统和控制系统,形成控制功能彻底下放到现场的全分布网络集成式新型控制系统,实现了基于公开化、标准化、开放式的通信控制解决方案,这使控制系统结构更趋于集成化,顺应了技术发展的主流方向。因此,现场总线及现场总线控制系统必将显示强大的生命力,为自动化仪表业的发展提供新的机遇,为信息时代的制造业提供强有力的自动化工具。

12.2.2　现场总线的网络拓扑结构

现场总线的结构是根据国际标准化 ISO(Internation Standard Organization)的开放互联系统协议 OSI(Open System Interconnection)来制定的。OSI 是为计算机相互联网而制定的七层参考模型。它对任何网络都适用，只要网络中所有要处理的要素是通过共同的路径进行通信的即可。

根据现场设备到控制器的连接方式，现场总线的拓扑结构可有多种形式，通常采用三种：线型、树型和环型。

1. 线型结构

线型结构的特点是简明。一根总干线从控制器敷设到被控装置(控制对象)，总线电缆从主干电缆分支到现场设备处，控制器扫描所有 I/O 站上的输入，必要时发送信息到输出通道。

在这种总线结构中，可实现多主式和对等式通信；可以两个控制器共享同一个系统中的信息和 I/O 站。另外，不需关闭总线系统就可把一个 I/O 设备从总线上拆下，这给总线系统的维修带来了很大方便。

2. 树型结构

树型结构与线型结构类似，只是它允许分支。

这种结构主要用于包含有智能传感器和执行机构的系统，总线电缆从控制器敷设到被控装置，根据需要分支 I/O 端点，每个端点分别寻址。控制器扫描传感器的输出信号，并在需要时给执行器发送输出信号。

树型结构中以总线网络最为典型，总线网的特点是站点接入方便，成本较低。负载轻时，时延小，站点多，当通信任务重时，时延明显增大，网络效率下降，时延的不确定性对实时应用存在不利之处。

3. 环型结构

环型结构中，所有 I/O 设备和控制器被连接在同一个环中，所有信息都从控制器出发，通过每个 I/O 站最后回到控制器，完成一个循环。环型结构系统中只能有一个控制器，总线从控制器出发，连接到第一个 I/O 站，与之进行对话。在信息传递到下一个 I/O 站之前，通常进行放大式重复，最后一个 I/O 站把信号传递给控制器，形成封闭环。

在每个循环周期中，控制器能收到所有 I/O 站来的相应信息。即使有一个 I/O 站响应失败，控制器都会探测到。因此，环型结构总线系统可靠性比较高。

4. 交换式多级星型网

近年来计算机网络发展十分迅速，尤其是 ATM 交换式网络技术十分引人注目。以交换式集线器、ATM 交换器为核心组成的多级星型网明显提高了局域网的性能，得到了广泛的应用。

交换式多级星型网具有以下特点：

1)站点平时不连通，当站点之间需要通信时，交换式集线器可同时连接多对站点，每对相互通信的站点都能像独立占用通信媒体那样，进行无冲突的数据通信。

2)网络通信是面向连接服务的，数据通信有连接建立、数据传输、连接释放三个阶段。由于交换式集线器采用基于硬件的交叉矩阵，交换速度很快，时延仅为 30 μs 左右，这完全可以满足现场总线实时性和时延确定性的要求。

3)利用交换式集线器可方便地实现虚拟局域网，网络中站点可以根据需求分成若干工作组,每个工作组为虚拟局域网,每个工作组的站点可处于不同的阶段,也可以在不同的地理位置。在虚拟网的每一个站点都可以收到同一虚拟网上其他成员发出的广播,这对提高网络的工作效率十分有利。

这种新型交换式多级星型网组网方便、性能优越、无冲突,应用于现场总线具有良好的发展前景。

12.2.3 现场总线的数据通信模式

现场总线有 4 种数据通信模式:对等(peer to peer)、主从、客户/服务器(Client/Server, C/S)以及网络计算结构。

1. 对等工作模式

对等工作模式是最简单的工作方式,通信双方地位平等。

2. 主从工作模式

在主从工作模式中,数据通信方式有点对点通信、广播通信和组网通信等,实现通信的方法有调度表法、令牌法等。

3. 客户/服务器(C/S)模式

在 C/S 模式中,由客户发出一个请求,按请求进程的要求,由服务器做出响应,执行服务。C/S 工作模式的优点:

1) C/S 将处理功能分为两部分,一部分由客户处理,另一部分由服务器处理。客户承担应用方面的专门任务,服务器主要用于数据处理,有利于全面发挥各自的计算能力,提高工作效率。

2) 客户和服务器可以处在同一网络站点中,一个服务器可以同时又是另一个服务器的客户,并向它请求服务。

3) C/S 工作模式提供一个较理想的分布环境,消除不必要的网络传输负担。

由于 C/S 工作模式的优点,C/S 模式得到了广泛的应用。

4. 网络计算结构(NCA)工作模式

NCA 是基于分布式网络计算环境的一种工作模式。NCA 模式的主要特点:

1)NCA 的核心是有效的,可集成多种相互竞争的各国标准所形成的应用,如各站点可采用任意编程语言而不必担心集成问题。

2)NCA 引入构件概念,插入一个构件,就可扩展一种功能。NCA 中有类似硬件总线的软件总线,把构件插接在应用系统中,就可完成应用功能的集成。

3)NCA 全面引入面向对象技术,可以把已有的、不同部门独立开发的、遵循不同标准的对象组装在一起,从而实现整体应用。

在现场总线中,目前对等、主从、C/S 三种工作模式均有应用,从发展趋势来看,NCA 可能成为新一代数据通信工作模式的主流。

习题与思考题

12-1 现代测控系统的三个发展趋势是什么?

12-2 什么是现场总线? 其主要的技术特点是什么?

附　　录

附录 1　标准正态分布积分表

$$p=P\{|z|\leqslant c\}=\int_{-c}^{c}\Phi(z)\mathrm{d}z=\int_{-c}^{c}\frac{1}{2\pi}\exp\left(-\frac{z^2}{2}\right)\mathrm{d}z$$

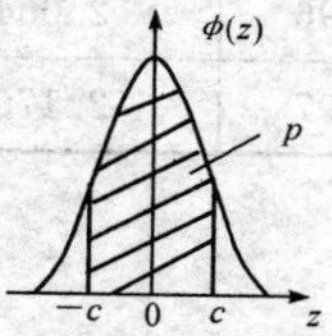

附表 1(A)

c	p	c	p	c	p	c	p
0.00	0.000 000	0.85	0.604 675	1.70	0.910 869	2.55	0.989 228
0.05	0.039 878	0.90	0.631 880	1.75	0.919 882	2.60	0.990 678
0.10	0.079 656	0.95	0.657 888	1.80	0.928 319	2.65	0.991 951
0.15	0.119 235	1.00	0.682 689	1.85	0.935 686	2.70	0.993 066
0.20	0.158 519	1.05	0.706 282	1.90	0.942 569	2.75	0.994 040
0.25	0.197 413	1.10	0.728 628	1.95	0.948 824	2.80	0.994 890
0.30	0.235 823	1.15	0.749 856	2.00	0.954 500	2.85	0.995 628
0.35	0.273 661	1.20	0.769 861	2.05	0.959 639	2.90	0.996 268
0.40	0.310 843	1.25	0.788 700	2.10	0.964 271	2.95	0.996 822
0.45	0.347 290	1.30	0.806 399	2.15	0.968 445	3.00	0.997 300
0.50	0.382 925	1.35	0.822 984	2.20	0.972.193	3.50	0.999 535
0.55	0.417 681	1.40	0.838 487	2.25	0.975 551	4.00	0.(4)9 366 576
0.60	0.451 491	1.45	0.852 941	2.30	0.978 552	4.50	0.(4)9 932 047
0.65	0.484 308	1.50	0.866 386	2.35	0.981 227	5.00	0.(6)9 426 697
0.70	0.516 073	1.55	0.878 858	2.40	0.983 605	6.00	0.(8)9 802 683
0.75	0.546 745	1.60	0.890 401	2.45	0.985 714	7.00	0.(10)9 974 40
0.80	0.576 289	1.65	0.901 057	2.50	0.987 581	8.00	0.(10)9 999 99

注：(n)9 表示小数点后面先写 n 个 9，再写后面的数字。

附表 1(B)

p	c	p	c	p	c
0.10	0.125 7	0.85	1.440	0.89	2.326
0.20	0.253 3	0.90	1.645	0.99	2.576
0.30	0.385 3	0.91	1.695	0.995	2.807
0.40	0.524 4	0.92	1.751	0.999	3.291
0.50	0.674 5	0.93	1.812	0.999 9	3.891
0.60	0.841 6	0.94	1.881	$1-10^{-5}$	4.417
0.70	1.036	0.95	1.960	$1-10^{-6}$	4.892
0.75	1.150	0.96	2.054	$1-10^{-7}$	5.327
0.80	1.282	0.97	2.170	$1-10^{-8}$	5.737

附录 2　t 分布积分表

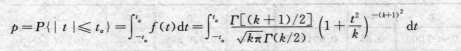

$$p=P\{|t|\leqslant t_\alpha\}=\int_{-t_\alpha}^{t_\alpha} f(t)\mathrm{d}t=\int_{-t_\alpha}^{t_\alpha}\frac{\Gamma[(k+1)/2]}{\sqrt{k\pi}\,\Gamma(k/2)}\left(1+\frac{t^2}{k}\right)^{-(k+1)^2}\mathrm{d}t$$

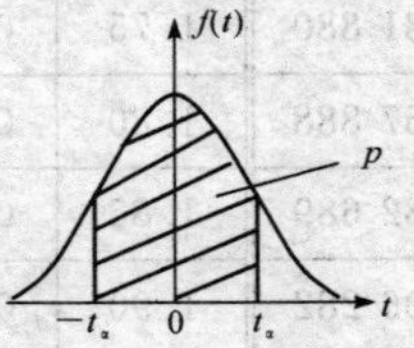

k \ p	0.5	0.6	0.7	0.8	0.9	0.95	0.98	0.99	0.999
1	1.000	1.376	1.963	3.078	6.314	12.71	31.82	63.66	636.6
2	0.816	1.061	1.386	1.886	2.920	4.303	6.965	9.925	31.60
3	0.765	0.978	1.250	1.638	2.353	3.182	4.541	5.841	12.92
4	0.741	0.941	1.190	1.553	2.132	2.776	3.747	4.604	8.610
5	0.727	0.920	1.156	1.476	2.015	2.571	3.365	4.432	6.859
6	0.718	0.906	1.134	1.440	1.943	2.447	3.143	3.707	5.959
7	0.711	0.896	1.119	1.415	1.895	2.356	2.998	3.499	5.405
8	0.706	0.889	1.108	1.397	1.860	2.306	2.896	3.355	5.041
9	0.703	0.883	1.100	1.383	1.833	2.262	2.821	3.250	4.781
10	0.700	0.879	1.093	1.372	1.812	2.228	2.764	3.169	4.587

续表

p / k	0.5	0.6	0.7	0.8	0.9	0.95	0.98	0.99	0.999
15	0.691	0.866	1.074	1.341	1.753	2.131	2.602	2.947	4.073
20	0.687	0.860	1.064	1.325	1.725	2.086	2.528	2.845	3.850
25	0.684	0.856	1.058	1.316	1.708	2.060	2.485	2.787	3.725
30	0.683	0.854	1.055	1.310	1.697	2.042	2.457	2.750	3.646
40	0.681	0.851	1.050	1.303	1.684	2.021	2.423	2.704	3.551
60	0.679	0.848	1.046	1.296	1.671	2.000	2.390	2.660	3.460
120	0.677	0.845	1.041	1.289	1.658	1.980	2.358	2.617	3.373
∞	0.674	0.842	1.036	1.282	1.645	1.960	2.326	2.576	3.291

附录 3　格拉布斯系数 k_g 表

k_g p / n	0.95	0.99	k_g p / n	0.95	0.99
3	1.15	1.16	17	2.48	2.78
4	1.46	1.49	18	2.50	2.82
5	1.67	1.75	19	2.53	2.85
6	1.82	1.94	20	2.56	2.88
7	1.94	2.10	21	2.58	2.91
8	2.03	2.22	22	2.60	2.94
9	2.11	2.32	23	2.62	2.96
10	2.18	2.41	24	2.64	2.99
11	2.23	2.48	25	2.66	3.01
12	2.28	2.55	30	2.74	3.10
13	2.33	2.61	35	2.81	3.18
14	2.37	2.66	40	2.87	3.24
15	2.41	2.70	50	2.96	3.34
16	2.44	2.75	100	3.17	3.59

参考文献

[1] 樊尚春,周浩敏.信号与测试技术.北京:北京航空航天大学出版社,2002.
[2] 杨吉祥,詹宏英,梅杓春.电子测量技术基础.南京:东南大学出版社,1999.
[3] 刘国林,殷贯西.电子测量.北京:机械工业出版社,2003.
[4] 王永生.电子测量学.西安:西北工业大学出版社,1995.
[5] 刘文彦,周学平,刘辉.现代测试系统.北京:国防科技大学出版社,1995.
[6] 孙传友,孙晓斌,等.测控系统原理与设计.北京:北京航空航天大学出版社,2002.
[7] 沈兰荪.数据采集与处理.北京:能源出版社,1987.
[8] 比彻姆 K G,尤恩 C K.信号分析的数据采集.北京:国防工业出版社,1992.
[9] 林占江.电子测量技术.北京:电子工业出版社,2007.
[10] 于海生.计算机控制系统.北京:机械工业出版社,2007.
[11] 刘君,邱宗明.计算机测控技术.西安:西安电子科技大学出版社,2009.
[12] 吕辉,陈中柱,李纲,等.现代测控技术.西安:西安电子科技大学出版社,2006.
[13] 陈毅静.测控技术与仪器专业概论.北京:北京大学出版社,2010.
[14] 张志军,于海晨,宋彤.现代检测与控制技术.北京:化学工业出版社,2007.
[15] 蒋焕文,孙续.电子测量.北京:中国计量出版社,2008.
[16] 陈尚松,雷加,郭庆,等.电子测量与仪器.北京:电子工业出版社,2005.
[17] 陈光福.现代电子测试技术——信息装备的质量卫士.北京:国防工业出版社,2002.
[18] 周炎勋,沈秀存,等.计算机自动测量和控制系统.北京:国防工业出版社,1992.
[19] 刘文生,等.取样技术原理与应用.北京:科学出版社,1981.
[20] 华正权.信号变换电路.北京:电子工业出版社,1994.
[21] 戴逸民.频率合成与锁相技术.合肥:中国科学技术大学出版社,1995.
[22] 叶胜泉.电子示波器.北京:水利电力出版社,1988.
[23] 孙怀川,焦桐顺.示波器技术.北京:电子工业出版社,1987.
[24] 应怀樵.波形和频谱分析与随机数据处理.北京:中国铁道出版社,1983.
[25] 沙占友.新编实用数字化测量技术.北京:国防工业出版社,1998.
[26] 范家庆,等.扫频测量技术.北京:电子工业出版社,1985.
[27] 张世箕.数据域测试及仪器.2 版.北京:电子工业出版社,1994.
[28] 李志全,张淑清,等.智能仪表设计原理及其应用.北京:国防工业出版社, 1998.
[29] 彭启琮,李玉柏,管庆.基于 VXI 总线的自动测试系统.流体力学实验与测量,1997,11(2):69 - 77.
[30] 王滨,陈娟.VXI 总线式自动测试系统.电测与仪表,1998(1):8 - 10.
[31] 黄维柱,许军.通用串行总线 USB.计算机应用研究,2001,18(2):46 - 48.
[32] 陈尚松.论三种串行总线在自动测试系统中的应用.桂林电子工业学院学报,2000,12(4):33 - 41.

[33] 黄圣国，王增，等．智能仪器．北京：航空工业出版社，1993.
[34] 赵新民．智能仪器原理及设计．哈尔滨：哈尔滨工业大学出版社，1995.
[35] 刘丁，毛德柱，王云飞．USB 在数据采集系统中的应用．电子技术应用，2000(4)：37－39.
[36] 邵裕森．过程控制及仪表．上海：上海交通大学出版社，1986.
[37] 徐丽娜．数字控制．哈尔滨：哈尔滨工业大学出版社，1991.
[38] 韩学超．采用 DMA 技术实现的高速数据采集系统．电子技术，2000(9)：49－51.
[39] 周雪琴，张洪才．控制工程导论．西安：西北工业大学出版社，2002.
[40] 戴永．微机控制技术．长沙：湖南大学出版社，2004.
[41] 徐安．微型计算机控制技术．北京：科学出版社，2004.
[42] 陈光福，王厚军，田节林，等．现代测试技术．成都：电子科技大学出版社，2002.